高等院校土建类专业“互联网+”创新规划教材

建筑设备

(第3版)

主　　编　刘源全　刘卫斌

副主编　潘　红　张志红

参　　编　陈　文　金　雷

马宏雷　蒋新波

张　楠　彭淑英

郝绍菊　李诚明

主　　审　王汉青

北京大学出版社
PEKING UNIVERSITY PRESS

内容简介

本书在第2版的基础上编写而成，各章节内容的调整遵循最新颁布实施的规范、规程；给出最新规范的名称和代号，为读者进一步学习提供具体、详细的引导；第1篇——建筑给水排水工程，包括室外给排水工程概述、建筑给水工程、建筑排水工程、建筑热水及饮水供应、建筑给排水施工图5章；第2篇——采暖、燃气、通风及空气调节，包括建筑采暖与燃气供应、通风、空气调节、暖通施工图4章；第3篇——建筑消防，包括建筑消防给水系统、建筑防烟排烟系统2章；第4篇——建筑电气、智能建筑及建筑设备自动化，包括建筑供电及配电、建筑电气照明系统、智能建筑与建筑设备自动化、电气施工图4章；第5篇——建筑节能，包括建筑节能1章。

本书体系完备、结构新颖、内容翔实、图文并茂、深入浅出、系统性强，注重实践性和实用性，突出现行新规范和新标准。

本书系高等院校土建类专业“互联网+”创新规划教材，同时也适用于建筑学、室内装饰设计、建筑装饰、物业管理等专业。此外，还可作为建筑工程专业师生及技术人员的岗位培训教材及有关人员的自学教材。

图书在版编目(CIP)数据

建筑设备/刘源全,刘卫斌主编.—3版.—北京：北京大学出版社，2017.8
（高等院校土建类专业“互联网+”创新规划教材）
ISBN 978-7-301-28398-1

Ⅰ.①建… Ⅱ.①刘… ②刘… Ⅲ.①房屋建筑设备—高等学校—教材 Ⅳ.①TU8

中国版本图书馆CIP数据核字(2017)第127160号

书　　名　建筑设备（第3版）
JIANZHU SHEBEI
著作责任者　刘源全　刘卫斌　主编
策划编辑　卢　东
责任编辑　刘　翯
数字编辑　孟　雅
标准书号　ISBN 978-7-301-28398-1
出版发行　北京大学出版社
地　　址　北京市海淀区成府路205号　100871
网　　址　http://www.pup.cn　新浪微博：@北京大学出版社
编辑部邮箱　pup6@pup.cn
总编室邮箱　zpup@pup.cn
电　　话　邮购部010-62752015　发行部010-62750672　编辑部010-62750667
印 刷 者　北京鑫海金澳胶印有限公司
经 销 者　新华书店
787毫米×1092毫米　16开本　23.75印张　608千字
2006年2月第1版
2012年1月第2版
2017年8月第3版　2024年8月第16次印刷（总第36次印刷）
定　　价　52.00元

第3版前言

《建筑设备》自2006年出版、2012年再版以来，经有关院校教学和工程技术人员使用，反映良好。随着近年来国家关于设备工程的新政策、新法规的不断出台，一些新的规范、规程陆续颁布实施，为了更好地开展教学和指导工程实际，适应大学生和工程技术人员学习的要求，我们对本书进行了第2次修订。

这次修订主要做了以下工作。

（1）各章节内容的调整遵循最新颁布实施的规范、规程。

（2）将原书中涉及有关规范的内容，均给出最新规范的名称和代号，为读者进一步学习提供具体详细的引导。

（3）因防火规范与第2版修订时相比，变化较大，本次修订对第10、11章内容更改较多。

（4）经过系统和广泛收集读者意见，本次的修订更加贴近读者。

（5）按照“互联网＋”教材形式升级，在重点、难点等地方插入约80个二维码，通过扫描二维码，可以查看相应的视频内容，帮助学习者理解知识。

经修订，本书具有以下特点。

（1）编写体例新颖。借鉴优秀教材特点的写作思路、写作方法及章节安排，编排清新活泼、图文并茂，内容深入浅出，适合当代大学生和工程技术人员使用。

（2）注重人文科技结合渗透。通过相关知识的引例介绍，增强教材的可读性，提高学生的人文素养。

（3）注重知识拓展应用可行。强调锻炼学生的思维能力及运用概念解决问题的能力。在编写过程中有机融入工程实例，以实例引出全章的知识点，从而提高教材的可读性和实用性。在提高学生学习兴趣和效果的同时，培养学生的解决工程问题和工程应用的能力。

本版的编写和修订工作分工如下：

本书第1、4章由中南林业科技大学陈文编写和修订；第2、5章由湖北工业大学潘红编写和修订；第3章由南华大学金雷编写和修订；第6章由南华大学蒋新波编写和修订；第7章由河北建筑工程学院张志红编写和修订；第8章由河北建筑工程学院马宏雷编写和修订；第9章由中国电建集团中南勘测设计研究院有限公司张楠编写和修订；第10章由上海勘测设计研究院有限公司彭淑英编写和修订；第11章、第16.1、16.2节由南华大学刘源全编写和修订；第12章由河南广播电视大学郝绍菊编写和修订；第13章由湖南大学李诚明编写和修订；第 14、15 章、第 16.3、16.4 节由武汉轻工大学刘卫斌编写和修订；全书的电子课件由蒋新波制作；对于第 3 版的修订，潘红系统和广泛收集读者意见，提出了非常宝贵的意见和建议；刘源全负责全书的修订大纲、构思、编写组织和统稿审定。

全书由刘源全、刘卫斌任主编，潘红、张志红任副主编。

本书由南华大学王汉青教授主审。

对于本版存在的不足，欢迎同行批评指正。

谨此感谢本书全体编审和出版工作人员，大家的团结协作促成了本书的不断完美。

编 者

2017 年 1 月

【资源索引】

目录

第1篇　建筑给水排水工程

第2篇 采暖、燃气、通风及空气调节

第3篇 建筑消防

第4篇 建筑电气、智能建筑及建筑设备自动化

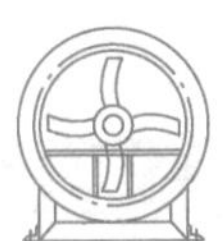

第 5 篇　建筑节能

第1篇　建筑给水排水工程

第1章　室外给排水工程概述

教学要点

本章主要讲述室外给排水系统组成的基本理论和方法。通过本章的学习，应达到以下目标：

(1) 了解室外给排水系统的组成以及在输送排放过程中水质的变化；

(2) 掌握城市净水处理厂的一般流程；

(3) 掌握各种排水体制的优缺点和污水处理的基本方法。

基本概念

室外给水系统；水源；取水构筑物；净水处理流程；泵站；调节构筑物；室外排水系统；排水体制；分流制排水系统；合流制排水系统；污水处理方法；污水处理流程

引例

2010年5月7日，一场"史上最强"暴雨让广州35个地下车库变"水库"，暴雨固然历史罕见，但造成这么多地下停车库"灌水"，主要原因还是市政工程排水不畅引发的"并发症"。暴雨暴露了广州在城市及建筑排水系统的规划设计、建设管理等方面的缺陷：建筑给排水设计一般只针对特定的建筑，只要设计建筑的雨污水能够汇入市政管网就算满足要求，从而忽略了整个片区乃至城市雨污水的整体出路。我们要关注单栋建筑物的给排水，也要关注一个区域，甚至一个城市的给排水，这就是室外给排水需要统筹思考的问题。

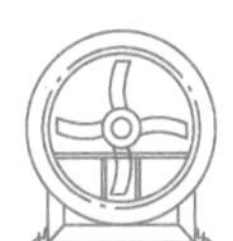

1.1 室外给水工程概述

室外给水工程又称城市给水工程，是为满足城乡居民及工业生产等用水需要而建造的工程设施。它的任务是自水源取水，将其净化到所要求的水质标准后，经输配水系统送往用户。它包括水源、取水工程、净水工程、输配水工程四部分。

1.1.1 水源

给水水源是指能为人类所开采，经过一定的处理或不经处理就可利用的自然水体。给水水源按水体的存在和运动形态不同，分为地下水源和地表水源。地下水源包括潜水（无压地下水）、自流水（承压地下水）和泉水；地表水源包括江河、湖泊、水库和海洋等水体。

地下水受形成、埋藏和补给等条件的影响，具有水质澄清、水温稳定、分布面广等优点。但是地下水径流量小，蕴藏量有限，矿化度和硬度较高，当取水工程规模较大时，往往需要很长时间的水文地质勘察。此外，地下水的可开采量有限，一经开采在短期内不可再生，因此当开采量超过可开采量时，就会造成地下水位下降，地面下沉，引发一系列的环境水利问题。

地表水主要来自于降雨产生的地表径流的补给，属开放性水体，易受污染，通常浑浊度高（汛期尤为突出），水温变幅大，有机物和细菌含量高，有时还有较高的色度，水质水量随季节变化明显；同时相对地下水源而言，地表水源往往受地形条件的限制，不便选取，如有时会出现输水管渠过长的情况，既增加了给水系统的投资和运行费用，又降低了给水的可靠性，而且不便于卫生防护。但是，地表水径流量大且水量充沛，能满足大量的用水需要。因此，在河网较发达地区，如我国的华东、中南、西南地区的城镇和工业企业区，常常利用地表水作为给水水源。另外，由于地表水（尤其是江河水）是可再生资源，合理开发利用地表水资源，不易引发环境问题。

城市给水水源选择是城市位置选择的重要条件，水源选择是否良好往往成为决定新建城市的建设和发展的重要因素之一。所以对城市水源的选择应进行深入调查研究，全面搜集有关城市水源的水文、气象、地形、地质等资料，进行城市水资源勘测和水质分析。

1.1.2 取水工程

取水工程要解决的是从天然水源中取水的方法及取水构筑物的构造形式等问题。水源的种类决定取水构筑物的构造形式及净水工艺的组成。它主要分为地下水取水构筑物和地表水取水构筑物。

1. 地下水取水构筑物

地下水取水构筑物有管井、大口井、辐射井、复合井及渗渠等，其中以管井和大口井最为常见。

管井因其井壁和含水层中进水部分均为管状结构而得名。通常用凿井机械开凿管井，故而俗称机井。管井直径一般为 50～1 000mm，井深可达 1 000m 以上。随着凿井技术的发展和浅层地下水的枯竭和污染，直径在 1 000mm 以上、井深在 1 000m 以上的管井已有使用。管井施工方便，适应性强，能用于各种岩性、埋深、含水层厚度和多层次含水层的取水工程。因而，管井是地下水取水构筑物中应用最广泛的一种形式。常见管井的一般构造如图 1.1 所示。

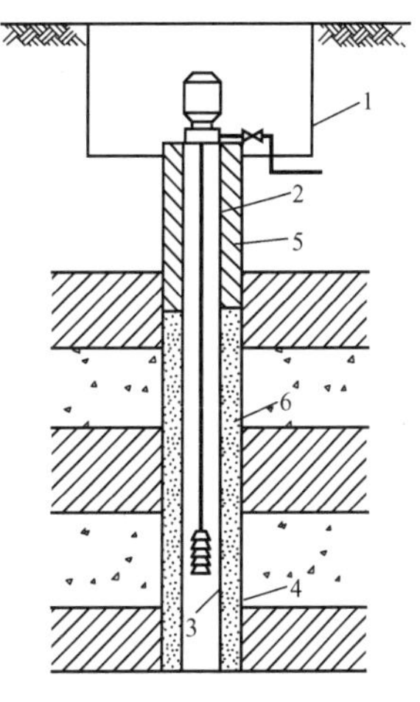

图 1.1 管井的一般构造

1—井室；2—井壁管；3—过滤器；4—沉淀管；5—黏土封闭；6—人工填砾

大口井与管井一样，也是一种垂直建造的取水井，由于井径较大而得名。它被广泛用于开采浅层地下水，直径一般为 5～8m，最大不宜超过 10m，井深一般在 15m 以内。由于施工条件限制，我国大口井多用于开采埋深小于 12m，厚度在 5～20m 的含水层。它主要由井筒、井口及进水部分组成。

2. 地表水取水构筑物

地表水取水构筑物按地表水种类可分为：江河取水构筑物、湖泊取水构筑物、水库取水构筑物、山溪取水构筑物、海水取水构筑物。

地表水按取水构筑物的构造可分为：固定式（岸边式取水构筑物，河床式取水构筑物）和移动式（浮船式取水构筑物，缆车式取水构筑物）。固定式取水构筑物适用于各种大小取水量和各种地表水源；移动式取水构筑物适用于中小取水量，多用于江河、水库、湖泊取水。

地表水取水构筑物位置的选择，应根据下列基本要求，通过技术经济比较确定。

(1) 位于水质较好的地带。

(2) 靠近主流，有足够的水深，有稳定的河床及岸边，有良好的工程地质条件。

(3) 尽可能不受泥沙、漂浮物、冰凌、冰絮等影响。

(4) 不妨碍航运和排洪，并符合河道、湖泊、水库整治规划的要求。

(5) 尽量靠近主要用水地区。

(6) 供生活饮用水的地表水取水构筑物的位置，应位于城镇和工业企业上游的清洁河段。

在沿海地区的内河水系取水，应避免咸潮影响。当在咸潮河段取水时，应根据咸潮特点采用避咸蓄淡水库取水或在咸潮影响范围以外的上游河段取水。

从江河取水的大型取水构筑物，当河道及水文条件复杂，或取水量占河道的最枯流量比例较大时，在设计前应进行水工模型试验。

取水构筑物应根据水源情况，采取相应保护措施，防止下列情况发生。

(1) 漂浮物、泥沙、冰凌、冰絮和水生物的阻塞。

(2) 洪水冲刷、淤积、冰盖层挤压和雷击的破坏。

(3) 冰凌、木筏和船只的撞击。在通航河道上，取水构筑物应根据航运部门的要求设置标志。

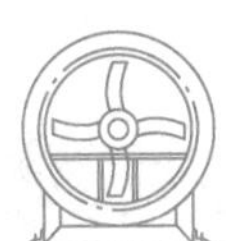

1.1.3 净水工程

净水工程的任务就是通过必要的处理方法改善水质使之符合生活饮用或工业使用所要求的水质标准。处理方法应根据水源水质和用户对水质的要求确定。

一般来说，生活饮用水的处理主要是去除悬浮物和胶体颗粒；工业用水则有不同程度的要求。所以对于给水工程来说，净水工程的主要任务就是去除原水中的悬浮物质，使经处理过的水质应符合《生活饮用水卫生标准》(GB 5749—2006)。

2006 年，原 GB 5749—1985 修订为《生活饮用水卫生标准》(GB 5749—2006)，2006 年 12 月 29 日由国家标准委和卫生部联合发布。同时发布的还有 13 项生活饮用水卫生检验方法国家标准。本次修订，不仅将标准中的指标数量由 35 项增至 106 项，还对原标准的 8 项指标进行了修订，指标限量也与发达国家的饮用水标准具有可比性。

当以地面水作为生活饮用水时，处理方法包括混凝、沉淀、过滤和消毒。图 1.2 是常用的净水处理流程。当以地下水作为饮用水水源时，一般只需采用消毒处理即能达到水质的要求。

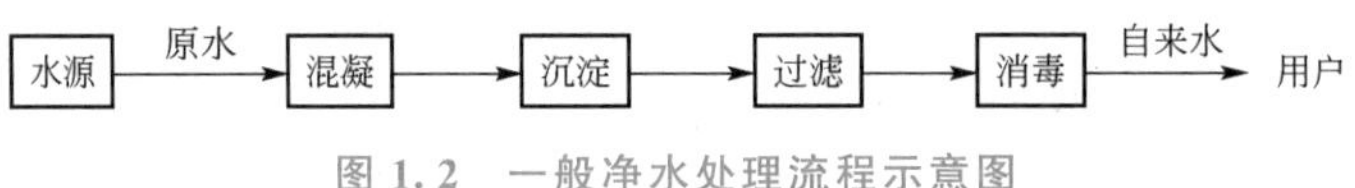

图 1.2 一般净水处理流程示意图

1. 混凝和混凝剂

混凝即混合絮凝，向水中投加一些药剂（常称为混凝剂），药剂与水通过某种混合设施（水泵、管式或机械混合）快速、均匀地混合，使混凝剂对水中的胶体粒子产生电性中和、吸附架桥和卷扫作用，使胶体颗粒互相聚合，在絮凝设施中形成肉眼可见的较大密实絮凝体。絮凝设施主要有隔板絮凝池、折板絮凝池和机械絮凝池，或这几种絮凝池联合使用。

应用于净水工程的混凝剂应符合以下基本条件：混凝效果好，对人体健康无害，使用方便，货源充足，价格低廉。混凝剂按化学成分可分为无机混凝剂和有机混凝剂两大类。在水处理中用得最多的是铁盐和铝盐及其水解聚合物等无机混凝剂，如硫酸铝、明矾、聚合硫酸铝（PAS)、聚合氯化铝（PAC)、三氯化铁、硫酸亚铁、聚合氯化铁（PFC）等。

2. 沉淀和沉淀池

水中悬浮颗粒依靠重力作用，从水中分离出来的过程称为沉淀。原水经投药、混合絮凝后，水中悬浮杂质已形成粗大的絮凝体，就要在沉淀池中分离出来以完成澄清的作用。混凝沉淀池的出水浑浊度一般在 10 度以下，甚至更低。

沉淀池的工作原理如下：当水流进入平流沉淀池之后，水中的絮凝颗粒一方面随水流向前运动，另一方面在重力作用下下沉，沉速大于或等于临界沉速 U_0 的颗粒沉到池底，沉速小于 U_0 的颗粒则不能沉到池底而被水流带出池外，沉到池底的颗粒定期或不定期地排出池外，使水得以澄清。

目前我国最为广泛采用的沉淀池是平流沉淀池和斜管沉淀池。

(1) 平流沉淀池设计的关键在于均匀布水、均匀集水和排泥彻底与方便，它的构造可分为进水区、沉淀区、储泥区和出水区四部分，如图 1.3 所示。它的优点是构造简单、管理方便、出水水质好；缺点是占地面积大，一般适用于大中型水处理厂。在沉淀池有效容积一定的条件下，增加沉淀面积，可使去除率提高。斜管沉淀池就是这一理论的实际应用。

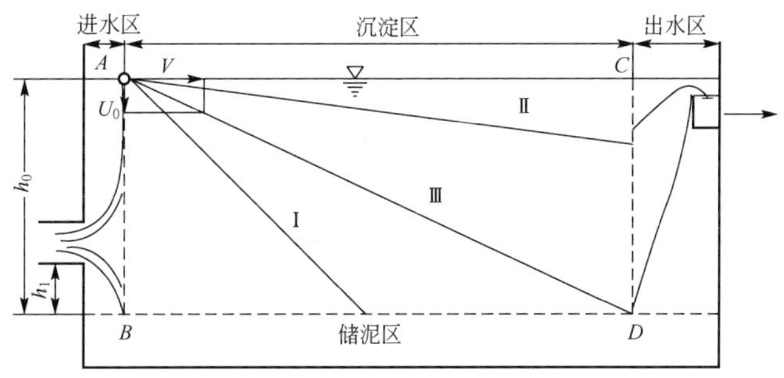

图1.3 理想沉淀池的工作流程示意图

(2) 斜管沉淀池是指在沉淀区内设有斜管的沉淀池。组装形式有斜管和支管两种。在平流式或竖流式沉淀池的沉淀区内利用倾斜的平行管或平行管道（有时可利用蜂窝填料）分割成一系列浅层沉淀层，被处理的和沉降的沉泥在各沉淀浅层中相互运动并分离。根据其相互运动方向分为逆（异）向流、同向流和侧向流三种不同分离方式。每两块平行斜板间（或平行管内）相当于一个很浅的沉淀池。其优点是：利用了层流原理，提高了沉淀池的处理能力；缩短了颗粒沉降距离，从而缩短了沉淀时间；增加了沉淀池的沉淀面积，从而提高了处理效率。

3. 过滤

水处理过程中，过滤一般指以石英砂等粒状滤料层截流水中悬浮杂质，从而使水获得澄清的工艺过程。此外，还有多种过滤方式，如硅藻土涂膜过滤及微滤机过滤等。滤池通常置于沉淀池之后，进水浊度一般在10度以下，滤出水浊度一般在1度甚至0.3度以下。当原水浊度较低且水质较好时，也可采用原水直接过滤。过滤不仅可进一步降低水的浊度，而且使水中有机物、细菌乃至病毒等随水的浊度降低而被部分去除，为过滤后消毒创造良好条件。在饮用水的净化工艺中，过滤是不可缺少的，它是保证饮用水卫生安全的重要措施之一。

4. 消毒

为了保障人民的身体健康，防止水致疾病的传播，饮用水中不应含有致病微生物。消毒并非把微生物全部消灭，只要求消灭致病微生物，同时保证净化后的水在输送到用户之前不致被再次污染。

消毒的方法有物理法和化学法。物理法有紫外线、超声波、加热法等；化学法有氯法、氯胺及臭氧等。现在也有采用物理法和化学法联合消毒的，以发挥各自协同消毒能力，如紫外线和臭氧联合消毒法。氯消毒经济、有效、使用方便，应用历史最久，也是给水处理中最常用的消毒方法。然而自20世纪70年代发现受污染水源经氯消毒后会产生三氯甲烷致癌物，氯消毒的副作用便引起广泛重视，但其危害程度也存在争议。

1.1.4 输配水工程

泵站、输水管渠、管网和调节构筑物（水塔和水池）总称为输配水系统，从给水整体来说，它是投资最大的子系统。对输配水系统的总要求是：供给用户所需的水量，保证配水管网足够的水压，保证不间断给水。输水管渠是指从水源到城镇水厂或从城镇水厂到管网的管线或渠道，它的作用很重要，在某些远距离输水工程中，投资是很大的。

1. 管网

管网是给水系统的主要组成部分。给水管网有各种各样的要求和布置，但不外乎两种基本形式：枝状管网和环状管网，如图 1.4 所示。枝状管网的干管和配水管的布置形似树枝［图 1.4(a)］，干线向供水区延伸，管线的管径随用水量的减少而逐渐缩小，这种管网的管线长度最短，构造简单，供水直接，投资最省，但当某处管线发生故障时，其下游管线将会断水，供水可靠性较差。枝状管线末端水流停滞，可能影响水质。一般在小城市中供水要求又不太严格时，可以采用枝状管网；或在建设初期，可先采用枝状管网形式，以后再按发展规划，逐步形成环网。

图 1.4(b) 中管线间连接成环网，每条管均可由两个方向来水，如果一个方向发生故障，还可由另一方向供水，因此环状管网供水较为安全可靠。在较大城市或供水要求较高不能断水的地区，均应采用环状管网。环状管网还有降低水头损失，节省能量、缩小管径，以及减小水锤威胁等优点，有利供水安全。但环状管网的管线长，需用较多材料，因而会增加建设投资。

在实际工程中常用枝状式与环状式混合布局，根据具体情况，在主要供水区内用环网，而在次要或边区用枝状式管网。总之，管网的布线既要保证供水安全，又要尽量缩短管线。

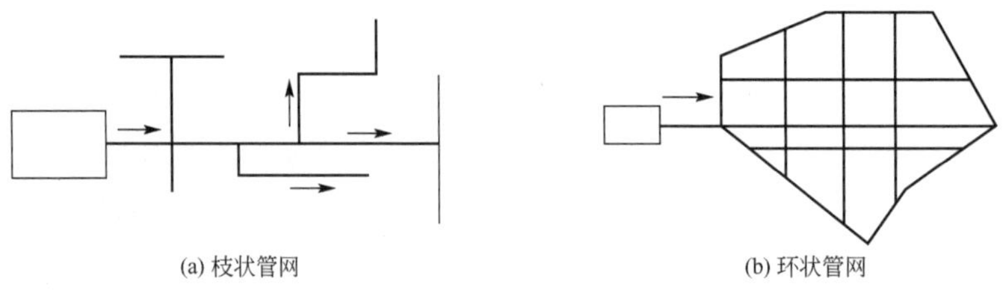

(a) 枝状管网　　(b) 环状管网

图 1.4　管网

2. 泵站

给水泵站按其在给水系统中的作用可分为一级泵站和二级泵站。

一级泵站：其作用是由水源地把水输送至净水构筑物或无须净化时直接由水源地把水输送至配水管网或水塔等调节用水的构筑物。一级泵站可以与取水构筑物合并在一起称为合建式取水构筑物，也可以单独建设，不建在一起的称为分建式取水构筑物。

二级泵站：其作用是把净水厂已经净化了的水输送到配水管网供用户使用。

给水泵站的全部投资在整个给水系统的投资中所占比重很小，但泵站的运行费用所占比重则很大，在设计给水泵站时首要的问题是提高泵站效率以降低动力费用。给水泵站中水泵的流量、扬程、功率及数量的确定，应该根据供水量及其所需水压的变化情况来综合考虑，以满足供水安全可靠、水泵工作效率高、运行电费省、维修管理方便和节省基建投资的要求，同时还要考虑发展的需要。但是各方面的要求往往是有矛盾的，只能做到相对的合理，因此选择水泵的型号和台数时，应该通过方案比较来确定。一级泵站输水到净水厂，可按最高日平均时流量来计算，并包括净水厂自用水量及漏失水量，这部分水量一般为总供水量的 5%～10%；从二级泵站输水到管网的流量和水压，应根据管网的水力计算和逐时用水量曲线来确定。

3. 调节构筑物

调节构筑物用来调节管供水量与用水量之间的不平衡状况。因为自来水公司供水量在目前的技术状况下，在某段时间里是个固定的量，而用户用水的情况较为复杂，随时都在变化，这就出现了供需之间的矛盾。水塔或水池能够把用水低峰时管网中多余的水暂时储存起来，而在用水高峰时再送入管网。这就可以保证管网压力的基本稳定，同时也使水泵能在高效率范围内运行。此外，水塔还能起到稳定管网水压的作用。但是水塔储水量跟不上城市用水量和水压增加的需要，水塔更适合于小城镇、旅游区、工厂的供水需要。

清水池是指为储存水厂中净化后的清水，以调节水厂制水量与供水量之间产差额，并为满足加氯接触时间而设置的水池。它是给水系统中调节水厂均匀供水和满足用户不均匀用水需求的调蓄构筑物。清水池的有效容积包括调节容积、消防用水量和水厂自用水和安全储量。水厂的调节容积可凭运转经验，按照最高日用水量的10%～15%估算。

以地表水为水源的室外给水系统如图1.5所示。

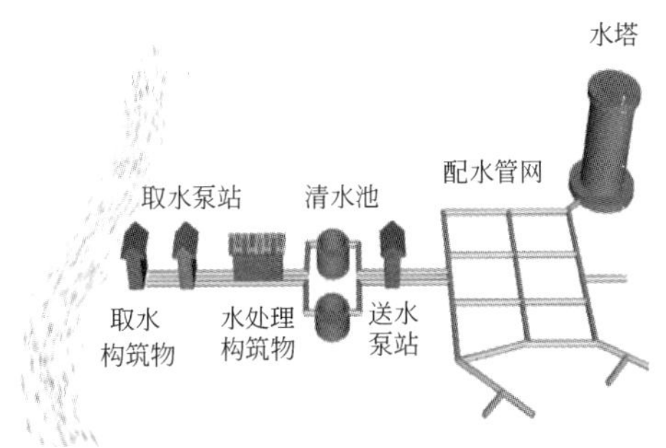

图1.5 室外给水系统图

1.2 室外排水工程概述

生产和生活产生的大量污水，如不加控制地任意排入水体（江、河、湖、海、地下水等）或土壤，就会使水体或土壤受到污染，破坏原有的自然环境，以致引起环境问题，甚至造成公害。

为保护环境，现代城市就需要建设一整套的工程设施来收集、输送、处理和处置污水，此工程设施称为排水工程。其主要内容包括：①收集各种污水并及时地将其输送至适当地点，为此，城市必须采用排水管网系统收集和输送生活与生产过程中产生的污水和雨水。城市排水管网系统包括污水管网、雨水管网、合流制管网及城市内河与排洪设施。②污水妥善处理后排放或再利用，即通过污水处理厂对污水进行适当处理，达到《污水排放综合标准》（GB 20425—2006）的要求。

经过室外给水工程、室内给水工程、室内排水工程和室外排水工程，水在人们的日常生活中被循环使用。在整个给排水工程中，水流经的构筑物及名称如图1.6所示。

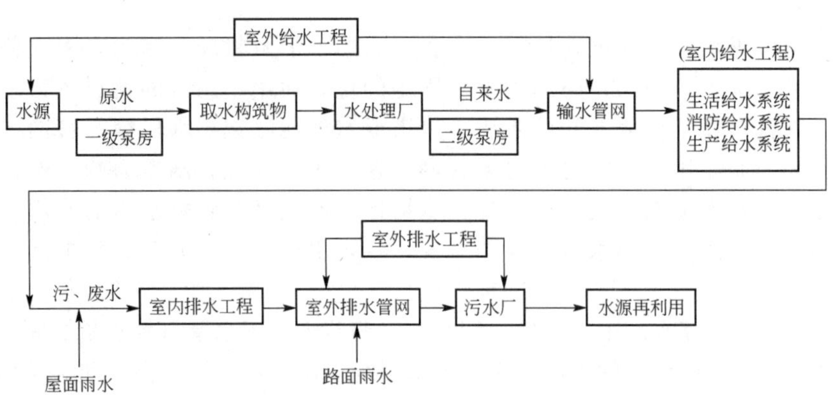

图 1.6 水循环利用流经路径示意图

1.2.1 城市排水管网

城市排水管网系统是收集和输送城市产生的生活污水、工业废水和雨、雪降水的公用设施系统，包括地下管道、暗渠与地表的明渠，以及城市的内河及防洪设施等。

1. 排水系统的体制

城市和工业企业的生活污水、工业废水和降水的收集与排除方式称为排水系统的体制。排水系统的体制包括分流制与合流制。分流制排水系统是将生活污水和工业废水用一套或一套以上的管网系统，而雨水则用另一套管网系统排除的排水系统。合流制排水系统是将生活污水、工业废水与降水混合在同一套管网系统内排除的排水系统。

2. 分流制排水系统

分流制排水系统根据排除雨水方式的不同，又分为完全分流制和不完全分流制。完全分流制排水系统具有完整的污水排水系统和雨水排水系统；不完全分流制排水系统只有污水排水系统，未建雨水管道系统，雨水沿自然地面、街道边沟、沟渠等原有雨水渠道系统排泄，待城市进一步发展或有资金时再修建雨水排水系统，逐步改造成完全分流制排水系统。

3. 合流制排水系统

合流制排水系统是将生活污水、工业废水和雨水混合在同一个管渠系统内排放的系统，它有直接排入水体的旧合流制、截流式合流制和全处理式合流制三种形式。将城市的混合污水不经任何处理，直接就近排入水体的排水方式称为旧合流制或直排式合流制，国内外老城区的合流制排水系统均属此类。由于污水对环境造成的污染越来越严重，必须对污水进行适当处理才能减轻城市对环境造成的污染和破坏，为此产生了截流式合流制。截流式合流制就是在旧合流制基础上，修建沿河截流干管，在城市下游建污水处理厂，并在适当位置设置溢流井，这种系统可以保证晴天的污水全部进入污水处理厂处理，雨天一部分污水得到处理。在降雨量较小或对水体水质要求较高地区，可以采用全处理式合流制，即将生活污水、工业废水和降水全部送到污水处理厂处理后再排放，这种方式对环境水质的影响最小，但对污水处理厂的要求较高，并且投资较大。

由于城市排水对下游水体造成的污染和破坏与排水体制有关，为了更好地保护环境，一般新建的排水系统均应考虑采用分流制。只有在附近有水量充沛的河流或近海而发展又受到限制的小城镇地区，或街道较窄、地下设施较多、修建污水和雨水两条管线有困难的地区，以及雨水稀少和雨、污水要求全部处理的地区才考虑选用合流制排水系统。

至今，我国城市对雨水的主要处置方式还停留在快速排放的陈旧、简单模式。传统、简单的雨水排放模式和以管渠、调蓄水池和大型调蓄隧道、泵站等为主的灰色雨水基础设施尽管在保障城市安全方面发挥了重要作用，并且未来还会继续发挥重要作用，但必须看到，发达国家和发展中国家都遭遇过或正在遭遇类似的问题，单一的传统方法也有如投资和空间要求高、运行维护难、环境效益低等局限性，难以应对快速城市化带来的错综复杂的多重水的困境，不足以为现代城市提供全面的水环境安全保障；“水脏”“水少”“水多”等问题突出的“病态”城市不仅不能让生活更美好，还会严重地威胁城市的正常运行。一些发达国家，如美国、英国、德国、澳大利亚、日本和新西兰等，经过长期的研究和实践，从理念、技术、法规到管理均提出或已经形成了较为完善体系，如美国推行的低影响开发（Low Impact Development，LID）的理念和技术体系，我国也称之为海绵城市计划。

LID强调雨水为一种资源而不是一种“废物”，不能随项目的开发任意直接排放，要求在汇水面源头维持和保护场地自然水文功能，有效缓解大量不透水面积带来的不利影响。与利用管道（渠）排放的传统雨水系统不同，LID不仅强调采用小型、分散、低成本且具有景观功能的雨水措施控制径流总量和污染物水平，还强调在规划设计阶段，即项目实施阶段的源头就要系统地考虑应用低影响开发的理念和措施，以实现维持场地原有水文条件的总体目标。

【雨水回收再利用】

LID典型措施有：雨水花园（生物滞留）、屋顶绿化、植被浅沟、渗透设施、雨水塘/雨水湿地、景观水体、多功能调蓄设施等。组合应用这些措施可实现削减径流系数、调蓄利用雨水资源、滞留调节径流峰值、控制径流水质、降低合流制管道的溢流量和溢流频率、安全输送、河道保护、营造生态化景观等多种功能。

1.2.2 污水处理的基本方法与系统

污水处理的基本方法，就是采用各种技术与手段，将污水中所含的污染物分离去除、回收利用，或将其转化为无害物质，使水得到净化。具体方法可归纳为物理法、化学法、生物法等。

(1) 物理法是利用物理作用来分离废水中的悬浮物。例如，沉淀法不仅可以除去废水中比重大于1的悬浮颗粒，同时也是回收这些物质的有效方法；气浮法（浮选法）可去除乳状油或比重接近1的悬浮物；筛网过滤可除去纤维、纸浆等；此外，利用蒸发法浓缩废水中的溶解性不挥发物质也是一种物理法。

(2) 化学法是利用化学反应的作用来处理废水中的溶解物质或胶体物质。例如，中和法用于中和酸性或碱性废水；吹脱法用于除去废水中的挥发性物质。对于含有大量病菌的医院及制革工业用等废水，排放前应进行的消毒处理也属化学法。

(3) 生物法是利用微生物的作用处理废水的方法，它主要是用来除去废水中的胶体的和溶解性的有机物质。主要方法可分为两大类：利用好氧微生物作用的好氧法（好氧氧化法）和利用厌氧微生物作用的厌氧法（厌氧还原法）。好氧法广泛应用于处理城市污水及有机性生产污水，其中有活性污泥法和生物膜法两种；厌氧法多应用于处理高浓度有机污水与污水处理过程中产生的污泥，现在也开始用于处理城市污水与低浓度有机污水。

城市污水与生产污水中的污染物是多种多样的，往往需要采用几种方法的组合才能处理不同性质的污染物与污泥，达到净化的目的与排放标准，如图 1.7 所示。现代污水处理技术按处理程度划分，可分为一级、二级和三级处理。

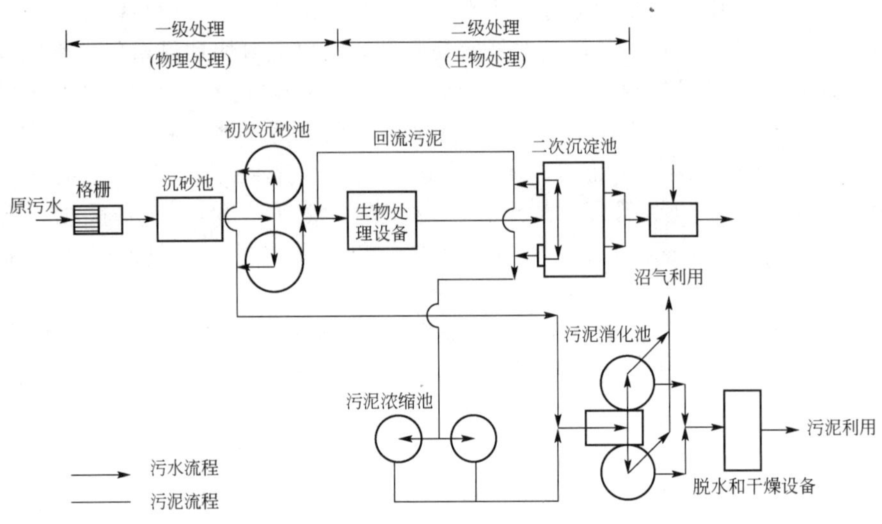

图 1.7　常用城市污水处理流程

一级处理主要去除污水中呈悬浮状态的固体污染物质，物理法大部分只能完成一级处理的要求。经过一级处理后的污水，BOD（生化需氧量）一般可去除 30%，达不到排放标准。一级处理属于二级处理的预处理。

二级处理主要去除污水中呈胶体和溶解状态的有机污染物质，即 BOD、COD（化学需氧量）物质，去除率可达 90%以上，使有机污染物达到排放标准。

三级处理是在一级、二级处理后，进一步处理难降解的有机物、磷和氮等能够导致水体富营养化的可溶性无机物等。主要方法有生物脱氮除磷法、混凝沉淀法、沙滤法、活性炭吸附法、离子交换法和电渗析法等。三级处理是深度处理的同义语，但两者又不完全相同，三级处理常用于二级处理之后，而深度处理则是以污水回收再用为目的，在一级或二级处理后增加的处理工艺。污水再用的范围很广，从工业上的重复利用、水体的补给水源到成为生活用水等。

污泥是污水处理过程中的产物。城市污水处理产生的污泥含有大量有机物，富有肥分，可以作为农肥使用，但又含有大量细菌、寄生虫卵以及从生产污水中带来的重金属离子等，需要做稳定与无害化处理。污泥处理的主要方法是减量处理（如浓缩法、脱水等）、稳定处理（如厌氧消化法、好氧消化法等）、综合利用（如消化气利用、污泥农业利用等）、最终处置（如干燥焚烧、填地投海、建筑材料等）。

城市排水工程目标的实现和提高，城市排水设施普及率、污水处理达标排放率等，都不是一个短期能解决的问题，需要几个规划期才能完成。因此，城市排水工程规划具有较长期的时效，以满足城市不同发展阶段的需要。

城市排水工程与城市给水工程之间关系紧密，排水工程规划的污水量、污水处理程度、受纳水体及污水出口应与给水工程规划的用水量、回用再生水的水质、水量和水源地及其卫生防护区相协调；城市排水工程与城市水系规划、城市防洪规划相关，应与规划水系的功能和防洪设计水位相协调；城市排水工程灌渠多沿城市道路敷设，应与城市规划道路的布局和宽度相协调；城市排水工程规划中排水管渠的布置和泵站、污水处理厂位置的确定应与城市竖向规划相协调。

【城市排水系统优化设计】

1.3 室外给排水工程概述

城市给排水系统是同时存在，有给水就有排水，室外给排水如图1.8所示，实线表示给水管网系统，虚线表示排水管网系统，1、2、3合为给水系统，4、5、6合为排水系统。

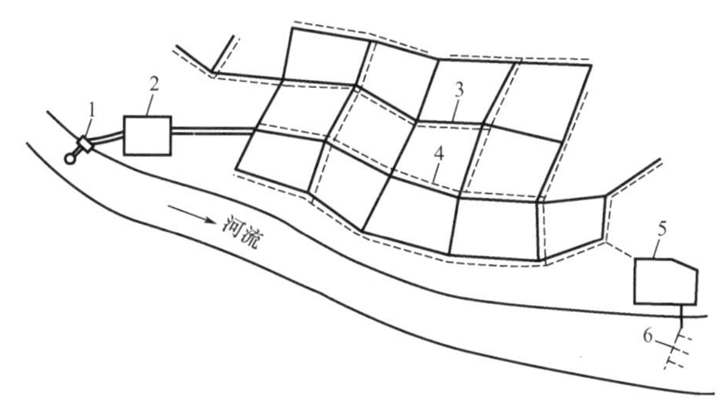

图1.8 城市室外给排水工程示意图

1—取水系统；2—给水处理系统；3—给水管网系统；4—排水管网系统；5—废水处理系统；6—排放系统

思考题

1. 比较地下水源与地表水源的优缺点。
2. 以江河水为水源时，取水构筑物位置的选择有何基本要求?
3. 绘制水循环利用流经路径图。
4. 给水管网建设中，采用环状管网对供水的安全性有何保证?
5. 清水池在给水系统中如何起调节作用?
6. 简述污水处理的基本方法及处理流程。

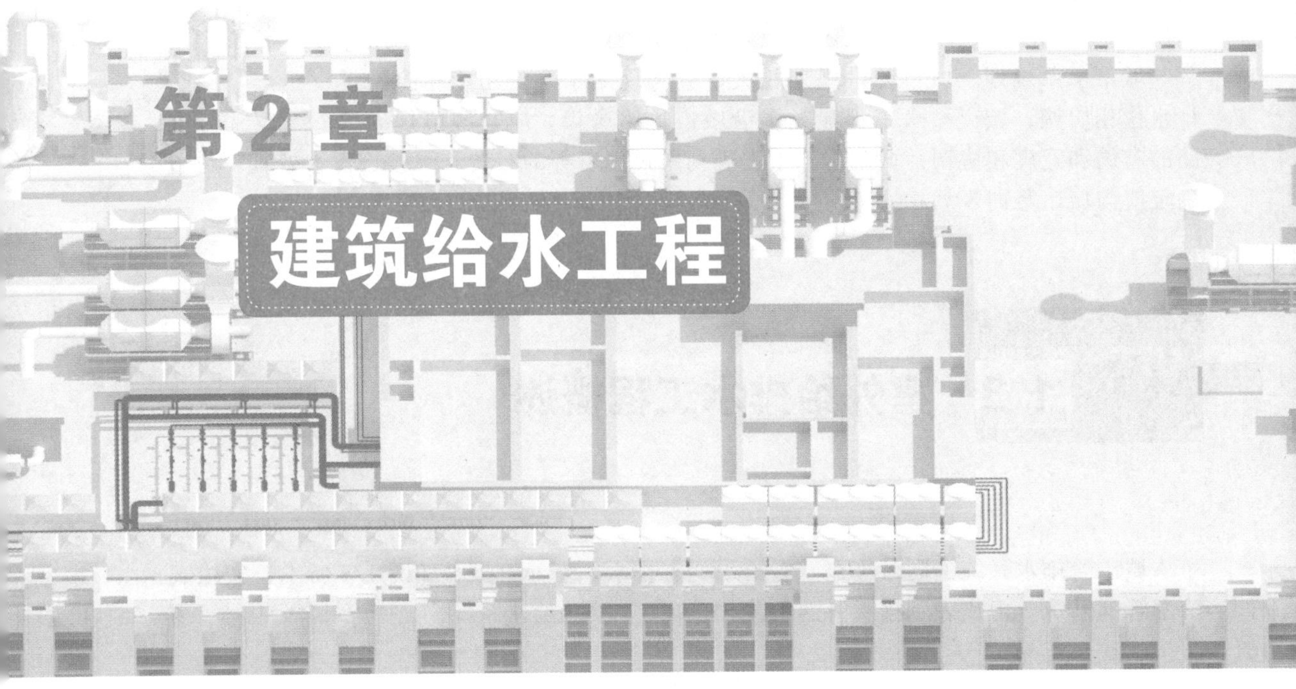

第2章 建筑给水工程

教学要点

本章主要讲述建筑给水系统的组成与计算的基本理论和方法。通过本章的学习，应达到以下目标：

(1) 理解建筑室内给水系统的组成，给水系统所需要的水压计算，给水管道的布置要求，给水方式的合理选择以及给水系统的设计思路；

(2) 理解针对建筑室内卫生器具的布置，配置给水管网，并根据相应的计算图示，确定给水管网各管段的管径和给水系统所需要的水压并选定相应的给水设备的型号，完成建筑室内给水工程设计。

基本概念

生活、生产及消防给水系统；室内给水管道的布设；最不利配水点；给水系统所需水压；给水方式；用水量标准；时变化系数；卫生器具给水当量；给水设计秒流量；经济流速；管径；沿程压力损失；局部压力损失

引例

深圳建科大楼于2010年6月顺利通过了专家验收，成为全国首个绿色建筑和低能耗建筑，这也是一座有地域特色的节能生态办公建筑。该项目充分整合了建筑节能、节材、节水技术。在节水和水资源利用方面：该项目周边无再生水厂，再生水源采用本栋楼的生活污水及回收的雨水。大楼具有较稳定的生活污水量，化粪池处理后的上清液经生态人工湿地处理后成为达标中水，供卫生间冲厕、楼内绿化浇洒用水。室外绿化浇洒、道路冲洗及景观水池补水用水量约为36.6m^3，该水量由屋顶及场地雨水经滤水层过滤后收集，经生态人工湿地处理后作为达标水供应。这是应用给水新技术示范性建筑，如何推广和应用这些给水技术，本章介绍了基本的应用原理和方法。

2.1 建筑给水系统的分类及组成

建筑给水系统的任务，就是经济合理地将水由城市给水管网（或自备水源）输送到建筑物内部的各种卫生器具、用水龙头、生产装置和消防设备，并满足各用水点对水质、水量、水压的要求。

2.1.1 建筑给水系统的分类

建筑给水系统按用途一般分为生活给水系统、生产给水系统和消防给水系统三类。

(1) 为民用、公共建筑和工业企业建筑内的饮用、烹调、盥洗、洗涤、沐浴等生活方面用水所设的给水系统称为生活给水系统。生活给水系统除满足所需的水量、水压要求外，其水质必须严格符合国家规定的饮用水水质标准。

(2) 为工业企业生产方面用水所设的给水系统称为生产给水系统。例如冷却用水、原料和产品的洗涤用水、锅炉的软化给水及某些工业原料的用水等几个方面。生产用水对水质、水量、水压的要求因生产工艺及产品不同而异。

(3) 为建筑物扑救火灾而设置的给水系统称为消防给水系统。消防给水系统又划分为消火栓灭火系统和自动喷水灭火系统。消防用水对水质要求不高，但必须符合《建筑设计防火规范》(GB 50016—2014) 要求，保证有足够的水量和水压。

在一幢建筑内，可以单独设置以上 3 种给水系统，也可以按水质、水压、水量和安全方面需要，结合室外给水系统的情况，组成不同的共用给水系统。如生活、消防共用给水系统；生活、生产共用给水系统；生产、消防共用给水系统；生活、生产、消防共用给水系统。

2.1.2 建筑给水系统的组成

建筑给水系统如图 2.1 所示，一般由以下各部分组成。

1. 引入管

引入管是指穿越建筑物承重墙或基础的管道，是室外给水管网与室内给水管网之间的联络管段，也称进户管、入户管。

2. 水表节点

水表节点是安装在引入管上的水表及其前后设置的阀门和泄水装置的总称。

3. 给水管网

给水管网指的是建筑内水平干管、立管和横支管等。

4. 配水装置与附件

配水装置与附件即配水龙头、消火栓、喷头与各类阀门（控制阀、减压阀、单向阀等）。

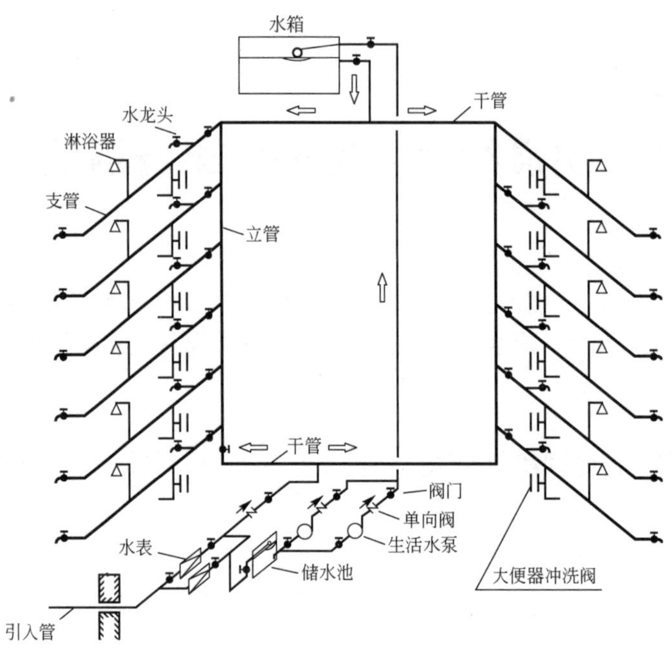

图 2.1　室内给水系统示意

5. 增压和储水设备

当室外给水管网的水量、水压不能满足建筑用水要求，或建筑内对供水可靠性、水压稳定性有较高要求时，需要设置各种附属设备，如水箱、水泵、气压给水装置、变频调速给水装置、水池等增压和储水设备。

6. 给水局部处理设施

当有些建筑对给水水质要求很高、超出我国现行生活饮用水卫生标准或其他原因造成水质不能满足要求时，就需要设置一些设备、构筑物进行给水深度处理，如二次净化处理。

2.1.3 室内给水管道的布置与敷设

室内给水管道的布置与敷设，必须在深入了解该建筑物的建筑和结构的设计情况、使用功能、不同管材的设置要求以及其他建筑设备的设计方案后，进行综合考虑。

【管材加工】

1. 管材与接口

管道是建筑设备中用到的最常见的材料，因此又称管材，包括管子、管件和附件。管子用于输送各类介质，管件又称管道配件，用于管材的连接、分支（或汇合）和改向。

1）管材的通用标准

(1) 管子与管路附件的公称直径。

公称直径也称公称通径，是为了使管子、附件、阀门等相互连接而规定的标准直径，公称直径是指管子的内径，但非实际的内径，因为具有同一规格公称直径的管件的外径相等。公称直径用字母 DN 表示，其后注明公称直径数值（mm）。

（2）公称压力、试验压力、工作压力。

在工程上把某种材料在基准温度时所承受的最大工作压力称为公称压力。公称压力用符号 PN 表示，其后注明公称压力值（MPa）。

管子与管路附件在出厂前必须对制品进行压力试验，以检验其强度，试验时的压力称为试验压力。用符号 P_s 表示，其后注明试验压力数值（MPa）。

介质在工作温度下的操作压力称为工作压力，用字母 P 表示，介质最高工作温度除以 10 所得整数，可标注在 P 的右下角。例如，介质最高温度为 200℃，工作压力为 2.0MPa，用 $P_{20}2.0$ 表示。

2）建筑给水工程常用管材和管件

管道工程所用的管材可分为金属管材和非金属管材两种。金属管材又分为钢管、铸铁管和铜管等，非金属管材有钢筋混凝土管、石棉水泥管、塑料管和陶土管等。建筑给水工程中常用的是钢管、铸铁管、铜管、塑料管、复合管材等。各种管材有各自相应的管道配件，有螺纹接头（多用于塑料管、钢管）、法兰接头、承插接头（多用于铸铁管、塑料管）等几种形式。

【复合管材介绍】

下面介绍塑料管。

常用塑料管有聚氯乙烯（UPVC）管、聚丙烯（PP－R）管、聚乙烯（PE）管等，塑料管的使用参数见表 2－1，每一种塑料管都有不同的使用配件。

表 2－1　塑料管的种类、规格及用途

<table>
<tr><td rowspan="2">种类
性能</td><td colspan="4">聚氯乙烯管</td><td rowspan="2">聚乙烯管</td><td rowspan="2" colspan="2">聚丙烯管</td><td rowspan="2">工程塑料</td></tr>
<tr><td colspan="2">硬管</td><td>硬排水管</td><td>软管</td></tr>
<tr><td>代号</td><td colspan="2">PVC</td><td>PVC</td><td></td><td>PE</td><td colspan="2">PP－R</td><td>ABS</td></tr>
<tr><td rowspan="2">工作压力/MPa</td><td>轻型</td><td>重型</td><td rowspan="2">常压</td><td rowspan="2">0.25</td><td rowspan="2">0.4、0.5、0.75</td><td>轻型</td><td>重型</td><td rowspan="2">0.2</td></tr>
<tr><td>0.6</td><td>1</td><td>1</td><td>1.6</td></tr>
<tr><td>适用温度/℃</td><td colspan="2">−10～50</td><td>常温</td><td>−40～60</td><td>＞60</td><td colspan="2">≤100</td><td>−40～80</td></tr>
<tr><td>规格/mm</td><td colspan="2">外径 10～400，根长≥4m</td><td>DN50～DN100，根长 2～7m</td><td>内径≤40，根长≥10m</td><td>外径 21～68，根长≥4m</td><td colspan="2">DN15～DN200</td><td>DN20～DN50，根长 4～6m</td></tr>
<tr><td>连接形式</td><td colspan="3">承插连接、粘接、焊接、丝扣连接、法兰连接</td><td>粘接</td><td colspan="3">热熔对接、承插连接、螺纹、法兰连接</td><td>法兰、承插、粘接等</td></tr>
<tr><td>用途</td><td colspan="2">输送化工介质、水等</td><td>输送生活污水、雨水等</td><td>输送低压腐蚀性流体等</td><td>输送水、气体及食用介质</td><td colspan="2">输送水</td><td>输送酸性介质、有机溶剂等</td></tr>
</table>

管材的选用，应根据水质要求及建筑物使用要求等因素确定。生活给水应选用有利于水质保护和连接方便的管材，一般可选用塑料管、铝（钢）塑复合管、钢管等。消防与生活共用的给水系统中，消防给水管材应与生活给水管材相同。自动喷水灭火系统的消防给水管可采用热浸镀锌钢管、塑料管、塑料复合管、铜管等管材。埋地给水管道一般可采用塑料管或有衬里的球墨铸铁管等。

2. 给水管道的布置

1） 引入管

引入管是室外给水管网与室内给水管网之间的联络管段，布置时力求简短，其位置一般由建筑物用水量最大处接入，同时要考虑便于水表的安装与维修，与其他地下管线之间的净距离应满足安装操作的需要。

一般的建筑物设一根引入管，单向供水。对不允许间断供水的大型或多层建筑，可设两条或两条以上引入管，并由建筑不同侧的配水管网上引入。

给水引入管与排水排出管的水平净距不得小于1m，引入管应有不小于0.003的坡度，坡向室外给水管网。

2） 水平干管

室内给水系统，按照水平配水干管的敷设位置，可以设计成下行上给、上行下给和环状式3种形式。

3） 立管

立管靠近用水设备，并沿墙柱向上层延伸，应保持短直，避免多次弯曲。明设的给水立管穿楼板时，应采取防水措施。美观程度要求较高的建筑物，立管可在管井内敷设。管井应每层设外开检修门。需进入维修管道的管井，其维修人员的工作通道净宽度不宜小于0.6m。

4） 支管

支管从立管接出，直接接到用水设备。需要泄空的给水横支管宜有0.002～0.005的坡度，坡向泄水装置。

以上各管道系统在室内布置时，不应穿越变配电房、电梯机房、通信机房、大中型计算机房、计算机网络中心、音像库房等遇水会损坏设备和引发事故的房间，并应避免在生产设备上方通过，也不得妨碍生产操作、交通运输和建筑物的使用。

室内给水管道不得布置在遇水会引起燃烧、爆炸的原料、产品和设备的上面。

室内给水管道不得布置在烟道、风道、电梯井内、排水沟内；给水管道不得穿过大便槽和小便槽，也不宜穿越橱窗、壁柜。

室内给水管道不宜穿越伸缩缝、沉降缝、变形缝，如必须穿越时，应设置补偿管道伸缩的装置。

塑料给水管道不得布置在灶台上边缘，不得与水加热器或热水炉直接连接，应有不小于0.4m的金属管段过渡。

3. 给水管道的敷设

1） 给水管道的敷设形式

根据建筑物的性质及要求，给水管道的敷设分为明装和暗装两种形式。

明装时，管道在建筑物内沿墙、梁、柱、地板或在天花板下等处暴露敷设，并以钩钉、吊环、管卡及托架等支托物使之固定。一般的民用建筑和大部分生产车间内的给水管道可采用明装。

暗装时，干管和立管敷设在吊顶、管井内，支管敷设在楼地面的找平层内或沿墙敷设在管槽内。标准较高的民用住宅、宾馆及工艺技术要求较高的精密仪表车间内的给水管道一般采用暗装。

2） 给水管道的防腐

无论是明装管道还是暗装的管道，除镀锌钢管、给水塑料管外，都必须做防腐处理。管道防腐最常用的方法是刷油。

3） 给水管道的防冻

在寒冷地区，对于敷设在冬季不采暖房间的管道以及安装在受室外冷空气影响的门厅、过道处的管道，应考虑保温、防冻措施。

4） 给水管道的防结露

管道明装在环境温度较高，空气湿度较大的房间，如厨房、洗衣房和某些生产车间等，管道表面可能产生凝结水而引起管道的腐蚀，应采取防结露措施。

2.1.4 附件和水表

管道附件是给水管网系统中调节水量、水压，控制水流方向，关断水流等各类装置的总称。

水表是一种计量建筑物或设备用水量的仪表。建筑内部的给水系统广泛使用的是流速式水表，根据管径一定时，通过水表的水流速度与流量成正比的原理来测量用水量。

1. 附件

管道附件可分为配水附件和控制附件两类。

1） 配水附件

配水附件用来调节和分配水流，如旋塞式配水龙头、瓷片式配水龙头、盥洗龙头、混合龙头等，常用配水附件如图 2.2 所示。

2） 控制附件

控制附件用来调节水量和水压，关断水流等，如截止阀、闸阀、单向阀、浮球阀和溢流阀等。常用控制附件如图 2.3 所示。

闸阀全开时，水流呈直线通过，压力损失小，但水中杂质沉积阀座时，阀板关闭不严，易产生漏水现象。管径大于 50mm 或双向流动的管段上宜采用闸阀。

截止阀关闭严密，水流阻力较大，用于管径不大于 50mm 或经常启闭的管段上。

旋塞阀又称转心阀，装在需要迅速开启或关闭的管段上。为防止因迅速关断水流而引起水击，常用于压力较低和管径较小的管段上。

单向阀又称止回阀，水流只能往一个方向通过，其阻力较大。

浮球阀是一种利用水位变化而自动启闭的阀门，一般设在水箱或水池的进水管上，用以开启或切断水流。

溢流阀是保证系统和设备安全的管件，其作用是避免管网和其他设备中压力超过规定的数值而使管网、用具或密闭水箱受到破坏。

液位控制阀是一种靠水位升降而自动控制的阀门，可代替浮球阀而用于水箱、水池和水塔的进水管上，通常采用立式安装。

2. 水表

1） 流速式水表

在建筑内部给水系统中，广泛采用的是流速式水表。按叶轮构造不同，流速式水表分旋翼式（又称叶轮式）和螺翼式两种。旋翼式的叶轮转轴与水流方向垂直，阻力较

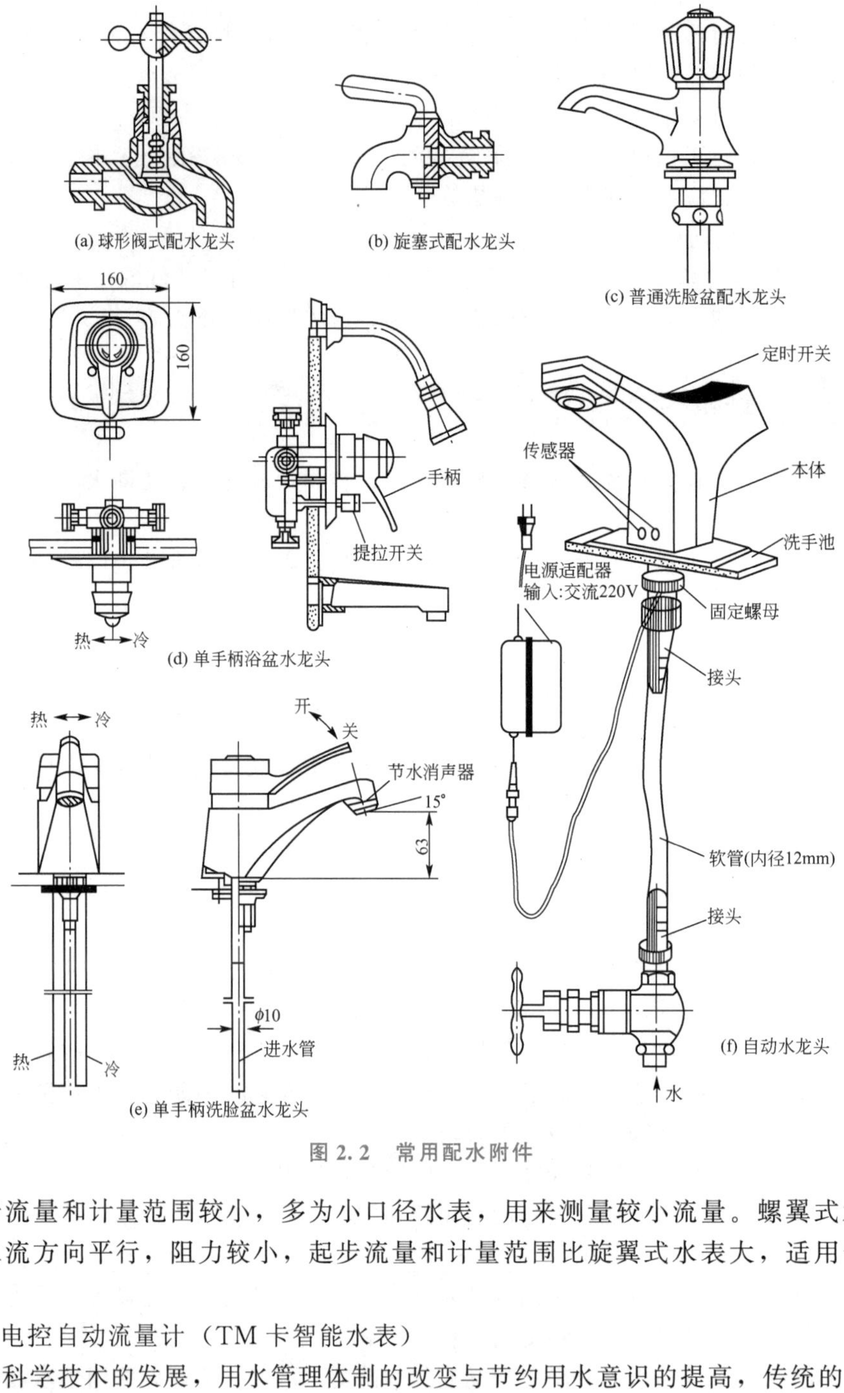

(a) 球形阀式配水龙头

(b) 旋塞式配水龙头

(c) 普通洗脸盆配水龙头

(d) 单手柄浴盆水龙头

(e) 单手柄洗脸盆水龙头

(f) 自动水龙头

图 2.2　常用配水附件

大，起步流量和计量范围较小，多为小口径水表，用来测量较小流量。螺翼式水表叶轮转轴与水流方向平行，阻力较小，起步流量和计量范围比旋翼式水表大，适用于测量大流量。

2） 电控自动流量计（TM 卡智能水表）

随着科学技术的发展，用水管理体制的改变与节约用水意识的提高，传统的“先用水后收费”用水体制和人工进户抄表、结算水费的繁杂方式，已不适应现代的管理方式与生活方式，用新型的科学技术手段改变自来水供水管理体制的落后状况已经提上议事日程。因此，电磁流量计、远程计量仪等自动水表应运而生。TM 卡智能水表就是其中之一。它内部置有微计算机测控系统，通过传感器检测水量，用 TM 卡传递水量数据，主要用来计量（定量）经自来水管道供给用户的饮用冷水，适于家庭使用。

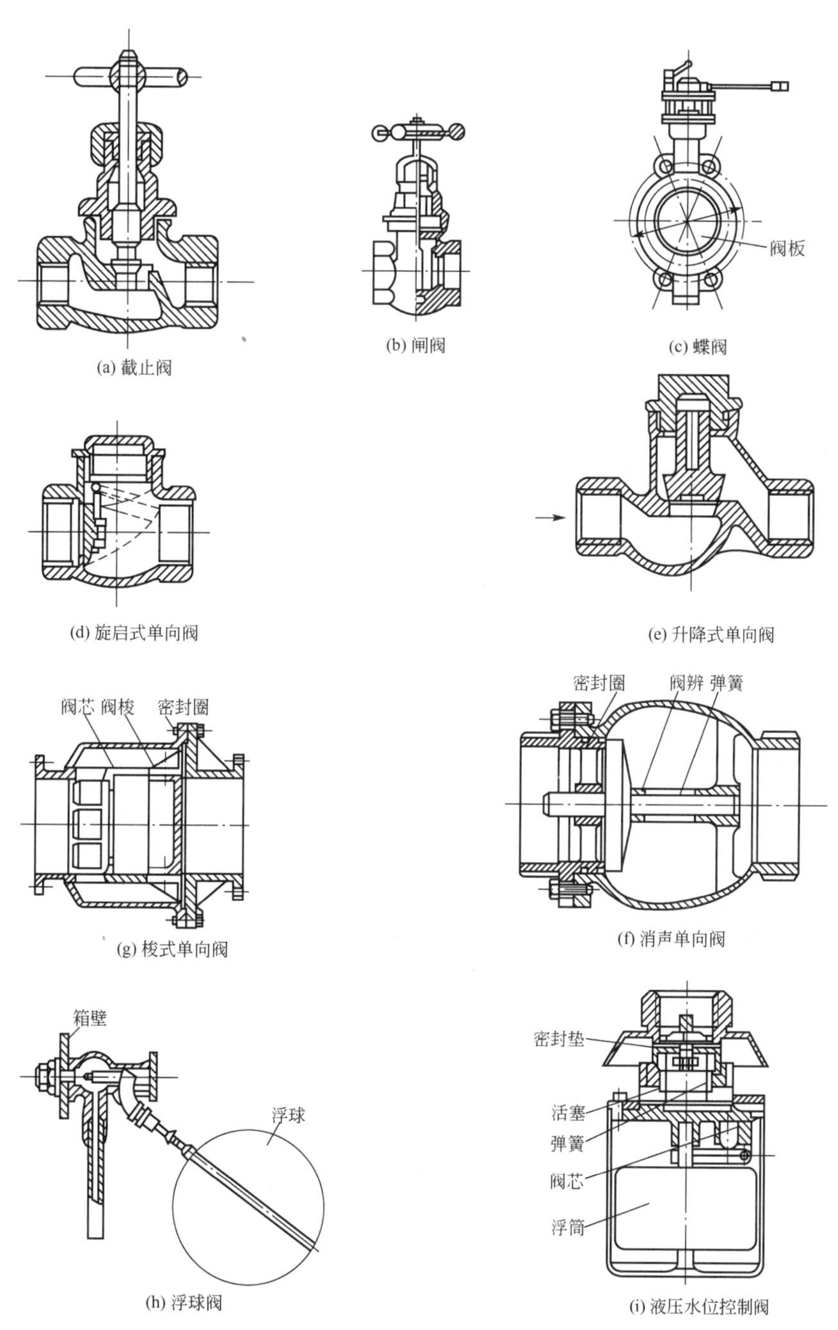

图 2.3 各类阀门

2.1.5 增压和储水设备

城市有各种不同高度、不同类型的建筑，对给水水量、水压要求不同，城市给水管网不能按最高水压设计，而是以满足大多数低层建筑的用水要求为度，当室外给水管网的水量、水压不能满足建筑用水要求，或建筑内对供水可靠性、水压稳定性有较高要求时，需要设置各种附属设备，如水泵、水池、水箱、气压给水装置、变频调速给水装置等增压和储水设备。

1. 水泵

水泵是给水系统中的主要升压设备。在建筑给水系统中，较多采用离心式水泵，它具有结构简单、体积小、效率高等优点。

1) 离心泵的工作原理

离心泵的工作原理是靠叶轮在泵壳内旋转，使水靠离心力甩出，从而得到压力，将水送到需要的地方。其安装方式有“吸入式”和“灌入式”两种。“吸入式”是指泵轴高于吸水池水面，“灌入式”是指吸水池水面高于泵轴。一般来说，设水泵的室内给水系统多与高位水箱联合工作，为减小水泵的容积，多采用“灌入式”，这种方式也比较容易实现水泵的开停自动控制。

2) 离心泵的基本工作参数

(1) 流量。流量是反映水泵出水水量大小的物理量，是指在单位时间内通过水泵的水的体积，以符号 Q 表示，单位常用 L/s 或 m^3/h 表示。

(2) 扬程。流经泵的出口断面与进口断面单位流体所具有的总能量之差称为泵的扬程，用符号 H 表示，单位一般用高度单位 mH_2O 表示，也有用 kPa 或 MPa 表示的。

(3) 轴功率、有效功率和效率。轴功率是指电机输给水泵的总功率，以符号 N 表示，单位用 kW 表示。

有效功率是指水泵提升水做的有效功的功率，以符号 N_e 表示，$N_e=\gamma QH$，单位用 kW 表示。

效率是指水泵有效功率与轴功率的比值，用符号 η 表示，$\eta=N/N_e$。

(4) 转速。转速是反映水泵叶轮转动的速度，以符号 n 表示，单位用 r/min 表示。

3) 离心泵的选择

水泵的选择原则，应是既满足给水系统所需的总水压与水量的要求，又能在最佳工况点（水泵特性曲线效率最高段）工作，同时还能满足输送介质的特性、温度等要求。水泵选择的主要依据是给水系统所需要的水量和水压。一般应使所选水泵的流量大于或等于给水系统最大设计流量，使水泵的扬程大于或等于给水系统所需的水压。一般按给水系统所需要的水量和水压附加 10%～15%作为选择水泵流量和扬程的参考。

生活给水系统的水泵，宜设一台备用机组。备用泵的供水能力不应小于最大一台运行水泵的供水能力，且水泵宜自动切换交替运行。

4) 变频调速水泵

当室内用水量不均匀时，可采用变频调速水泵，这种水泵的构造与恒速水泵一样也是离心泵，不同的是配有变速配电装置，整个系统由电动机、水泵、传感器、控制器及变频调速器等组成，其转速可以随时调节。其作用原理如图 2.4 所示。

水泵启动后向管网供水，由于用水量的增加，压力降低，这时从传感器测量到的数据变为电信号输入控制器，经控制器处理后传给变频器增高电源频率，使电动机转速增加，提高水泵的流量和压力，满足当时的供水需要。随着用水量的不断增大，水泵转速也不断加大，直到达到最大用水量。在高峰用水过后，水量逐渐减小，亦由传感器、控制器及变频器的作用，降低电源频率，减小电动机转速，使水泵的出水量、水压逐渐减少。变频调速泵根据用水量变化的需要，使水泵在有效范围内运行，达到节省电能的目的。

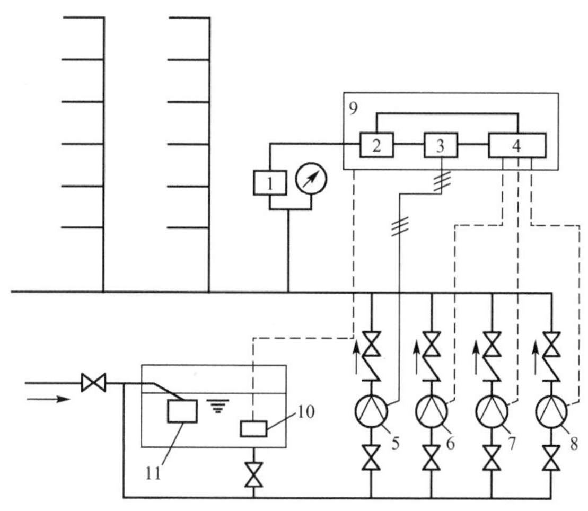

图 2.4 变频调速水泵工作原理

1—压力传感器；2—微机控制器；3—变频调速器；4—恒速泵控制器；5—变频调速泵；
6、7、8—恒速泵；9—电控柜；10—水位传感器；11—液位自动控制阀

5）建筑物中的泵房

(1) 泵房平面尺寸。

泵房平面尺寸要根据水泵机组的布置形式，由水泵机组本身所占尺寸、泵与泵之间所要求的间距，同时还应考虑维修和操作要求的空间来确定。水泵机组的布置要求见表 2-2。

表 2-2 水泵机组外轮廓面与墙和相邻机组间的最小间距

电动机额定功率/kW	水泵机组外轮廓面与墙面之间的最小间距/m	相邻水泵机组外轮廓面之间的最小间距/m
≤22	0.8	0.4
25～55	1.0	0.8
55～160	1.2	1.2

泵房内水泵或电动机外形尺寸四周应有不小于 0.7m 的检修通道；大型泵站要求有两路供电电源，常设变电室和配电室，变配电室内的高压开关柜正面的操作空间为 1.8～2.0m，低压配电柜正面的操作空间为 1.2～1.5m，柜后应有 0.8～1.0m 的检修通道。当泵房机组供水量大于 $200m^3/h$ 时，泵房应有一间面积为 $10～15m^2$ 的修理间和一间面积约为 $5m^2$ 的库房。泵房还要求有一间面积不小于 $12m^2$ 的值班室。

某一泵房平面布置如图 2.5 所示。

(2) 泵房建筑的其他要求。

水泵在工作时产生振动发出噪声，会通过管道系统传播，影响人们的工作和生活。因此，泵房常设在建筑的底层或地下室，远离要求防振和安静的房间；应在水泵吸水管和压水管上设隔声装置（如软接头），水泵下面设减振装置，使水泵与建筑结构部分断开。

水泵基础高出地面的高度不应小于 0.1m。泵房内管道外底距地面或管沟底面的距离：当管径≤150mm 时，不应小于 0.2m；当管径≥200mm 时，不应小于 0.25m。泵房应设排水措施，光线和通风良好，并不致结冻。

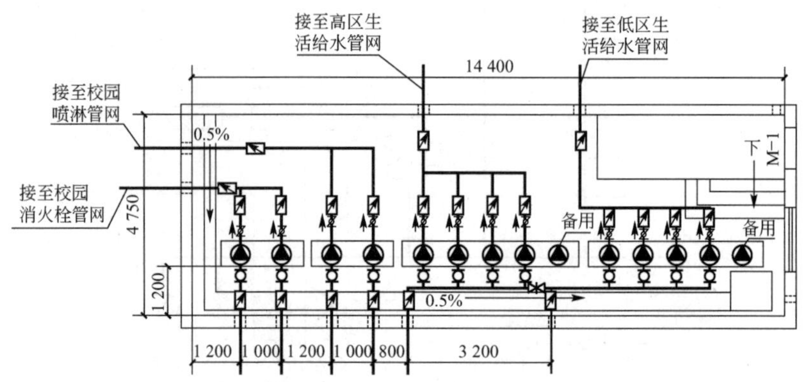

图 2.5　泵房平面布置图

泵房的净高在无吊车起重设备时，应不小于 3.2m，当有吊车起重设备时，应按具体情况决定。

泵房的大门应比最大件宽 0.5m；开窗总面积应不小于泵房地板面积的 1/6，靠近配电箱处不得开窗（可用固定窗）。

2. 储水池与吸水井

1）储水池

储水池是建筑给水常用调节和储存水量的构筑物，采用钢筋混凝土、砖石等材料制作，形状多为圆形和矩形。

储水池宜布置在地下室或室外泵房附近，不宜毗邻电气用房和居住用房，生活储水池应远离化粪池、厕所、厨房等卫生环境不良的地方。

储水池外壁与建筑主体结构墙面或其他池壁之间的净距，无管道的侧面不宜小于 0.7m；安装有管道的侧面不宜小于 1.0m，且管道外壁与建筑本体墙面之间的通道宽度不宜小于 0.6m；设有人孔的池顶，顶板面与上面建筑本体板底的净空不应小于 0.8m。

生活或生产用水与消防用水合用水池时，应设有消防用水不被挪用的措施，如图 2.6 所示。

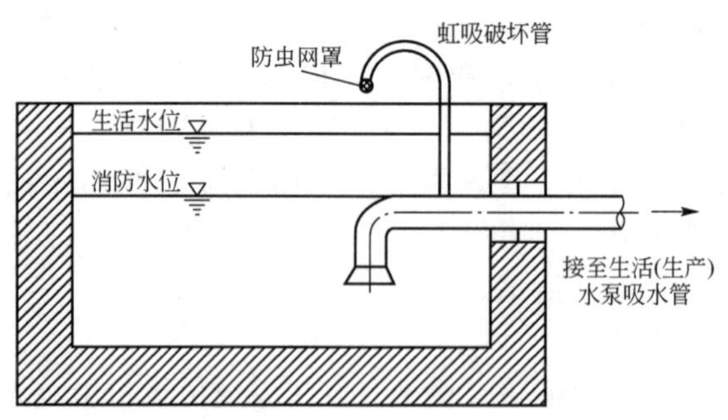

图 2.6　储水池中消防用水平时不被挪用的措施

2）吸水井

吸水井是用来满足水泵吸水要求的构筑物，当室外无须设置储水池而又不允许水泵直接从室外管网抽水时设置。

吸水井有效容积不得小于最大一台水泵 3min 的出水量。吸水井尺寸要满足吸水管的布置、安装、检修和水泵正常工作的要求，其布置的最小尺寸如图 2.7 所示。

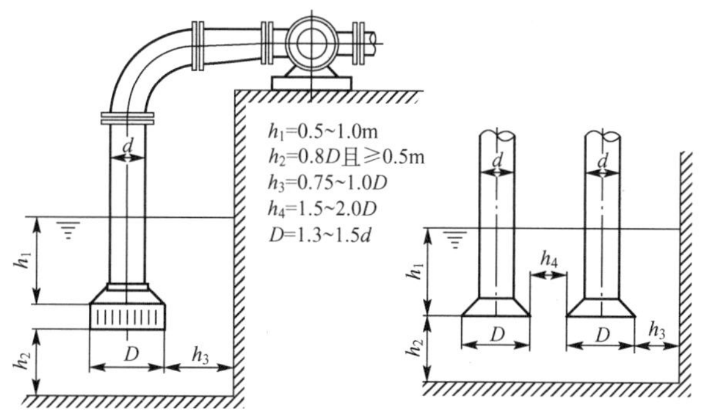

图 2.7 吸水管进水口在吸水池中的位置

吸水井可设置在底层或地下室，也可设置在室外地下或地上。对于生活饮用水，吸水井应有防止污染的措施。

3. 水箱

在建筑给水系统中，当需要储存和调节水量，以及需要稳压和减压时，均可以设置水箱。水箱一般采用钢板、钢筋混凝土、玻璃钢制作。常用水箱的形状有矩形、方形和圆形。水箱应设进水管、出水管、溢流管、通气管、泄水管、液位计、信号管、人孔、内外爬梯等附件，如图 2.8 所示。

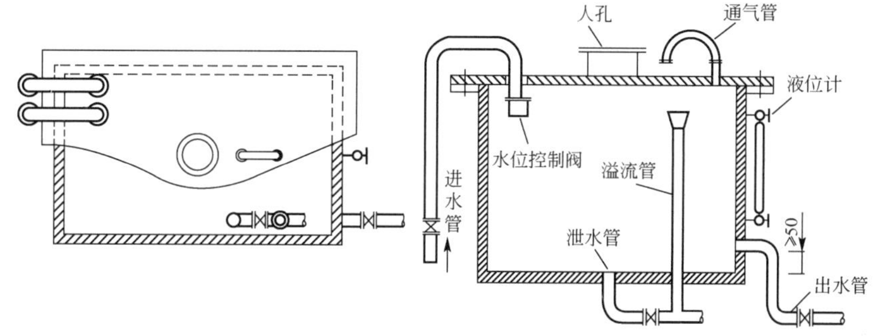

图 2.8 水箱平面、剖面及接管示意图

水箱应设置在便于维护、光线和通风良好且不结冻的地方，一般布置在屋顶或闷顶内的水箱间，在我国南方地区，大部分是直接设置在平屋面上。水箱底距水箱间地板面或屋面应有不小于 0.8m 的净空，以便于安装管道和进行维修。水箱间应有良好的通风、采光和防蚊蝇措施，室内最低气温不得低于 5℃。水箱间的承重结构为非燃烧材料。水箱间的净高不得低于 2.2m。

4. 气压给水设备

气压给水设备是一种局部升压和调节水量的给水装置。该设备是用水泵将水压入密闭的罐体内，压缩罐内空气，用水时罐内空气再将存水压入管网，供各用水点用水。其作用相当于高位水箱或水塔。罐的送水压力是压缩空气而不是位置高度，因此气压水罐可以设置于任何高度，安装施工方便，运行可靠，维护和管理方便；由于气压水罐是密闭装置，水质不易被污染；还能消除水锤作用。但气压水罐容量小，调节能力较小，罐内水压变化大，水泵启动频繁，耗电多，经常性费用较高。地震区的建筑、临时性建筑、因建筑艺术要求不宜设置高位水箱或水塔的建筑，以及有隐蔽要求的建筑都可以采用气压给水设备，但对于压力要求稳定的用户不适宜。

2.2 建筑给水系统所需水压的确定及给水方式

2.2.1 建筑给水系统所需水压的确定

1. 计算表达式

在建筑给水系统设计开始，首先要得到建筑物所在地区的最低供水压力，并将其与建筑给水系统所需压力（图2.9）进行比较，才好确定建筑物的供水方式。建筑给水系统所需压力必须保证将需要的水量输送到建筑物内最高、最远配水点（最不利配水点），并保证有一定的流出压力（流出压力是在保证给水额定流量的前提下，为克服给水配件内摩阻冲击及流速变化等阻力，在控制出流的启闭阀前所需的静水压，而不是出水口处的水头值。以淋浴器为例，不是指莲蓬头处，而是指阀门前的水头值），可按式(2-1)计算。

$$H=H_1+H_2+H_3+H_4 \qquad (2-1)$$

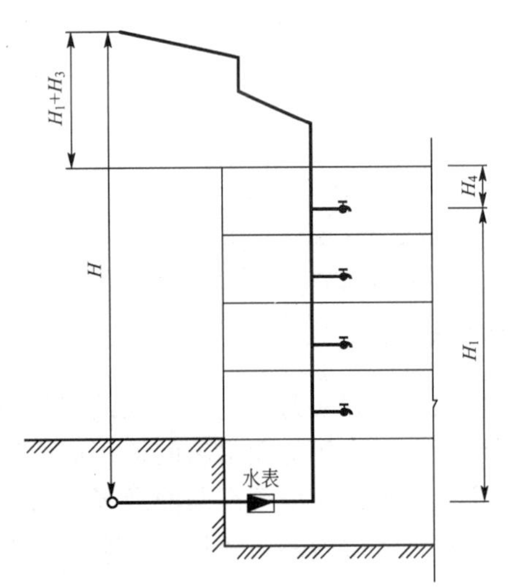

图2.9　建筑给水系统所需压力

式中　H——给水系统所需的供水压力，kPa；

H_1——引入管起点至管网最不利点位置高度所要求的静水压力，kPa；

H_2——计算管路的沿程与局部压力损失之和，kPa；

H_3——水表的压力损失，kPa；

H_4——管网最不利点所需的流出压力，kPa。

注：我国现行《建筑给水排水设计规范》(GB 50015—2003)(2009年版)对各卫生器具流出水头的规定改为对各卫生器具最低工作压力的规定，详见表2-8。

在有条件时，还应考虑一定的富余压力（一般为10～30kPa）。

为了在初步设计阶段能估算出室内给水管网所需的压力，对于居住建筑生活给水管网可按建筑物层数估算从地面算起的最小保证压力，一般一层为100kPa，二层为120kPa，三层及三层以上每增加一层，增加40kPa。

2. 计算结果比较

计算出的建筑给水系统所需压力 H 与室外给水管网压力（也称资用压力）H_0 进行比较。

(1) 当 H_0 略大于 H 时，说明设计方案可行。

(2) 当 H_0 略小于 H 时，可适当放大部分管段的管径，减小管道系统的压力损失，以达到室外管网给水压力满足室内给水系统所需压力。

(3) 当 H_0 大于 H 许多时，可将管网中部分管段的管径调小一些，以节约能源和投资。

(4) 当 H 大于 H_0 许多时，应在给水系统中设置增压装置。

2.2.2 室内给水方式

1. 非高层建筑室内给水方式

非高层建筑常用的室内给水方式有如下几种。

1) 直接给水方式

这种给水方式适用于室外管网水量和水压充足，能够全天保证室内用水要求的地区。室内给水管道系统直接与室外供水管网相连，利用室外管网压力直接向室内给水系统供水，如图 2.10 所示。

这种给水方式的优点是给水系统简单，投资少，安装维修方便，可充分利用室外管网水压，节约能源；缺点是系统内部无储备水量，室外管网一旦停水，室内系统立即断水。

2) 设水箱的给水方式

这种给水方式适用于室外管网水压周期性不足（一般是一天内大部分时间能满足要求，只在用水高峰时刻，由于用水量增加，室外管网水压降低而不能保证建筑的上层用水），并且允许设置水箱的建筑物。当室外管网压力大于室内管网所需压力时，则由室外管网直接向室内管网供水，并向水箱充水，以储备一定水量。当室外管网压力不足，不能满足室内管网所需压力时，则由水箱向室内系统补充供水。设水箱的给水方式如图 2.11 所示。

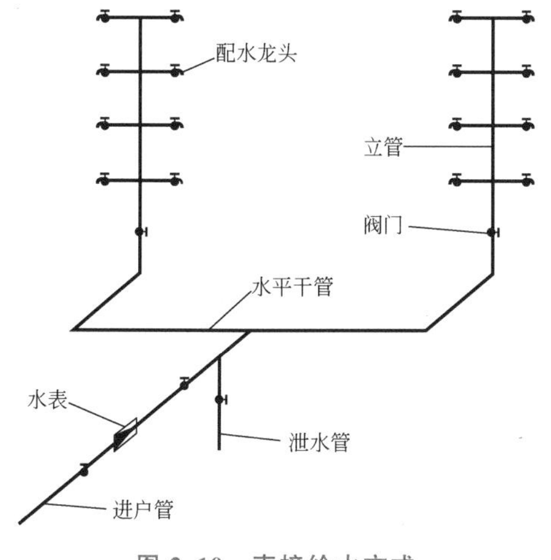

图 2.10 直接给水方式

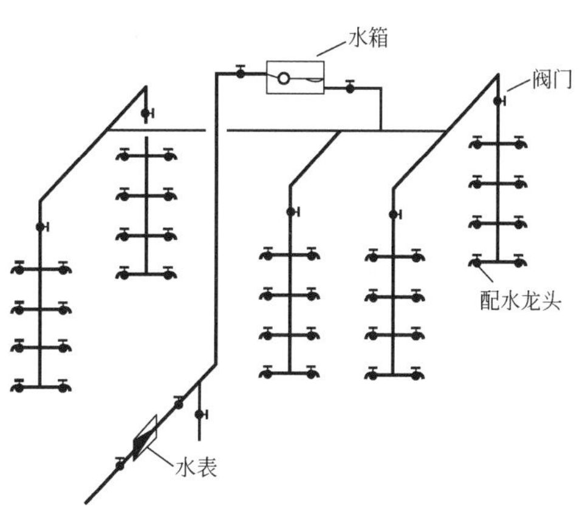

图 2.11 设水箱的给水方式

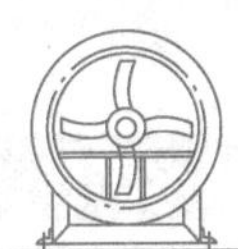

这种给水方式的优点是系统比较简单，投资较省；充分利用室外管网的压力供水，节省电能；同时，系统具有一定的储备水量，供水的安全可靠性较好。其缺点是系统设置了高位水箱，增加了建筑物的结构荷载，并给建筑设计的立面处理带来一定难度；同时，若管理不当，水箱的水质易受到污染。

3）设水泵的给水方式

这种给水方式适用于室外管网水压经常性不足的生产车间、住宅楼或者居住小区集中加压供水系统。当室外管网压力不能满足室内管网所需压力时，利用水泵进行加压后向室内给水系统供水，当建筑物内用水量较均匀时，可采用恒速水泵供水；当建筑物内用水不均匀时，宜采用自动变频调速水泵供水，以提高水泵的运行效率，达到节能的目的。设水泵的给水方式如图 2.12 所示。

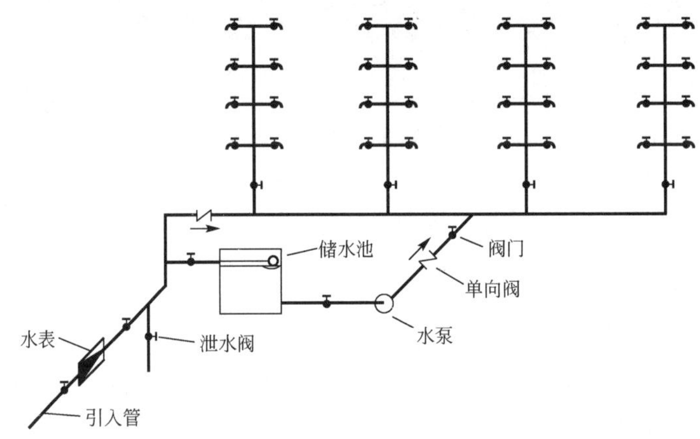

图 2.12　设水泵的给水方式

这种给水方式避免了以上设水箱的缺点，但由于市政给水管理部门大多明确规定不允许生活用水水泵直接从室外管网吸水，而必须设置断流水池。断流水池可以兼作储水池使用，从而增加了供水的安全性。

4）设水池、水泵和水箱的给水方式

这种给水方式适用于当室外给水管网水压经常性或周期性不足，又不允许水泵直接从室外管网吸水，并且室内用水不均匀，利用水泵从储水池吸水，经加压后送到高位水箱或直接送给系统用户使用的建筑物。当水泵供水量大于系统用水量时，多余的水充入水箱储存；当水泵供水量小于系统用水量时，则由水箱出水，向系统补充供水，以满足室内用水要求。设水池水泵和水箱的给水方式如图 2.13 所示。

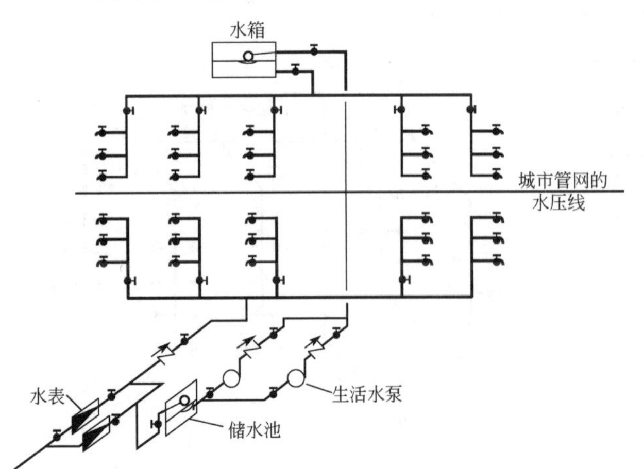

图 2.13　设水池、水泵和水箱的给水方式

这种给水方式由水泵和水箱联合工作，水泵及时向水箱充水，可

以减小水箱容积。同时在水箱的调节下，水泵的工作稳定，能经常处在高效率下工作，节省电能。停水、停电时可延时供水，供水可靠，供水压力较稳定。其缺点是系统投资较大，且水泵工作时会带来一定的噪声干扰。

5）设气压给水装置的给水方式

这种给水方式适用于室外管网水压经常不足，不宜设置高位水箱或水塔的建筑物（如隐蔽的国防工程、地震区建筑、建筑艺术要求较高的建筑等），但对于压力要求稳定的用户不适宜。

气压给水装置是利用密闭储罐内空气的压缩或膨胀使水压上升或下降的特点来储存、调节和压送水量的给水装置，其作用相当于高位水箱和水塔，但其位置可根据需要较灵活地设在高处或低处。水泵从储水池吸水，经加压后送至给水系统和气压水罐内；停泵时，再由气压水罐向室内给水系统供水，由气压水罐调节储存水量及控制水泵运行。设气压给水装置的给水方式如图 2.14 所示。

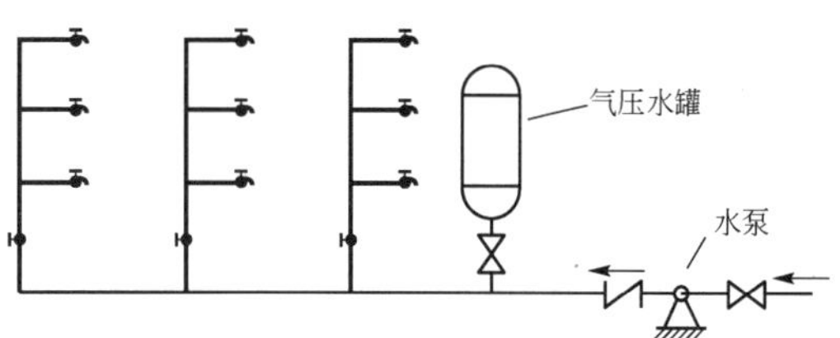

图 2.14 设气压给水装置的给水方式

这种给水方式的优点是设备可设在建筑物的任何高度上，安装方便，具有较大的灵活性，水质不易受污染，投资省，建设周期短，便于实现自动化等。其缺点是给水压力波动较大，管理及运行费用较高，且调节能力低。

2. 高层建筑室内给水方式

高层建筑如果采用同一给水系统，势必使低层管道中静水压力过大。需要采用耐高压管材配件及器件，使得工程造价增加；开启阀门或水龙头时，管网中易产生水锤；低层水龙头开启后，由于配水龙头处压力过高，使出流量增加，造成水流喷溅，影响使用，并可能使顶层龙头产生负压抽吸现象，形成回流污染。

在高层建筑中，为了充分利用室外管网水压，同时为了防止下层管道中静水压力过大，其给水系统必须进行竖向分区。分区的标准是使各区最低卫生器具配水点的静水压力小于其工作压力。《建筑给水排水设计规范》(GB 50015—2003)（2009 年版）规定：各分区最低卫生器具配水点处的静水压力不宜大于 0.45MPa；居住建筑入户管给水压力不应大于 0.35MPa。住宅、旅馆、饭店、公寓等建筑一般为 300～350kPa，办公楼一般为 350～450kPa，也就相当于每 10～12 层为一个供水区。其分区形式主要有串联式、并联式、减压式和无水箱式。建筑高度不超过 100m 的建筑的生活给水系统，宜采用垂直分区并联供水或分区减压的供水方式；建筑高度超过 100m 的建筑，宜采用垂直串联供水方式。

1） 分区串联给水方式

该方式如图 2.15 所示，各区设置水箱和水泵，各区水泵均设在技术层内，自下区水箱抽水供上区用水。

这种给水方式的优点是设备与管道较简单，各分区水泵扬程可按本区需要设计，水泵效率高。其缺点是水泵设于技术层，对防振动、防噪声和防漏水等施工技术要求高，水泵分散设置，占用设备层面积大，管理维修不便，供水可靠性不高，若下区发生事故，其上部各区供水都会受到影响。

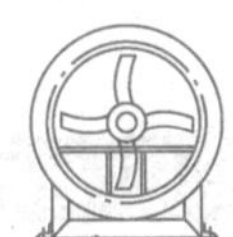

2） 分区并联给水方式

该方式如图 2.16 所示，每一分区分别设置一套独立的水泵和高位水箱，向各区供水。其水泵一般集中设置在建筑的地下室或底层水泵房内。

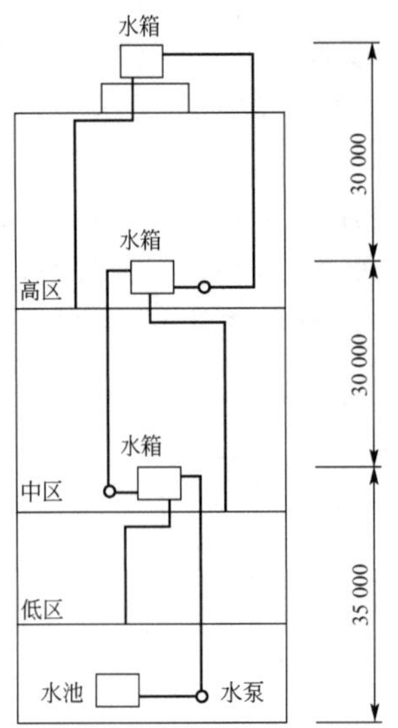

图 2.15 分区串联给水方式

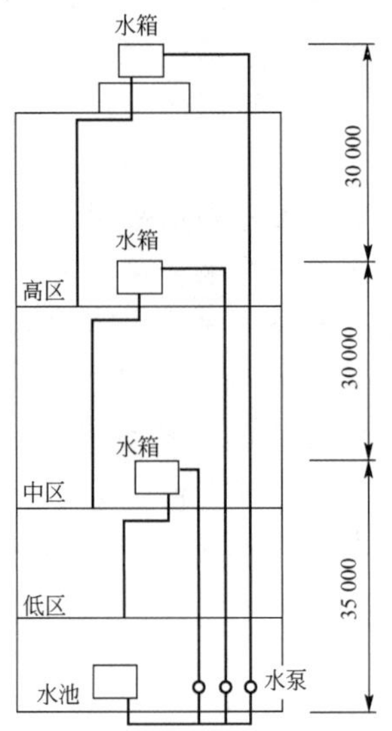

图 2.16 分区并联给水方式

这种给水方式的优点是：各区自成一体，互不影响；水泵集中，管理维护方便；运行动力费用较低。其缺点是：水泵型号较多，管材耗用较多，设备费用偏高；分区水箱占用建筑使用面积。

3） 减压水箱减压给水方式

图 2.17 所示为减压水箱减压给水方式。该方式是由设置在底层（或地下室）的水泵将整幢建筑的用水量提升至屋顶水箱，然后再分送至各分区减压水箱减压后供下区使用。

这种给水方式的优点是：水泵数量少，设备布置集中，管理维护简单，各分区减压水箱只起释放静水压力的作用，因此容积较小。其缺点是：屋顶水箱容积大，不利于结构抗震；建筑物高度大、分区较多时，下区减压水箱中浮球阀承压过大，易造成关闭不严的现象；上部某些管道部位发生故障时，将影响下部的供水。

4） 减压阀减压给水方式

图 2.18 所示为减压阀减压给水方式。该方式是由设置在底层（或地下室）的水泵将整幢建筑的用水量提升至屋顶水箱，然后再经各分区减压阀减压后供各区用水。

这种给水方式的优点是：水泵数量少，设备布置集中，管理维护简单，各分区减压水箱被减压阀代替，不占用建筑使用面积，安装方便，投资省。其缺点是：屋顶水箱容积大，不利于结构抗震；上部某些管道部位发生故障时，将影响下部的供水。

5） 分区无水箱给水方式

图 2.19 为分区无水箱给水方式。该方式是各分区设置单独的变速水泵供水，未设置水箱，水泵集中设置在建筑物底层的水泵房内，分别向各区管网供水。

这种给水方式省去了水箱，因而节省了建筑物的使用面积；设备集中布置，便于维护管理；能源消耗较少。其缺点是水泵型号及数量较多，投资较大，维修较复杂。

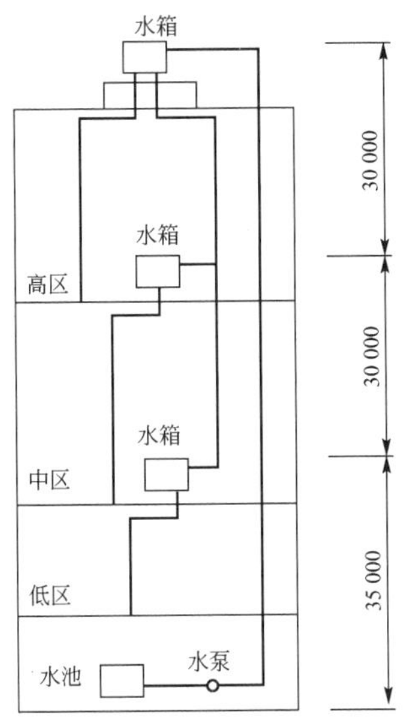

图 2.17 减压水箱减压给水方式

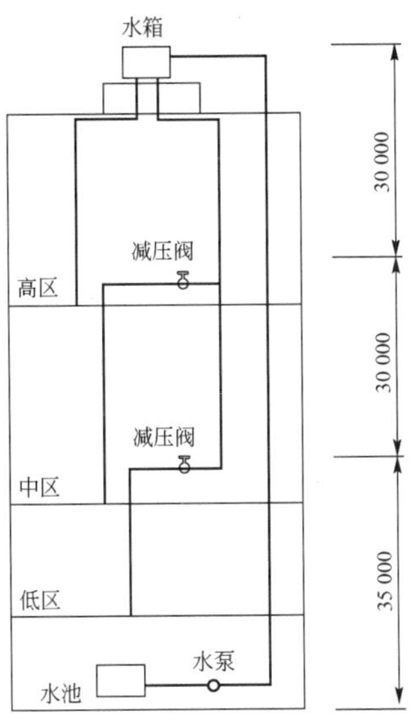

图 2.18 减压阀减压给水方式

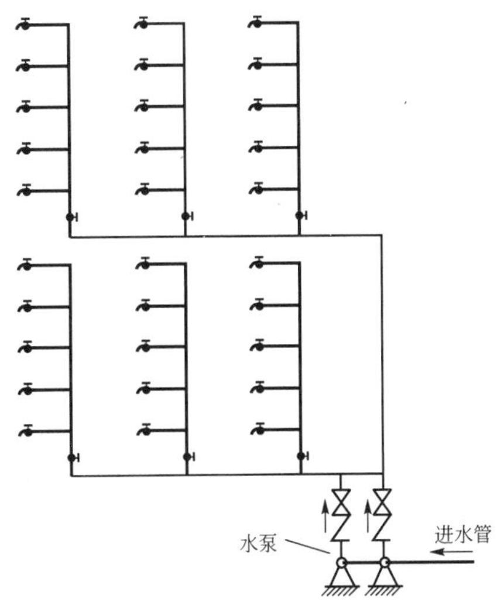

图 2.19 分区无水箱给水方式

2.3 给水水质和用水量标准

2.3.1 给水水质标准及水质污染分析

1. 给水水质标准

生活饮用水的水质，应符合现行的国家标准《生活饮用水水质标准》(GB 5749—2006)的要求，见表 2-3；当生活饮用水水量不足或技术经济比较合理时，可采用生活杂用水作为大便器（槽）和小便器（槽）的冲洗用水，但要满足《城市污水再生利用　城市杂用水水质》(GB/T 18920—2002) 的要求，见表2-4；生产用水的水质应按生产工艺要求确定；消防用水水质一般无具体要求。

表2-3　生活饮用水水质标准

指　　标	限　　值
1. 微生物指标	
总大肠菌群/(MPN/100mL 或 CFU/100mL)	不得检出
耐热大肠菌群/(MPN/100mL 或 CFU/100mL)	不得检出
大肠埃希氏菌/(MPN/100mL 或 CFU/100mL)	不得检出
菌落总数/(CFU/mL)	100
2. 毒理指标	
砷/(mg/L)	0.01
镉/(mg/L)	0.005
铬（六价）/(mg/L)	0.05
铅/(mg/L)	0.01
汞/(mg/L)	0.001
硒/(mg/L)	0.01
氰化物/(mg/L)	0.05
氟化物/(mg/L)	1.0
硝酸盐/(以N计)/(mg/L)	10，地下水源限制时为20
三氯甲烷/(mg/L)	0.06
四氯化碳/(mg/L)	0.002
溴酸盐/(使用臭氧时)/(mg/L)	0.01
甲醛/(使用臭氧时)/(mg/L)	0.9
亚氯酸盐/(使用二氧化氯消毒时)/(mg/L)	0.7
氯酸盐/(使用复合二氧化氯消毒时)/(mg/L)	0.7
3. 感官性状和一般化学指标	
色度（铂钴色度单位）	15
浑浊度（散射浊度单位）/NTU	1，水源与净水技术条件限制时为3
臭和味	无异臭、异味
肉眼可见物	无
pH（pH单位）	不小于6.5且不大于8.5
铝/(mg/L)	0.2
铁/(mg/L)	0.3
锰/(mg/L)	0.1

（续）

指　　标	限　　值
铜/(mg/L)	1.0
锌/(mg/L)	1.0
氯化物/(mg/L)	250
硫酸盐/(mg/L)	250
溶解性总固体/(mg/L)	1 000
总硬度（以 $CaCO_3$ 计）/(mg/L)	450
耗氧量（COD_{Mn} 法，以 O_2 计）/(mg/L)	3，水源限制，原水耗氧量＞6mg/L 时为 5
挥发酚类（以苯酚计）/(mg/L)	0.002
阴离子合成洗涤剂/(mg/L)	0.3
4. 放射性指标	指导值
总 α 放射性（Bq/L）	0.5
总 β 放射性（Bq/L）	1

表 2-4　生活杂用水水质标准

项　　目	冲厕	道路清扫、消防	城市绿化	车辆冲洗	建筑施工
pH	6.0～9.0				
色/度≤	30				
嗅	无不快感				
浊度/NTU≤	5	10	10	5	20
溶解性总固体/(mg/L)≤	1 500	1 500	1 000	1 000	—
五日生化需氧量（BOD_5）/(mg/L)≤	10	15	20	10	15
氨氮/(mg/L)≤	10	10	20	10	20
阴离子表面活性剂/(mg/L)	1.0	1.0	1.0	0.5	1.0
铁/(mg/L)≤	0.3	—	—	0.3	—
锰/(mg/L)≤	0.1	—	—	0.1	—
溶解氧/(mg/L)≥	1.0				
总余氯（mg/L）	接触 30min 后≥1.0，管网末端≥0.2				
总大肠菌群/(个/L)≤	3				

2. 水质污染的现象及原因

城市给水管网中自来水的水质，必须符合《生活饮用水水质标准》的要求。但是在将城市管网中的水引入建筑物的过程中若处理不当，很有可能出现水质污染现象。建筑给水设计、施工及维护管理过程中的水质污染主要有以下几个原因。

（1）与水接触的材料、设备管理不善造成水质污染。如制作材料或防腐涂料含有毒物质，逐渐溶于水中，将直接污染水质。又如水池（箱）容积过大，其中的水长时间不用，或池（箱）中水流组织不合理，形成了死角，水停留时间太长，水中的余氯量耗尽后，有害微生物就会生长繁殖，使水腐败变质。

(2) 非饮用水或其他液体倒流（回流）入生活给水系统，造成水质污染。如埋地管道与阀门等附件连接不严密，平时渗漏，当饮用水断流，管道中出现负压时，被污染的地下水或阀门井中的积水即会通过渗漏处进入给水系统。

3. 水质污染的防止措施

专业技术人员在设计、施工、维护过程中应严格按照规范，采用合理的方案，防止水质污染，一般的技术措施有如下几种。

1) 给水设施的防污染措施

不宜采用内壁容易锈蚀、氧化以及释放其他有害物质的管材作为输、配水管道和储水设备。生活饮用水管道应避开毒物污染区。储水池（箱）的本体材料和表面涂料，不得影响水质卫生。若需防腐处理，应采用无毒涂料。

生活饮用水储水池（箱）应与其他用水的储水池（箱）分开设置。设置水池（箱）的房间应有良好的通风设施，非饮用水管道不能从储水设备中穿过，亦不得将非饮用水接入。埋地式生活饮用水储水池周围10m以内，不得有化粪池、污水处理构筑物、渗水井、垃圾堆放点等污染源，周围2m以内不得有污水管和污染物。建筑物内的生活饮用水水池（箱）应采用独立的结构形式，不得利用建筑本体结构（如基础、墙体、地板等）作为池（箱）的底板、壁板、顶盖。

储水池（箱）要加强管理，定期清洗。当消防储水量远大于生活用水量时，不宜合用水池；如必须合用，应采取补充加氯和其他灭菌措施。同时，生活（产）用水的水泵机组吸水管应采取合理的技术措施，既要避免平时不动用消防用水，又要保证水流合理，使水不致长期滞留池中而使水质变坏。储水池的进出管，应采取相对方向进出，如有困难，则应采取导流措施保证水流更新。不经常使用的招待所、培训中心等建筑给水，宜采用变频给水方式，以防止储水时间过长而引起污染。

2) 管道连接的防污染措施

城市给水管道严禁与自备水源的供水管道直接连接。从给水管道上直接接出用水管道时，应在用水管道上设置止回阀；生活饮用水不得因管道产生虹吸回流而受污染；严禁生活饮用水管道与大便器（槽）冲洗水管直接连接；在非饮用水管道上接出用水接头时，应有明显标志，防止误接误饮。

2.3.2 用水量标准

用水量标准是指在某一度量单位（单位时间、单位产品等）内被居民或其他用水者所消费的水量。建筑内用水包括生活、生产和消防用水三部分。消防用水具有偶然性，其用水量标准视火灾情形而定。生产用水一般比较均匀且有规律性，其用水量可按消耗在单位产品上的水量或单位时间内消耗在生产设备上的水量计算确定。生活用水量根据建筑物的类别、建筑标准、建筑物内卫生设备的完善程度、地区条件等因素确定。生活用水在一日内用水量是不均匀的，变化较大。生活用水量按用水量定额和用水单位数计算确定。各种不同类型建筑物的生活用水定额及小时变化系数，按我国现行《建筑给水排水设计规范》(GB 50015—2003)(2009年版)中的规定执行。

1. 住宅最高日生活用水定额及小时变化系数（表2-5）

表2-5 住宅最高日生活用水定额及小时变化系数

住宅类型		卫生器具设置标准	用水定额/[L/(人·d)]	小时变化系数 K_h
普通住宅	Ⅰ	有大便器、洗涤盆	85～150	3.0～2.5
	Ⅱ	有大便器、洗涤盆、洗脸盆、洗衣机、热水器和沐浴设备	130～300	2.8～2.3
	Ⅲ	有大便器、洗涤盆、洗脸盆、洗衣机、集中热水供应（或家用热水机组）和沐浴设备	180～320	2.5～2.0
别墅		有大便器、洗涤盆、洗脸盆、洗衣机、洒水栓、家用热水机组和沐浴设备	200～350	2.3～1.8

注：① 当地主管部门对住宅生活用水定额有具体规定时，可按当地规定执行。
② 别墅用水定额中含庭院用水和汽车洗车用水。

2. 汽车冲洗用水定额

应根据车辆用途、道路路面等级和污染程度，以及采用的冲洗方式确定，可按表2-6确定。

表2-6 汽车冲洗用水量定额[L/(辆·次)]

冲洗方式	高压水枪冲洗	循环用水冲洗补水	抹车、微水冲洗	蒸汽冲洗
轿车	40～60	20～30	10～15	3～5
公共汽车 载重汽车	80～120	40～60	15～30	—

3. 工业企业建筑生活用水定额

工业企业建筑中管理人员的生活用水定额可取30～50L/(人·班)；车间工人的生活用水定额应根据车间性质确定，宜采用30～50L/(人·班)；用水时间宜取8h，小时变化系数宜取2.5～1.5。工业企业建筑淋浴用水定额，应根据现行国家标准《工业企业设计卫生标准》(GBZ 1—2010）中车间的卫生特征分级确定，可采用40～60L/(人·次)，延续供水时间宜取1h。

4. 集体宿舍、旅馆和公共建筑生活用水定额

集体宿舍、旅馆和公共建筑最高日生活用水定额及小时变化系数见表2-7。其中宿舍分类按国家现行标准《宿舍建筑设计规范》(JGJ 36—2005）进行分类：Ⅰ类——博士研究生、教师和企业科技人员，每居室1人，有单独卫生间；Ⅱ类——高等院校的硕士研究生，每居室2人，有单独卫生间；Ⅲ类——高等院校的本、专科学生，每居室3～4人，有相对集中卫生间；Ⅳ类——中等院校的学生和工厂企业的职工，每居室6～8人，有集中盥洗卫生间。

表 2-7 集体宿舍、旅馆和公共建筑最高日生活用水定额及小时变化系数

序号	建筑物名称	单位	最高日生活用水定额/L	使用时数/h	小时变化系数 K_h
1	宿舍				
	Ⅰ类、Ⅱ类	每人每日	150～200	24	3.0～2.5
	Ⅲ类、Ⅳ类	每人每日	100～150	24	3.5～3.0
2	招待所、培训中心、普通旅馆				
	设公用盥洗室	每人每日	50～100	24	3.0～2.5
	设公用盥洗室、淋浴室	每人每日	80～130		
	设公用盥洗室、淋浴室、洗衣室	每人每日	100～150		
	设单独卫生间、公用洗衣室	每人每日	120～200		
3	酒店式公寓	每人每日	200～300	24	2.5～2.0
4	宾馆客房				
	旅客	每床位每日	250～400	24	2.5～2.0
	员工	每人每日	80～100		
5	医院住院部				
	设公用盥洗室	每床位每日	100～200	24	2.5～2.0
	设公用盥洗室、淋浴室	每床位每日	150～250	24	2.5～2.0
	设单独卫生间	每床位每日	250～400	24	2.5～2.0
	医务人员	每人每班	150～250	8	2.0～1.5
	门诊部、诊疗所	每病人每次	10～15	8～12	1.5～1.2
	疗养院、休养所住房部	每床位每日	200～300	24	2.0～1.5
6	养老院、托老所				
	全托	每人每日	100～150	24	2.5～2.0
	日托	每人每日	50～80	10	2.0
7	幼儿园、托儿所				
	有住宿	每儿童每日	50～100	24	3.0～2.5
	无住宿	每儿童每日	30～50	10	2.0
8	公共浴室				
	淋浴	每顾客每次	100	12	2.0～1.5
	浴盆、淋浴	每顾客每次	120～150	12	
	桑拿浴（淋浴、按摩池）	每顾客每次	150～200	12	
9	理发室、美容院	每顾客每次	40～100	12	2.0～1.5
10	洗衣房	每 kg 干衣	40～80	8	1.5～1.2

（续）

序号	建筑物名称	单　位	最高日生活用水定额/L	使用时数/h	小时变化系数 K_h
11	餐饮业				
	中餐酒楼	每顾客每次	40～60	10～12	1.5～1.2
	快餐店、职工及学生食堂	每顾客每次	20～25	12～16	
	酒吧、咖啡馆、茶座、卡拉OK房	每顾客每次	5～15	8～18	
12	商场 员工及顾客	每 m^2 营业厅面积每日	5～8	12	1.5～1.2
13	图书馆	每人每次	5～10	8～10	15～1.2
14	书店	每 m^2 营业厅面积每日	3～6	8～12	1.5～1.2
15	办公楼	每人每班	30～50	8～10	1.5～1.2
16	教学、实验楼				
	中小学校	每学生每日	20～40	8～9	1.5～1.2
	高等院校	每学生每日	40～50	8～9	1.5～1.2
17	电影院、剧院	每观众每场	3～5	3	1.5～1.2
18	会展中心（博物馆、展览馆）	每 m^2 展厅每日	3～6	8～16	1.5～1.2
19	健身中心	每人每次	30～50	8～12	1.5～1.2
20	体育场（馆）				
	运动员淋浴	每人每次	30～40	—	3.0～2.0
	观众	每人每场	3	4	1.2
21	会议厅	每座位每次	6～8	4	1.5～1.2
22	航站楼、客运站旅客	每人次	3～6	8～16	1.5～1.2
23	菜市场地面冲洗及保鲜用水	每 m^2 每日	10～20	8～10	2.5～2.0
24	停车库地面冲洗水	每 m^2 每次	2～3	6～8	1.0

注：① 除养老院、托儿所、幼儿园的用水定额中含食堂用水，其他均不含食堂用水。
② 除注明外，均不含员工生活用水，员工用水定额为每人每班40～60L。
③ 医疗建筑用水中已含医疗用水。
④ 空调用水应另计。

2.3.3 用水量变化

在给水系统中除了需要知道用水量标准外，还要知道用户在一天24h内用水量的变化情况，通常用“小时变化系数”K_h来表示，其值为最高日最大时用水量与最高日平均时用水量的比值。

1. 最高日用水量

建筑物内生活用水的最高日用水量按以下公式计算：

$$Q_d = mq_d \tag{2-2}$$

式中 Q_d——最高日用水量，L/d；

m——设计单位数，人、床、辆、m^2 等。

q_d——单位用水量标准，L/(人·d)、L/(床·d)、L/(辆·d)、L/(m^2·d) 等，见表2-5、表2-6和表2-7。

2. 最大小时生活用水量

最大小时生活用水量应根据最高日或最大班生活用水量、每天（或最大班）使用时间和小时变化系数进行计算：

$$Q_h = \frac{Q_d}{T} K_h \tag{2-3}$$

式中 Q_h——最大小时用水量，L/d；

T——每天或最大班使用时间，时班。

2.4 民用建筑给水系统设计案例

2.4.1 民用建筑给水系统水力计算

室内给水管网的水力计算，就是在满足管网中最不利点的用水要求时，确定给水管的管径及管路的压力损失，计算最不利点所需要水压，并与室外配水管网供水压力进行比较，决定是否采用升压设备。

1. 设计秒流量的计算

对于单栋建筑物，由于用水的不均匀性较大，并且“逐时逐秒”地变化，因此，对于建筑内部给水管道的计算，还需要考虑这一因素，以求得最不利时刻最大用水量，即设计秒流量。

建筑物的用水量消耗于各种水龙头上，所以应该按管段上器具的数量、类型和这些器具的使用情况来确定。为了简化计算，引用“卫生器具当量”的概念，即把室内最低卫生水平的一个洗涤盆作为标准，其龙头的额定流量为0.2L/s作为一个当量，其他各种用具的给水额定流量均以它为标准换算成当量值的倍数，即“当量数”，这就统一了标准，可以用当量数进行流量计算。各卫生器具给水额定流量和当量可查我国现行《建筑给水排水设计规范》(GB 50015—2003)(2009年版)，详见表2-8，据此可以把管段上各种卫生器具换算成相应的设备当量总数，进行管段设计流量的计算。在选择卫生器具及配件类型时应符合现行行业标准《节水型生活用水器具》(CJ/T 164—2014)的有关规定，坐式大便器宜采用大、小便分档的冲洗水箱；小便器、蹲式大便器应配套采用延时自闭式冲洗阀、感应式冲洗阀、脚踏式冲洗阀；公共场所的卫生间洗手盆宜采用感应式水嘴或自闭式水嘴等限流节水装置。

表 2-8 卫生器具的给水额定流量、当量、连接管公称直径和最低工作压力

序号	给水配件名称	额定流量/(L/s)	当量	连接管公称直径/mm	最低工作压力/MPa
1	洗涤盆、拖布盆、盥洗槽				0.050
	单阀水嘴	0.15～0.20	0.75～1.00	15	
	单阀水嘴	0.30～0.40	1.50～2.00	20	
	混合水嘴	0.15～0.20(0.14)	0.75～1.00(0.70)	15	
2	洗脸盆				0.050
	单阀水嘴	0.15	0.75	15	
	混合水嘴	0.15(0.10)	0.75(0.50)	15	
3	洗手盆				0.050
	感应水嘴	0.10	0.50	15	
	混合水嘴	0.15(0.10)	0.75(0.50)	15	
4	浴盆				
	单阀水嘴	0.20	1.00	15	0.050
	混合水嘴（含带淋浴转换器）	0.24(0.20)	1.20(1.00)	15	0.050～0.070
5	淋浴器 混合阀	0.15(0.10)	0.75(0.50)	15	0.050～0.100
6	大便器				
	冲洗水箱浮球阀	0.10	0.50	15	0.020
	延时自闭式冲洗阀	1.20	6.00	25	0.100～0.150
7	小便器				
	手动或自动自闭式冲洗阀	0.10	0.50	15	0.050
	自动冲洗水箱进水阀	0.10	0.50	15	0.020
8	小便槽穿孔冲洗管（每 m）	0.05	0.25	15～20	0.015
9	净身盆冲洗水嘴	0.10(0.07)	0.50(0.35)	15	0.050
10	医院倒便器	0.20	1.00	15	0.050
11	实验室化验水嘴（鹅颈）				
	单联	0.07	0.35	15	0.020
	双联	0.15	0.75	15	0.020
	三联	0.20	1.00	15	0.020
12	饮水器喷嘴	0.05	0.25	15	0.050
13	洒水栓	0.40	2.00	20	0.050～0.100
		0.70	3.50	25	0.050～0.100
14	室内地面冲洗水嘴	0.20	1.00	15	0.050
15	家用洗衣机水嘴	0.20	1.00	15	0.050

注：① 表中括弧内的数值系在有热水供应时，单独计算冷水或热水时使用。

② 当浴盆上附设淋浴器时，或混合水嘴有淋浴器转换开关时，其额定流量和当量只计水嘴，不计淋浴器，但水压应按淋浴器计。

③ 家用燃气热水器，所需水压按产品要求和热水供应系统最不利配水点所需工作压力确定。

④ 绿地的自动喷灌应按产品要求设计。

⑤ 当卫生器具给水配件所需额定流量和最低工作压力有特殊要求时，其值应按产品要求确定。

(1) 宿舍（Ⅰ类、Ⅱ类)、旅馆、宾馆、酒店式公寓、医院、疗养院、幼儿园、养老院、办公楼、商场、图书馆、书店、客运站、航站楼、会展中心、中小学教学楼、公共厕所等建筑的生活给水设计秒流量计算公式：

$$q_g=0.2\alpha\sqrt{N_g} \tag{2-4}$$

式中 q_g——计算管段的给水设计秒流量，L/s；

N_g——计算管段的卫生器具给水当量总数；

α——根据建筑物用途而定的系数，按表2-9查用。

注：① 如计算值小于该管段上一个最大卫生器具给水额定流量时，应采用一个最大的卫生器具给水额定流量作为设计秒流量。

② 如计算值大于该管段上按卫生器具给水额定流量累加所得流量值时，应按卫生器具给水额定流量累加所得流量值采用。

③ 有大便器延时自闭冲洗阀的给水管段，大便器延时自闭冲洗阀的给水当量均以0.5计，计算得到的 q_g 附加1.10L/s的流量后，为该管段的给水设计秒流量。

④ 综合楼建筑的 α 值应按加权平均法计算。

表2-9 根据建筑物用途而定的系数值(α)

建筑物名称	α 值	建筑物名称	α 值
幼儿园、托儿所、养老院	1.2	学校	1.8
门诊部、诊疗所	1.4	医院、疗养院、休养所	2.0
办公楼、商场	1.5	酒店式公寓	2.2
图书馆	1.6	宿舍（Ⅰ、Ⅱ类)、旅馆、招待所、宾馆	2.5
书店	1.7	客运站、航站楼、会展中心、公共厕所	3.0

(2) 宿舍（Ⅲ类、Ⅳ类)、工业企业的生活间、公共浴室、职工食堂或营业餐馆的厨房、体育场馆、剧院、普通理化实验室等建筑的生活给水管道的设计秒流量计算公式：

$$q_g=\sum q_0N_0b \tag{2-5}$$

式中 q_g——计算管段的给水设计秒流量，L/s；

q_0——同类型的一个卫生器具给水额定流量，L/s；

b——卫生器具的同时给水百分数，按表2-10、表2-11、表2-12采用。

表2-10 宿舍、工业企业生活间、公共浴室、影剧院、体育场馆的卫生器具同时给水百分数

卫生器具名称	同时给水百分数/%				
	宿舍(Ⅲ类、Ⅳ类)	工业企业生活间	公共浴室	影剧院	体育场馆
洗涤盆(池)	30	33	15	15	15
洗手盆	—	50	50	50	70(50)
洗脸盆、盥洗槽水嘴	60～100	60～100	60～100	50	80
浴盆	—	—	50	—	—

（续）

卫生器具名称	同时给水百分数/%				
	宿舍（Ⅲ类、Ⅳ类）	工业企业生活间	公共浴室	影剧院	体育场馆
无间隔淋浴器	100	100	100	—	100
有间隔淋浴器	80	80	60～80	(60～80)	(60～100)
大便器冲洗水箱	70	30	20	50(20)	70(20)
大便槽自动冲洗水箱	100	100	—	100	100
大便器自闭式冲洗阀	2	2	2	10(2)	15(2)
小便器自闭式冲洗阀	10	10	10	50(10)	70(10)
小便器(槽)自动冲洗水箱	—	100	100	100	100
净身盆	—	33	—	—	—
饮水器	—	30～60	30	30	30
小卖部洗涤盆	—	—	50	50	50

注：① 表中括号内的数值系电影院、剧院的化妆间，体育场馆的运动员休息室使用。
② 健身中心的卫生间，可采用本表体育场馆运动员休息室的同时给水百分率。

表 2－11 职工食堂、营业餐馆的厨房设备同时给水百分数

厨房设备名称	同时给水百分数/%	厨房设备名称	同时给水百分数/%
洗涤盆（池）	70	开水器	50
煮锅	60	蒸汽发生器	100
生产性洗涤机	40	灶台水嘴	30
器皿洗涤机	90		

注：职工或学生饭堂的洗碗台水嘴，按 100%同时给水，但不与厨房用水叠加。

表 2－12 实验室化验水嘴同时给水百分数

化验水嘴名称	同时给水百分数/%	
	科研教学实验室	生产实验室
单联化验水嘴	20	30
双联或三联化验水嘴	30	50

（3）住宅建筑的生活给水管道的设计秒流量计算公式。

① 首先根据住宅配置的卫生器具给水当量、使用人数、用水定额、使用时数及小时变化系数，按式(2－6) 计算出最大用水时卫生器具给水当量平均出流概率：

$$U_0=\frac{100q_0mK_h}{0.2N_gT\times 3\ 600}\times 100\% \tag{2-6}$$

式中 U_0——生活给水管道的最大用水时卫生器具给水当量平均出流概率，%；

q_0——最高用水日的给水额定流量，L/s，可查表 2－5 确定；

m——每户用水人数，人；

K_h——时变化系数，可查表 2－5 确定；

N_g——每户设置的卫生器具给水当量数；

T——用水时数，h；

0.2——一个卫生器具给水当量的额定流量，L/s。

② 根据计算管段上的卫生器具给水当量总数按式(2－7) 计算得出该管段的卫生器具给水当量的同时出流概率：

$$U=100\frac{1+\alpha_c(N_g-1)^{0.49}}{\sqrt{N_g}}\times 100\% \tag{2-7}$$

式中 U——计算管段卫生器具给水当量同时出流概率,%；

a_c——对应于不同U_0的系数，其值可查表 2－13 确定；

N_g——计算管段的卫生器具给水当量总数。

表 2－13 U_0、α_c 值对应表

U_0	α_c	U_0	α_c
1.0	0.00323	4.0	0.02816
1.5	0.00697	4.5	0.03263
2.0	0.01097	5.0	0.03715
2.5	0.01512	6.0	0.04629
3.0	0.01939	7.0	0.05555
3.5	0.02374	8.0	0.06489

③ 根据计算管段上的卫生器具给水当量同时出流概率，按式(2－8) 计算得计算管段的设计秒流量：

$$q_g=0.2UN_g \quad (L/s) \tag{2-8}$$

④ 有两条或两条以上具有不同最大用水时卫生器具给水当量平均出流概率的给水支管的给水干管，该管段的最大时卫生器具给水当量平均出流概率按式(2－9) 计算：

$$\overline{U_0}=\frac{\sum U_{0i}N_{gi}}{\sum N_{gi}}\times 100\% \tag{2-9}$$

式中 $\overline{U_0}$——给水干管的卫生器具给水当量平均出流概率,%；

U_0——支管的最大用水时卫生器具给水当量平均出流概率,%；

N_g——相应支管的卫生器具给水当量总数。

2. 管道水力计算

给水管道水力计算的目的是经济合理地确定出给水管网中各管段的管径、压力损失，确定给水系统所需水压，选定加压装置所需扬程和高位水箱高度。

1) 管径的确定

在求得管网中各设计管段的设计秒流量后，根据流量公式 $q_g=\frac{\pi}{4}D^2v$ 可知，只要选定了设计流速 v，便可求得管径 $D=2\sqrt{\frac{q_g}{\pi v}}$。

室内给水管道的设计流速可按表 2－14 选用。

表 2－14　生活给水管道的水流速度

公称直径/mm	15～20	25～40	50～70	≥80
水流速度/(m/s)	≤1.0	≤1.2	≤1.5	≤1.8

2）压力损失计算

（1）管网压力损失为各管道沿程损失和局部损失之和。管道沿程压力损失按式(2－10)计算：

$$h_y = iL \tag{2-10}$$

式中　h_y——计算管段的沿程压力损失，kPa；

i——管段单位长度压力损失，kPa；

L——计算管段长度，m。

工程上通常采用假定流速法，即根据各管段设计流量 q_g 和设计流速 v 在允许范围内，查《建筑给排水设计手册》中的给水管道水力计算表可得管径 DN、管段单位长度的沿程压力损失 i 值，见表 2－15，表中给出了设计流量 q_g，管径 DN，流速 v 和单位长度沿程压力损失 i 四个参数间的关系。已知其中两个参数，便可查得其他两个参数。

表 2－15　给水钢管（水煤气管）/塑料管部分水力计算表

DN	15		20		25		32		40		50		70		80	
q_g	v	i	v	i	v	i	v	i	v	i	v	i	v	i	v	i
0.10	0.58 (0.50)	98.5 (27.48)	0.31 (0.26)	20.8 (6.00)												
0.12	0.70 (0.60)	137 (37.97)	0.37 (0.32)	28.8 (8.30)	0.23	8.59										
0.14	0.82 (0.70)	182 (49.91)	0.43 (0.37)	38 (10.91)	0.26 (0.21)	11.3 (2.92)										
0.16	0.94 (0.80)	234 (63.25)	0.50 (0.42)	48.5 (13.83)	0.30 (0.24)	14.3 (3.70)										
0.18	1.05 (0.90)	291 (77.95)	0.56 (0.47)	60.1 (17.04)	0.34 (0.27)	17.6 (4.56)										
0.20	1.17 (0.99)	354 (93.97)	0.62 (0.53)	72.7 (20.55)	0.38 (0.30)	21.3 (5.50)	0.21 (0.20)	5.22 (1.96)								
0.50	(2.49)	(477)	1.55 (1.32)	411 (104)	0.94 (0.76)	113 (27.92)	0.53 (0.49)	26.7 (9.95)	0.40 (0.30)	13.4 (3.09)	0.23	3.74				
1.40					(2.12)	(173)	1.48 (1.38)	184 (61.78)	1.11 (0.84)	88.4 (19.17)	0.66 (0.53)	23.7 (6.34)	0.40 (0.36)	6.83 (2.58)	0.28 (0.25)	2.97 (1.08)
1.50					(2.27)	(196)	1.58 (1.47)	211 (69.83)	1.19 (0.90)	101 (21.67)	0.71 (0.57)	27 (7.16)	0.42 (0.39)	7.72 (2.92)	0.30 (0.27)	3.36 (1.22)

（续）

DN	15		20		25		32		40		50		70		80	
q_g	*v*	*i*	*v*	*i*	*v*	*i*	*v*	*i*	*v*	*i*	*v*	*i*	*v*	*i*	*v*	*i*
1.60					(2.42)	(220)	1.69 (1.57)	240 (78.30)	1.27 (0.96)	114 (24.30)	0.75 (0.61)	30.4 (8.03)	0.45 (0.42)	8.70 (3.27)	0.32 (0.29)	3.76 (1.37)
1.70					(2.57)	(245)	1.79 (1.67)	271 (87.19)	1.35 (1.02)	129 (27.05)	0.80 (0.64)	34.0 (8.95)	0.48 (0.44)	9.69 (3.65)	0.34 (0.31)	4.19 (1.53)
1.80					(2.73)	(271)	1.90 (1.77)	304 (96.49)	1.43 (1.08)	144 (29.94)	0.85 (0.68)	37.8 (9.90)	0.51 (0.46)	10.7 (4.03)	0.36 (0.33)	4.66 (1.69)
2.0					(3.03)	(327)	(1.96)	(116)	1.59 (1.20)	178 (36.09)	0.94 (0.76)	46.0 (11.94)	0.57 (0.52)	13 (4.85)	0.40 (0.36)	5.62 (2.04)
2.2							(2.16)	(138)	1.75 (1.32)	216 (42.74)	1.04 (0.83)	54.9 (14.13)	0.62 (0.57)	15.5 (5.76)	0.44 (0.40)	6.66 (2.41)

注：① 括号内为塑料给水管水力计算数值。

② 比例式减压阀的压力损失，阀后动水压宜按阀后静水压的80%～90%采用。

管道局部压力损失按式(2－11) 计算：

$$h_j = \sum \xi \frac{v^2}{2g} \qquad (2-11)$$

式中 h_j——管段各局部压力损失之和，kPa；

$\sum \xi$——管段局部阻力系数之和；

v——沿水流方向局部阻力部件下游的流速，m/s；

g——重力加速度，m/s^2。

一般情况下，室内给水管道中局部压力损失可以不进行详细计算，而根据经验采用沿程压力损失的百分数估算。生活给水管道取25%～30%；生产给水管道取20%；消火栓消防给水管道取10%；生活、消防共用给水管道取20%；生产、消防共用给水管道取15%；生活、生产、消防共用给水管道取20%。

(2) 水表的压力损失，应按选用产品所给定的压力损失值计算。在未确定具体产品时，可按经验取用：住宅入户管上的水表，宜取0.01MPa；建筑物或小区引入管上的水表，在生活用水工况时宜取用0.03MPa，在校核消防工况时宜取用0.05MPa。

2.4.2 建筑给水系统设计案例

1. 建筑给水系统设计步骤

(1) 根据给水管网平面布置绘制给水系统图，确定管网中最不利配水点（一般为距引入管起端最远最高，要求的流出压力最大的配水点），再根据最不利配水点，选定最不利管路（最不利配水点至引入管起端间的管路）作为计算管路，并绘制计算简图。

(2) 由最不利点起，按流量变化对计算管段进行节点编号，并标注在计算简图上。

(3) 根据建筑物的类型及性质，正确地选用设计流量计算公式，并计算出各设计管段的给水设计流量。

(4) 根据各设计管段的设计流量并选定设计流速，查水力计算表确定出各管段的管径和管段单位长度的压力损失，并计算管段的沿程压力损失值。

(5) 计算管段的局部压力损失，以及管路的总压力损失。

(6) 确定建筑物室内给水系统所需的总压力。系统中设有水表时，还需选用水表，并计算水表压力损失值。

(7) 将室内管网所需的总压力与室外管网提供的压力进行比较。

(8) 设有水箱和水泵的给水系统，还应计算水箱的容积；计算从水箱出口至最不利配点间的压力损失值，以确定水箱的安装高度；计算从引入管起端至水箱进口间所需压力来校核水泵压力等。

2. 建筑给水系统设计案例

图2.20为某办公楼女卫生间平面图。办公楼共2层，层高3.6m，室内外地面高差为0.6m。每层盥洗间设有淋浴器2个，洗手盆2个，拖把池1个；厕所设有冲洗阀式蹲便器6套。室外给水管道平面位置如图2.20所示，管径为100mm，管中心标高为−1.5m（以室内一层地面为±0.000m)，室外给水管道的供水压力为250kPa，若给水管道采用镀锌钢管，试进行室内给水系统设计。

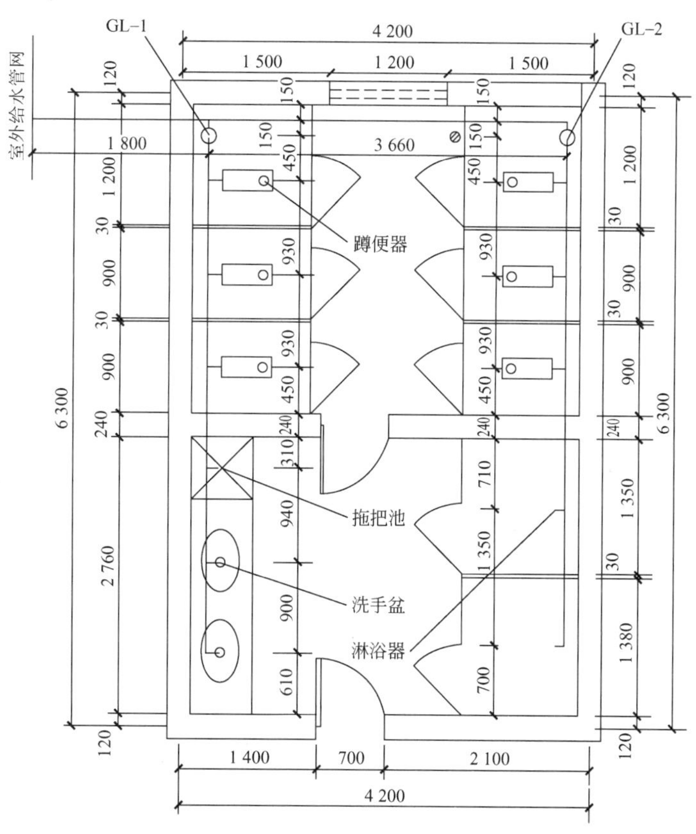

图2.20 某办公楼女卫生间平面图

解：(1) 首先根据给水管网平面布置绘制给水系统图（图 2.21），再根据给水系统图，确定最不利配水点为最上层管网末端配水龙头，即图中点 1 位置的淋浴器，确定淋浴器至引入管起端点 8 之间管路作为计算管路。

(2) 对计算管路进行节点编号，如图 2.21 所示。

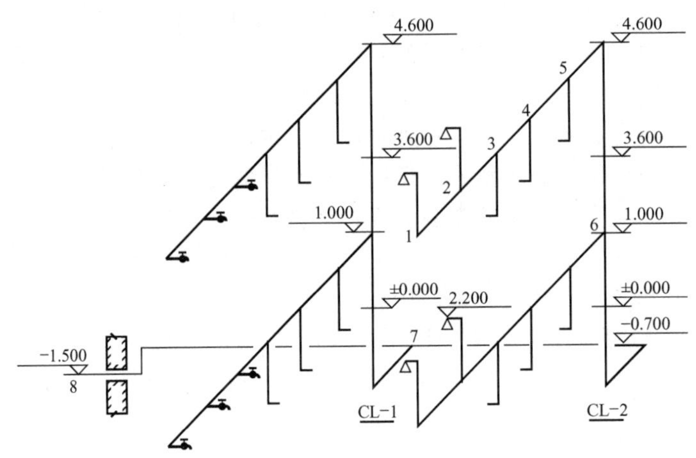

图 2.21　办公楼卫生间给水系统图

(3) 查表 2-8 算出各管段卫生器具给水当量总数，填入计算表，见表 2-16。

表 2-16　给水管网水力计算表

顺序号	管段编号 自	管段编号 至	器具数 n / 当量数 N	卫生器具名称及其当量值 淋浴器 0.5	大便器 0.5	洗手盆 0.5	污水盆 1	当量总数 N	流量 q_g /(L/s)	管径 DN mm	流速 v /(m/s)	单位长度压力损失 i /(mm/m)	管长 L/m	沿程压力损失 h_y/mm
1	1	2	n	1				0.5	0.10	15	0.58	99	1.35	133
			N	0.5										
2	2	3		1				1.0	0.20	20	0.62	73	1.40	102
				0.5										
3	3	4			1			1.5	1.40	40	1.11	88	0.93	82
					0.5									
4	4	5			1			2.0	1.52	40	1.19	101	0.93	94
					0.5									
5	5	6			1			2.5	1.57	50	0.73	29	4.05	118
					0.5									
6	6	7		2	3			5.0	1.77	50	0.80	35	5.51	193
				1.0	1.5									
7	7	8			6	4	2	12.0	2.14	50	1.01	52	1.80	94
					3.0	2.0	2.0							
													$\sum$	816

(4) 选用设计秒流量计算式(2-4)，计算各管段给水设计流量，即 $q_g=0.2\alpha\sqrt{Ng}$，对于办公楼 $\alpha=1.5$。

管段 1—2，给水当量总数为 0.5，该管段设计流量为 $q_g=0.2\times1.5\times\sqrt{0.5}=0.21\text{L/s}$，其值大于该管段上卫生器具给水额定流量累加所得的流量值，按规定应以该管段上淋浴器的给水额定流量 0.10 L/s 作为管段 1—2 的设计流量。同理可得，管段 2—3 的当量数 N 为 1.0，q_g取 0.2 L/s。

管段 3—4，因为有蹲便器延时自闭冲洗阀的给水管段，按规定蹲便器延时自闭冲洗阀的给水当量以 0.5 计，计算得到的 q_g附加 1.10 L/s 的流量后，为该管段的设计秒流量，即 $q_g=0.2\times1.5\times\sqrt{1.5}+1.10=1.47$ (L/s)，其值大于该管段上卫生器具给水额定流量累加所得的流量值 1.40 L/s，因此该管段 q_g取 1.4L/s。

管段 4—5，$q_g=0.2\times1.5\times\sqrt{2.0}+1.10=1.52$ (L/s)。

管段 5—6，$q_g=0.2\times1.5\times\sqrt{2.5}+1.10=1.57$ (L/s)。

管段 6—7，$q_g=0.2\times1.5\times\sqrt{5.0}+1.10=1.77$ (L/s)。

管段 7—8，$q_g=0.2\times1.5\times\sqrt{12.0}+1.10=2.14$ (L/s)。

(5) 从平面图尺寸标注和系统图标高标注中读出各设计管段长度 L，填入表 2-16 中相应栏目。(注：本例题管长可当做已知条件，实际工程中很多图纸上并未详细标出各管道长度，可按比例量出。)

(6) 根据各管段设计流量 q_g和设计流速 v，查表 2-15 确定各管段管径 DN、管段单位长度的沿程压力损失 i 值，并填入表 2-16 中相应栏目。

(7) 按式(2-10) 计算各管段的沿程压力损失值，以及累加计算整个管路沿程压力损失值。

(8) 计算室内给水系统所需总压力，即

$$H=H_1+H_2+H_3+H_4$$

式中 H_1——引入管起点至管网最不利点位置所要求的静水压力，$H_1=9.81\times(1.5+4.6)=59.84$(kPa)；

H_2——计算管路的沿程与局部压力损失之和，计算中取局部压力损失为沿程压力损失的 30%，则 $H_2=816\times9.81\times10^{-3}\times1.3=10.41$(kPa)；

H_3——水表的压力损失，没有具体型号，规范规定可按经验确定：建筑物引入管上的水表，在生活用水工况时宜取用 0.03MPa，即 30kPa；

H_4——管网最不利点所需的流出压力，本例最不利配水点所接卫生器具为淋浴器，查表 2-8 得其最低工作压力为 0.050～0.100MPa，取 50kPa。

所以

$$H=59.84+10.41+30+50=150.25\text{(kPa)}$$

室外管网供给压力为 250kPa，大于室内给水系统所需压力 150.25kPa，因此可以不调整管径，也不需增压设备，可以采用直接供水的方式。

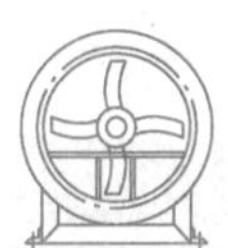

2.5 建筑中水工程

【雨水利用与中水回收设计】

所谓“中水”，是相对于“上水”（给水）和“下水”（排水）而言的，其水质介于给水和排水之间。建筑中水工程是指民用建筑或建筑小区使用后的各种污、废水，经处理后回用于建筑或建筑小区作为杂用水的供水系统。经处理后的水质应符合现行的《生活杂用水质标准》。

2.5.1 建筑中水工程的任务与组成

随着国民经济的发展，城市用水量大幅度上升，给水量和排水量日益增大，大量污、废水的排放严重地污染了环境和水源，造成水资源日益不足，水质日益恶化。在这种情况下，中水技术得到了越来越多的应用，并已形成了一定的规模。建筑中水技术的开发利用，具有较重要的现实意义。它不但可以有效地利用和节约有限的淡水资源，而且可减少污、废水的排放量，减轻水环境的污染，同时还可缓解城市下水道的超负荷运行现象，具有明显的社会效益、环境效益和经济效益。建筑中水设计适用于缺水地区的各类民用建筑和建筑小区的新建、扩建和改建工程。

建筑中水系统由中水水源系统、中水处理设施、中水管道系统三大部分组成。

2.5.2 中水水源

1. 中水水源的选用

中水水源的选用应根据原排水的水质、水量、排水状况和中水所需的水质、水量确定。中水水源一般为生活污水、冷却水、雨水等。医院污水不宜作为中水水源。根据所需中水水量应按污染程度的不同优先选用优质杂排水，可按以下顺序取舍：冷却水、淋浴排水、盥洗排水、洗衣排水、厨房排水、厕所排水。

2. 中水供应对象

在建筑各种用途的用水中，有部分用水很少与人体接触，有的在密闭体系中使用，不会影响使用者身体健康。从保健、卫生出发，以下用途的用水可考虑由中水供给：冲洗厕所用水、喷洒用水、洗车用水、消防用水（属单独消防系统）、空调冷却用水（不给水）、娱乐用水（水池、喷泉等）。实践中必须克服人们使用上的心理障碍，因此先将中水应用于冲洗厕所、绿化、喷洒、洗车。

3. 原排水水质与水量

中水水源来自建筑物的原排水，所以原排水的水质、水量状况，是选择中水水源的主要依据。

(1) 原排水的水质。生活污水包括人们日常生活中排出的生活废水和粪便污水，除粪便污水外的各种排水，如冷却水、沐浴排水、盥洗排水、洗衣排水、厨房排水等称杂排水。以上杂排水中除厨房排水外称优质杂排水。

由于人们的生活习惯、季节、生活水平及食物构成各不相同，不同地区不同性质的建筑物所排出的生活污水，其污染成分和浓度也各不相同。我国尚未进行系统测试各类建筑物的排水水质，设计时可根据实际水质调查分析确定。根据近几年我国对城市生活污水的实测资料统计，其五日生化需氧量（BOD_5）值一般为 20～35g/(人·d)，悬浮固体（SS）值一般为 35～50g/(人·d)。

(2) 原排水的水量。测定各类建筑物的排水量是比较困难的，一般均按用水量进行推算。一般建筑物的排水量可按给水量的 80%～90%计算。各类建筑排水系统的排水量占建筑物总排水量的比例，均可按各类建筑物用水量及比例经计算确定。

2.5.3 中水处理

1. 中水处理工艺流程的选择

中水处理工艺流程应根据中水原水的水量、水质和中水使用要求等因素，进行技术经济比较后确定。常见的中水处理工艺流程见表 2-17。流程表中的 2、3、5、6 皆为含有生化处理的流程，2、3 多以杂排水为原排水；5、6 为生化处理和物化处理相结合的流程，多以含有粪便的污水为原水。以物化法处理为主的处理流程较少，而且多应用于原水水质较好的场合，如流程表中 1、2 具有流程简单、占地少、设备密闭性好、无臭味、易管理的优点。

表 2-17 常用中水处理工艺流程

序 号	处理工艺流程
1	格栅—调节池—混凝气浮（沉淀）—化学氧化—消毒
2	格栅—调节池—一级生化处理—过滤—消毒
3	格栅—调节池—一级生化处理—沉淀—二级生化处理—沉淀—过滤—消毒
4	格栅—调节池—絮凝沉淀（气浮）—过滤—活性炭—消毒
5	格栅—调节池—一级生化处理—混凝沉淀—过滤—活性炭—消毒
6	格栅—调节池—一级生化处理—二级生化处理—混凝沉淀—过滤—消毒
7	格栅—调节池—絮凝沉淀—膜处理—消毒
8	格栅—调节池—生化处理—膜处理—消毒

2. 中水处理主要设备

从以上中水处理工艺流程看，中水处理设备主要有：格栅（格网）、调节池、沉淀（气浮）池、接触氧化池、生物转盘、絮凝池、滤池、消毒设备、活性炭吸附设备等。这些设备大多有定型产品，可根据工艺流程的需要选用。

2.5.4 中水管道系统

中水管道系统分为中水原水集水系统和中水供水系统。

1. 中水原水集水系统

中水原水集水系统根据体制不同分为合流制集水系统和分流制集水系统。

(1) 合流制集水系统是将生活污水与生活废水用一套系统排出，其系统设计与建筑室内排水系统设计基本相同，室内支管、立管等管道布置与敷设要求也与建筑室内排水系统基本相同。

(2) 分流制集水系统是将生活污水与生活废水用两套系统分别排出和收集。

2. 中水供水系统

中水供水系统的管网系统类型、系统组成、供水方式、管道布置与敷设及水力计算与建筑室内给水系统基本相同，只是在供给范围、水质、使用等方面有限定和特殊要求。常用的中水供水系统有余压供水系统、水泵水箱供水系统、气压供水系统三种形式，如图 2.22～图 2.24 所示。

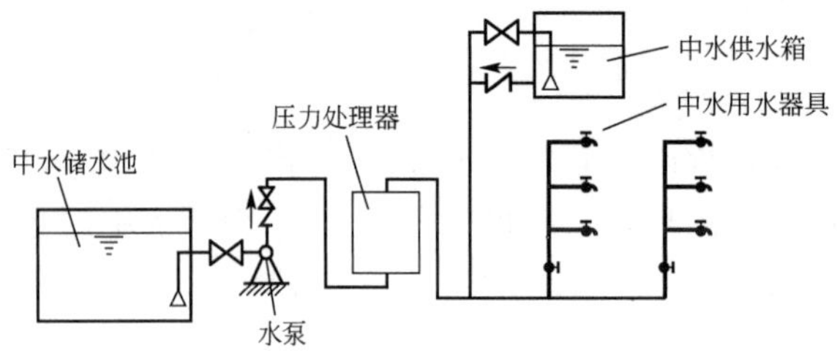

图 2.22　余压供水系统

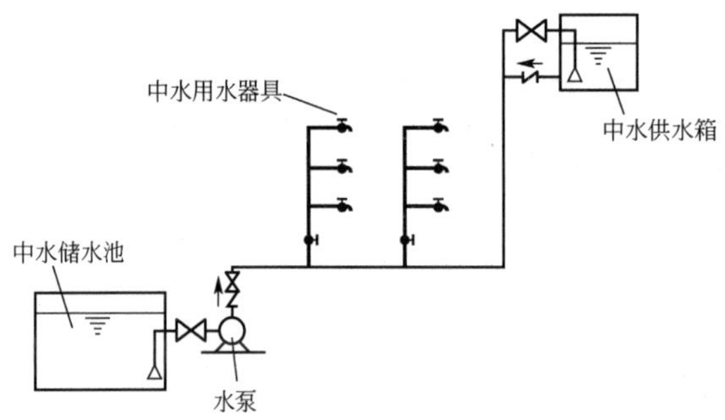

图 2.23　水泵水箱供水系统

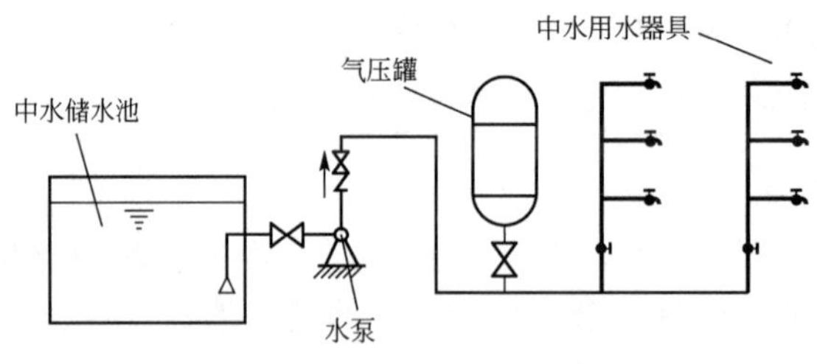

图 2.24　气压供水系统

思考题

1. 建筑给水系统按用途可分为哪几类?

2. 建筑给水系统由哪几部分组成?

3. 建筑给水管道布置的原则和要求有哪些?

4. 建筑给水管道常用的防腐、防冻和防结露的做法有哪些?

5. 泵房的设计对建筑有哪些要求?

6. 如何计算建筑给水系统所需水压?

7. 低层建筑给水方式如何选用?

8. 高层建筑内部给水系统为什么要进行竖向分区，分区压力一般如何确定?

9. 常用高层建筑内部给水方式有哪几种? 其主要特点是什么?

10. 饮用水管道与卫生器具及其他管道相连接时，防止水质污染的措施有哪些?

11. 建筑中水系统由哪几部分组成?

12. 图示2.25为层高3.6m的五层办公楼女卫生间的布置，室内外的标高差为0.3m，若给水管道采用给水塑料管，试完成以下给水设计任务。

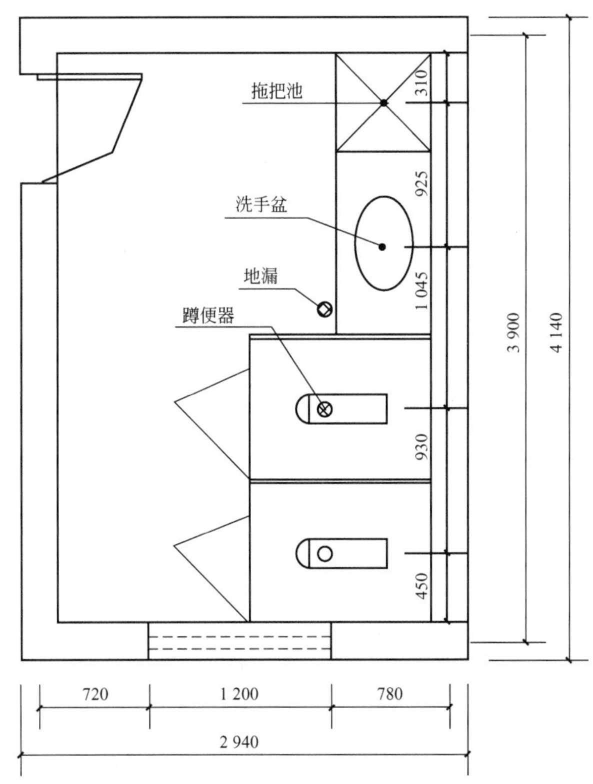

图2.25 某五层办公楼女卫生间的平面图

(1) 布置给水管网，完成给水平面布置图。

(2) 根据给水平面图，配置给水系统简图。

(3) 计算该系统所需水压及引入管设计流量。

(4) 若给水引入管采用镀锌钢管，估算其管径。

第3章 建筑排水工程

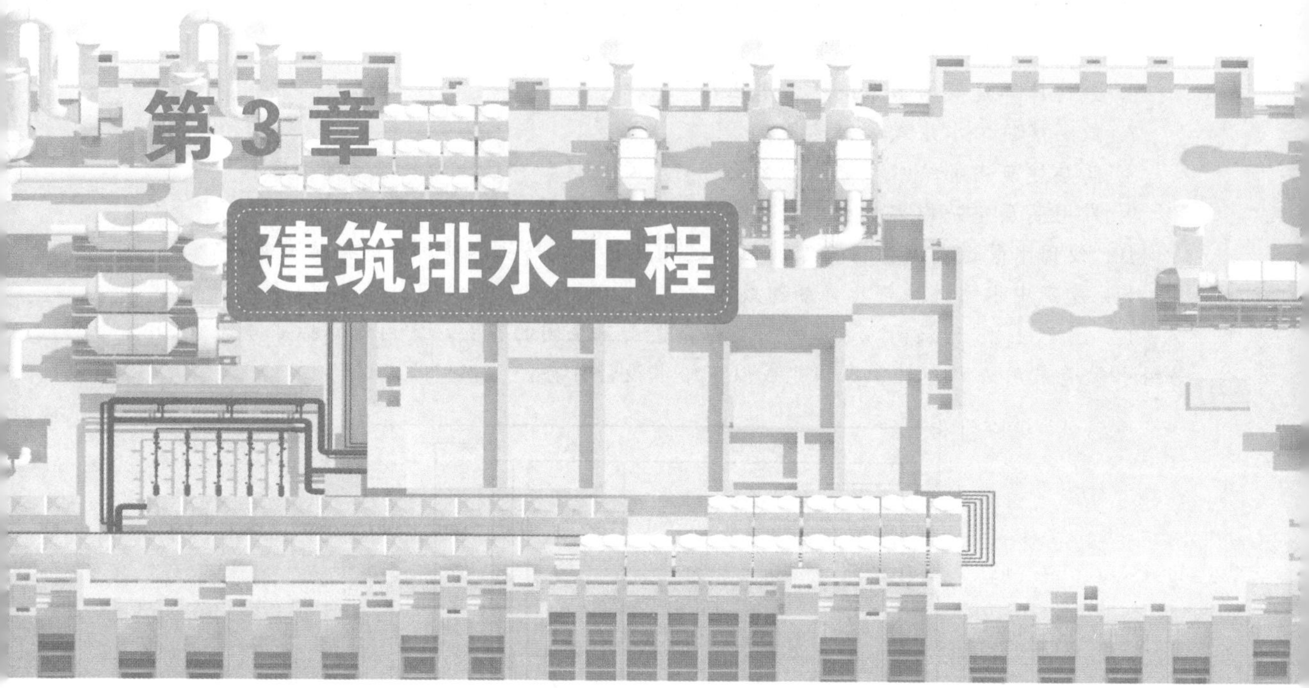

教学要点

本章主要讲述建筑排水工程的概念、基本理论和方法。通过本章的学习，应达到以下目标：

(1) 理解建筑排水系统的分类、组成、工作原理和要求；

(2) 熟悉各管段排水量的计算和管径确定方法；

(3) 理解正确处理建筑、结构与排水系统的关系要点。

基本概念

建筑排水系统；污水排放条件；排水体制；水封；通气系统；排水量；管径；排水管道的布设；设计暴雨强度；汇水面积

引例

南昌市的张先生有件烦恼事，就是卫生间的排水管道常被堵塞。张先生家住的是一栋建于20世纪90年代的六层住宅楼的底层，平时很注意不往排水管道扔杂物。物业管理部门来清理管道时清出的杂物也不知是楼上哪家扔进去的。几年来由于堵塞严重，张先生家先后开挖卫生间两次清通。怎样才能根本解决问题呢？后来张先生请来专业公司，工程师说："最简单的办法是，二楼以上的排水立管从二楼楼板下连接排出管，接头处设清通道口，如发生堵塞就很容易清通了。一楼的污水单独排出，只要自家注意，就不会堵塞。"经改造后，果然效果很好，再也无须开挖一楼卫生间地面了。现新住宅楼将可实现每户的污水单独排出，各住户之间互不影响。建筑排水工程的优劣在于预先考虑到可能出现的各种因素的影响，根据本章论述的原理和方法，将可能出现的问题解决于工程设计之中。

3.1 建筑排水系统的分类及组成

建筑内部排水系统是将人们在日常生活或生产中使用过的水及时收集、顺畅输送并排出建筑物的系统。

3.1.1 建筑排水系统的分类和选择

1. 建筑排水系统的分类

根据排水的来源和水受污染情况不同，一般可分为生活排水系统、工业废水排水系统、雨水排水系统三类。

生活排水系统是排除民用住宅建筑、公共建筑以及工业企业生活间的生活污水（包括粪便污水，厨房油烟污水，洗涤、沐浴废水）的系统。由于粪便污水和厨房油烟污水必须经过相关的处理后才能排出，处理较难，而生活废水处理较易，故生活排水系统可分为两个（生活污水排水系统和生活废水排水系统）或多个排水系统（粪便污水排水系统、厨房油烟污水排水系统和生活废水排水系统）等。

一般称受污染严重的工业废水为生产污水，受污染严重的生产污水必须经过相关的处理后才能排出厂外；生产废水是受污染较轻的水，如工业冷却水，可回收利用。一般工业废水排水系统可分为两类，即生产污水排水系统、生产废水排水系统。

雨水排水系统是排除屋面雨水、雪水的系统。雨水、雪水较清洁，可以直接排入水体或城市雨水系统。

2. 排水系统的选择

根据污、废水在排放过程中的关系，有污、废水分流制和合流制。分流制是指生活污水与生活废水，或生产污水与生产废水分别排至建筑物外；建筑内部排水的合流制是指生活污水与生活废水，或生产污水与生产废水在建筑物内汇合后排至建筑物外。合流制排水系统结构简单，投资低，占据室内空间小，但使用时期的运行费用高（污水处理量大），对环境污染大；分流制排水系统则相反。根据社会发展将趋向分流制排水系统。具体选择哪种排水系统应根据城市排水体制和本建筑污、废水分布情况等选择。

【城市排水系统】

建筑物内在以下情况下宜采用生活污水和生活废水分流制排水系统：①城市无市政污水处理厂时；②建筑物设有中水系统或生活废水需回收利用时；③生活污水需经化粪池处理后才能排入市政排水管道时；④建筑物使用性质对卫生标准要求较高时。

下列建筑排水应单独排水至水处理构筑物或回收构筑物：①公共饮食业厨房含有大量油脂的洗涤废水；②水温超过40℃的锅炉、水加热器等加热设备的排水；③洗车时的冲洗水；④含有大量致病菌、放射性元素超过排放标准的医院污水；⑤工业废水中含酸碱、有毒、有害物质的工业排水；⑥用作中水水源的生活排水；⑦当冷却废水量较大且需循环或重复使用时。

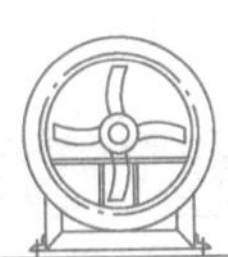

3.1.2 建筑排水系统的组成

建筑排水系统的基本要求是迅速通畅地排除建筑内部的污、废水，并能有效防止排水管道中的有毒有害气体进入室内。建筑排水系统（图 3.1），主要由下列部分组成。

1. 污水和废水收集器具

污水、废水收集器具是排水系统的起点，它往往是用水器具，包括卫生器具、生产设备上的受水器等。如洗面盆是卫生器具，同时也是排水系统的污水、废水收集器。

2. 水封装置

水封装置设置在污水、废水收集器具的排水口下方处，或器具本身构造设置有水封装置。其作用是阻挡排水管道中的臭气和其他有害、易燃气体及虫类进入室内造成危害。

安设在器具排水口下方的水封装置是管式存水弯，一般有 S 形和 P 形两种（图 3.2）。水封高度与管内气压变化、水量损失、水中杂质的含量和比重有关，不能太大，也不能太小。若水封高度太大，污水中固体杂质容易沉积，因此水封高度一般为 50～100mm。水封底部应设清通口，以利于清通。

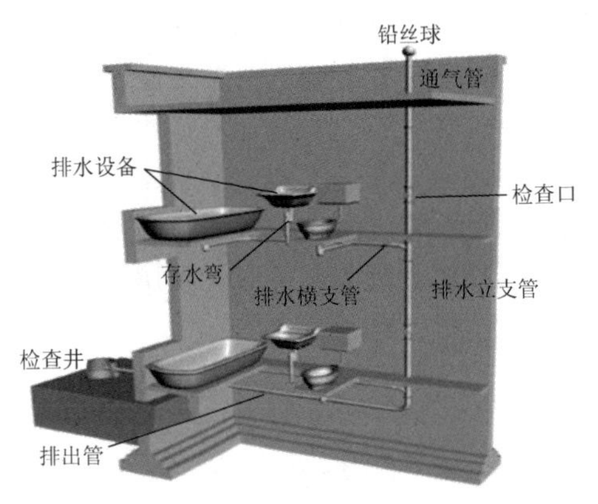

图 3.1 建筑排水系统

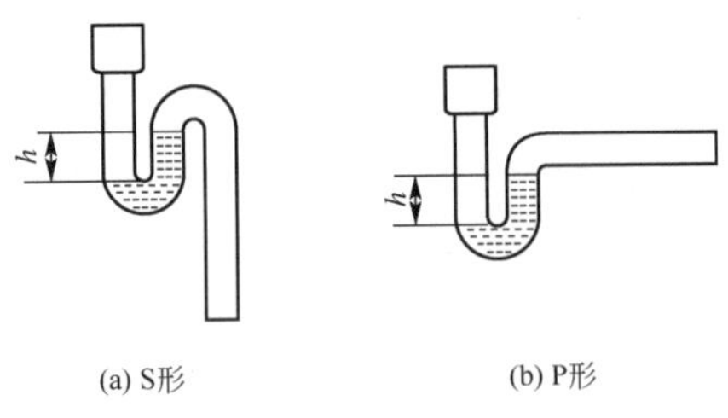

图 3.2 管式存水弯

3. 排水管道

排水管道可分为以下几种。

（1）器具排水管：连接卫生器具与后续管道排水横支管的短管。

（2）排水横支管：汇集各器具排水管的来水，并从水平方向输送至排水立管的管道。排水管应有一定坡度。

（3）排水立管：收集各排水横管、支管的来水，并从垂直方向输送将水排泄至排出管。

（4）排出管：收集排水立管的污、废水，并从水平方向排至室外污水检查井的管段。

4. 清通设备

污、废水中含有固体杂物和油脂，容易在管内沉积，使管道过水断面减小甚至堵塞管道，因此需要设清通设备。清通设备包括设在横支管顶端的清扫口，设在立管或较长横干管上的检查口和设在室内较长埋地横干管上的检查井，如图 3.3 所示。

5. 地漏的设置

每个卫生间均应设置 1 个 50mm 规格的地漏，其位置在易溅水的器具附近地面的最低

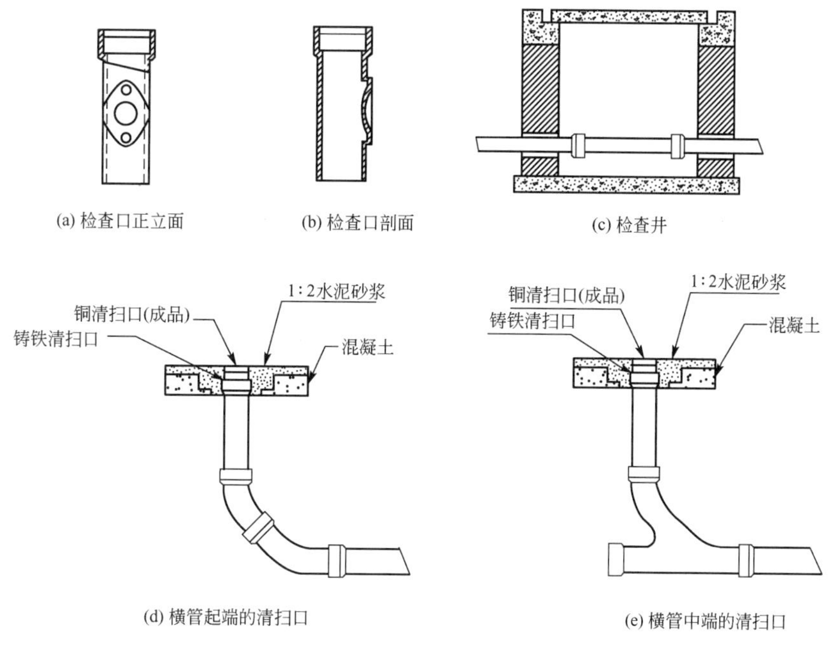

图 3.3 清通部件

处。食堂、厨房和公共浴室等排水宜设置网框式地漏。要求地面坡度坡向地漏，地漏箅子面应低于地面标高 5～10mm。

6. 提升设备

标高较低的场所，如建筑的地下室等产生的污废水，不能靠重力自流排到室外检查井，必须设置污水泵等提升设备。

7. 污水局部处理构筑物

当建筑内部污水未经处理不允许直接排入市政排水管网或水体时，需设污水局部处理构筑物，如处理民用建筑生活污水的化粪池，去除含油脂的隔油池，以及以消毒为主要目的的医院污水处理构筑物等。

8. 通气管

建筑内部排水管内是水气两相流，管内水依靠重力作用流向室外。通气管是为使排水系统内空气流通，压力稳定，防止水封破坏而设置的与大气相通的管道。设置通气管的目的是能向排水管内补充空气，使水流畅通，减少排水管内的气压变化幅度，防止卫生器具水封被破坏，并能将管内臭气排到大气中去。

一般楼层不高、卫生器具不多的建筑物，可仅设置伸顶通气管。伸顶通气管是排水立管与最上层排水横支管连接处向上垂直延伸至室外通气用的管道。为防止异物落入立管，通气管顶端应装设网罩或伞形通气帽。

对于层数较多或卫生器具较多的建筑物，必须设置专用通气管。常见的通气方式如图 3.4 所示。

1）器具通气管

专门为卫生器具设置的通气管，适用于对卫生标准和控制噪声要求较高的排水系统，是卫生器具存水弯出口端接至主通气管的管段。

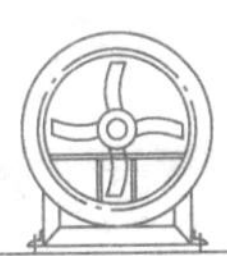

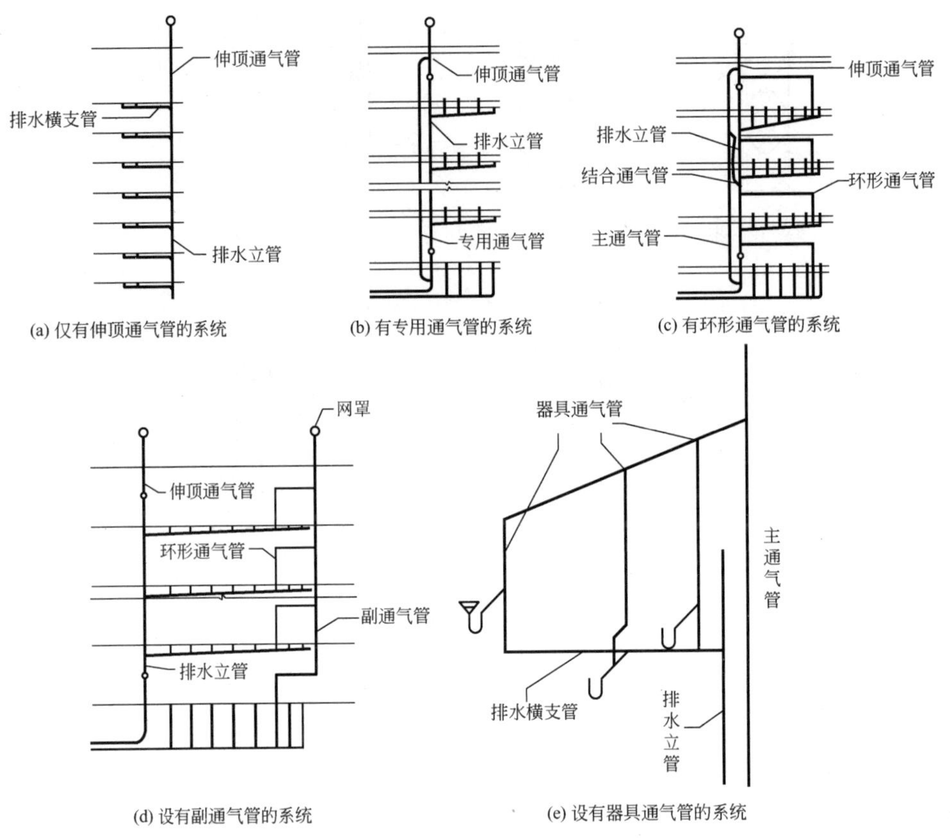

图 3.4 通气管系统

2）环形通气管

在多个卫生器具的排水横支管上，从最始端的两个卫生器具之间接出至主通气立管或副通气立管的通气管段。适用于连接 4 个及 4 个以上卫生器具且横支管的长度大于 12m 的排水横支管；连接 6 个及 6 个以上大便器的污水横支管；设有卫生器具的通气管。设置环形通气管的同时应设置通气立管，通气立管与排水立管可以同边设置（称主立管），也可分开设置（称副通气管）。

3）专用通气立管

仅与排水立管连接，为排水立管内空气流通而设置的垂直通气管道。专用通气立管应每隔 2 层设结合通气管与排水立管连接。

4）结合通气管

排水立管与通气立管的连接管段。主通气管宜每隔 6～8 层设结合通气管与排水立管相连。

3.1.3 排水管材与管件

管道工程所用的管材有钢管、铸铁管和铜管，还有钢筋混凝土管、石棉水泥管、塑料管和陶土管等。但建筑排水工程中常用的是铸铁管和塑料管，其他管材使用很少。

1. 铸铁管

铸铁管多用柔性接口机制排水铸铁管。铸铁管具有耐腐蚀性能强、耐高温、使用寿命长、抗拉和抗压的力学性能得到提高、管段较长、抗震性能强等优点，可用于地震设防较高的地区。

承插式柔性接口排水铸铁管及管件，按标准公称直径分为 *DN*50、*DN*75、*DN*100、*DN*125、*DN*150、*DN*200 六个档次。品种有承插口式直管、双承插口式套管、T 三通、TY 三通、45°弯头、90°弯头、P 形存水弯、S 形存水弯等。常用的铸铁管排水配件如图 3.4 所示。

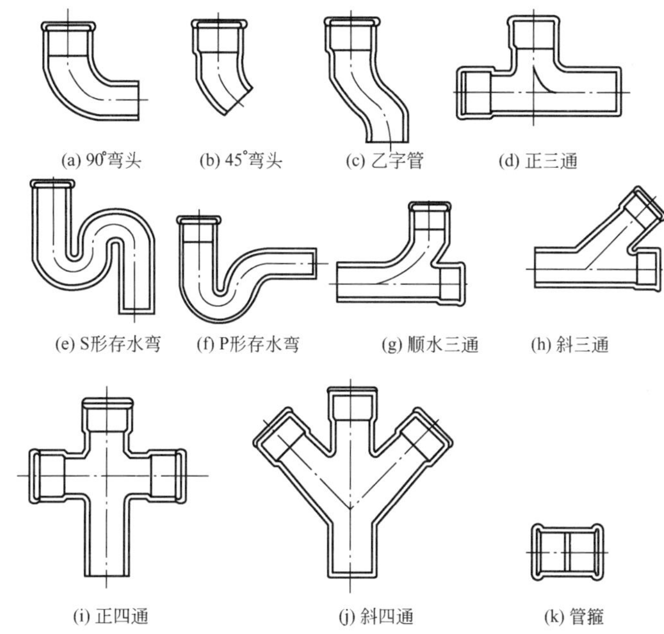

图 3.5 常用铸铁管排水管管件

2. 塑料管

排水塑料管有普通排水塑料管、蕊层发泡排水塑料管、拉毛排水塑料管和螺旋消声排水塑料管等，目前，在建筑内部广泛使用的排水管是硬聚氯乙烯塑料管（简称 PVC－U 管），与钢管、铸铁管不同，排水塑料管是以外径（*de*）表示的，排水工程常用 PVC－U 管的规格见表 3－1，管件如图 3.6 所示。

表 3－1 PVC－U 管的规格 单位：mm

公称外径 *de*		50	75	90	110	125	160	200	250	315
Ⅰ型	壁厚 *e*	2.0	2.3	3.2	3.2	3.2	4.0	4.9	6.2	7.7
	内径 *dj*	46	70.4	83.6	103.6	118.6	150.0	190.2	237.6	299.6
Ⅱ型	壁厚 *e*					3.7	4.7	5.9	7.3	9.2
	内径 *dj*					117.6	150.6	188.2	235.4	296.6
管长		4 000～6 000								

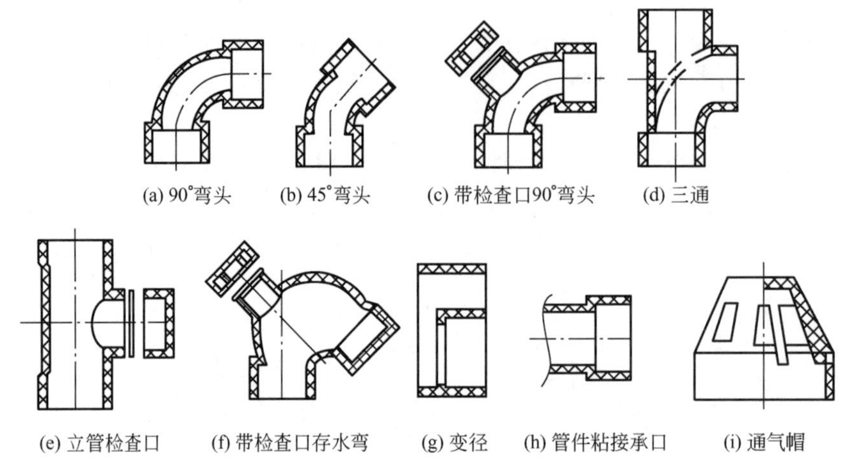

图 3.6　常用塑料管排水管件

排水塑料管适用范围：建筑高度不大于 100m 的工业与民用建筑内；建筑内生活污水连续排放温度不大于 40℃并瞬时温度不大于 80℃的生活污水管道；噪声要求非特别严格，地震设防烈度不太高的地区都可选用硬聚氯乙烯塑料管。

3.1.4 室内排水管道的布置与敷设

1. 排水管道的特点和管道布置原则

1）排水管道的特点

排水管道所排泄的水，一般是使用后受污染的水，含有各种悬浮物、块状物，容易引起管道堵塞。

排水管道内的流水是不均匀的，在仅设伸顶通气管的各层建筑内，变化的水流引起管道内气压急剧变化，会产生较大的噪声，影响房间的使用效果。

排水管一般采用建筑排水塑料管或柔性接口排水铸铁管，不能抵御建筑结构的较大变形或外力撞击、高温等的影响。在管道内温度比管外温度低较多时，管壁外侧会出现冷凝水。这些在管道布置时应加以注意。

2）排水管道布置原则

排水管道布置应满足使用要求，且经济美观，维修方便；应力求简短，拐弯最少，有利于排水，避免堵塞，不出现“跑、冒、滴、漏”现象，并使管道不易受到破坏，还要使建设投资和日常管理维护费用最低。排水管道的布置一般应满足以下要求。

（1）排水立管应设置在最脏、杂质最多及排水量最大的排水点处。注意到常有排水量最大的排水点既是给水量最大的点，也是给水立管最佳设立处，有时热水管道、煤气管道等也需设置于此。遇到多管相遇时的管道布设原则：小管让大管，有压管让无压管。一般情况下，排水管是管径最大的，特别是排水管是无压管，所以应该在设计时就要确定优先安排布置排水立管。

（2）排水管道不得布置在遇水会引起爆炸、燃烧或损坏的放置原料、产品和设备的地方。

(3) 排水管不得穿越住宅客厅、餐厅，不宜靠近与卧室相邻的内墙；不得穿行于食品或贵重物品储藏室、变电室、配电室，不得穿越烟道，不得穿行于生活饮用水池、炉灶上方。

(4) 排水管道不得穿越沉降缝、伸缩缝、变形缝、烟道和风道；当必须穿过沉降缝、伸缩缝和变形缝时，应采取相应技术措施。

(5) 排水塑料管应避免布置在热源附近，当不能避免，并导致管道表面受热温度大于60℃时，应采取隔热措施；塑料排水立管与家用灶具边净距不得小于0.4m。

3) 住宅排水的设置

随着社会的发展和人们生活水平的提高，人们对住宅的要求也越来越高，《建筑给排水设计规范》(GB 50010—2003)(2009年版) 4.3.8条规定，住宅卫生间的卫生器具排水管不宜穿越楼板进入他户，应设置同层排水方式，同层排水是指排水横支管布置在排水层或室外，器具排水管不穿楼层的排水方式。目前同层排水形式有：装饰墙敷设、外墙敷设、局部降板填充层敷设、全降板填充层敷设、全降板架空层敷设。这一规定适应了我国近年来对住宅商品化的发展趋势和人们法律意识的提高。由于住宅是私人空间，所以有拒绝他人进入的权利。该条规定旨在避免下排水式的卫生器具一旦堵塞或渗漏，清通或修理时对下层住户的影响。同层排水方式要求采用后排水式的卫生洁具，在本层将污废水排至立管，并做好地漏的设置。图3.7为同层排水与隔层排水方式比较。

【同层排水】

【同层排水系统与下排水系统的比较】

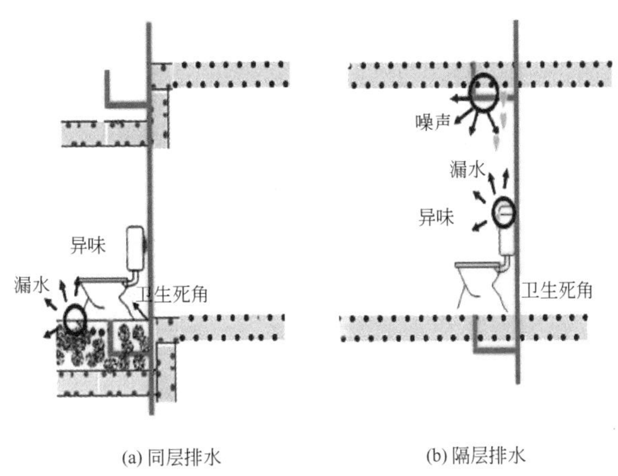

图3.7 同层排水与隔层排水方式比较

2. 室内排水管道的布置与敷设

卫生器具的设置位置、高度、数量及选型，应根据使用要求、建筑标准、有关的设计规定，并本着节约用水的原则等因素确定。

器具排水管是连接卫生器具和排水横支管的管段。在器具排水管应设有一个水封装置，若有的卫生器具中本身有水封装置，则可不另设。器具排水管与排水横管垂直连接，宜采用90°斜三通。

有些排水设备不宜直接与下水道相连接。如医疗灭菌消毒设备的排水、饮用水储水箱的排水管和溢流管排水、空调设备的冷凝或冷却水排水、食品冷藏库房地面的排水等，要求与排水管承接口有一定的空隙（图3.8、表3-2）。

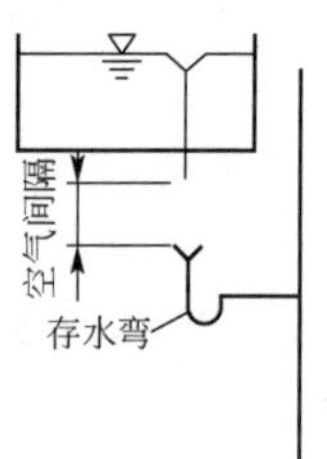

图 3.8　间接排水

表 3-2　间接排水口最小空气间隙

间接排水管管径/mm	排水口最小空气间隙/mm
≤25	50
32～50	100
>50	150

注：饮用储水箱的间接排水口最小空气间隙不得小于150mm。

排水横支管一般沿墙布设，注意管道不得穿越建筑大梁，也不得挡窗户。横支管是重力流，要求管道有一定坡度通向立管。

排水立管一般设在墙角处或沿墙、沿柱垂直布置，宜采用靠近排水量最大的排水点。如采用分流制排水系统的住宅建筑的卫生间，污水立管应设在大便器附近，而废水立管则应设在浴盆附近。

排水横管与立管连接，宜采用45°斜三通或45°斜四通和顺水三通或顺水四通；排水立管与排出管端部的连接，宜采用两个45°弯头或弯曲半径不小于4倍管径的90°弯头或90°变径弯头。

合理布置通气管，如污废水合流制的排水立管与通气立管并行布置，也叫双立管排水系统。而分流制的排水系统中，污水立管与废水立管可共用一根通气立管而无须布置两根通气立管，叫做三立管排水系统。

靠近排水立管底部的排水支管连接，应符合下列要求。

(1) 排水立管最低排水横支管与立管连接处距排水立管管底垂直距离不得小于表3-3的规定。

表 3-3　最低横支管与立管连接处至立管管底的垂直距离

立管连接卫生器具的层数	垂直距离/m	
	仅设伸顶通气	设通气立管
≤4	0.45	按配件最小安装尺寸确定
5～6	0.75	
7～12	1.20	
13～19	3.00	0.75
≥20	3.00	1.20

注：单根排水立管的排出管宜与排水立管相同管径。

(2) 排水支管连接在排出管或排水横干管上时，连接点距立管底部下游水平距离不得小于1.5m。

(3) 横支管接入横干管竖直转向管段时，连接点距转向处以下不得小于0.6m。

(4) 当靠近排水立管底部的排水支管的连接不能满足(1)项和(2)项的要求时，或在距排水立管底部1.5m距离之内的排出管、排水横管有90°水平转弯管段时，底层排水支管应单独排至室外检查井或采取有效的防反压措施。

根据国内外的科研测试证明，污水立管的水流流速大，而污水排出管的水流流速小，在立管底部管道内产生正压值，这个正压区能使靠近立管底部的卫生器具内的水封遭受破坏，卫生器具内发生冒泡、满溢现象，在许多工程中都出现上述情况，严重影响使用。立管底部的正压值与立管的高度、排水立管通气状况和排出管的阻力有关。为此，连接于立管的最低横支管或连接在排出管、排水横干管上的排水支管应与立管底部保持一定的距离。

3.1.5 建筑物污、废水的提升与局部处理

1. 建筑物污、废水的提升

建筑物的地下室、人防建筑工程等地下建筑物内的污、废水不能以重力流排入室外检查井时，应利用集水池、污水泵设施把污、废水集流，提升后排放。

1）集水池

集水池总容积应为有效容积、附加容积、保护高度容积之和。集水池有效容积不宜小于最大一台污水泵5min的出水量，且污水泵每小时启动次数不宜超过6次；附加容积为集水池内设置格栅，水泵设置、水位控制器等安装、检修所需容积；保护高度（h_b）容积为有效容积最高水位以上0.3～0.5m所需容积，如图3.9所示，h_y为集水池的有效水深。集水池设计最低水位应满足水泵吸水要求；当污水集水池设置在室内地下室时，池盖应密封，并设通气管系；室内有敞开的污水集水池时，应设强制通风装置；集水池底宜有不小于0.05坡度坡向泵位；集水坑的深度及平面尺寸，应按水泵类型而定；集水池底宜设置自冲管；集水池应设置水位指示装置，必要时应设置超警戒水位报警装置，并将信号引至物业管理中心。

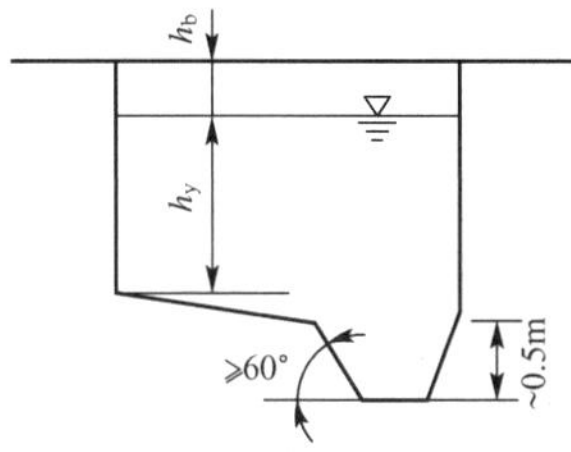

图3.9 集水池的有效水深

2）污水泵及污水泵房

污水泵优先选用潜水泵或液下污水泵，水泵应尽量设计成自灌式。

污水泵选型采用的出水量，应按生活排水设计秒流量值确定；当有排水量调节时，可按生活排水最大小时流量选定。污水泵扬程为污水提升高度、水泵管路水头损失、流出水头（一般选为2～3m）之和。

污水泵、阀门、管道等应选择耐腐蚀、大流量、不易堵塞的设备器材。

污水泵房应建成单独构筑物，并应有卫生防护隔离带。泵房设计应按现行国家标准《室外排水设计规范》（GB 50014－2006）（2014版）执行。

2. 建筑物污、废水的局部处理

有些污、废水达不到城市排水管网的排放标准，应在这些污、废水排放前做一些处理。对于很多没有污水处理厂的城镇，建筑污水处理对改善城镇卫生状况就更重要。现就常用的构筑物分别介绍如下。

1）隔油池

职工食堂、营业餐厅、肉类或食品加工车间排出的水中含有油脂，一般称植物油和大部分矿物油为“油”，而将动物油称“脂”或“脂肪”。各种油和脂均比水轻，比重为0.9～0.92。除汽油和煤油等矿物油外，不同油脂的固化温度各不相同，在15～38℃。这些油脂易凝固在排水管壁上，堵塞管道，沉集于排水沟里。有些污水，如汽车洗车水、维修车间排出水等，含有汽油、煤油、柴油、机油等，在排水管道中挥发后遇火会引起火灾。因此，这些含油的水在排入城市管网前应使用隔油池除去水中的油脂。

2） 化粪池

化粪池是用来截留生活污水中的粪便及其他悬浮物，在池内大部分有机物质在微生物的作用下进行消化，使其转化为消化污泥。经此初步处理，以达到城市排水管网的排放标准。化粪池应定期清理消化污泥。化粪池除污能力差，其处理过的污水是不能直接排向水体的。

3） 降温池

温度高于40℃的排水，应首先考虑热量回收利用，如不可能或回收不合理时，在排入城镇排水管道之前应设降温池。

降温池有虹吸式和隔板式两种类型，虹吸式适用于主要靠自来水冷却降温的情况；隔板式常用于由冷却废水降温的情况。

降温池容积计算与废水排放形式有关：废水间断排放时，降温池有效容积按一次最大排水量与所需冷却水量的总和计算；废水连续排放时，应保证废水与冷却水能够充分混合。

降温池应设于室外。如设在室内，水池应密闭，并设置密封孔和通向室外的通气管。

隔油池、化粪池和降温池均有标准图集可供选用。

3.2 污水排放条件及排水量的确定

3.2.1 污水排放条件

建筑排水的出路有两条：一是排入水体，即江、河、湖、海中；二是排入市政排水管道中。建筑排水是水经使用后受污染的水，水中含有不同的污染物，若直接向市政管道排放，会影响下游排水管道的功能和污水处理的难易程度；若直接排向天然河流湖泊，会破坏自然环境，造成各种不利影响。因此，各种污水的排放，都必须达到国家规定的排放标准，如《医疗机构水污染物排放标准》(GB 18466—2005)、《污水综合排放标准》(GB 8978—1996) 和《污水排入城镇下水道水质标准》(GJ 343—2010) 等。

1. 污水排入市政排水管道的一般要求

(1) 水的水温不高于40℃。因过高的水温易破坏管道的接头，造成漏水。

(2) 污水应基本上呈中性，pH 值在6～9。浓度过高的酸碱污水排入城镇下水道对管道有腐蚀作用，也影响污水进一步处理。

(3) 污水中不应含有大量固体杂质，以免在管道中沉积而阻塞管道。

(4) 污水中不允许含有大量汽油或油脂等易燃物质，以免在管道中产生易燃、易爆、有毒气体。

(5) 污水中不能含有毒物，以免伤害管道养护人和影响污水的利用、处理和排放。

(6) 对伤寒、痢疾、炭疽、肝炎等病原体，必须严格消毒灭活。

(7) 对含放射性物质的污水，应严格按照有关规定执行。

(8) 工业废水排入城镇排水管道，除满足上述规定外，还应符合《工业企业设计卫生标准》(GBZ1—2010) 等有关规定。

2. 污水排入水体时的要求

当污水排放到无城市污水处理厂的下水道或直接排放到水体时，应根据水体的用途和环保部门的要求，对污水的生物性污染、理化性污染及有毒有害物质进行全面处理，达到相关标准和要求后方能排放。

3.2.2 排水量的确定

生活排水量与当地的生活习惯、气候条件、供水条件以及卫生器具的完善程度等因素有关。排水定额有两种：一种是以每人每日为标准，主要用来设计污水泵、化粪池等；另一种是以卫生器具为标准，用于排水管段的流量设计。

1. 室内各排水管段的排水量的确定

在具体确定室内排水管段排水量时，应该注意该管道可能发生的最大流量，也就是管内瞬时最大流量，称设计秒流量。卫生器具排水定额是实测得来的，主要用来计算各排水管段的设计秒流量。满足最大流量的排泄，是为了保证排水畅通。某管段的设计秒流量与其接纳的卫生器具类型、数量及同时使用频率有关。为了便于累计计算，以污水盆排水量0.33L/s为一个排水当量（1排水当量=0.33L/s）。将其他卫生器具的排水量与0.33 L/s的比值作为该卫生器具的排水当量。由于卫生器具排水具有突然、迅速、流量大的特点，所以，一个排水当量的排水流量是一个给水当量的排水量的1.65倍。常用卫生器具的排水当量、排水流量见表3-4。

表3-4 卫生器具的排水流量、排水当量、排水管管径和管道最小坡度

序号	卫生器具名称	排水流量/(L/s)	排水当量	排水管径/mm	管道最小坡度
1	洗涤盆、污水盆（池）	0.33	1.0	50	0.025
2	餐厅、厨房洗菜盆（池）	—	—	—	—
	单格洗涤盆（池）	0.67	2.0	50	0.025
	双格洗涤盆（池）	1.00	3.0	50	0.025
3	盥洗槽（每个水嘴）	0.33	1.00	50～75	—
4	洗手盆	0.10	0.30	32～50	0.020
5	洗脸盆	0.25	0.75	32～50	0.020
6	浴盆	1.00	3.00	50	0.020
7	淋浴器	0.15	0.45	50	0.020
8	大便器	—	—	—	—
	冲洗水箱	1.50	4.50	100	—
	自闭式冲洗阀	1.20	3.60	100	—
	高水箱	1.50	4.50	100	0.012
	低水箱	—	—	—	—
	冲落式	1.50	4.50	100	—
	虹吸式、喷泉虹吸式	2.00	6.00	100	—
	自闭冲洗阀	1.50	4.50	100	0.012

(续)

序号	卫生器具名称	排水流量/(L/s)	排水当量	排水管径/mm	管道最小坡度
9	医用倒便器	1.50	4.50	100	—
10	小便器	—	—	—	—
	自闭式冲洗阀	0.10	0.30	40～50	0.020
	感应式冲洗阀	0.10	0.30	40～50	0.020
11	大便槽	—	—	—	—
	≤4 个蹲位	2.50	7.50	100	—
	＞4 个蹲位	3.00	9.00	150	—
12	小便槽（每米长）	—	—	—	—
	自动冲洗水箱	0.17	0.50	—	—
13	化验盆（无塞）	0.20	0.60	40～50	0.025
14	净身器	0.10	0.30	40～50	0.02
15	饮水器	0.05	0.15	25～50	0.01～0.02
16	家用洗衣机	0.50	1.50	50	—

注：家用洗衣机下排水软管直径为 30mm，上排水软管内径为 19mm。

2. 排水管段内的设计秒流量

(1) 住宅、宿舍（Ⅰ、Ⅱ类）、旅馆、宾馆、酒店式公寓、医院、疗养院、幼儿园、办公楼、养老院、商场、图书馆、书店、客运中心、航站楼、会展中心、中小学教学楼、食堂或营业餐厅等建筑生活排水管道设计秒流量计算公式。

$$q_p = 0.12\alpha\sqrt{N_p} + q_{max} \tag{3-1}$$

式中 q_p——计算管段排水设计秒流量，L/s；

N_p——计算管段的卫生器具排水当量数；

α——根据建筑物用途而定的系数，按表 3-5 确定；

q_{max}——计算管段上最大一个卫生器具的排水流量，L/s。

表 3-5 根据建筑用途而定的系数 α 值

建筑物名称	宿舍（Ⅰ类、Ⅱ类）、住宅、宾馆、酒店式公寓、医院、疗养院、幼儿园、养老院的卫生间	旅馆和其他公共建筑的公共建筑的盥洗室和卫生间
α	1.5	2.0～2.5

按式(3-1)计算排水管的起始端时，如果连接的卫生器具较少，可能会出现计算所得流量值大于该管段上全部卫生器具排水量累加值的情况，这时应以该管段上全部卫生器具排水量的累加值作为设计秒流量值。

(2) 宿舍（Ⅲ类、Ⅳ类）工业企业生活间、公共浴室、洗衣房、职工食堂或营业餐厅厨房、实验室、影剧院、体育场管等建筑的生活管道排水设计秒流量计算公式。

$$q_p = \sum q_e N_o b \tag{3-2}$$

式中 q_p——计算管段排水设计秒流量，L/s；

q_e——同类型的一个卫生器具排水流量，L/s；

N_o——同类型卫生器具数；

b——卫生器具的同时排水百分数，同卫生器具的同时给水百分数。

当计算排水流量小于一个大便器的排水流量时，应按一个大便器的排水流量计算。

3.3 民用建筑排水工程案例

3.3.1 建筑排水系统水力计算

水力计算的目的在于合理、经济地确定管径、管道坡度，以及确定设置通气系统的形式以使排水管系统正常地工作。水力计算包括横管的水力计算、立管的水力计算和通气管道的计算。

1. 排水横管水力计算

1）充满度和管道坡度

排水管道内的水流是重力流，水流流动的动力来自于管道坡降造成的重力分量，管道的坡降直接影响管内水流速度和输送悬浮物的能力。因此，管内应保持一定的坡度（标准坡度，最小坡度）。管道的充满度是指管道中水深与管径的比值。

建筑排水塑料管粘接、熔接连接的排水横支管的标准坡度应为 0.026。胶圈密封连接排水横管的坡度可按表 3－6 调整。建筑物内塑料排水管道的最小坡度和最大设计充满度按表 3－6 确定。

表 3－6 建筑排水塑料管排水横管的最小坡度、通用坡度和最大设计充满度

外径/mm	通用坡度	最小坡度	最大设计充满度
50	0.025	0.0120	0.5
75	0.015	0.0070	
110	0.012	0.0040	
125	0.010	0.0035	
160	0.007	0.0030	0.6
200	0.005	0.0030	
250	0.005	0.0030	
315	0.005	0.0030	

2）自净流速与最大流速

管内流速与水中杂质的输送能力有直接的关系。为防止污水中的杂质沉积，管内应保持的最低流速称为自净流速，排水管道的自净流速见表 3－7；同时为了防止管道的冲刷磨损，排水管道对最大流速也做了限制，见表 3－8。

表 3-7　排水管道的自净流速

污水废水类别	生活污水			雨水管及合流管道	明　　渠
		d=150mm	d=220mm		
自净流速/(m/s)	0.60	0.65	0.70	0.75	0.4

表 3-8　排水管道的最大流速值　　单位：m/s

管道材料 \ 污水类别	生活污水	含有杂质的工业废水、雨水
金属管	7.0	10.0
陶瓷管	5.0	7.0
混凝土及石棉水泥管	4.0	7.0

3）横管水力计算方法

对于横干管和连接多个卫生用水器具的横支管，应逐段计算各管段的排水设计秒流量，通过水力计算来确定各管段的管径和坡度。建筑内部横向管道按明渠均匀流公式计算。

$$q_p = Av \tag{3-3}$$

$$v = R^{2/3} I^{0.5} / n \tag{3-4}$$

式中　q_p——排水设计秒流量，m^3/s；

A——流水断面面积，m^2；

v——流速，m/s；

R——水力半径，m；

I——水力坡度，采用排水管坡度；

n——排水管壁粗糙系数，铸铁管为0.013，钢管为0.012，塑料管为0.009。

为了简化计算，常将式(3-3)和式(3-4)列为计算表（表3-9)，表中列出了各种排水管管径在不同的坡度和充满度下的排水能力和相应的流速。

表 3-9　排水塑料管水力计算表（n=0.009）

单位：de：mm，v：m/s，Q：L/s

坡度	h/D=0.5										h/D=0.6			
	de=50		de=75		de=90		de=110		de=125		de=160		de=200	
	v	Q	v	Q	v	Q	v	Q	v	Q	v	Q	v	Q
0.003											0.74	8.38	0.86	15.24
0.0035									0.63	3.48	0.80	9.05	0.93	16.46
0.004							0.62	2.59	0.67	3.72	0.85	9.68	0.99	17.60
0.005					0.60	1.64	0.69	2.90	0.75	4.16	0.95	10.82	1.11	19.67
0.006					0.65	1.79	0.75	3.18	0.82	4.55	1.04	11.85	1.21	21.55
0.007			0.63	1.22	0.71	1.94	0.81	3.43	0.89	4.92	1.13	12.80	1.31	23.28
0.008			0.67	1.31	0.75	2.07	0.87	3.67	0.95	5.26	1.20	13.69	1.40	24.89
0.009			0.71	1.39	0.80	2.20	0.92	3.89	1.01	5.58	1.28	14.52	1.48	26.40
0.01			0.75	1.46	0.84	2.31	0.97	4.10	1.06	5.88	1.35	15.30	1.56	27.82
0.011			0.79	1.53	0.88	2.43	1.02	4.30	1.12	6.17	1.41	16.05	1.64	29.18

（续）

坡度	h/D=0.5										h/D=0.6			
	de=50		de=75		de=90		de=110		de=125		de=160		de=200	
	v	Q	v	Q	v	Q	v	Q	v	Q	v	Q	v	Q
0.012	0.62	0.52	0.82	1.60	0.92	2.53	1.07	4.49	1.17	6.44	1.48	16.76	1.71	30.48
0.015	0.69	0.58	0.92	1.79	1.03	2.83	1.19	5.02	1.30	7.20	1.65	18.74	1.92	34.08
0.02	0.80	0.67	1.06	2.07	1.19	3.27	1.38	5.80	1.51	8.31	1.90	21.64	2.21	39.35
0.025	0.90	0.74	1.19	2.31	1.33	3.66	1.54	6.48	1.68	9.30	2.13	24.19	2.47	43.99
0.026	0.91	0.76	1.21	2.36	1.36	3.73	1.57	6.61	1.72	7.48	2.17	24.67	2.52	44.86
0.03	0.98	0.81	1.30	2.53	1.46	4.01	1.68	7.10	1.84	10.18	2.33	26.50	2.71	48.19
0.035	1.06	0.88	1.41	2.4	1.58	4.33	1.82	7.67	1.99	11.00	2.52	28.63	2.93	52.05
0.04	1.13	0.94	1.50	2.93	1.69	4.63	1.95	8.20	2.13	11.76	2.69	30.60	3.13	55.65
0.045	1.20	1.00	1.59	3.10	1.79	4.91	2.06	8.70	2.26	12.47	2.86	32.46	3.32	59.02
0.05	1.27	1.05	1.68	3.27	1.89	5.17	2.17	9.17	2.38	13.15	3.01	34.22	3.50	62.21
0.06	1.39	1.15	1.84	3.5	2.07	5.67	2.38	10.04	2.61	14.40	3.30	37.48	3.83	68.15
0.07	1.50	1.24	1.99	3.87	2.23	6.12	2.57	10.85	2.82	15.56	3.56	40.49	4.14	73.61
0.08	1.60	1.33	2.31	4.14	2.38	6.54	2.75	11.60	3.01	16.63	3.81	43.28	4.42	78.70

根据排水中所含杂物性质，还规定了一些管道的最小管径：大便器排水管最小管径不得小于100mm；公共食堂厨房的污水排水管的管径应比计算值大一级，且干管管径不得小于100mm，支管排水管最小管径不得小于75mm；医院污物洗涤盆（池）和污水盆（池）排水管最小管径不得小于75mm；小便槽或三个及三个以上的小便器排水管最小管径不得小于75mm；浴池的泄水管管径宜采用100mm。如果排水能力能够满足设计流量的要求和上述规定，则所设管径和坡度、充满度为合理。否则应再重新设定，直到满足要求为止。

2. 排水立管管径的确定

生活排水立管的最大设计排水能力，应按表3-10确定。立管管径不得小于所连接的横支管管径。

表3-10 生活排水立管最大设计排水能力

排水立管系统类型			最大设计排水能力/(L/s)				
			排水立管管径/mm				
			50	75	100 (110)	125	150 (160)
伸顶通气	立管与横支管连接配件	90°顺水三通	0.8	1.3	3.2	4.0	5.7
		45°斜三通	1.0	1.7	4.0	5.2	7.4
专用通气	专用通气管75mm	结合通气管每层连接	—	—	5.5	—	—
		结合通气管隔层连接	—	3.0	4.4	—	—
	专用通气管100mm	结合通气管每层连接	—	—	8.8	—	—
		结合通气管隔层连接	—	—	4.8	—	—

(续)

<table>
<tr><th colspan="3" rowspan="3">排水立管系统类型</th><th colspan="5">最大设计排水能力/(L/s)</th></tr>
<tr><th colspan="5">排水立管管径/mm</th></tr>
<tr><th>50</th><th>75</th><th>100
(110)</th><th>125</th><th>150
(160)</th></tr>
<tr><td colspan="3">主、副通气立管+环形通气管</td><td>—</td><td>—</td><td>11.5</td><td>—</td><td>—</td></tr>
<tr><td rowspan="2">自循环通气</td><td colspan="2">专用通气形式</td><td>—</td><td>—</td><td>4.4</td><td>—</td><td>—</td></tr>
<tr><td colspan="2">环形通气形式</td><td>—</td><td>—</td><td>5.9</td><td>—</td><td>—</td></tr>
<tr><td rowspan="3">特殊单立管</td><td colspan="2">混合器</td><td>—</td><td>—</td><td>4.5</td><td>—</td><td>—</td></tr>
<tr><td rowspan="2">内螺旋管+旋流器</td><td>普通型</td><td>—</td><td>1.7</td><td>3.5</td><td>—</td><td>8.0</td></tr>
<tr><td>加强型</td><td>—</td><td>—</td><td>6.3</td><td>—</td><td>—</td></tr>
</table>

注：排水层数在15层以上时，宜乘以0.9的系数。

3. 通气管道管径的确定

通气管的最小管径不宜小于排水管管径的1/2，其最小管径见表3-11，当通气立管长度大于50m时，通气管管径应与排水立管相同。

表3-11 通气管最小管径

通气管名称	排水管管径/mm				
	50	75	100	125	150
器具通气管	32	—	50	50	—
环形通气管	32	40	50	50	—
通气立管	40	50	75	100	100

注：① 表中通气立管系指专用通气立管、主通气立管、副通气立管。
② 自循环通气立管管径应与排水立管管径相等。

通气立管长度小于或等于50m且两根及两根以上排水立管同时与一根通气立管相连时，应以最大一根排水立管按表3-11确定通气立管管径，且其管径不宜小于其余任何一根排水立管管径。结合通气管的管径不宜小于与其连接的通气立管管径。伸顶通气管管径应与排水立管管径相同，但在最冷月平均气温低于$-13℃$的地区，应在室内平顶或吊顶以下0.3m处将管径放大一级。当两根或两根以上污水立管的通气管汇合连接时，汇合通气管的断面积应为最大一根通气管的断面积加其余通气管断面积之和的0.25倍。

3.3.2 建筑排水系统设计案例

室内排水工程的设计程序可分为三个步骤：收集资料、设计计算、按设计结果绘制施工图。

1. 收集资料

了解设计对象、设计要求及标准，根据建筑和生产工艺了解卫生器具或用水设备的类型、位置和数量；了解室外排水管网的排水体制，排水管道位置、管径、埋深、污水流向，检查井内的最高、最低、常水位，构造尺寸和对排入污水的水质要求等资料。

2. 设计计算

根据收集的资料和有关规定，以及本地区的特点和本建筑的特定要求，选定合适的排水系统，绘制草图，再进行排水量计算和配管。具体对室内各段排水管道按其承担的卫生洁具排水当量总数，以建筑排水设计秒流量计算各管段流量，再依据管段流量和有关规定进行配管。

3. 按设计结果绘制施工图

根据设计结果，绘制排水平面图和排水系统图，必要时还应绘制大样图。

【例3-1】 某六层办公楼，每层设一个卫生间，平面布置如图3.10所示，有一个污水池，两个自闭式冲洗阀小便器，三个自闭式冲洗阀大便器，采用塑料管材，试配管。

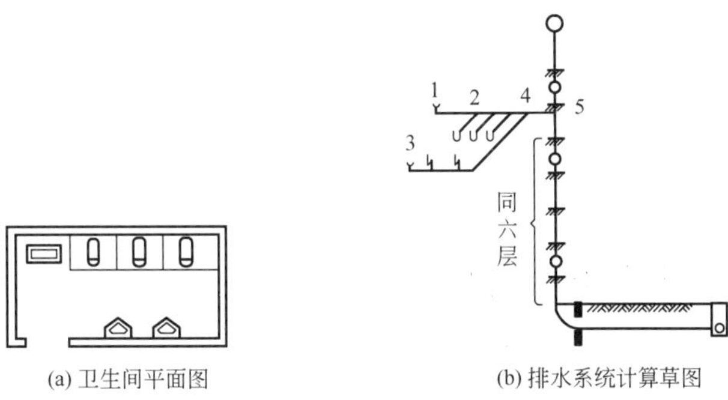

图3.10 卫生间排水平面布置图

解：(1) 排水设计秒流量计算。

取 $\alpha=2.0$ $\qquad q_p=0.12\alpha\sqrt{N_p}+q_{max}$

管段1—2，承担一个污水池的排水，查表3-4得排水当量=1.0，流量 $q_p=0.33$L/s。

管段2—4，承担一个污水池和3个大便器的排水，查表3-4得排水当量=1.0+4.5×3=14.5，流量 $q_p=0.12\times2.0\times\sqrt{1.0+4.5\times3}+1.5=2.41$(L/s)。

管段3—4，承担两个小便斗的排水，查表3-4得排水当量=0.3×2=0.6，流量 $q_p=0.12\times2.0\times\sqrt{0.3\times2}+0.1=0.29$(L/s)。

由于该管段上的卫生器具很少，故流量应采用所有卫生器具排水流量之和：$q_p=0.1\times2=0.20$(L/s)。

管段4—5，承担两个小便斗、一个污水池和三个大便器的排水，排水当量=0.6+13.5+1.0=15.1，$q_p=0.12\times2.0\times\sqrt{15.1}+1.5=2.43$(L/s)。

(2) 确定各层横支管的管径及坡度。根据表3-6，选设计充满度为0.5及通用坡度，各管段计算的排水设计量按表3-9计算。计算结果见表3-12。

(3) 确定立管、排出管的管径。

立管最下部排水管段中排水设计秒流量为：$q_p=0.12\times2.0\sqrt{15.1\times6}+1.5=3.79$(L/s)

采用塑料排水立管，伸顶通气管，查表3-10，$de=100$mm

排出管 $q_p=3.79$L/s，采用塑料排水排出管，查表3-9，$de=100$mm，$I=0.009$

表 3-12 各层横支管水力计算表

管段编号	卫生器具名称、数量			排水当量数 $\sum N_p$	设计秒流量 q_p	管径/mm	坡度/I	备注
	污水池 $N_p=1.0$	小便器 $N_p=0.3$	大便器 $N_p=4.5$					
1—2	1			1.0	0.33	50	0.025	
2—4	1		3	14.5	2.41	100	0.012	
3—4		2		0.6	0.20	50	0.025	
4—5	1	2	3	15.1	2.43	100	0.012	

3.4 高层建筑排水系统

3.4.1 高层建筑排水系统的特点

随着经济的发展和科技的进步，人们对高层建筑的需求也越来越多。高层建筑中设备多、标准高、管线多，且建筑、结构、设备在布置中的矛盾也多，设计时必须密切配合，协调工作。为使众多的管道整齐有序敷设，建筑和结构设计布置除满足正常使用空间要求之外，还必须根据结构、设备需要，合理安排建筑设备、管道布置所需空间。

一般在高层建筑内的用水房间旁设置管道井，供垂直走向管道穿行。每隔一定的楼层设置设备层，可在设备层中布置设备和水平方向的管道。当然，也可以不在管道井中敷设排水管道。对不在管道井中穿行的管道，如果在装饰要求较高的建筑，可以在管道外加包装。

高层建筑排水设施的特点是其服务人数多、使用频繁、负荷大，特别是排水管道，每一条立管负担的排水量大，流速高。因此要求排水设施必须可靠、安全，并尽可能少占空间。如采用强度高、耐久性好的金属管道或塑料管道，相配的弯头等配件。

3.4.2 高层建筑排水系统的类型

高层建筑排水系统从排水体制来划分，可以分为合流制排水系统与分流制排水系统。根据我国环保事业和排水工程技术的发展要求，高层建筑宜采用分流制排水系统。即生活污水经化粪池处理后再排入市政排水管道，而生活废水单独排放。缺水区也可将生活废水收集后经中水系统处理后，再用作厕所冲洗水和浇洒用水。

高层建筑排水系统从通气方式来划分，可以分为以下几类。

(1) 伸顶通气管的排水系统。

(2) 设专用通气管的排水系统。

(3) 设器具通气管的排水系统。

(4) 特殊单立管排水系统，这种排水系统仅需设置伸顶通气管即可改善排水能力。

(5) 不透气的生活排水系统，高层建筑在低层单独设置的排水系统，地下室采用抽升排水系统。

高层建筑的排水立管，沿途接纳的排水器具同时排水的概率大。因而立管中的水流量大，容器形成的柱塞流，造成立管的下部气压急剧变化，从而破坏卫生器具的水封，这是高层建筑中排水系统应着重注意的问题。高层建筑常用的排水管通气系统是特殊的单立管排水系统，主要包括以下几种。

1. 苏维托立管系统

苏维托立管系统有两种特殊管件：一是混合器；二是跑气器。混合器设在楼层排水横支管与立管相连接的地方，跑气器设在立管的底部，如图3.11所示。混合器内特殊构造有：上部是一个乙字弯，中部对着横支管接入口处有一有缝隙的隔板，下部为混合区。乙字弯的作用是降低上游立管来水的水流速度。隔板的作用是使立管水流与横支管水流在各自的隔间内流动，避免了两种水流的冲击和干扰，同时隔板上部的空隙可流通空气，起着平衡管内压力，防止压力变化太大而破坏卫生器具的水封的作用。最后水流经混合区排向下游立管。跑气器的分离室有一个凸块，当立管中水流由上向下流来时，水流在凸块处撞击后，水中的气在分离室被分离，分离出来的气体从跑气口跑出，被导入排出管排走。苏维托系统改善了排水立管中的水流状态，降低了管内空气压力被动，保护了用水器具的水封不被破坏。这种系统适用于一般高层住宅，具有节省材料和投资的优点。

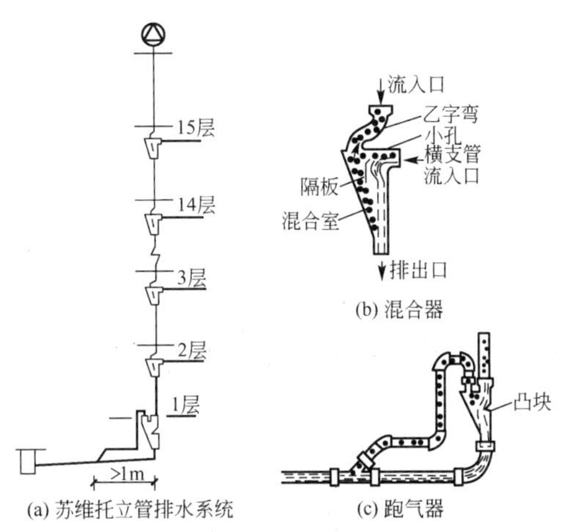

图3.11 苏维托立管系统

2. 旋流单立管排水系统

旋流单立管排水系统也是由两种管件起作用：一是安于横支管与立管相接处的旋流器；二是立管底部与排出管相接处的大曲率导向弯头。该系统如图3.12所示。旋流器由主室和侧室组成。主侧室之间有一侧壁，用以消除立管流水下落时对横支管的负压吸引。立管下端装有满流叶片，能将水流整理成沿立管纵轴旋流状态向下流动，这有利于保持立管内的空气芯，维持立管中的气压稳定，能有效地控制排水噪声。大曲率导向弯头是在弯头凸岸设有一导向叶片，叶片迫使水流贴向凹岸一边流动，减缓了水流对弯头的撞击，消除了部分水流能量，避免了立管底部气压的太大变化，理顺了水流。

3. 芯型排水系统

芯型排水系统是在各层排水横支管与立管连接处设高奇马接头配件，在排水立管的底部设角笛弯头。

该系统的作用与苏维托排水系统相似。高奇马接头的作用与气水混合器相似，角笛弯头的作用与跑气器相似。

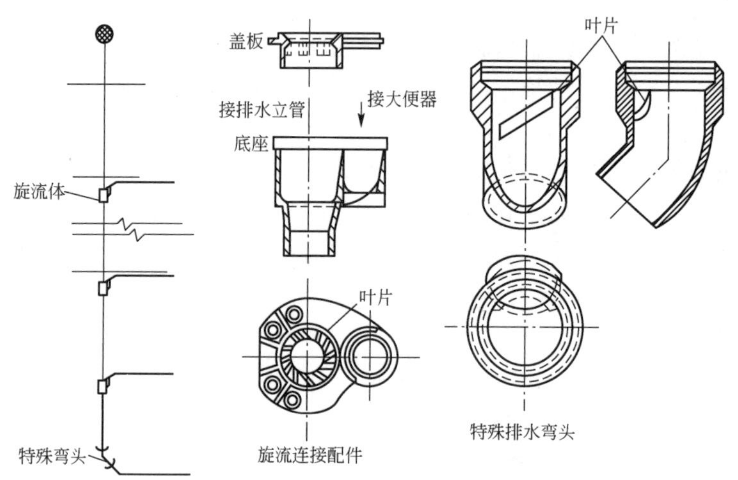

图 3.12　旋流单立管排水系统

4. 塑料螺旋单立管排水系统

塑料螺旋单立管排水系统由塑料螺旋管和偏心进水三通组成，塑料螺旋管内壁有 6 条间距为 50mm 的三角形螺旋线，污水沿螺旋线下落，在管中形成一个通畅的空气柱，从而提高了进水能力。偏心进水三通与排水立管的连接不对中，能把横支管流来的污水从立管内径切线方向导入立管，并有避免水舌形成、稳定气压波动、降低噪声的功能。

3.4.3 高层建筑排水系统的管道布置

高层建筑的使用功能较多，装饰要求较高，管道多且管径大。为了使排水管道的布置简洁，管道走向明确，满足使用和装饰要求，并便于安装和检修，常将排水立管和给水管道设在管道井中。一般管道井应设置在用水房间旁边，以使排水横支管最短。管道井垂直贯穿各层，以使立管段能垂直布设。这就是高层建筑的建筑设计常采用“标准属”的主要原因。标准属即这些楼层内房间的布置在平面轴线上是一致的，主要指卫生间和厨房，上下楼层都在同一位置，这就便于设置管道井。管道井内应有足够的面积，以保证管道安装间距和检修用的空间。为了方便检修，要求管井中在各楼层标高处设置平台，并且每层有门通向公共走道。

有的立管也可直接设在用水房间内而不设管道井。对装饰要求较高的建筑，可采用外包装的方式将其包装起来，但要在闸门、检查口处设置检修窗或检修门。

高层建筑中，即使其使用要求单一，但由于楼层太多，其结构布置和构件尺寸往往也会因层高不同而有变化，这就使排水管道井受其影响而使管道井平面位置有局部变化。另外，当高层建筑中上下两区的房屋使用功能不一样时，若要求上下用水房间布置在同一位置上，会有困难。管道井不能穿过下层房间。最好的办法是在两区交界处增设一层设备层。立管通过设备层时做水平布置，再进入下面区域的管道井。设备层不仅有排水管道布设，还有给水管道和相关设备布设等。由于排水管道内水流是重力流，宜优先考虑排水管设置位置，并协调其他设备位置布设。设备层的层高可稍微低些，但要具备通风、排水和照明功能。

3.5 屋面排水系统

屋面排水系统是汇集降落在建筑物屋面上的雨水和雪水，并将其沿一定路线排泄至指定地点的系统。

3.5.1 屋面排水系统的特点及选用

屋面排水系统分为外排水系统、内排水系统、混合排水系统。各种排水系统（方式）的特点有所不同，应根据建筑形式、使用要求、生产性质、结构特点及气候条件等进行选择。

1. 外排水系统

屋面外排水系统有檐沟外排水方式和天沟外排水方式。

檐沟外排水是将雨水引入檐口处檐沟，在檐沟内设雨水收集口，将雨水引入雨水斗，经落水管、连接管等排出，如图 3.13 所示。

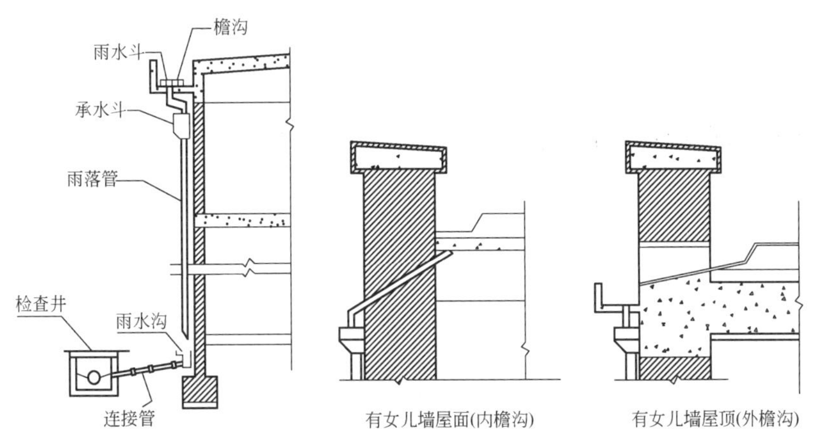

图 3.13 檐沟外排水

天沟外排水由屋面构造上形成的天沟汇集屋面雨水，流向天沟末端进入雨水斗，经立管及排出管排向室外管道系统，如图 3.14 所示。雨水系统各部分均设置于室外，室内不会由于雨水系统的设置而产生水患。但天沟必须有一定的坡度，才可达到天沟排水要求，这需增大垫层厚度，从而增大屋面负荷；另外，天沟防水很重要，一旦天沟漏水，则影响房屋的使用。天沟外排水一般适用于大型屋面排水，特别是多跨的厂房屋面多采用天沟外排水系统排水。

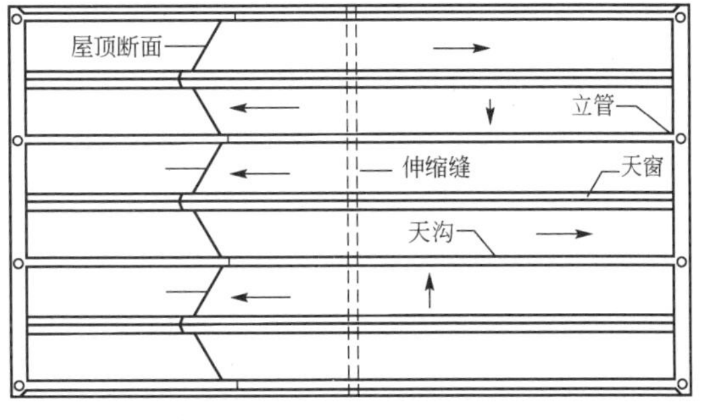

图 3.14 天沟外排水

2. 内排水系统

在建筑物屋面设置雨水斗，而雨水管道设置在建筑物内部的系统为内排水系统。内排水系统由雨水斗、连接管、悬吊管、立管、排出管、埋地管和检查井组成，如图 3.15 所示。

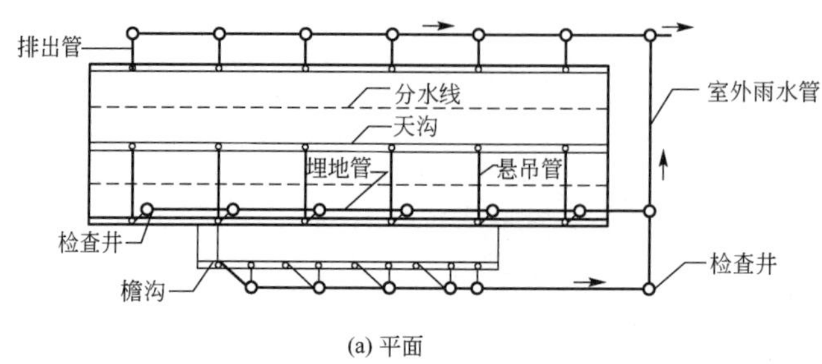

(a) 平面

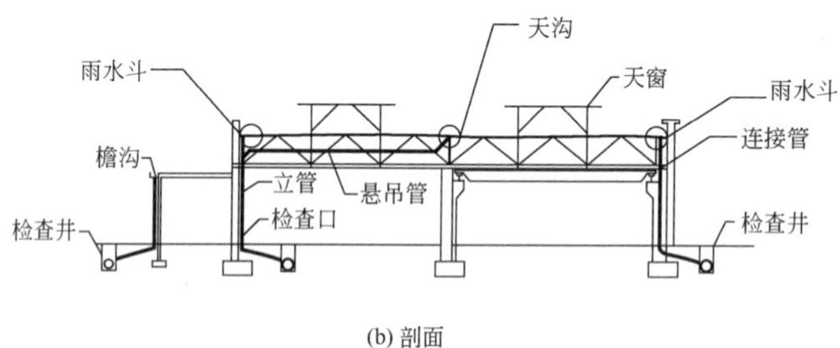

(b) 剖面

图 3.15　天沟内排水

一般根据内排水系统是否与大气相通，将内排水系统分为敞开系统和密闭系统。敞开系统为重力排水，检查井设在室内，可与生产废水合用埋地管道或地沟，节省造价，管理、维修便利，但在暴雨时可能出现检查井冒水现象。密闭系统的雨水由雨水斗收集，或通过悬吊管直接排入室外的系统，室内不设检查井或设置密闭检查口。一般密闭系统需独立设置，不和生产废水等合用管道，故较为安全。

内排水雨水排水系统常用于屋面跨度和长度大、屋面曲折、屋面有天窗等设置天沟有困难的情况，以及高层建筑、建筑立面要求较高的建筑、大屋顶建筑、寒冷地区的建筑等不宜在室外设置雨水立管的情况。

3.5.2 屋面排水系统的水力计算

1.　屋面雨水流量

屋面雨水流量应根据一定重现期的降水强度和屋面汇水面积计算。

重现期是指大于或等于某个降雨强度的降雨过程，重复出现的周期，用 P 为多少年来表示。重现期为一年，即 $P=1$ 年，其含义为大于或等于该降雨强度的降雨，一年出现一次。重现期越长，降雨强度越大。一般性建筑物的屋面雨水排水系统应采用 $P=2\sim5$ 年来计算降雨强度。对重要公共建筑应采用 $P=10$ 年。

设计雨水流量可按式(3-5)计算：

$$q_y=\frac{q_j \Psi F_W}{10\ 000} \tag{3-5}$$

式中 q_y——设计雨水流量，L/s。

q_j——设计暴雨强度，L/(s·hm²)；当采用天沟集水且沟檐溢水会流入室内时，设计暴雨强度应乘以1.5的系数。

Ψ——经流系数，屋面取0.9；

F_W——汇水面积，m²，按屋面水平投影面积计算，高出屋面的侧墙应附加其最大受雨面积正投影的一半作为有效汇水面积计算，窗井、贴近高层建筑外墙的地下汽车库出入口坡道和高层建筑裙房屋面的汇水面积应附加其高出部分侧墙面积的1/2。

我国一般取降雨历时为5min的降雨强度，即以5min暴雨强度计算。屋面设计雨水流量为

$$q_y = \frac{q_5 \Psi F_W}{10\ 000} \tag{3-6}$$

式中 q_5——降雨历时为5min的降雨强度，L/(s·ha)，可以在设计手册中查到。其余参数同上。

2. 天沟外排水设计计算

天沟排水量和天沟中流速可按式(3-7)计算：

$$Q = \bar{\omega} v \tag{3-7}$$

$$v = R^{2/3} I^{0.5} / n \tag{3-8}$$

式中 Q——天沟允许排水流量，m³/s；

$\bar{\omega}$——流水断面面积，m²；

v——流速，m/s；

R——水力半径，m；

I——水力坡度，采用天沟坡度，天沟坡度 $I \geqslant 0.0003$；

n——天沟粗糙度系数（水泥砂浆光滑抹面为0.011；普通水泥砂浆抹面为0.012～0.013；无抹面为0.014～0.017；不整齐表面为0.020）。

按式(3-7)、式(3-8)可根据雨水流量可确定天沟的过水断面和坡降。也可以根据经验先设定天沟的断面和坡降，再据此核算天沟允许排水流量 Q，当 $Q \geqslant q_y$ 时则表示设定天沟的断面和坡降满足要求，可采用；否则需修改断面或坡降。

雨水斗、立管、溢流口的确定：根据屋面雨水流量选用雨水斗和立管。为防止暴雨过大时天沟泛水而危害建筑物安全，应在女儿墙上或山墙上设置溢流口。

3. 雨水内排水系统的水力计算

雨水内排水系统的计算内容为雨水斗、连接管、悬吊管、立管、排出管、埋地管等的选择、布置和确定管径等。

1）雨水斗

雨水斗是控制屋面雨水排水状态的重要设备，应根据建筑物的具体情况和雨水排水特点等来选择雨水斗形式，然后根据所选雨水斗的泄流量来确定雨水斗的个数和设置位置等。

单斗系统中雨水斗、连接管、悬吊管、立管、排出管的口径一般都相同，系统的设计排水流量不应超过表3-13中的数值。

表 3-13　单斗系统的最大排水能力

口径/mm	排水能力/(L/s)
75	8
100	16
150	32
200	52

多斗系统是指悬吊管上连接一个以上雨水斗的系统。多斗系统各个雨水斗的泄流量不同，距离立管越近的雨水斗泄流量越大。设计时，以最远端的雨水斗为基准，其他各个雨水斗的设计流量依次比上游的雨水斗递增 10%，但到第 5 个雨水斗时，设计流量不再增加。

2）连接管

连接管一般不用计算，采用与雨水斗出水口相同的直径即可。

3）悬吊管

悬吊管的泄流量与连接的雨水斗个数、管道坡度、管道长度等有关。单斗系统的悬吊管泄流能力比多斗系统的多 20%。单斗系统的悬吊管管径与雨水斗出水口直径相同即可，不必计算。

4）立管

立管的排水能力很大。为了避免一根立管发生故障时，屋面排水系统出现瘫痪，应在屋面各个汇水范围内，雨水排水立管不宜少于两根。

5）排出管

排出管一般不用计算，采用与立管相同的管径，或比立管管径大一号的管径。

6）埋地管

埋地管按重力流计算，其充满度控制在 0.5～0.8 范围内。

思考题

1. 简述分流制生活污水排水系统的组成。
2. 生活排水系统采用分流制有哪些优缺点?
3. 建筑排水系统中水封的作用是什么? 应如何防止水封受破坏?
4. 单立管排水系统和一般专用通气管排水系统不同之处有哪几方面?

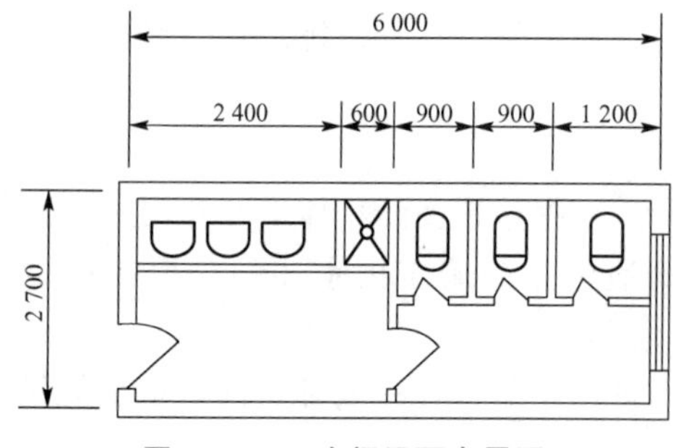

图 3.16　卫生间平面布置图

5. 某学校女生宿舍为 5 层砖混建筑，层高为 3.0m。各层卫生间布置相同，卫生间内设蹲式大便器（采用自闭冲洗阀）3 只，污水池 1 个，洗面盆 3 只，卫生间平面布置图如图 3.16 所示。污水排入室外市政排水管网中。

（1）布置室内排水系统。

（2）计算确定各排水管道管径。

（3）画出排水系统图。

第4章 建筑热水及饮水供应

教学要点

本章主要讲述建筑热水及饮水供应工程的概念、基本理论和方法。通过本章的学习，应达到以下目标：

(1) 理解热水系统的分类、组成、工作原理和要求；

(2) 了解热水供应系统的计算原理；

(3) 了解饮水制备与供应的基本原理。

基本概念

集中热水系统；第一循环系统；第二循环系统；直接加热；间接加热；热水循环方式；热水用水量定额；热水供应温度；设计小时耗热量

引例

2008年北京举办了奥运会，奥运村采用太阳能热水系统，对集热传热、换热升温、储热杀菌、热源备份、保温保量、余热利用、自动控制等环节进行了综合考虑，系统采用真空直流热管间接循环利用太阳能的方式，具有系统独立、出水温度稳定、赛时及赛后保障性更好、便于计量及收费等优点，其工程规模和技术先进程度达到了国际领先水平，为历届奥运会之最。这个太阳能热水系统，奥运会期间能为16 800名运动员提供洗浴热水；奥运会后，能供应全区2 000余户居民的生活热水需求。

4.1 热水供应系统的分类与组成

4.1.1 热水供应系统的分类

热水供应系统按供应范围可分为局部热水供应系统、集中热水供应系统和区域性热水供应系统。

(1) 局部热水供应系统是指用水点采用小型电加热器、小型燃气加热器、太阳能热水器或小型蒸汽加热热水器加热热水的方式。局部热水供应系统一般适用于饮食店、理发店、门诊所、办公楼等热水用水量小且分散的建筑;对于大型建筑,也可以采用多个局部热水供应系统分别对各个用水单位进行供应。

(2) 集中热水供应系统是供一幢或几幢建筑物需要的热水,采用热水集中加热,然后用管道输送到各供水点。集中热水供应系统适用于旅馆、医院、住宅、公共浴室等热水用水量大,用水点多且较集中的建筑。

(3) 区域性热水供应系统是集中加热冷水,通过室内热水管网供各热水点使用,供水范围比集中热水供应系统还要大得多,可通过市政热力网输送至街道、整个居民区或整个工业企业。区域性热水供应系统适用于要求热水供应的建筑多且较集中的城镇住宅区和大型工业企业。

4.1.2 建筑热水系统的组成

建筑热水供应系统中,局部热水供应系统过于简单,区域供应系统过于复杂,集中热水供应系统使用较为普遍。它主要由热媒系统(第一循环系统)、热水供水系统(第二循环系统)和附件三部分组成,如图 4.1 所示。

热水加热及供应过程为:锅炉生产的蒸汽经热媒管送入加热器把冷水加热。蒸汽凝结水由凝结水管排入凝水箱,锅炉用水由凝水箱旁的凝结水泵压入。水加热器中所需的冷水由给水箱供给,加热器中的热水由配水管送到各个用水点。为了保证热水温度,循环管和配水管中还循环流动着一定数量的循环热水,用来补偿配水管路在不配水时的散热损失。通常,我们将水加热这一循环过程称为集中热水供应的第一循环系统,将水的输送这一循环过程称为第二循环系统。第一循环系统由热源、水加热器和热媒管网组成。第二循环系统由热水配水管网和回水管网组成。

4.1.3 加热方式与加热设备

热水加热方式可分为直接加热方式和间接加热方式两种。

1. 直接加热方式及设备

直接热水加热器应根据建筑情况、热水用水量及对热水的要求等,选用适当的锅炉或热水器。直接加热设备主要有下列几种。

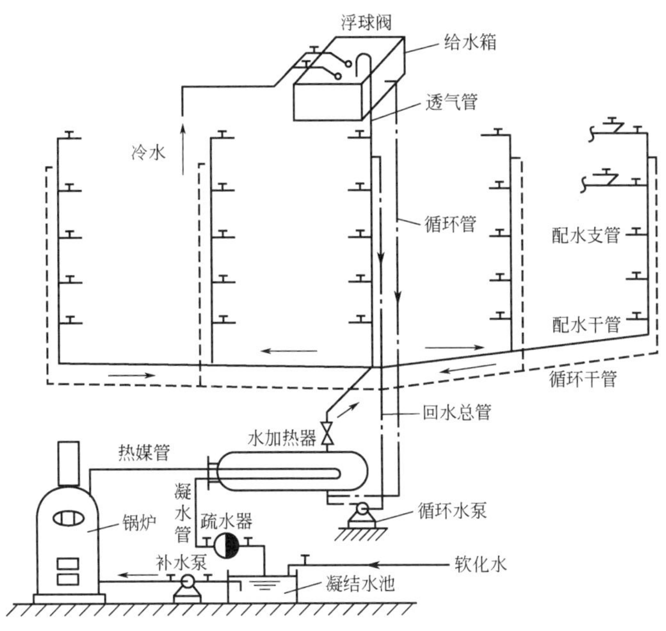

图 4.1 集中式热水供应系统

1） 热水锅炉

热水锅炉有多种形式，有卧式、立式等，燃料有煤、油及燃气等。

2） 汽水混合加热器

将清洁的蒸汽通过喷射器喷入储水箱的冷水中、使水汽充分混合而加热水，蒸汽在水中凝结成热水，热效率高，设备简单、紧凑，造价较低。但喷射器的噪声需设法隔除。

3） **太阳能热水器**

【太阳能热水系统】

利用太阳能加热水是一种简单、经济的热水方法。太阳能热水器按结构形式分为真空管式太阳能热水器和平板式太阳能热水器，真空管式太阳能热水器占据国内95%的市场份额。真空管式家用太阳能热水器是由集热管、储水箱及支架等相关附件组成，把太阳能转换成热能主要依靠集热管。

真空管式太阳能的工作原理就是利用阳光穿过吸热管的第一层玻璃照到第二层玻璃的黑色吸热层上，将太阳光能的热量吸收，由于两层玻璃之间是真空隔热的，传热将大大减小，绝大部分热量只能传给玻璃管里面的水，将玻璃管内的水加热，加热的水便沿着玻璃管受热面往上进入保温储水桶，桶内温度相对较低的水沿着玻璃管背光面进入玻璃管补充，如此不断循环，将保温储水桶内的水不断加热，从而达到加热水的目的。

平板型太阳能热水器可分为管板式、翼管式、蛇管式、扁盒式、圆管式和热管式。其优点有：具有整体性好、寿命长、故障少、安全隐患低、能承压运行、安全可靠、吸热体面积大、易于与建筑相结合、耐无水空晒性强等，其热性能也很稳定。其缺点为：由于盖板内为非真空，保温性能差，故环境温度较低时集热性能较差，采用辅助加热时相对耗电；环境温度低或要求出水温度高时热效率较低；如冻坏需更换整个集热板，适合冬天不结冰的南方地区选用。

太阳能热水器在实际应用中也有以下缺点。

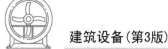

(1) 太阳能热水器理论上是一次性投资，使用时免费。但是实际上是不可能的。原因是无论任何地方，每年都有阴云、雨雪天气，以及冬季日照不足天气，需靠电能辅助；而且在有的地区耗电量较大。

(2) 热水管路长达十几米，每次使用都要浪费很多水。

(3) 需要一整天的日照才能把水晒热，天气好的时候也只能保证晚上有热水，白天和夜间很少有热水可用。不能保证使用者 24 小时热水供应，舒适性差。

(4) 太阳能热水器的采光板必须安装在屋顶上，既庞大笨重，又影响建筑美观（越是高档住宅区越明显），还容易损坏屋顶防水层。

(5) 光电互补，实际上没法恰当地实现。这些产品只能在夏秋季阳光充足的时候用，冬季日照弱时根本不能用，或者产生的热水太少，不好用。热水使用量比较大的时间是集中在冬天，而冬天的集热效果又不能满足使用要求，基本上受气候条件的限制，摆脱不了普通太阳能热水器“靠天吃饭”的局限，很难保证冬天照样有充足的热水。很多太阳能经销商为弥补热水产量不足，需要增加电辅助或者油锅炉，但是这样就形成了双重投资。

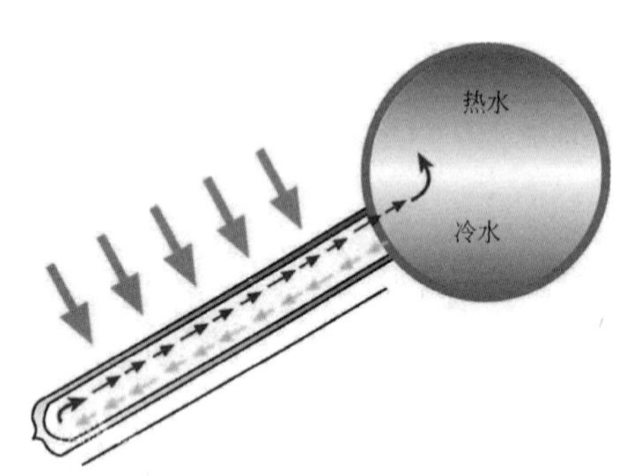

图 4.2　真空管式太阳能热水器

4) 家用型热水器

在无集中热水供应系统的居住建筑中，可以设置家用热水器来供应洗浴热水。现已有燃气热水器及电力热水器等类型。燃气热水器已广泛应用，但在通气不足的情况下，容易发生使用者中毒或窒息的危险，因此禁止将其安装在浴室、卫生间等处，必须设置在通风良好处。

2. 间接加热方式及设备

间接加热指加热水不与热媒直接接触，而是通过加热器中的传热作用来加热水。如用蒸汽或热网水等来加热水，热媒放热后温度降低，仍可回流到原锅炉循环使用，因此热媒不需要大量补充水，既可节省用水，又可保护锅炉不生水垢，提高热效率。

间接加热设备主要有以下几种。

1) 容积式水加热器

容积式水加热器内部设有换热管束并具有一定储热容积，既可加热冷水又能储备热水。图 4.3 为卧式容积式水加热器构造示意图。

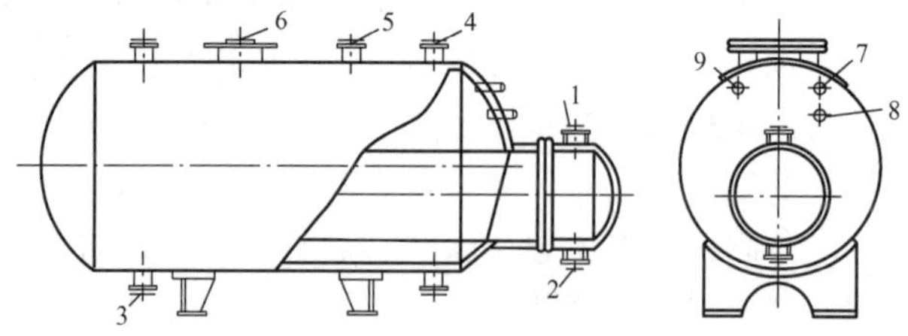

图 4.3　卧式容积式水加热器构造示意图

1—热水入口；2—冷凝水（回水）出口；3—进水管；4—出水管；5—溢流阀接口；6—入口孔；7—接压力计管箍；8—温度调节器接管；9—接温度计管箍

2）快速式水加热器

快速式水加热器中，热媒与冷水通过较高流速流动，进行紊流加热，提高热媒对管壁、管壁对被加热水的传热系数，以改善传热效果。

3）半即热式水加热器

半即热式水加热器是带有超前控制，具有少量储存容积的快速式水加热器，其构造示意如图4.4所示。热媒经控制阀从底部入口经立管进入各并联盘管，冷凝水由立管从底部排出，冷水从底部经孔板流入，同时有少量冷水经分流管至感温管。冷水经转向器均匀进入并向上流过盘管得到加热，热水由上部出口流出，同时部分热水进入感温管。感温元件读出感温管内冷、热水的瞬间平均温度，即向控制阀发送信号，按需要调节控制阀，以保持所需热水的温度。当配水点有热水需求时，热水出口水温尚未下降，感温元件就能发出信号开启控制阀，即具有了预测性。

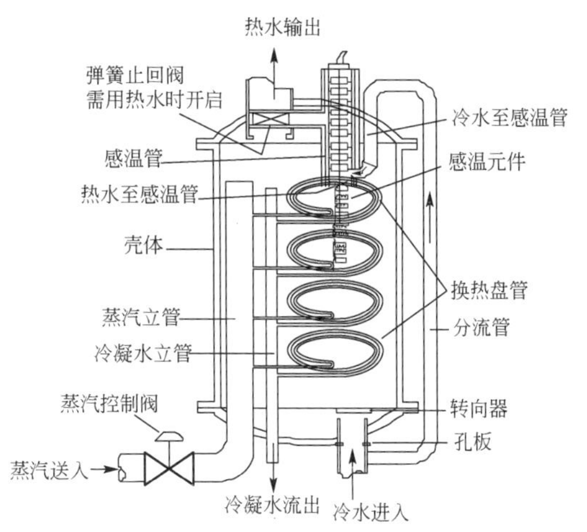

图4.4 半即热式水加热器构造示意图

4.1.4 热水供应系统的循环方式

1. 全循环、半循环、无循环热水供水方式

根据热水管网设置循环管网的方式不同，有全循环、半循环、无循环热水供水方式之分，如图4.5～图4.8所示。

(1) 全循环热水供水方式是指热水干管、热水管及热水支管均能保持热水的循环。各配水龙头随时打开均能提供符合设计水温要求的热水。该方式适用于有特殊要求的高标准建筑中，如高级宾馆、饭店、高级住宅等。

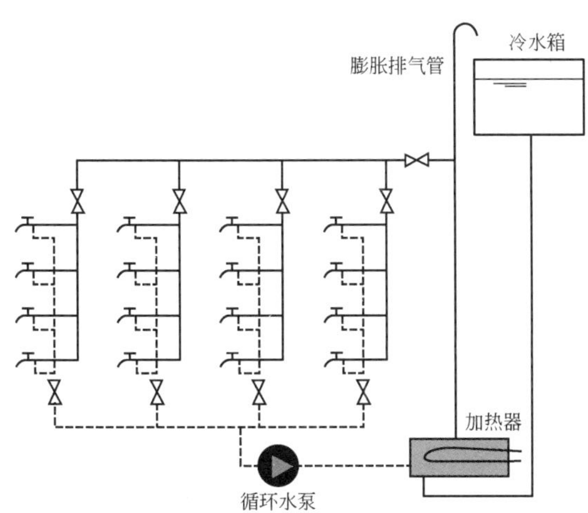

图4.5 全循环热水供应方式

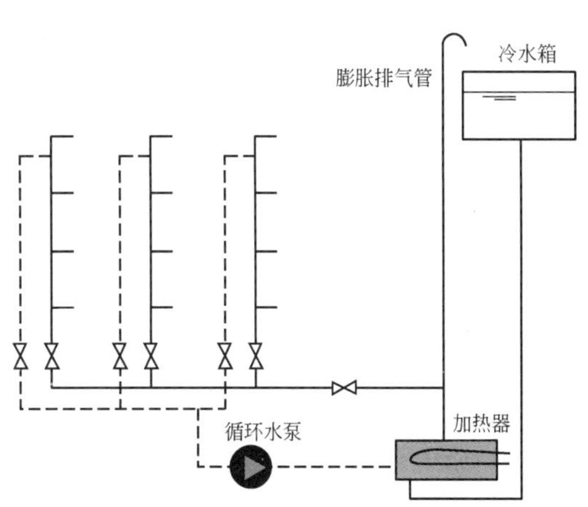

图4.6 立管半循环热水供应方式

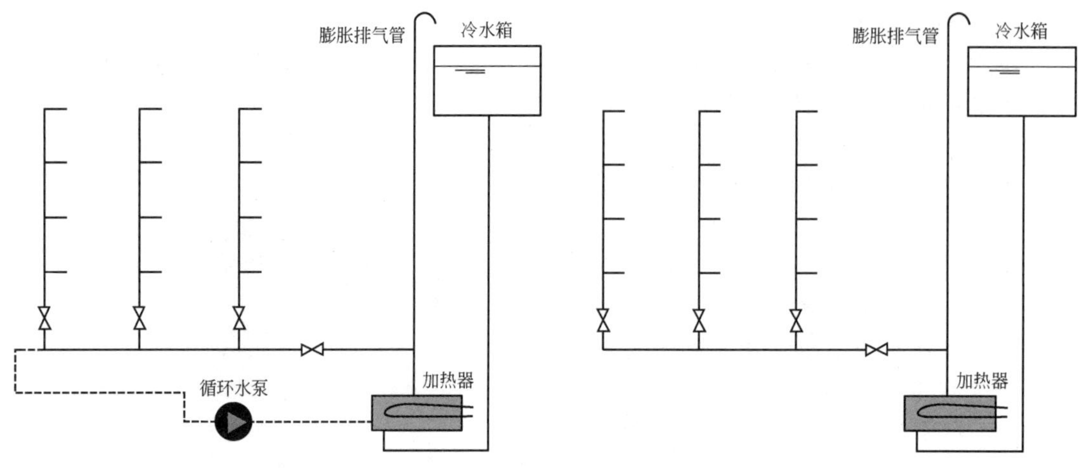

图 4.7　干管半循环热水供应方式　　　　图 4.8　无循环热水方式

(2) 半循环方式又分为立管循环和干管循环热方式。

① 立管循环热水供水方式是指热水干管和热水立管内均保持有热水的循环，打开配水龙头时只需放掉热水支管中少量的存水，就能获得规定水温的热水。该方式多用于全日供应热水的建筑和设有定时供应热水的高层建筑。

② 干管循环供应热水方式是指只保持热水干管内的热水循环，多用于定时供应热水的建筑。在热水供应前，先用循环泵把干管中已冷却的存水循环加热，当打开配水龙头时只需放掉立管和支管内的冷水就能流出符合要求的热水。

(3) 无循环方式是指热水供应系统中配水管网的水平干管、立管、支管都不设置任何循环管道。

2. 自然循环、机械循环热水供应方式

自然循环方式即利用热水管网中配水管和回水管内的温度差所形成的自然循环作用水头（自然压力），使管网内维持一定的循环流量，以补偿热损失，保持一定的供水温度。因一般配水管与回水管内的水温差较小（5～10℃），自然循环作用水头值很小，所以实际使用自然循环的情况很少，尤其对于大中型建筑来说采用自然循环方式比较少。

机械循环方式，即利用循环水泵强制水在热水管网内循环，形成一定的循环流量，以补偿管网热损失，维持一定的水温，如图 4.1 所示。目前运行的系统中采用此种循环方式的较多。

4.2　热水管道及其布置

4.2.1　热水管道的材料与附件

1. 热水管道的材料

热水管道材料有不锈钢管、塑料热水管［交联聚乙烯（PE-X）管、三型无规共聚聚丙烯管（PP-R）等］、铝塑复合管、铜管。

2. 附件

为满足热媒系统和热水供应系统中的控制、连接的需要，并解决由于温度的变化而引起的水的体积膨胀、超压、气体离析、结垢排除等问题，常用的附件有：温度调节器、疏水器、减压阀、膨胀水箱（膨胀罐）、管道补偿器、阀门、水嘴、排气器等。

4.2.2 热水管道的布置与敷设

热水管网的布置和敷设除了满足给水管网布置敷设的要求外，还应注意由水温高带来的体积膨胀、管道伸缩补偿、保温、排气等问题。热水管网的敷设，根据建筑的使用要求，可采用明装和暗装两种形式。明装尽可能敷设在卫生间、厨房，沿墙、梁、柱敷设。暗装管道可敷设在管道竖井或预留沟槽内。

塑料热水管宜暗装，明装时立管宜布置在不受撞击处。对于外径 $de\leqslant25$mm 的聚丁烯管(PB)，改性聚丙烯管、交联聚乙烯管（PE－X）等一般可以将管道直埋在建筑垫层内，但不允许将管道直埋在钢筋混凝土结构墙体内，埋在垫层内的管道不应有接头，外径 $de\geqslant32$mm 的塑料热水管可敷设在管井或吊顶内。

热水立管与横管连接处，为避免管道伸缩应力破坏管网，立管与横管相连应采用乙字弯管，如图 4.9 所示。热水管道在穿楼板、基础和墙壁处应设套管，让其自由伸缩。穿楼板的套管高度应视其地面是否集水而定，若地面有集水可能时，套管应高出地面 50～100mm，以防止水沿套管缝隙向下流。

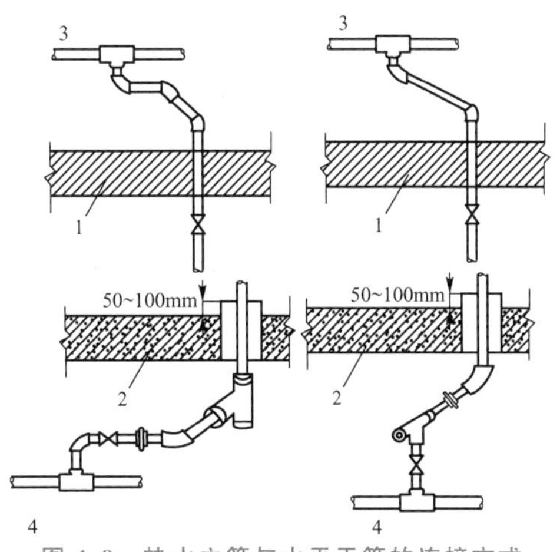

图 4.9 热水立管与水平干管的连接方式

1—吊顶；2—地板或沟盖板；
3—配水横管；4—回水管

上行下给式系统配水干管最高点应设排气装置；下行上给配水系统可利用最高配水点放气；系统最低点应设泄水装置。

热水系统保温层的厚度应经计算确定，但在实际工作中往往取决于经验数据或现成绝热材料定型预制品、硬聚氨酯泡沫塑料、水泥珍珠岩制品等。在选用绝热材料时，除考虑导热系统、方便施工维修、价格适宜等因素外，还应注意有较高的机械强度，以免在运输及施工过程中消耗过大。

4.3 热水供应系统计算

4.3.1 热水量标准

热水用水定额根据建筑物卫生器具完善程度和地区条件，可按表 4－1 确定。

卫生器具的一次和小时热水用水量和水温可按表 4－2 确定。

表 4-1　热水用水定额

序号	建筑物名称	单　　位	最高日用水定额/L	使用时间/h
1	住宅			
	有自备热水供应和沐浴设备	每人每日	40～80	24
	有集中热水供应和沐浴设备		60～100	
2	别墅	每人每日	70～110	24
3	单身职工宿舍、学生宿舍、招待所、培训中心、普通旅馆			24 或定时供应
	设公用盥洗室	每人每日	25～40	
	设公用盥洗室、淋浴室	每人每日	40～60	
	设公用盥洗室、沐浴室、洗衣室	每人每日	50～80	
	设单独卫生间、公用洗衣室	每人每日	60～100	
4	宾馆客房			24
	旅客	每床位每日	120～160	
	员工	每人每日	40～50	
5	医院住院部			
	设公用盥洗室	每床位每日	60～100	24
	设公用盥洗室、沐浴室	每床位每日	70～130	
	设单独卫生间	每床位每日	110～200	
	医务人员	每人每班	70～130	8
	门诊部、诊疗所	每病人每次	7～13	
	疗养院、休养所住房部	每床位每日	100～160	24
6	养老院	每床位每日	50～70	24
7	幼儿园、托儿所			
	有住宿	每儿童每日	20～40	24
	无住宿	每儿童每日	10～15	10
8	公共浴室			12
	淋浴	每顾客每次	40～60	
	沐浴、浴盆	每顾客每次	60～80	
	桑拿浴（沐浴、按摩池）	每顾客每次	70～100	
9	理发室、美容院	每顾客每次	10～15	12
10	洗衣房	每千克干衣	15～30	8
11	餐饮厅			
	营业餐厅	每顾客每次	15～20	10～12
	快餐店、职工及学生食堂	每顾客每次	7～10	11
	酒吧、咖啡厅、茶座、卡拉 OK 房	每顾客每次	3～8	18

（续）

序号	建筑物名称	单　　位	最高日用水定额/L	使用时间/h
12	办公楼	每人每班	5～10	8
13	健身中心	每人每次	15～25	12
14	体育场（馆） 运动员淋浴	每人每次	25～35	4
15	会议厅	每座位每次	2～3	4

注：① 热水温度按 60℃计。

② 表内所列用水定额均已包括在住宅的最高日生活用水定额和集体宿舍、旅馆等公共建筑生活用水定额中。

表 4－2　卫生器具的一次和小时热水用水定额及水温

序号	卫生器具名称	一次用水量/L	小时用水量/L	使用水温/℃
1	住宅、旅馆、别墅、宾馆			
	带有淋浴器的浴盆	150	300	40
	无沐浴器的浴盆	125	250	40
	淋浴器	70～100	140～200	37～40
	洗脸盆、盥洗槽水嘴	3	30	30
	洗涤盆（池）	—	180	50
2	集体宿舍、招待所、培训中心淋浴器			
	有淋浴小间	70～100	210～300	37～40
	无淋浴小间	—	450	37～40
	盥洗槽水嘴	3～5	50～80	30
3	餐饮业			
	洗涤盆（池）	—	250	50
	洗脸盆：工作人员用	3	60	30
	顾客用	—	120	30
	淋浴器	40	400	37～40
4	幼儿园、托儿所			
	浴盆：幼儿园	100	400	35
	托儿所	30	120	35
	淋浴器：幼儿园	30	180	35
	托儿所	15	90	35
	盥洗槽水嘴	15	25	30
	洗涤盆（池）	—	180	50
5	医院、疗养院、休养所			
	洗手盆	—	15～25	35
	洗涤盆（池）	—	300	50
	浴盆	125～150	250～300	40

(续)

序号	卫生器具名称	一次用水量/L	小时用水量/L	使用水温/℃
6	公共浴室 浴盆 淋浴器：有淋浴小间 无淋浴小间 洗脸盆	 125 100～150 — 5	 250 200～300 450～540 50～80	 40 37～40 37～40 35
7	办公楼　洗手盆	—	50～100	35
8	理发室　美容院　洗脸盆	—	35	35
9	实验室 洗脸盆 洗手盆	 — —	 60 15～25	 50 30
10	剧场 淋浴器 演员用洗脸盆	 60 5	 200～400 80	 37～40 35
11	体育场馆　沐浴器	30	300	35
12	工业企业生活间 淋浴器：一般车间 脏车间 洗脸盆或盥洗槽水嘴：一般车间 脏车间	40 60 3 5	360～540 180～480 90～120 100～150	37～40 40 30 35
13	净身器	10～15	120～180	30

注：一般车间指现行《工业企业设计卫生标准》中规定的3、4级卫生特征的车间，脏车间指该标准中规定的1、2级卫生特征的车间。数据来源：《建筑给水排水设计规范》(2009年版)。

4.3.2 设计小时耗热量计算

(1) 全日供应热水的住宅、别墅、招待所、培训中心、旅馆、宾馆的客房（不含员工）、医院住院部、养老院、幼儿园、托儿所（有住宿）等建筑的集中热水供应系统的设计小时耗热量应按下式计算。

$$Q_r = K_h \frac{mq_r}{T} \tag{4-1}$$

$$Q = \rho_r \cdot C_b \cdot (T_r - T_L) Q_r / 3600 \tag{4-2}$$

式中　Q_r——设计小时热水量，L/h；

m——用水计算单位数，人数或床位数；

q_r——热水用水量定额，L/(人·d) 或 L/(床·d) 等，按表4-1确定；

T——热水供应时间，h，一般取24h；

K_h——小时变化系数，全日制供应热水时，按表4-3～表4-5确定；

Q——设计小时耗热量，kW；

C_b——水的比热，kJ/(kg·℃)，一般取4.187kJ/(kg·℃)；
T_r——热水温度，℃；
T_L——冷水计算温度，℃。

表4-3 住宅的热水小时变化系数 K_h

居住人数 m/人	100	150	200	250	300	500	1 000	3 000
K_h	5.12	4.49	4.13	3.88	3.70	3.28	2.86	2.48

表4-4 旅馆的热水小时变化系数 K_h

床位数 m/个	150	300	450	600	900	1 200
K_h	6.84	5.61	4.97	4.58	4.19	3.90

表4-5 医院的热水小时变化系数 K_h

床位数 m/个	50	75	100	200	300	500
K_h	4.55	3.78	3.54	2.93	2.60	2.23

注：非全日供应热水的小时变化系数，可参照当地同类型建筑用水变化情况具体确定。

(2) 定时供应热水的住宅、旅馆、医院及工业企业生活间、公共浴室、学校、剧院、体育馆（场）等建筑的集中热水供应系统的设计小时耗热量应按下式计算。

$$Q_r' = \sum \frac{nq_h b}{100} \tag{4-3}$$

$$Q=\rho_r \cdot C_b \cdot (T_r - T_L)Q_r'/3\,600 \tag{4-4}$$

式中 Q_r'——设计小时热水量，L/h；
n——同类型卫生器具数；
q_h——卫生器具热水的小时用水定额，L/h，按表4-2确定；
b——卫生器具的同时使用百分数，住宅、旅馆、医院、疗养院病房，卫生间内浴盆或淋浴器可按70%～100%计，其他器具不计，但定时连续供水时间应不小于2h；工业企业生活间、公共浴室、学校、剧院、体育馆（场）等的浴室内淋浴器和洗脸盆均按100%计；住宅一户带多个卫生间时，只按照一个卫生间计算。

具有多个不同使用热水部门的单一建筑或具有多种使用功能的综合性建筑，当其热水由同一热水供应系统供应时，设计小时耗热量，可按同一时间内出现用水高峰的主要用水部门的设计小时耗热量加其他部门的平均小时耗热量计算。

4.3.3 热媒耗量及储存设备容积计算

根据热水被加热方式不同，其热媒耗量应按下列公式计算。

1. 蒸汽直接加热

$$G_m=(1.1\sim1.2)\frac{3.6Q}{i_m - i_r} \tag{4-5}$$

式中 G_m——蒸汽耗量，kg/h；
Q——设计小时耗热量，W；

i_m——蒸汽热焓，kJ/kg；

i_r——蒸汽与冷水混合后热水的热焓，kJ/kg（$i_r=4.187T_r$）；

1.1～1.2——热损失系数。

2. 蒸汽间接加热时蒸汽耗量计算

$$G_m=(1.1\sim1.2)\frac{3.6Q}{i''-i'} \tag{4-6}$$

式中 i''——饱和蒸汽热焓，kJ/kg（需查饱和蒸汽性质表）；

i'——凝结水的热焓；kJ/kg（$i'=4.187t_{mz}$）；t_{mz}为凝结水的温度。

3. 高温水间接加热时高温水耗量计算

$$G_{ms}=(1.1\sim1.2)\frac{Q}{C_b(T_{mc}-T_{mz})} \tag{4-7}$$

式中 G_{ms}——高温水耗量，kg/h；

T_{mc}——高温水供水温度；℃；

T_{mz}——高温水回水温度，℃。

4. 储水容积计算确定

$$V=\frac{60TQ}{(T_r-T_L)C} \tag{4-8}$$

式中 V——储水器的储水容积，L；

T——加热时间，min，查表4-6。

此外，对于容积式水加热器或加热水箱，当冷水从下部进入，热水从上部送出时，其计算容积应附加20%～25%。

表4-6 储水器储热量

加热设备	工业企业淋浴室	其他建筑物
容积式水加热器或加热水箱	>30min设计小时耗热量	>45min设计小时耗热量
有导流装置的容积式水加热器	>20min设计小时耗热量	>30min设计小时耗热量
半容积式水加热器	>15min设计小时耗热量	>15min设计小时耗热量

注：① 当热媒按设计秒流量供应且有完善可靠的温度自动调节装置时，可不考虑储水器容积。

② 半即热式和快速式水加热器用于洗衣房或热源供应不充足时，也应设储水器，储存热量的储热量同新型容积式水加热器。

4.3.4 热水管网的计算

1. 无循环管的热水管网计算

这种热水管网只有热水的配水管网，其计算方法与给水管网计算相同。但由于热水的重度比冷水小，热水管较易结水垢，管道的管径及水头损失计算应使用热水管道水力计算表；局部水头损失可按沿程损失的20%～30%计算，管内水流速度不宜大于1.2m/s，流速过高易引起噪声。

2. 有循环管的热水管的计算

全日供应热水系统的热水循环流量，可按下式计算：

$$q_x=\frac{Q_S}{1.163\Delta T} \tag{4-9}$$

式中 q_x——全日供应热水的循环流量，L/h；

Q_S——配水管道的热损失，W，一般采用设计小时耗热量的 3%～5%；

ΔT——配水管道的热水温度差,℃，按系统大小确定，一般取 5～10℃。

定时热水供应系统的热水循环流量可按循环管网中的水每小时循环 2～4 次计算。水泵的出水量即为循环流量。设循环系统的热水供应系统的热水回水管管径，按管路的循环流量经下式公式确定

$$d=\sqrt{\frac{4q_x}{\pi v}} \tag{4-10}$$

式中 v——热水管道的流速，m/s，可按表 4-7 确定。

表 4-7 热水管道流速

公称直径/mm	15—20	25—40	≥50
流速/(m/s)	≤0.8	≤1.0	≤1.2

【例 4-1】 某住宅楼共 100 户，每户按 3 人计，拟设全日制集中热水供应系统，热媒采用蒸汽间接加热方式，蒸汽的相对压强为 0.4MPa，其初温、终温分别为 151℃、80℃，151℃所对应的热焓为 2749kJ/kg；水加热器为有效储热系数为 0.95 的半容积式水加热器。热水用水定额 100L/(人·d) （60℃，密度 0.9832kg/L)，冷水温度按 10℃计（密度 0.9997kg/L)；第二循环系统采用立管循环方式，配水管道的温度差为 10℃。试设计计算相关设备参数。

解：设计小时热水量：$Q_r=K_h\frac{mq_r}{T}=3.7\times\frac{300\times100}{24}=4\ 625(\text{L/h})$

设计小时耗热量：$Q=\rho_r\cdot C_b\cdot(T_r-T_L)Q_r'/3\ 600$

$=0.9832\times4.187\times(60-10)\times4\ 625/3\ 600=264.4(\text{kW})$

储水容积： $V=\frac{60TQ}{(T_r-T_L)C}=\frac{60\times15\times264.4}{50\times4.187}=1\ 136.7(\text{L})$

$\text{设计容积}=\frac{V}{0.95}=\frac{1\ 136.7}{0.95}=1\ 196.7(\text{L})$

所需要的蒸汽量：$G_m=(1.1\sim1.2)\frac{3.6Q}{i''-i'}=1.2\times\frac{3.6\times264\ 400}{2\ 749-4.187\times80}=473.2(\text{kg/h})$

该系统的热水循环流量：$q_x=\frac{Q_S}{1.163\Delta T}=\frac{264\ 400\times5\%}{1.163\times10}=1\ 136.7(\text{L/h})$

4.4 饮水供应

4.4.1 饮水水质与饮水量定额

饮水主要用于人员饮用，也有人将其用于煮饭、淘米、洗涤瓜果及冲洗餐具等。个人饮水量的多少与经济水平、生活习惯、水嘴水流特性及当地气候条件等多项因素有关。

日本的饮用净水系统的用量为：人员饮水1～3L/(人・d)，饮用和烹饪用量为3～6L/(人・d)。德国居民平均日用水量为128L，其中饮用和烹饪占4%，合5.12L/(人・d)。结合我国现状，我国居住小区、住宅、别墅等建筑设有饮用净水供应系统时，饮水定额宜为4～7L/(人・d)，小时变化系数宜为6；北方地区可按低限取值，南方经济发达地区可按高限取值，其他建筑定额见表4-8。

表4-8　饮水定额及小时变化系数

建筑物名称	单　位	饮水定额/L	K_h
热车间	每人每班	3～5	1.5
一般车间	每人每班	2～4	1.5
工厂生活间	每人每班	1～2	1.5
办公楼	每人每班	1～2	1.5
集体宿舍	每人每日	1～2	1.5
教学楼	每学生每日	1～2	2.0
医院	每病床每日	2～3	1.5
影剧院	每观众每场	0.2	1.0
招待所、旅馆	每客人每日	1～2	1.5
体育馆（场）	每观众每场	0.2	1.0

饮用净水一般均以市政给水为原水，经过深度处理方法制备而成，其水质需符合《饮用净水水质标准》(CJ 94—2005) 的要求。

4.4.2 饮水制备及供应

管道饮用净水系统一般由供水水泵、循环水泵、供水管网、回水管网、饮用净水处理设备等组成。

饮用净水系统水量小、水质要求高，目前较多采用膜技术对其进行深度处理。膜处理又可分成微滤（MF）、超滤（UF）、纳滤（NF）和反渗透膜（RO）四种方法。可视原水水质条件、工作压力、产品的回收率及出水水质要求等因素进行选择。膜处理前设机械过滤器等前处理，膜处理后应进行消毒灭菌等后处理。

为了保证水质不受二次污染，饮用净水必须设循环管道，保证干管和立管中饮水的有效循环。

循环回水系统一方面把系统中各种污染物及时去掉，控制水质的下降，同时又缩短了水在配水管网中的停留时间（规定循环管网内水的停留时间不宜超过6h），藉以控制水中微生物的繁殖。配水管网应设计成密闭形，用循环水泵使管网中的水在管道内循环。主要供水方式有：水泵和高位水罐（箱）供水、变频调速泵供水方式、屋顶水池重力流供水方式（图4.10）。高层建筑饮用净水系统竖向分区，基本同生活给水分区。

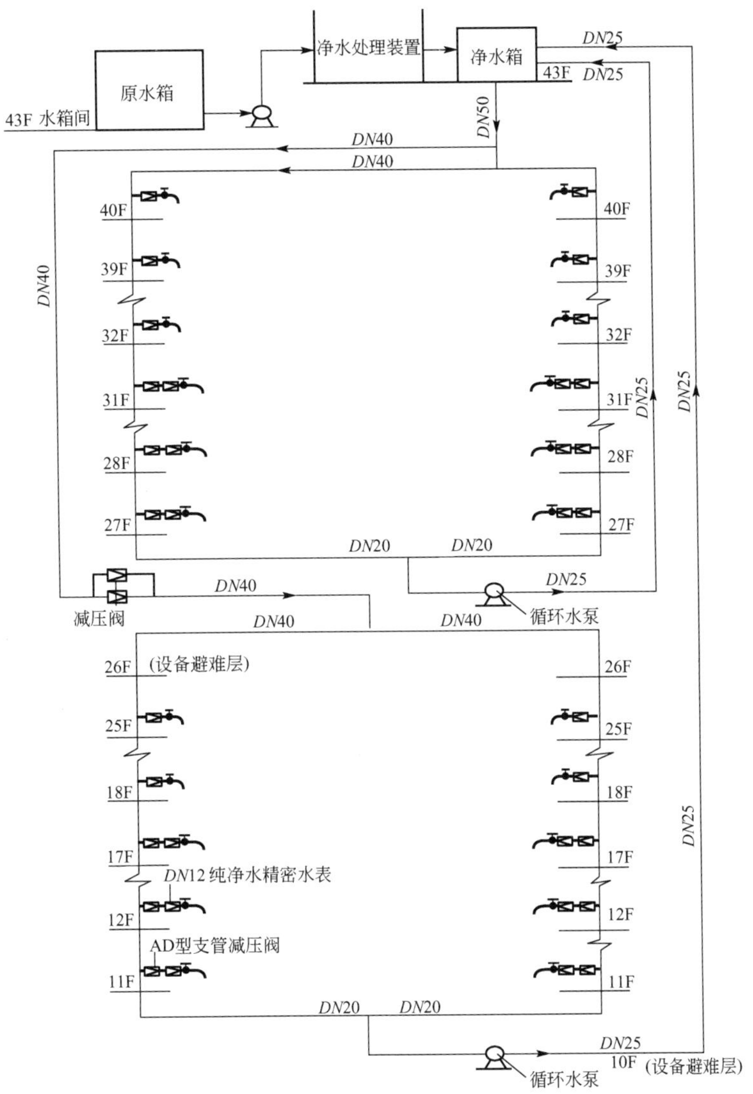

图 4.10 屋顶水池重力流供水方式

思考题

1. 简述热水供应系统按供水范围划分的类型及它们的供水范围。
2. 叙述组成热水供应系统的主要设备和材料，并绘制简图。
3. 太阳能热水器有何优缺点？
4. 试述塑料热水管的布置及敷设要求。
5. 管道饮用净水系统组成与一般给水系统方式比较有何区别？

第5章

建筑给排水施工图

教学要点

本章主要讲述建筑给排水施工图的内容和表达方法。通过本章的学习，应达到以下目标：

(1) 了解给排水工程施工图中常用的图例和符号；

(2) 掌握建筑给排水施工图的内容和表达方法；

(3) 能读懂建筑给排水施工图。

基本概念

给排水平面图；给排水系统图；给排水施工详图

引例

水电安装工程师陈师傅最近接到业主李先生的电话，询问是否记得他家的卫生间门后的墙面上某个位置是否敷设有管道。因为李先生想在这个位置装一个门吸，打孔时却犯难了，由于管道敷设以后贴上了瓷砖，从表面再也没法看出哪个高度敷设有管道，李先生只好电话咨询陈师傅，希望他指出能够打孔的位置。陈师傅哪里又记得？不过他还是给李先生提供了解决这个问题的途径，他说他是按图纸施工的，在图上可以找到那个位置是否有管道。这里陈师傅所说的图纸就是建筑给排水的施工图。管道是在什么地方转弯，在什么地方变径，在什么地方分配水点，配水点标高是多少，图上都有标注。

5.1 常用给排水图例

建筑给排水工程施工图中，除详图外，平面图、系统图上各种管路用图线表示，而各种管件、阀门、附件、器具等一般都用图例表示。所以，对于给排水设计，施工人员必须了解和掌握其工程施工图中常用的图例和符号。

1. 卫生器具图例（表5-1）

表5-1 卫生器具图例

序号	图　例	名　称	序号	图　例	名　称
1		立式洗脸盆	9		污水池
2		台式洗脸盆	10		妇女净身盆
3		挂式洗脸盆	11		立式小便器
4		浴盆	12		壁挂式小便器
5		化验盆 洗涤盆	13		蹲式大便器
6		厨房洗涤盆	14		坐式大便器
7		带沥水板洗涤盆	15		小便槽
8		盥洗槽	16		淋浴喷头

2. 小型给排水构筑物图例（表5-2）

表5-2 小型给排水构筑物图例

序　号	图　例	名　称	备　注
1	HC	矩形化粪池	HC为化粪池代号
2	YC	隔油池	YC为隔油池代号

(续)

序号	图例	名称	备注
3	CC	沉淀池	CC 为沉淀池代号
4	JC	降温池	JC 为降温池代号
5	ZC	中和池	ZC 为中和池代号
6		雨水口(单箅)	
7		雨水口(双箅)	
8	J-XX W-XX Y-XX　J-XX W-XX Y-XX	阀门井及检查井	以代号区别管道
9		水封井	
10		跌水井	
11		水表井	

3. 管道图例(表 5-3)

表 5-3　管道图例

序号	图例	名称	序号	图例	名称
1	——J——	生活给水管	15	——YW——	压力污水管
2	——R——	热水给水管	16	——Y——	雨水管
3	——RH——	热水回水管	17	——YY——	压力雨水管
4	——ZJ——	中水给水管	18	——HY——	虹吸雨水管
5	——XJ——	循环冷却给水管	19	——PZ——	膨胀管
6	——XH——	循环冷却回水管	20	——KN——	空调凝结水管
7	——RM——	热媒给水管	21		防护套管
8	——RMH——	热媒回水管	22		伴热管
9	——Z——	蒸汽管	23		保温管
10	——N——	凝结水管	24		多孔管
11	——F——	废水管	25		地沟管
12	——YF——	压力废水管	26		排水明沟
13	——T——	通气管	27		排水暗沟
14	——W——	污水管	28	XL-1 平面　XL-1 系统	管道立管(X 为管道类别、L 为立管、1 为编号)

4. 管道附件图例（表 5－4）

表 5－4 管道附件图例

序　号	图　例	名　称
1		存水弯
2		检查口
3		清扫口 （左图用于平面图，右图用于系统图）
4		通气帽 （左图表示伞形，右图表示蘑菇形）
5	YD－ YD－	雨水斗 （左图用于平面图，右图用于系统图）
6		排水漏斗 （左图用于平面图，右图用于系统图）
7		圆形地漏 （左图用于平面图，右图用于系统图）
8		方形地漏 （左图用于平面图，右图用于系统图）
9		自动冲洗水箱
10		倒流防止器
11		管道固定支架
12		挡墩

5. 阀门图例（表 5－5）

表 5－5 阀门图例

序号	图　例	名　称	序号	图　例	名　称
1		阀　门	11		浮球阀
2		闸　阀	12		放水龙头
3		截止阀	13		室外消火栓

(续)

序号	图　例	名　称	序号	图　例	名　称
4		电动阀	14		室内消火栓（单口）
5		减压阀	15		室内消火栓（双口）
6		旋塞阀	16		水泵接合器
7		球　阀	17		消防喷头（开式）
8		单向阀	18		消防喷头（闭式）
9		蝶　阀	19		消防报警器
10		角　阀	20		延时自闭冲洗阀

5.2 建筑给排水施工图的内容

建筑给排水施工图包括总说明、给排水平面图、给排水系统图、给排水施工详图等几部分。

5.2.1 建筑给排水施工图的总说明

建筑给排水施工图的总说明就是用文字而非图形的形式表达有关必须交代的技术内容。对说明提及的相关问题，如引用的标准图集、有关施工验收规范、操作规程、要求等内容，要收集查阅与熟练掌握，主要内容如下。

1. 尺寸单位及标高标准

交代图中尺寸及管径单位。如图中尺寸及管径单位以毫米计，标高以米计，所注标高，给水管道以管中心线计，排水管以管内底计。

2. 管材连接方式

交代图中管材及其连接方式。如给水管道用镀锌钢管，丝扣连接；给水塑料管，热熔连接；排水管采用硬聚氯乙烯管，胶粘连接。室外排水管道采用混凝土管，水泥砂浆接口。消火栓消防管道采用热镀锌钢管，法兰连接。

3. 消火栓安装

交代消火栓及消火栓箱安装方法，所用材料以及箱内配置设备。如消火栓箱采用钢板制作，铝合金门框，蓝色镜面玻璃门，箱内设有 *DN*65 消火栓、*DN*19 水枪、*DN*65 水龙带各一套。

4. 管道的安装坡度

交代管道的安装坡度。凡是图中没有注明的生活排水管道均按标准坡度安装；或者直接给出相应管径的坡度，如 *DN*50，$i=0.035$；*DN*100，$i=0.02$；等等。

5. 检查口及伸缩节安装要求

如排水立管检查口离楼地面 1.0m，底层、顶层及隔层立管均设伸缩节。若排水立管为塑料给水管，每层立管设伸缩节一只，离楼地面 2.0m。

6. 立管与排出管的连接

交代横管与立管及立管与排出管的连接方式。如排水横支管与立管相接时采用 45°或 90°斜三通连接；排水立管转弯处采用两个 45°弯管与水平管道相接，以加大转弯半径，减少管道堵塞。

7. 卫生器具的安装标准

交代卫生器具的安装标准。如卫生器具安装见标准图集 99S304，卫生器具的具体选型在图纸中注明，或由建设方选定。

8. 管线图中代号的含义

交代管线图中代号的含义。见 5.1 节图例，如 J 表示平面给水管，JL 表示给水立管等。

9. 阀门选用

如图中阀门小于 *DN*50 用截止阀，大于或等于 *DN*50 用蝶阀。

10. 管道保温

交代管道保温措施。

11. 管道防腐

交代管道防腐措施。

12. 试压

给水管道安装完毕应做水压试验，试验压力按施工规范或设计要求确定。设计应给出给水管道的工作压力，如除管道、阀门、配件除消防系统工作压力为 1.0MPa 外，其他均为 0.6MPa。

13. 未尽事宜

未尽事宜，按《建筑给水排水及采暖工程施工质量验收规范》（GB 50242—2002）执行。

5.2.2 给排水平面图

给排水平面图是在建筑平面图的基础上，根据给排水工程图制图的规定绘制出的用于反映给排水设备、管线的平面位置关系的图样。给排水平面图的重点是反映有关给排水管道、设备等平面位置。因此，建筑的平面轮廓线用细实线绘出，而有关管线、设备则用较粗的图线绘出，以示突出；图中的设备、管道等均用图例的形式示意其平面位置；标注给排水设备、管道等规格、型号、代号等内容。

1. 底层给排水平面图

通常情况下，建筑的底层既是给水引入处，又是污水的排出处，底层给排水平面图具体内容如下。

(1) 房屋建筑的底层平面形式。室内给排水设施所有的布置尺寸都依赖于房屋建筑。

(2) 有关给排水设施在房屋底层平面中所处位置。这是给排水设施定位的重要依据。

(3) 卫生设备、立管等底层平面布置位置。通过底层给排水平面图，可以知道卫生设备、立管等前后、左右关系和相距尺寸。

(4) 给排水管道的底层平面走向，管道支架的平面位置。

(5) 给水及排水立管的编号。

(6) 与室内给水相关的室外引入管、水表节点、加压设备等平面位置。

(7) 与室内排水相关的室外检查井、化粪池、排出管等平面位置。

2. 标准层给排水平面图

当楼上若干层给排水平面布置相同时，可以用一个标准层给排水平面图来示意。因此，标准层给排水平面图并不仅仅反映某一楼层的平面式样，而是若干相同平面布置的楼层给排水平面图。标准层给排水平面图与底层给排水平图面不同之处是看不到室外水源的引入点，水直接由给水立管引至本层各用水点，排水则是直接排至本层排水立管。

3. 屋顶给排水平面图

采用下行上给式给水的建筑，如果屋面上没有用水设备，则给水管道送至顶层后就结束，而污水管道的通气管还要继续伸出屋面，但一般不再绘制屋面给排水平面图（雨水排水平面除外）。屋面上设有水箱或其他用水设备，则应绘出屋顶给排水平面图，图中应该反映屋顶水箱容量、平面位置、进出水箱的各种管道的平面位置、管道支架、保温等内容。雨水排水平面图，既要反映屋面雨水排水管道的平面位置、雨水排水口的平面布置、水流的组织、管道安装敷设方式，还应反映与雨水管相关联的阳台、雨篷、走廊的排水设施。

5.2.3 给排水系统图

给排水系统图也称轴测图，它是采用轴测投影原理绘制的能够反映管道、设备三维空间关系的图样。图中用单线表示管道，用图例表示卫生设备，用轴测投影的方法（一般采用45°三等正面斜轴测）绘制出，能反映某一给水排水系统或整个给水排水系统的空间关系。

给排水系统图反映下列内容。

1. 系统编号

该系统编号与给排水平面图中的编号一致。

2. 管径

系统图中要标注出管道的管径。

3. 标高

标高包括建筑标高、给水排水管道的标高、卫生设备的标高、管件的标高、管径变化处的标高、管道的埋深等内容。管道埋地深度，可以用负标高加以标注。

4. 管道及设备与建筑的关系

管道穿墙、穿地下室、穿水箱、穿基础的位置，卫生设备与管道接口的位置等。

5. 管道的坡向及坡度

管道的坡向应在系统图中注明。

6. 重要管件的位置

平面图无法示意的重要管件，如给水管道中的阀门、污水管道中的检查口、通气帽等应在系统图中明确标注，以防遗漏。

7. 与管道相关的有关给排水设施的空间位置

屋顶水箱、室外储水池、水泵、室外阀门井、水表井等与给水相关的设施的空间位置，以及室外排水检查井、管道等与排水相关的设施的空间位置等内容。

8. 分区供水、分质供水情况

采用分区供水的建筑物，系统图要反映分区供水区域，对采用分质供水的建筑，应按不同水质，独立绘制各系统的供水系统图。

9. 雨水排水情况

雨水排水系统图要反映管道走向，落水口、雨水斗等内容。雨水排至地下以后，若采用有组织排水，还应反映排出管与室外雨水井之间的空间关系。

5.2.4 给排水施工详图

给排水施工详图是将给排水平面图或给排水系统图中的某一位置放大或剖切再放大而得到的图样。给排水施工图上的详图有两类：一类是由设计人员在图纸上绘出的；另一类则是引自有关安装图集。设计人员一般不专门绘制详图，更多的是引用标准图集上的有关做法。有关标准图集的代号，可参见说明中的有关内容或图纸上的索引号。所以，一套给排水施工图，不仅仅是设计图纸，同时还包括有关标准图集及施工验收规范。

5.3 给排水施工图的识读案例

5.3.1 给排水平面图的识读

1. 工程概况

如图 5.1 所示为武汉某学校学生宿舍楼底层平面图，该宿舍楼层高 3.1m，共 4 层，建筑面积 1 960m^2，每间宿舍设独立卫生间，卫生间内设有淋浴器、蹲便器及盥洗池。

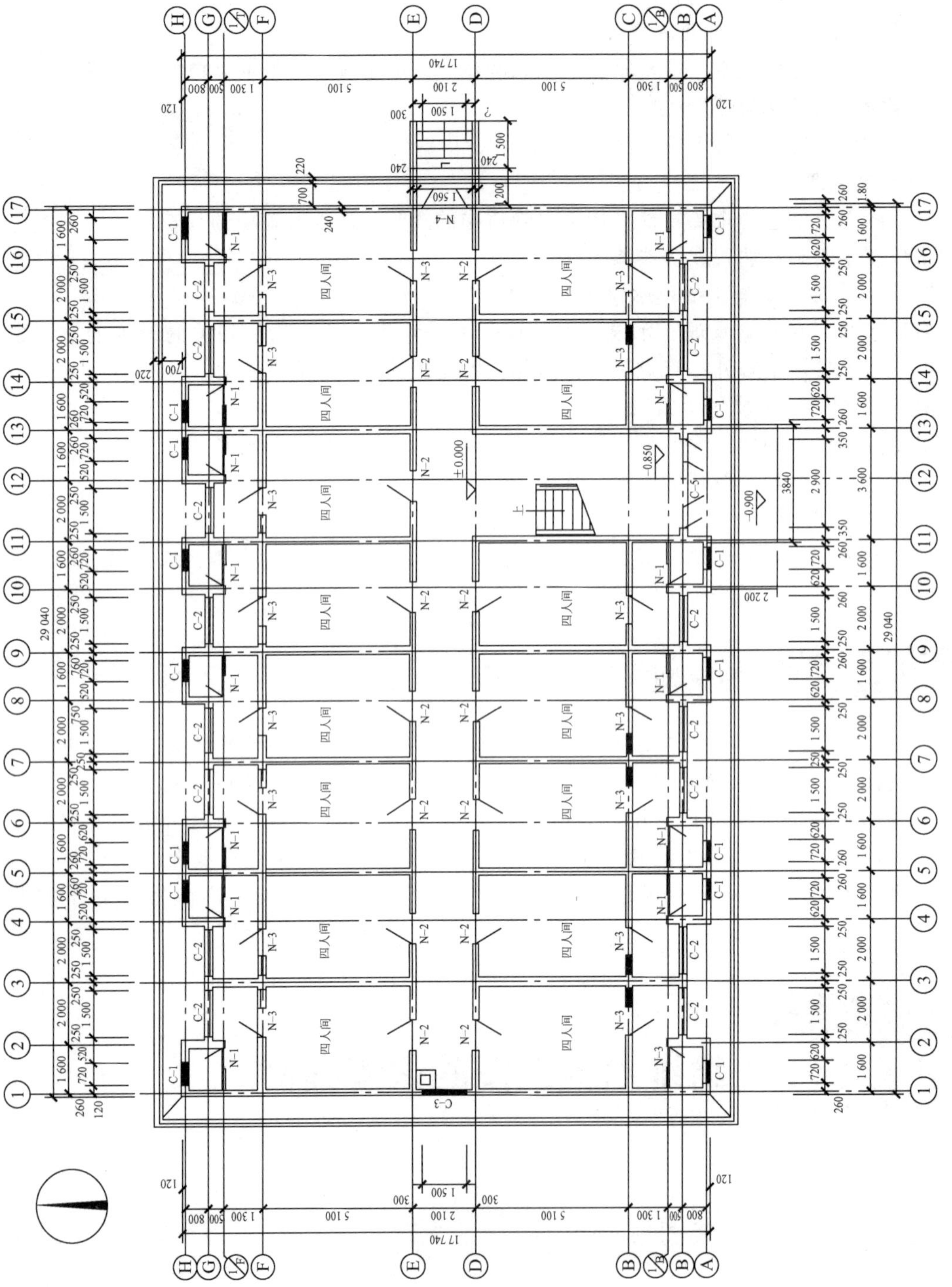

图5.1　学校宿舍楼的底层平面图

2. 底层给排水平面图的识读

以图 5.2 所示的学校宿舍楼的底层给排水平面图为例，介绍平面图的识读。

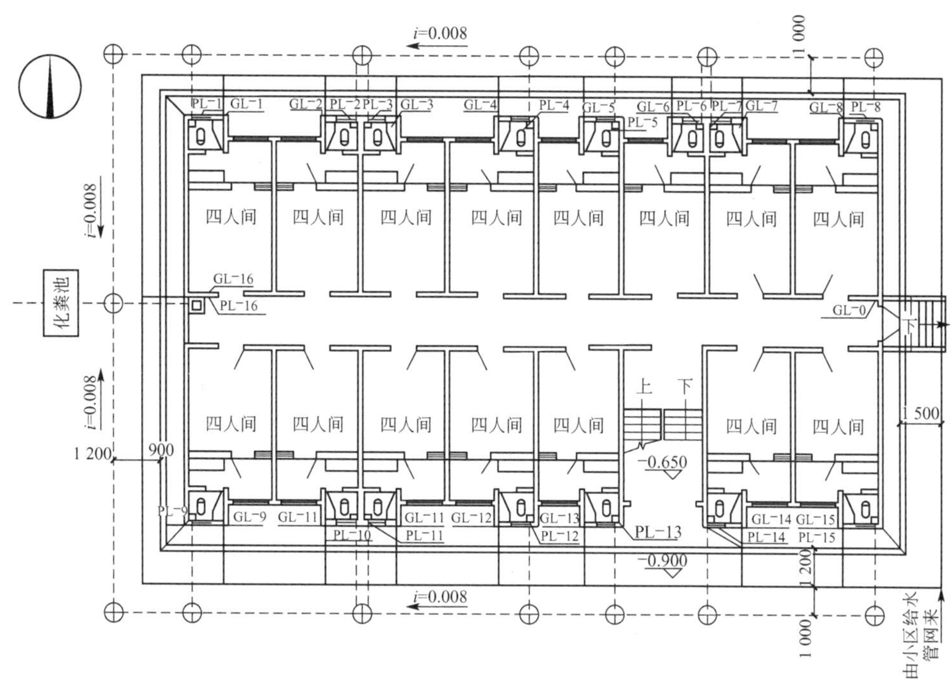

图 5.2 学校宿舍楼的底层给排水平面图

1）室外给排水部分的识读

图 5.2 右下方管线注明本栋建筑的给水来自校园管网，通过阀门分水，分别引到南北两侧的宿舍引入管，直接给北侧给水立管 GL－1～GL－8 和南侧给水立管 GL－9～GL－15 供水，同时通过 GL－0 立管为设置于屋顶的消防水箱供水。所有室外给水管道均为 PP－R 管埋地敷设，每立管引入管在室外地坪均设有阀门井，内设阀门。

室外排水管道采用 *DN*200 混凝土排水管。南北侧分别从东侧第一个检查井按顺序和标准坡度将污水排至西侧化粪池。排至化粪池的污水最终排至校园排水管网。

2）室内卫生设施的布置

在给排水施工图中，为了更清楚地表达室内卫生设施及给排水管道的布置，一般可作卫生间给排水放大平面图，如图 5.3 所示。从图上可以看出，宿舍卫生间由厕所和盥洗间组成，厕所内设有淋浴器、蹲便器各一个，盥洗间设地漏和包含两个水龙头的盥洗池各一个。

3）室内给排水部分识读

从图上可以看出，由 GL（给水立管）向东接出水平支管（具体高度、管径等内容见系统图），设有截止阀一只、水表一只，分别向淋浴器、大便器供水，然后沿墙向南穿过隔墙，再沿内墙面向西拐，接出盥洗龙头两只，完成整个卫生间的给水任务。

从图中也可以看出卫生设备承接的污水的排出情况。卫生间平面图中东南角为排水的起端，盥洗池的洗涤污水经池内地漏接入排水支管，接着是盥洗间的地漏接入口，最后是大便器存水弯接入口，最后支管接到东北角的排水立管 PL（支管、立管的具体高度、管径等内容见系统图）。

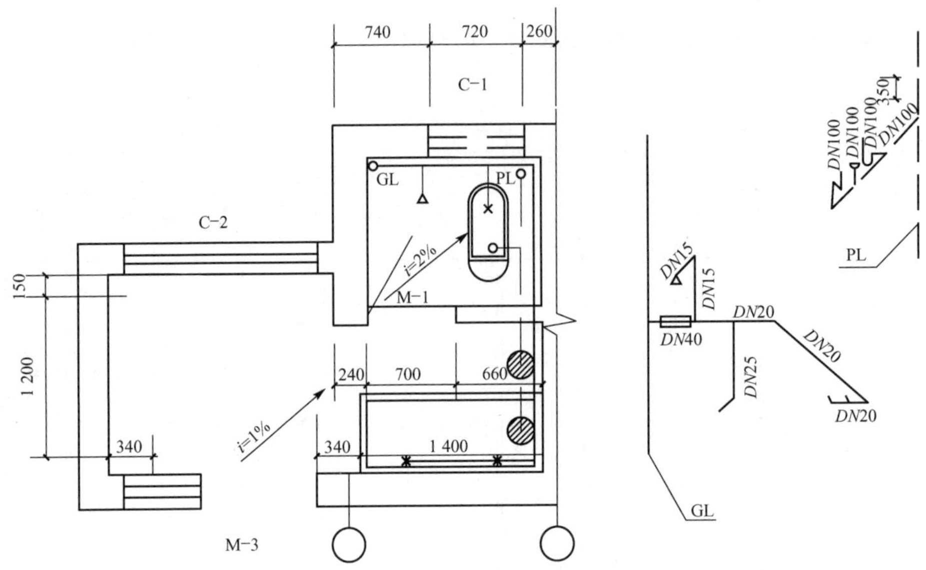

图 5.3　学校宿舍楼卫生间给排水放大平面图

3. 标准层给排水平面图的识读

标准层给排水平面图如图 5.4 所示。标准层给排水平面图与底层给排水平面图相似，除了无须反映与室内相关的室外给排水部分外，标准层给排水平面图主要反映室内卫生设施的布置和室内给排水管道的布置。

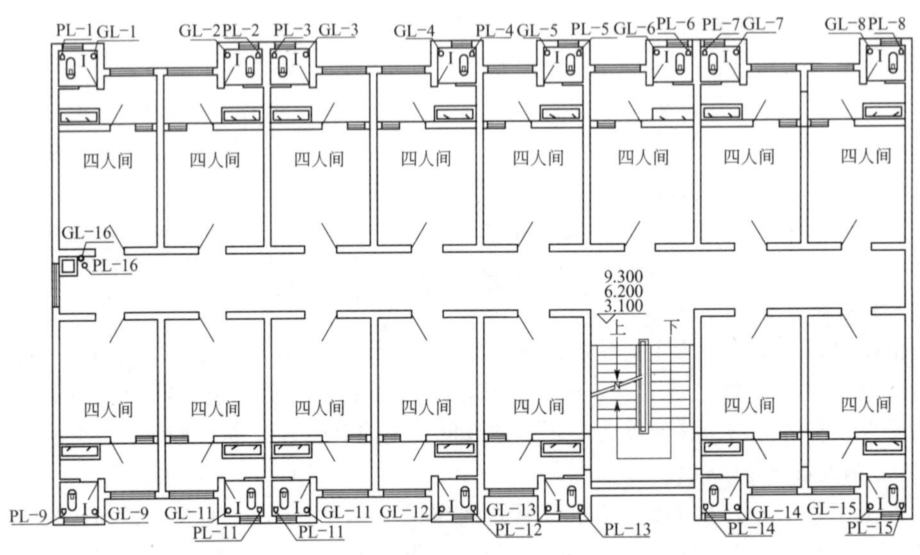

图 5.4　学校宿舍楼标准层的给排水平面图

1) 室内卫生设施的布置

由宿舍卫生间平面图可知，二至四层卫生间的室内卫生设施的布置与底层平面式样完全相同，只是它们的标高不同。

2）室内给排水部分识读

从图5.4中可以看出，标准层室内给排水部分与底层平面完全相同。北侧有给水立管GL－1～GL－8，南侧有给水立管GL－9～GL－15。

也可以看出，卫生设备承接的污水的排出情况。北侧有排水立管PL－1～PL－8，南侧有排水立管PL－9～PL－15。图中东南角为室内排水的起端，盥洗池的洗涤污水经池内地漏接入排水支管，接着是盥洗间的地漏接入口，然后是大便器存水弯接入口，最后支管接到东北角的排水立管PL。

4. 屋顶给排水平面图的识读

屋顶给排水平面图如图5.5所示。

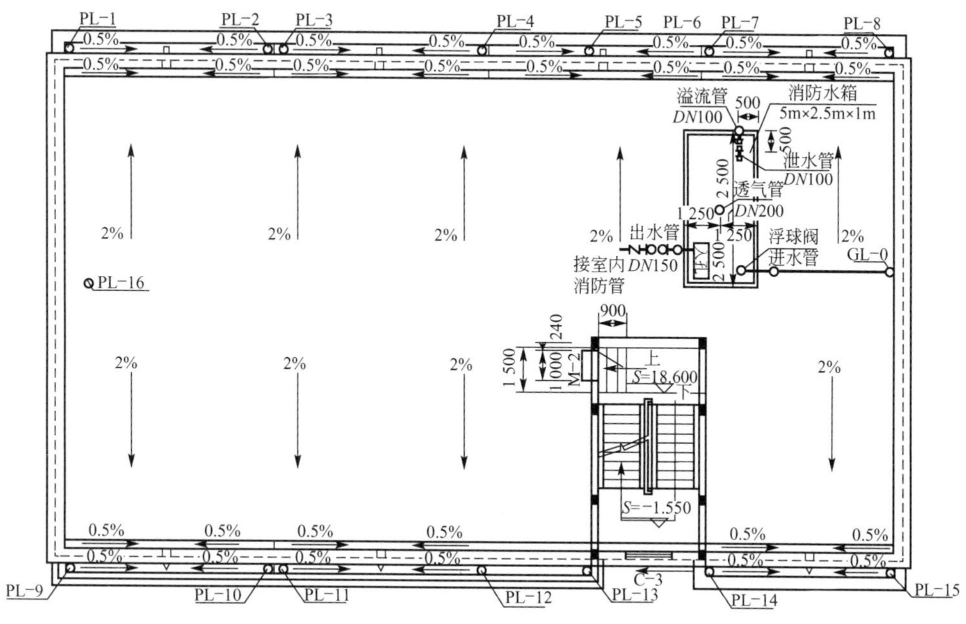

图5.5　学校宿舍楼屋顶的给排水平面图

1）给水部分识读

由图5.5可以看出，在屋顶设有5m×2.5m×1m的消防水箱一座，具体位置见屋顶平面图。水箱的进水由GL－0供给，管端设有浮球阀。水箱的出水管与室内消防管网相接，管端设有闸阀和单向阀各一个；水箱上还接有溢流管、泄水管等管道，以及人孔、通气孔等附属设备。

2）排水部分识读

屋面上北侧有伸顶通气管PL－1～PL－8，南侧有伸顶通气管PL－9～PL－15，中间过道上还有一个伸顶通气管PL－16分别由室内引出屋面。

屋面雨水管的布置由建筑设计确定，本宿舍楼采用有组织排水形式，屋面沿正中设置分水线，设置2%的排水坡度，坡向南北两侧的檐沟，檐沟内设雨水斗，南侧设3个，北侧设4个，檐沟内的雨水按0.5%的坡度排向雨水斗，雨水斗收集的雨水再通过挂在外墙的落水管引到地面散水，最后排至室外雨水管网。

3）管道保温及管道支架

宿舍外露室外的给水管道采用玻璃棉为保温材料，保温层厚度为100mm（图中无法表达，一般在说明中注明)；屋顶水平管道较长，应设管道支架或支墩，在说明中要注明支墩的形式及设置间距。

5.3.2 给排水系统图的识读

1. 室内给水系统图的识读

识读给水系统图时，可以按照循序渐进的方法，从室外水源引入处入手，顺着管路的走向，依次识读各管路及用水设备；也可以逆向进行，即从任意一用水点开始，顺着管路，逐个弄清管道、设备的位置，管径的变化以及所用管件等内容。下面以图 5.6 为例介绍给水系统图的识读。室内外标高有 0.9m 的高差。

1) 整体识读

图 5.6 中标明了给水系统中立管的编号 GL－1、GL－9、GL－16 和 GL－0，该编号与给排水平面图中的立管编号相对应，分别代表宿舍楼北侧给水立管、南侧的给水立管、过道拖布池给水立管以及进消防水箱的进水管。立管的管径分别为 *DN*50、*DN*50、*DN*32 和 *DN*70。图中给出了各楼地面的标高线，示意了屋顶水箱与给水管道的关系，从系统图中可见，屋顶水箱只是消防水箱，生活给水直接由校园管网以下行上给的方式供水。

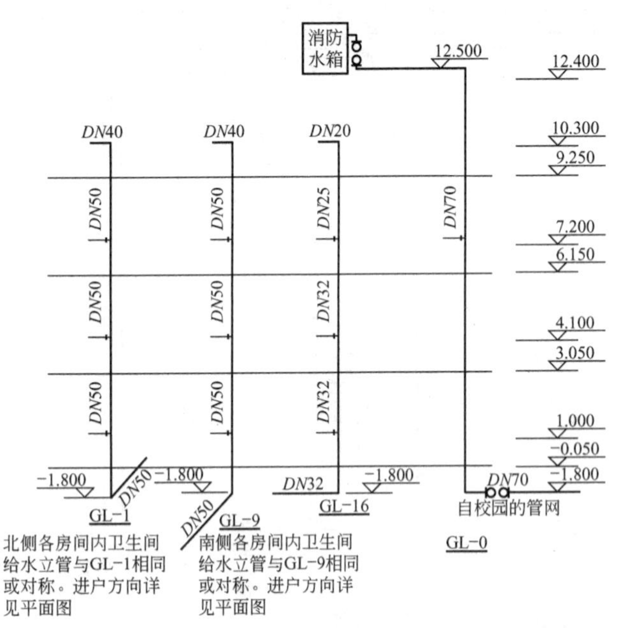

图 5.6　学校宿舍楼的给水系统图

2) 管路细部识读

以 GL－1 为例，室外供水经 *DN*50 管道从北侧引入，引入管埋深为 0.9m，进入室内后设弯头向上接立管，在各楼层距楼面 1m 处，立管上接异径三通，引出楼层供水支管，支管管径 *DN*40。支管供水系统详见卫生间给排水放大图（图 5.3）。

识读给水系统图，同样可以按逆向推进的方法识读。例如在给水系统图中取 GL－1 立管上四层盥洗龙头这一用水点，该龙头经 *DN*20 连接管接到 *DN*20 分支管，再接到 *DN*40 支管，经水表、截止阀，找到 *DN*50 立管，继续向下找到引入管。

2. 室内排水系统图的识读

室内排水系统从污水收集口开始，经由排水分支管、排水支管、排水立管、排出管排出。排水系统图按照不同的排水系统单独绘制，现以图 5.7 所示的学校宿舍楼的排水系统为例，介绍排水系统图的识读。

1) 整体识读

图中标明排水系统的编号 PL－1、PL－9 和 PL－16 与给排水平面图中的立管编号相对应，立管的管径为 *DN*100，可看出本宿舍楼底层污水单独排出，由图中可知各楼层的标高线。

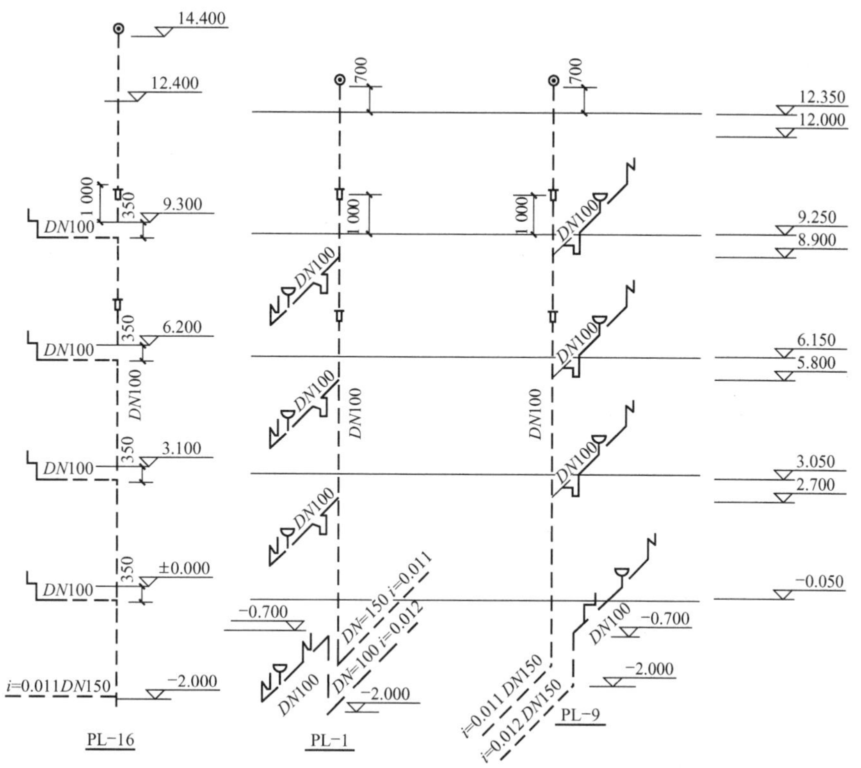

图 5.7　学校宿舍楼的排水系统图

2）管路细部识读

以 PL－1 为例，首先看看立管，管径 $DN100$，直至四层；四层上出屋面部分为通气管，管径 $DN100$，管道出屋面 700mm，过道处管道（PL－16）出屋面 2m。同样在一、三、四层距离楼地面 1m 位置，设有立管检查口；与立管相连的排出管管径为 $DN150$，埋深 1.1m，看楼层排水支管排水系统详见卫生间给排水放大图（图 5.3）。

由于宿舍排水量较大，容易堵塞，所以底层的污水单独排出。

5.3.3　给排水施工详图的识读

给排水施工详图，也称给排水大样图，详图表达了某被表达位置的详细做法。一般引用标准图集上的有关做法，有特殊要求不能直接按标准图集施工时，设计人员需要补画这一部分的施工详图，以指导施工。图 5.8 为学校宿舍楼的水箱大样图。

1. 水箱进水管道

水箱由 GL－0 供水，该立管出屋面后为水箱进水管，管径 $DN70$，管上设有 $DN70$ 闸阀一只、$DN70$ 浮球阀一只。水箱进水是由位于水箱箱体内的浮球阀控制，闸阀只为维修更换浮球阀服务。水箱的进水口位于箱体侧面的上部，在 2—2 剖面图上可看出，进水管管中心标高为 14.000m，比水箱顶面（14.200m）低 200mm。

2. 水箱出水管道

在 2—2 剖面图上可看出，出水管管中心标高为 13.300m，比水箱底面（13.200m）

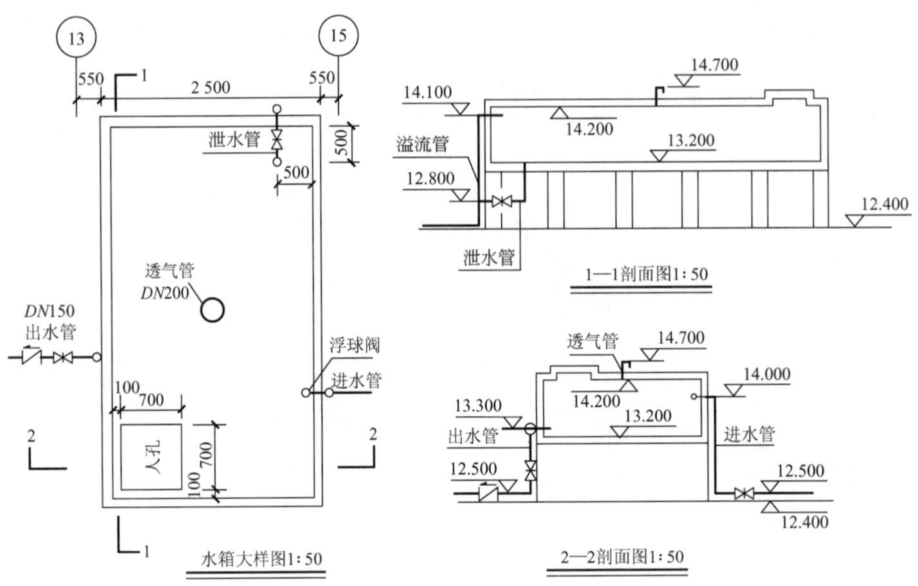

图 5.8　学校宿舍楼的水箱大样图

高 100mm。在出水管上装有两只阀门，一只 *DN*100 闸阀，用于控制整个水箱的供水；另一只 *DN*100 单向阀，只能出水，不能进水，这样就能保证进水管的浮球阀正常有效地工作，火灾发生时使水只能从水箱进入消防管道，而不能从消防管道进入水箱。出水管上闸阀处于常开状态。

3. 其他管道

为防止水箱进水部分控制设备的损坏造成的水箱满水，在水箱箱体背面（北侧）进水管口上方还设有向外的 *DN*100 溢流管，在 1—1 剖面图上可看出，溢流管管中心标高为 14.100m，比进水管管中心标高（14.000m）高 100mm。另外，为便于水箱的清洗和维修，在箱体底部设 *DN*100 泄水管，在 1—1 剖面图上可看出，泄水管管口贴着水箱底面接出。该泄水管上设有阀门，该阀门处于常闭状态。图中泄水管和溢流管最终交接在一起，向背面排水（注意不能直接向下放水，以防冲坏屋面防水材料）。

思考题

1. 一套建筑给排水施工图一般包括哪些图纸内容?
2. 建筑给排水平面图一般由哪些图纸组成?
3. 建筑给排水施工图总说明的内容包括哪些?
4. 底层给排水平面图应该反映哪些内容?
5. 标准层给排水平面图应该反映哪些内容?
6. 屋顶给排水平面图应该反映哪些内容?
7. 室内给排水系统图是怎么形成的?
8. 给排水系统图侧重于反映哪些内容?
9. 何为给排水施工详图?
10. 识读一套完整的建筑给排水施工图。

第2篇　采暖、燃气、通风及空气调节

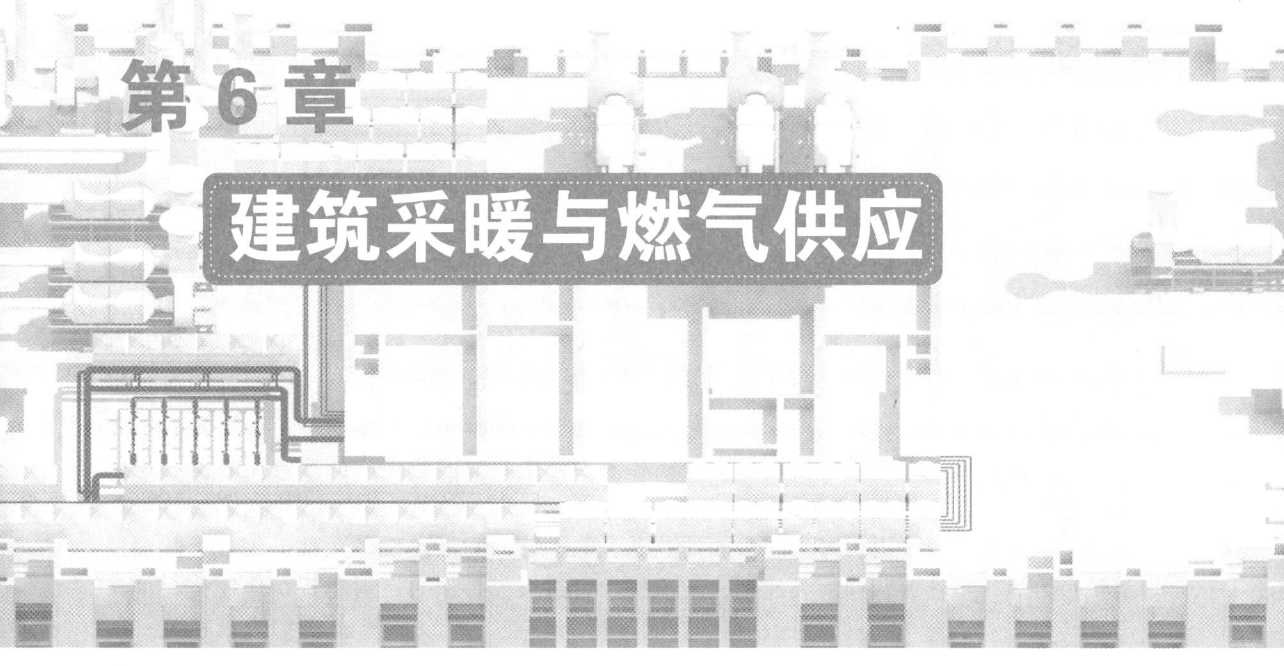

第6章　建筑采暖与燃气供应

教学要点

本章主要介绍建筑采暖与燃气供应系统的基本概念、基本原理以及组成。通过本章的学习，应达到以下目标：

(1) 了解锅炉的基本构造和基本性能参数；

(2) 了解锅炉房的建筑施工要求；

(3) 了解煤气的分类及主要成分；

(4) 理解采暖系统的热负荷计算方法与原则；

(5) 理解采暖系统的管路布置和敷设方面的建筑要求；

(6) 熟悉建筑集中采暖系统的分类、特点和选择方式。

基本概念

建筑采暖系统；热水采暖系统；蒸汽采暖系统；热风采暖系统；同程式采暖系统；异程式采暖系统；双线式系统；散热器内热媒温度；暖风机；辐射；导热；对流；热辐射温差修正系数；室外计算温度；室内计算温度；维护结构的换热量最小传热热阻；经济热阻；锅炉；汽水系统等

引例

集中供热的方式始于1877年。当时美国纽约的洛克波特建成了第一个区域性锅炉房，向附近14家用户供热。1880年又利用带动发电机的往复式蒸汽机排汽供热。20世纪初，一些国家发展了热电站，实行热电联产，利用蒸汽轮机的抽汽或排汽供热，以后又利用内燃机和燃气轮机的排气供热。第二次世界大战后，苏联、联邦德国以及东欧一些国家的集中供热发展较快。1973年以来，由于能源供应紧张、燃料价格大幅度上涨，为了节约能源，改善环境，有更多国家重视和加快了集中供热的发展。

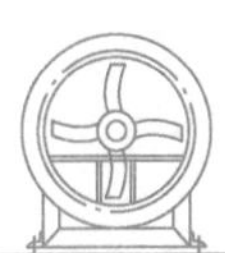

6.1 采暖系统的分类与选择

供暖就是用人工方法向室内供给热量，保持一定的室内温度，以创造适宜的生活或工作条件的技术。所有供暖系统都由热媒制备（热源）、热媒输送和热媒利用（散热设备）三个主要部分组成。根据三个主要组成部分的相互位置关系来分，供暖系统可分为局部供暖系统和集中采暖系统。

热媒制备、热媒输送和热煤利用三个主要组成部分在构造上都在一起的供暖系统，称为局部供暖系统，如烟气供暖（火炉、火墙和火炕等）、电热供暖和燃气供暖等。虽然燃气和电能通常由远处输送到室内来，但热量的转化和利用都是在散热设备上实现的。

热源和散热设备分别设置，用热媒管道相连接，由热源向各个房间或各个建筑物供给热量的供暖系统，称为集中采暖系统。

集中采暖系统主要由远离采暖房间的热源、输送管网和散热设备三部分组成。热源泛指锅炉房，煤、重油、轻油、天然气、液化气、管道煤气等作为燃料在锅炉中燃烧，使矿物能转化为热能，将水加热成热水或水蒸气。热能以热水或水蒸气作为载体，通过输送管道、管网输送到各个用热房间和多个用热建筑，以供使用，如图 6.1 所示。在这种系统中，采暖工程不仅承担为房间加热的任务，还常常为房间内的其他生活、生产过程提供热量。

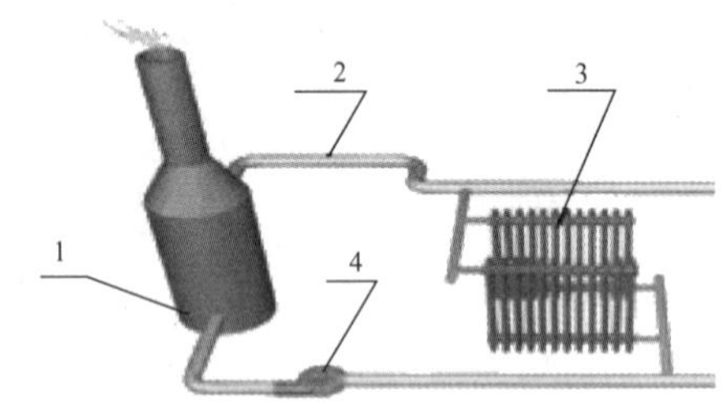

图 6.1 集中采暖系统示意图

1—锅炉；2—输热管道；3—散热器；4—循环水泵

在集中采暖系统中，把热量从热源输送到散热器的物质叫做“热媒”，这些物质有热水、蒸汽和热空气等。

根据热媒性质的不同，集中式采暖系统可分为三种：热水采暖系统、蒸汽采暖系统和热风采暖系统。

6.1.1 热水采暖系统

以热水作为热媒的采暖系统，称为“热水采暖系统”，它是目前广泛使用的一种采暖系统，不仅用于居住和公用建筑，而且也用在工业建筑中。

1. 热水采暖系统的分类

按热水供暖循环动力的不同，可分为自然循环系统和机械循环系统。靠水的密度差进行循环的系统，称为自然循环系统。靠机械力进行循环的系统，称为机械循环系统。

按供回水方式的不同，可分为单管系统和双管系统，如图 6.2 和图 6.3 所示。

按系统管道敷设方式的不同，可分为垂直式系统和水平式系统。

按热媒温度的不同，可分为低温水供暖系统（热水温度低于 100℃）和高温水供暖系统（热水温度高于 100℃）。

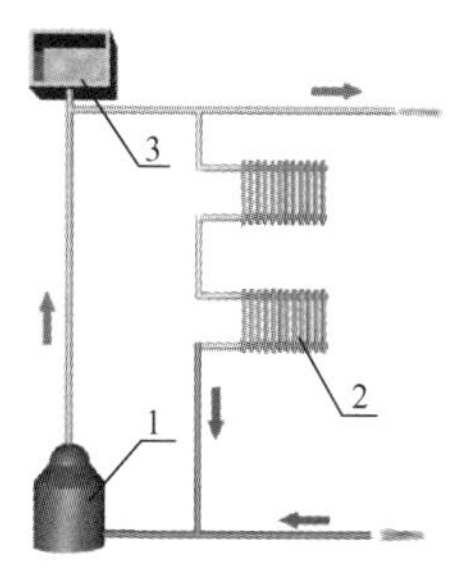

图 6.2 单管系统
1—锅炉；2—散热器；3—膨胀水箱

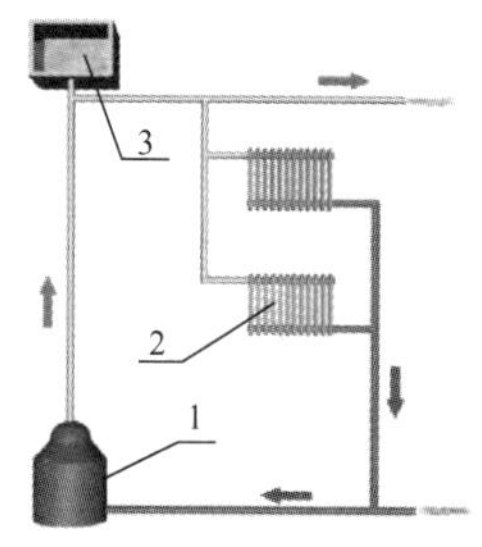

图 6.3 双管系统
1—锅炉；2—散热器；3—膨胀水箱

2. 重力（自然）循环热水采暖系统

图 6.4 是重力循环热水采暖系统工作原理图。在系统工作之前，先将系统中充满冷水。当水在锅炉中被加热后，它的密度变小，同时受着从散热器流回来密度较大的回水的驱动，使得热水沿着供水干管流向散热器。这样，水连续被加热，热水不断上升，在散热器及管路中被散热冷却后的回水又流回锅炉被重新加热，形成图 6.4 中箭头所示方向的循环流动。

为了计算自然循环作用压力大小，假设水温只在两处发生变化，即锅炉内（加热中心）和散热器内（冷却中心）。设供水管水温为 t_g（℃），密度为 ρ_g（kg/m³），冷却后的回水管水温为 t_h（℃），密度为 ρ_h（kg/m³），系统内各点之间的距离分别用 h_0、h、h_1 表示，假设图 6.4 的循环环路最低点的断面 A—A 处有一个假想阀门，若突然将阀门关闭，则在断面 A—A 两侧受到不同的水柱压力，这两侧所受到水柱压力之差就是驱使水进行循环流动的作用压力。

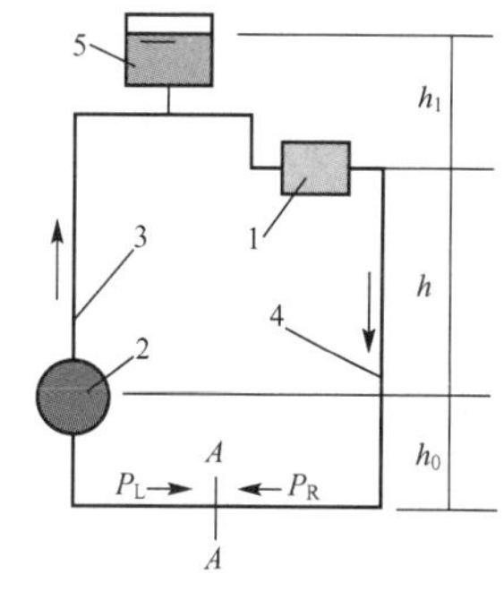

图 6.4 自然循环采暖工作原理
1—散热器；2—热水锅炉；3—供水管道；4—回水管道；5—膨胀水箱

断面 A—A 左侧的水柱作用力为

$$P_L = g(h_0\rho_h + h\rho_g + h_1\rho_g) \tag{6-1}$$

断面 A—A 右侧的水柱作用力为

$$P_R = g(h_0\rho_h + h\rho_h + h_1\rho_g) \tag{6-2}$$

断面 A—A 两侧之差 $\Delta P = P_R - P_L$，即系统内的作用压力，其值为

$$\Delta P = gh(\rho_h - \rho_g) \tag{6-3}$$

式中 ΔP——自然循环系统的作用力，Pa；

g——重力加速度，取 9.81，m/s²；

h——锅炉中心到散热中心的垂直距离，m；

ρ_g——供水热水的密度，kg/m³；

ρ_h——水冷却后回水的密度，kg/m³。

由式(6－3) 可知，自然循环作用力取决于冷热水之间的密度差和锅炉中心到散热器中心的垂直距离。

在重力循环双管系统中，如图 6.5 所示，由于各层散热器与锅炉间形成独立的循环，因而随着从上层到下层，散热器中心与锅炉中心的高差逐渐减小，各层循环压力也出现由大到小的现象，上层作用压力大，因此流过上层散热器的热水流量大于实际需求量，流过下层散热器的热水流量小于实际需求量。这样会造成上层温度偏高，下层温度偏低。楼层越多，失调现象越严重。由于自然压头的数值很小，所以能克服的管路阻力也很小，为了保证输送所需的流量，又避免系统的管径过大，则要求作用半径（总立管至最远立管的水平距离）不宜超过 50m。因此只有建筑物占地面积小，且可能有在地下室、半地下室或就近较低处设置锅炉时，才可采用重力循环热水采暖系统。

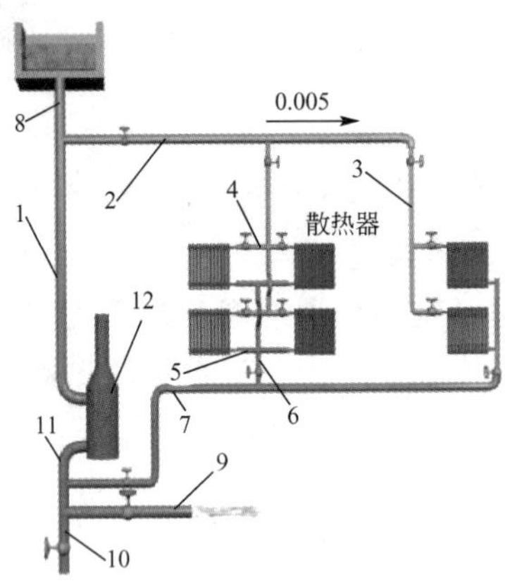

图 6.5　自然循环采暖系统

1—总干管；2—供水干管；3—供水立管；4—散热器供水支管；5—散热器回水支管；6—回水立管；7—回水干管；8—膨胀水箱连接管；9—充水管；10—泄水管；11—总回水管；12—锅炉

3. 机械循环热水采暖系统

机械循环热水采暖系统与重力循环热水采暖系统的主要区别是在系统中设置了循环水泵，主要靠水泵的机械能使水在系统中强制循环，如图 6.6 所示。

如图 6.7 所示是机械循环下供下回式热水采暖系统，这种系统适用于平屋顶建筑物的顶层难以布置干管的场合，以及有地下室的建筑。在这种系统中，供、回水干管敷设在底层散热器之下，系统内的排气较为困难，可以通过专设的空气管或顶层散热器上的跑风门进行排气。这种系统适用于室温有调节要求且顶层不能敷设干管时的四层以下建筑，缓和了上供下回系统的垂直失调现象。

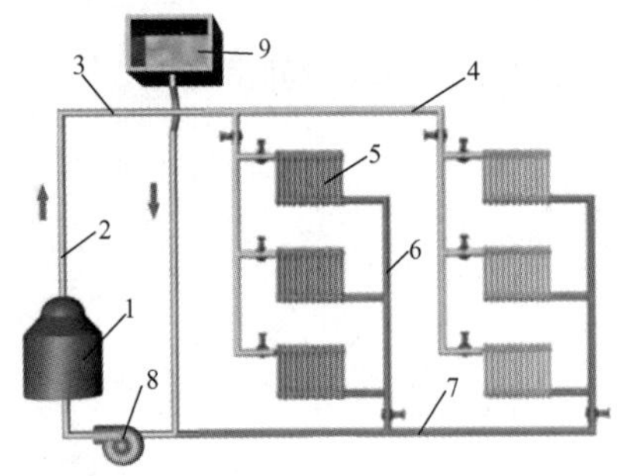

图 6.6　机械循环双管上供下回热水采暖系统

1—锅炉；2—总立管；3—供水干管；4—供水立管；5—散热器；6—回水立管；7—回水干管；8—水泵；9—膨胀水箱

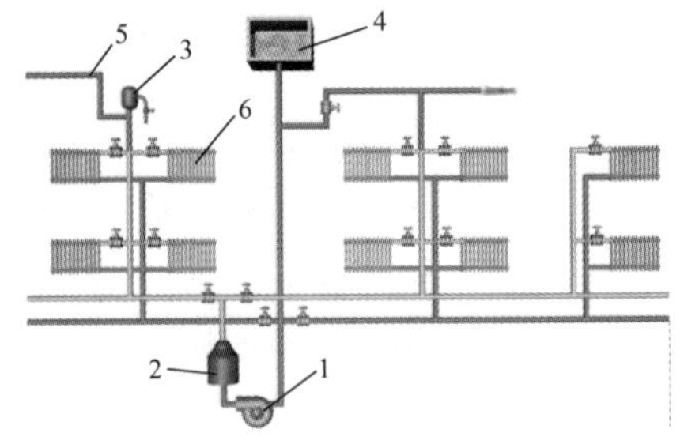

图 6.7　机械循环下供下回式系统

1—热水锅炉；2—循环水泵；3—集气罐；4—膨胀水箱；5—空气管；6—冷风阀

图6.8为机械循环中供式热水采暖系统示意图，它适用于顶层无法设置供水干管或边施工边使用的建筑。水平供水干管布置在系统的中部。这种系统减轻了上供下回系统楼层过高易引起的垂直失调的问题，同时可避免顶层梁底高度过低致使供水干管挡住窗户而妨碍开启等问题。

图6.9为机械循环下供上回式热水采暖系统。这种系统的供水干管设置在下部，回水干管设置在上部，顶部有顺流式膨胀水箱，排气方便，可取消集气装置。水的流向与系统中空气的流动方向一致，都是由下而上。

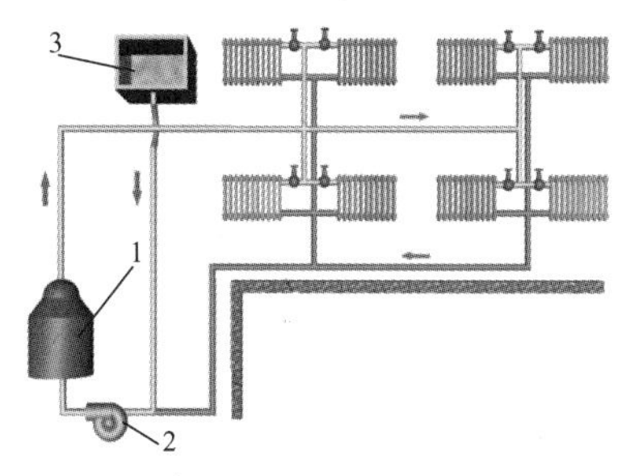

图6.8 机械循环中供式热水采暖系统
1—热水锅炉；2—循环水泵；3—膨胀水箱

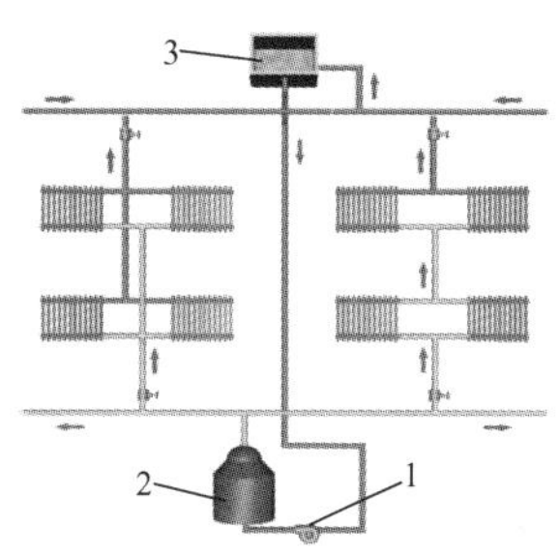

图6.9 机械循环下供上回式热水采暖系统
1—循环水泵；2—热水锅炉；3—膨胀水箱

图6.10为水平串联式热水采暖系统，由一根立管水平串联起多组散热器的布置形式。由于系统串联的散热器较多，因此易出现前端过热、末端过冷的水平失调现象，因而一般每个环路散热器组数以8～12为宜。这种系统的排气可以采用在每个散热器的上部设置专门的空气管，最终集中在一个散热器上由放气阀集中排气；当设置空气管有碍建筑使用和美观时，可在每个散热器上装一个排气阀进行局部排气。

图6.11为水平跨越式热水采暖系统，可以在散热器上进行局部调节，适用于需要进行局部调节的建筑物，它的放空气措施与水平串联式系统相同。

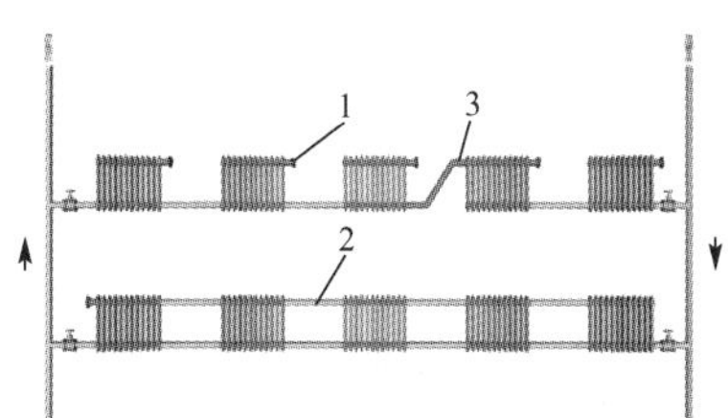

图6.10 水平串联式热水采暖系统
1—冷风阀；2—空气管；3—Z型补偿器

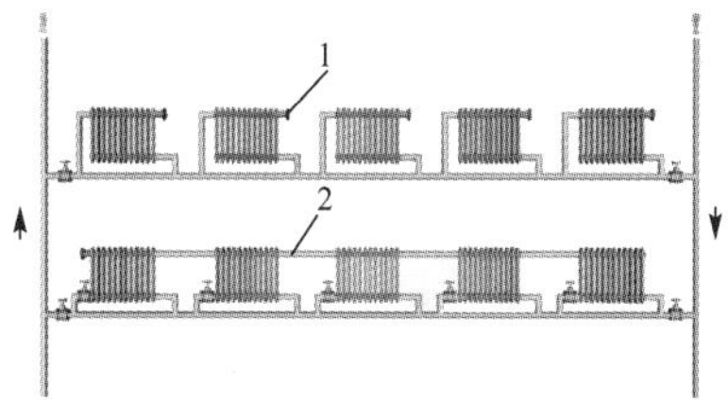

图6.11 水平跨越式热水采暖系统
1—冷风阀；2—空气管

4. 同程式与异程式采暖系统

在以上介绍的各个系统中，通过各立管所构成的循环环路的管道总长度是不相等的，因此都可称为“异程系统”。靠近总立管的分立管，其循环环路较短；而远离总立管的分立管，其循环环路较长。因此造成各个环路水头损失不相等，最远环路与最近环路之间的压力损失相差也很大，压力平衡很困难，最终导致热水流量分配失调，造成靠近总立管的供水量过剩，系统末端供水不足的现象。图6.12所示为同程式机械循环热水采暖系统，

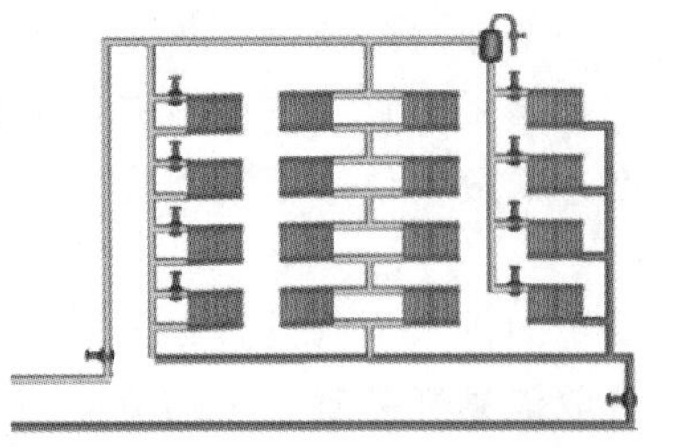

图 6.12　同程式机械循环热水采暖系统

即增加回水管长度，使每个循环环路的总长度近似相等，因此每个环路水头损失也近似相等，这样环路间的压力损失易于平衡，热量分配也易达到设计要求。因此在较大建筑物中，当采用异程式系统压力难以达到平衡时，可采用同程式系统，只是同程式系统对管材的需求量较大，因此系统管道初始投资较大。

6.1.2　高层建筑热水采暖系统

目前，国内高层建筑热水采暖系统主要有以下几种方式。

1. 分区采暖系统

分区采暖系统将高层建筑热水采暖系统在垂直方向上分成若干个相互独立的系统，如图 6.13 所示。系统高度的划分（即下层系统的高度）取决于散热器、管材的承压能力和室外热力管网的压力情况，而且下层系统一般直接与室外热力管网相连。上层系统与室外热力管网采用间接连接，使上层系统的水压与外网的水压状况没有联系，互不影响，热能的交换是在水-水换热器中进行的。当采用一般的铸铁散热器时，因为其承压能力较低，多采用这种间接连接的方法。

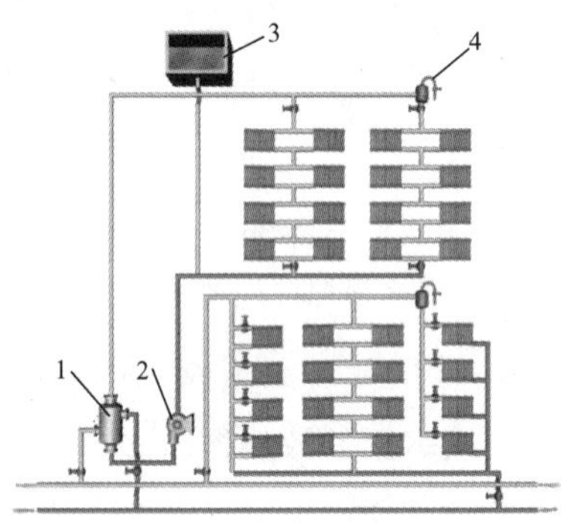

图 6.13　高层建筑分区式采暖系统

1—换热器；2—循环水泵；3. 膨胀水箱；4—集气罐

2. 双线式系统

双线式采暖系统分为垂直式和水平式系统，垂直双线单管热水采暖系统是由竖向的Π形单管式立管组成，如图 6.14 所示。一根是上升立管，另一根是下降立管，因此各层散热器的平均温度近似地可认为相同，可以减轻垂直失调。散热器采用蛇形管或辐射板式（单块或砌入墙内的整体式）结构。由于单管立管的阻力较小，容易引起水平失调，可以在下降立管上设置节流孔板来增大阻力，或者采用同程式系统来消除水平失调现象。双线式采暖系统不能解决下部散热器超压的问题。

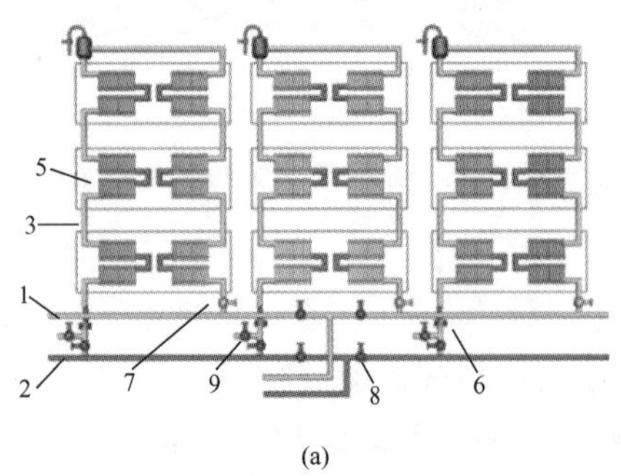

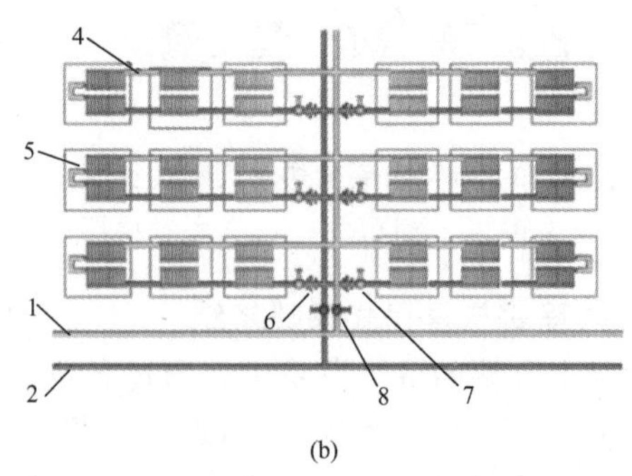

图 6.14　双线式热水采暖系统

1—供水干管；2—回水干管；3—双线立管；4—双线水平管；5—散热设备；6—节流孔板；7—调解阀；8—截止阀；9—排水阀

3. 单、双管混合式系统

单、双管混合系统如图 6.15 所示，在垂直方向上分为若干组，每组为若干层，每组为双管系统，而各组之间采用单管连接，这就是所谓的单、双管混合系统。这种系统避免了因楼层高单纯采用双管系统所造成的严重垂直失调现象；而且支管管径均比单管系统中的支管管径小得多；由于局部系统都是双管系统，可在支管上装设调节阀门来调节散热器的流量。因此单、双管混合系统对单、双管系统的特点兼而有之，是应用较多的一种热水采暖方式。

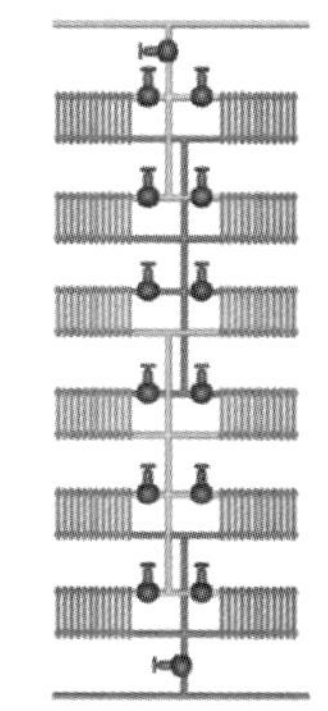

图 6.15 单、双管混合系统

6.1.3 蒸汽采暖系统

1. 蒸汽采暖系统的特点

1）蒸汽采暖系统的优点

蒸汽汽化潜热比起每千克水在散热器中靠降温放出的热量要大得多，因此对相同热负荷，蒸汽采暖系统的蒸汽流量比热水采暖系统所需的热水流量要少得多。较之热水，蒸汽采用的流速较高，因此可采用较小管径的管道，所以在管道初投资方面，蒸汽采暖系统较经济。

蒸汽质量体积大、容重小，因此不会像热水采暖系统一样，给系统带来很大的静压，对设备的承压要求不高。

蒸汽采暖系统散热器内热媒的温度一般等于或高于 100℃，比一般热水采暖系统热媒温度高，且蒸汽系统的传热系数也比热水系统的传热系数要高，因此蒸汽系统所用的散热器面积比热水采暖系统也要小，节省了散热器初始投资。

当蒸汽采暖系统蒸汽流速与热水采暖系统热水流动速度相同时，蒸汽采暖系统形成的阻力损失比热水流动时所形成的阻力损失要小。

2）蒸汽采暖系统与热水采暖系统相比的不足之处

蒸汽与凝结水状态变化较大，使得蒸汽采暖系统设计和运行管理会出现困难，处理不当时，系统中易出现蒸汽的“跑、冒、滴、漏”，造成能源的浪费，也影响系统设备的正常运行工作。

由于蒸汽采暖系统散热器表面温度高，散热器上的有机灰尘易剧烈升华或被烘烤，影响室内卫生。因此对卫生要求较高的建筑物，如住宅、学校、医院等不宜采用蒸汽采暖系统，而宜采用热水采暖系统。

一般的蒸汽采暖系统不能调节蒸汽温度。当室外温度高于采暖室外设计温度时，蒸汽采暖系统必须运行一段时间，停止一段时间，即采用间歇调节，这样易造成管内蒸汽与空气交替出现，与热水采暖系统相比，管道更易被氧化腐蚀，所以蒸汽采暖系统比热水采暖系统的使用寿命相对要短，尤其是凝结水管更易损坏。

在真空蒸汽采暖系统中，蒸汽的饱和温度低于 100℃，且蒸汽压力越低，蒸汽的饱和温度也就会越低。由于系统压力低于大气压力，所以系统要求的密封性很高，并需要有抽气设备和专门的保持真空的自控设备。这使得真空蒸汽采暖系统应用范围不广。

此外，蒸汽采暖系统由于系统的热惰性小，供气时热得快，停气时冷得也较快，因此

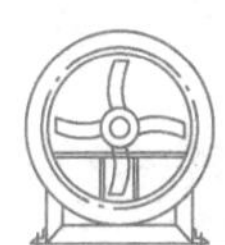

非常适用于人群短时间迅速集散，需要间歇调节的建筑。由于间歇调节会使房间温度波动较大，因此不适用于有人长期停留的建筑物。

2. 蒸汽采暖系统的分类

蒸汽采暖系统按供汽压力的大小可分为：高压蒸汽采暖系统（供气压力大于 70kPa）；低压蒸汽采暖系统（供气压力等于或低于 70kPa）；真空蒸汽采暖系统（供气压力低于大气压）。

蒸汽采暖系统按干管布置方式的不同，可分为上供式、中供式和下供式蒸汽采暖系统。

按立管布置特点的不同，可分为单管式和双管式蒸汽采暖系统。

按回水动力的不同，可分为重力回水和机械回水蒸汽采暖系统。

1）低压蒸汽采暖系统

低压蒸汽采暖系统的凝水流回锅炉有以下两种形式。

（1）重力回水。如图 6.16 所示，在系统运行前，锅炉中充水至锅炉中间平面被加热后产生一定压力和温度的蒸汽，蒸汽在自身压力作用下克服流动阻力，沿供气管道输送到散热器内，进行热量交换后，凝水靠自重作用沿凝水管路返回锅炉中。

（2）机械回水。如图 6.17 所示，凝水靠重力流进入专用的凝结水箱，然后通过凝结水泵将凝结水箱内的凝结水送入锅炉重新加热产生蒸汽。

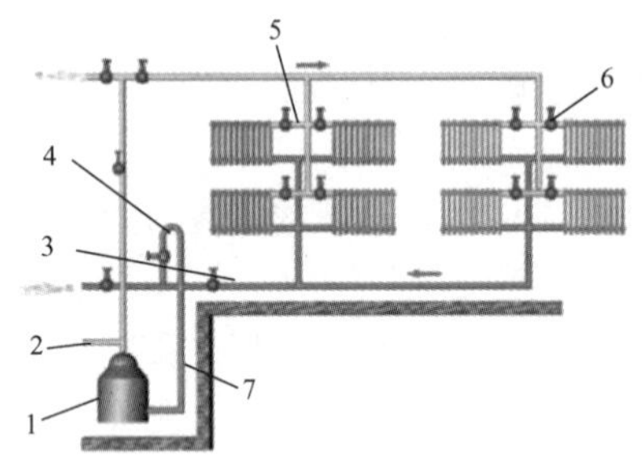

图 6.16　重力回水低压蒸汽采暖系统

1—锅炉；2—接安全阀；3—干式自流凝结管；4—空气管；5—蒸汽管；6—凝结管；7—湿式凝结水管

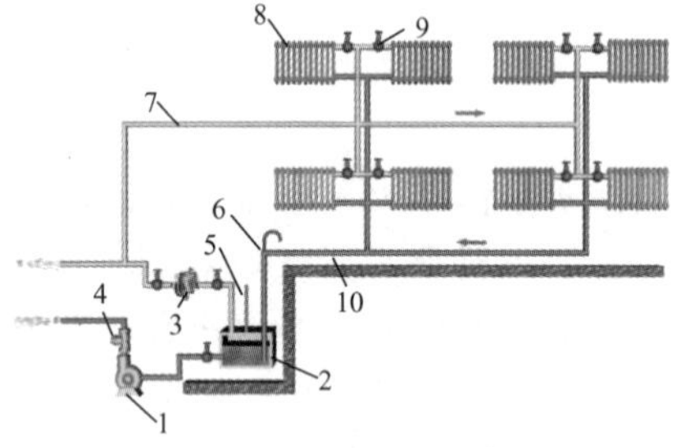

图 6.17　机械回水低压蒸汽采暖系统

1—凝结水泵；2—凝结水箱；3—疏水器；4—止回阀；5—通气管；6—空气管；7—蒸汽管；8—散热器；9—截止阀；10—凝结水管

2）高压蒸汽采暖系统

高压蒸汽采暖系统供气压力大，与低压蒸汽系统相比，它的作用面积较大，蒸汽流速也大，管径小，在相同的热负荷情况下，初投资较小。散热器表面温度非常高，并容易烫伤人，所以这种系统一般只在工业厂房中使用。

高压蒸汽和凝结水在遇到阀门等改变流速方向的构件时，有时在立管中会反向流动发出噪声、产生“水击”等现象。为了避免这一现象，在管道内最好使凝结水和蒸汽同方向流动，所以一般高压蒸汽采暖系统均采用双管上供下回式系统。

由于凝结水温度高，在凝结水通过疏水器减压后，部分凝结水可能会汽化，产生二次蒸汽。因此为了降低凝结水的温度和减少凝结水管的含汽率，可以设置二次蒸发器，二次蒸发器中产生的低压蒸汽可以应用于附近的低压蒸汽采暖系统或热水采暖系统。

高压蒸汽采暖系统在启停过程中，管道温度的变化比热水采暖系统和低压蒸汽采暖系统大，故应考虑采用自然补偿、设置补偿器来解决管道热胀冷缩的问题。

6.1.4 辐射采暖系统

辐射采暖是一种利用建筑物内的屋顶面、地面、墙面或其他表面的辐射散热器设备散出的热量来达到房间或局部工作点采暖要求的采暖方法。

【地暖与传统采暖比较】

辐射采暖技术于 20 世纪 30 年代应用于发达国家一些高级住宅，由于它具有卫生、经济、节能、舒适等一系列优越性，所以很快就被人们所接受而得到迅速推广。近二十年来，几乎各类建筑都有应用辐射采暖，而且使用效果也比较好。在我国建筑设计中，近年来辐射采暖方式也逐步推广应用，特别是低温热水地板辐射采暖技术，目前在我国北方广大地区已有相当规模的应用，甚至在有的地区已形成热点。

辐射采暖具有辐射强度和温度的双重作用，创造了真正符合人体散热要求的热环境，体现了以人为本的理念。

1. 辐射采暖的特点

1） 优点

（1） 舒适性强。室内地表温度均匀，温度梯度合理，室温自下而上逐渐递减，给人以脚暖头凉的感觉，符合人体生理需要；整个地板作为蓄热体，热稳定性好，在间歇采暖条件下，温度变化缓慢；地板采暖需敷设地面保温层，既减少了层间传热，又增强了隔声效果。

（2） 节能。实践证明，在相同舒适感（实感温度相同）的情况下，辐射采暖的室内温度可比对流采暖方式的室内温度低（2～3℃），减少了采暖热负荷。

（3） 可方便地实施按户热计量，便于物业管理。

（4） 为住户二次装修创造了条件。地板采暖，室内无暖气片和外露管道，既增大了用户使用面积，又节省了做暖气罩、隐蔽管道的费用；便于在室内设置落地窗或矮窗；用户不受传统挂墙散热器限制，可遵照自己的意愿灵活设置轻质隔墙，改变室内布局。

（5） 使用寿命长，日常维护工作量小。

（6） 适应住宅商品化需要，提高住宅的品质和档次。

2） 缺点

（1） 集中供热用户一般要换热降低供水温度以满足塑料管对温度的限制，增加了投资和运行管理的工作量，也属于不合理的用能方式。

（2） 增加了楼板厚度，室内净高减小，结构荷载增加。

（3） 采暖费用较普通采暖系统高，另外还要增加混凝土垫层投资，且由于荷载增加必须提高结构强度的投资。

（4） 室内地面装饰材料和家具摆放的位置、数量都影响地板采暖的效果，而这些在设计阶段是难以考虑周全的。

（5） 虽然地板采暖使用寿命长，但一旦损坏，维修难度很大。

2. 辐射采暖的种类

辐射采暖的种类和形式很多，按辐射体表面温度可分为：低温辐射采暖系统，即辐射板面温度低于 80℃的采暖系统；中温辐射采暖系统，即辐射板面温度一般为 80～120℃的采暖系统；高温辐射采暖系统，即辐射板面温度介于 300～500℃的采暖系统。按照

【地暖施工流程】

【地板采暖系统动画演示】

辐射板构造可分为：埋管式和组合式。按照辐射板位置可分为：顶面式、地面式和墙面式。按热媒种类可分为：低温热水辐射采暖系统、高温热水辐射采暖系统、电热式辐射采暖系统和燃气式辐射采暖系统。

目前，低温辐射采暖使用较多。它是把加热管直接埋设在建筑物构件内而形成散热面，散热面的主要形式有顶棚式、墙面式和地面式等。低温地板辐射采暖的一般做法是，在建筑物地面结构层上，首先铺设高效保温隔热材料，然后用 *DN*15 或 *DN*20 的通水管（通水管用盘管一般为蛇形管形状，近年来采用新型塑料管、铝塑复合管，一般为每根120m)，按一定管间距固定在保温材料上，最后回填碎石混凝土，经夯实平整后再做地面面层，如图 6.18 所示。

从地面辐射供暖的安全、寿命和舒适考虑，规定供水温度不应超过 60℃，供回水温差为 5～10℃。从舒适及节能考虑，地面供暖供水温度宜采用较低数值，国内外经验表明，35～45℃是比较合适的范围。保持较低的供水温度，有利于延长化学管材的使用寿命，有利于提高室内的热舒适感；控制供回水温差，有利于保持较大的热媒流速，方便排除管内空气，也有利于保证地面温度的均匀。严寒和寒冷地区应在保证室内温度的基础上选择设计供水温度，严寒地区回水温度推荐不低于 30℃。

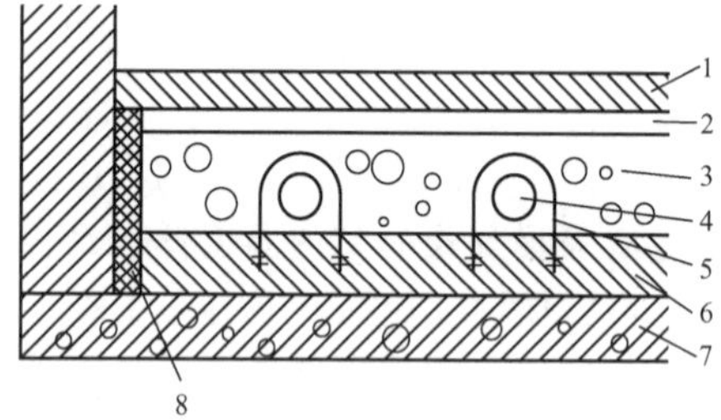

图 6.18 地板辐射结构图

1—面层；2—找平层；3—混凝土；4—加热管；5—锚固卡钉；6—复合保温层；7—地面结构层；8—侧面绝热层

6.1.5 热风采暖系统

热风采暖系统是以空气作为热媒，首先将空气加热，然后将高于室温的热空气送入室内，与室内空气进行混合换热，以达到加热房间、维持室内气温达到采暖使用要求的目的。在这种系统中，空气可以通过热水、蒸汽或高温烟气来加热。

热风采暖是比较经济的采暖方式之一，它具有热惰性小、升温快、室内温度分布均匀、温度梯度较小、设备简单和投资较小等优点。因此，在既需要采暖又需要通风换气的建筑物内通常采用能送较高温度空气的热风采暖系统；在产生有害物质很少的工业厂房中，广泛应用暖风机来采暖；在人们短时间内聚散，需间歇调节的建筑物，如影剧院、体育馆等，也广泛采用热风采暖系统；以及由于防火防爆和卫生要求必须采用全新风的车间等都适合采用热风采暖系统。

暖风机是由空气加热器、通风机和电动机组合而成的一种采暖通风联合机组。由于暖风机具有加热空气和传输空气两种功能，因此省去了敷设大型风管的麻烦。暖风机采暖是靠强迫对流来加热周围的空气，与一般散热器采暖相比，它作用范围大、散热量大，但消耗电能较多、维护管理复杂且费用高。

图 6.19 所示为 NC 型暖风机，它是由风机、电动机、空气加热器、百叶格等组成，可悬挂或用支架安装在墙上或柱子上，也叫悬挂式暖风机。

图 6.20 为 NBL 型暖风机的外形图。这种大型暖风机的风机不同于小型暖风机的轴流式风机，它采用的是离心式风机，因此它的射程长、风速高、送风量大、散热量也大（每台暖风机散热量在 200kW 以上）。这种暖风机是直接放在地面上，故又称为落地式暖风机。

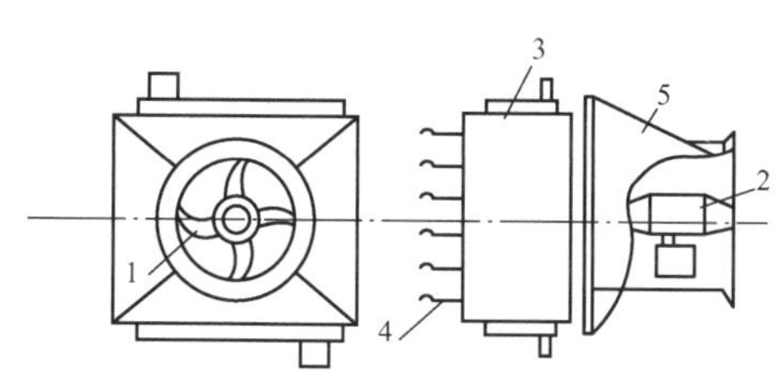

图 6.19 小型（NC）暖风机
1—风机；2—电动机；3—空气加热器；4—百叶格；5—支架

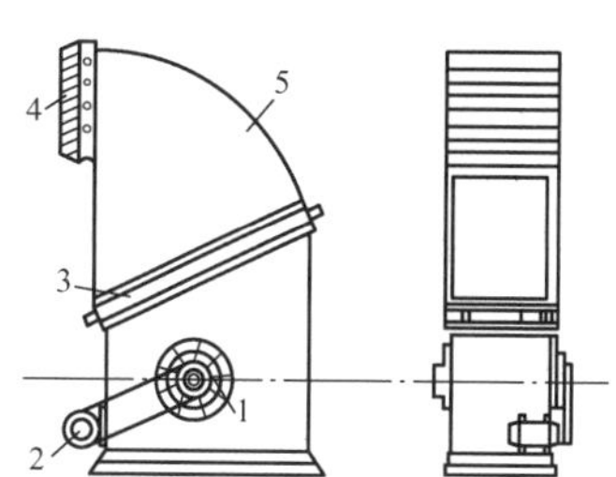

图 6.20 NBL 型暖风机
1—风机；2—电动机；3—空气加热器；4—百叶格；5—支架

6.1.6 采暖系统热媒的选择

采暖系统热媒的选择，应根据热媒的特性、卫生、经济、使用性质、地区采暖规划等条件来确定，见表 6-1。

表 6-1 采暖系统热媒的选择

建筑种类		适宜采用	允许采用
民用建筑		散热器连续供暖供/回水温度宜采用 75/50℃，供水温度不宜大于 85℃，供回水温差不宜小于 20℃	不超过 95℃的热水
工业建筑	不散发粉尘或散发非燃烧性和非爆炸性粉尘的生产车间	低压蒸汽或高压蒸汽；不超过 110℃的热水	不超过 130℃的热水
	散发非燃烧和非爆炸性有机无毒升华粉尘的生产车间	低压蒸汽；不超过 110℃的热水	不超过 130℃的热水
	散发非燃烧性和非爆炸性的易升华有毒粉尘、气体及蒸汽的生产车间	与卫生部门协商确定	
	散发燃烧性或爆炸性有毒气体、蒸汽及粉尘的生产车间	根据各部及主管部门的专门指示确定	
	任何容积的辅助建筑	不超过 110℃的热水；低压蒸汽	高压蒸汽
	设在单独建筑内的门诊所、药房、托儿所及保健站等	不超过 85℃的热水	不超过 95℃的热水

注：① 低压蒸汽系指压力≤70kPa 的蒸汽。
② 采用蒸汽为热媒时，必须经技术论证认为合理，并在经济上经分析认为经济时才允许。

6.1.7 采暖系统的管路布置和敷设

在布置采暖管道之前，应先确定采暖系统的热媒种类及系统形式特点，然后再确定合理的引入口位置，系统的引入口一般设置在建筑物长度方向上的中点，且不能与热力网的总体布局矛盾。同时在布置采暖管道时，应力求管道最短，便于维护方便，且不影响房间的美观要求。

在上供下回式系统中，一般将干管布置在顶层顶棚以下；只是对于大量底面标高过低妨碍供水，或是蒸汽干管敷设时，才将干管布置在顶棚内。当建筑物是平顶时，从美观上又不允许将干管敷设在顶棚下面时，则可在平屋顶上建造专门的管槽。

干管到顶棚的净距，要考虑管道的坡度和集气罐的安装条件。且顶棚中干管与外墙距离不得小于1.0m，以便于安装和检修。

对下供式和上供下回式采暖系统的回水干管一般设置在首层地面下的地下室或地沟中，也可敷设在地面上。当地面上不允许敷设（如有过门）或高度不够时，可设在半通行小管沟或不通行地沟内。小管沟每隔一段距离，应设活动盖板，以便于检修。地沟尺寸沟深一般为1.0～1.4m、沟宽一般为0.8m。当允许地面明装，在遇到过门时，可采用两种方法：一种是在门下砌筑小地沟；另一种是从门上绕过。

立管一般为明装，只有对美观要求很高的建筑物才暗装。立管明装时，应尽量布置在外墙墙角及窗间墙处。每根立管的上端和下端都应安装阀门，以利于检修。立管与地面一般是垂直安装。

一般民用建筑、公用建筑和工业厂房采用明装方法来安装采暖管道。礼堂、剧院、展览馆等装饰要求高的建筑物经常采用暗装方法来安装采暖管道。

对于一个系统的管道，应合理地设置固定点，并在两个固定点之间设置自然补偿或方形补偿器，来避免金属管道热胀冷缩时造成的弯曲变形甚至破坏。

当管道穿过楼板或隔墙时，为了使管道可自由伸缩且不致弯曲变形甚至破坏，不致损坏楼板或墙面，应在楼板或隔墙内预埋套管。套管的内径应稍大于管道的外径，且套管两端应与饰面平行。在套管与管道之间，应用石棉绳塞紧。

当采暖管道实施保温措施时，其保温材料应采用不易腐烂、热阻较大的非燃烧材料，保温层的厚度根据管道的管径来确定，且保温层外面应做保护层。

在区域性采暖系统中，由于热水或蒸汽采暖系统的建筑物热力引入口是调节、统计和分配从热力管网取得热量的中心，所以热力引入口的位置最好设在建筑物的中央。可以地下室楼梯间或次要房间作为设置热力引入口的房间。

高压蒸汽采暖系统的凝水干管宜敷设在所有散热器的下面，顺流向做下坡度。凝水箱可以布置在采暖房间内，或是布置在锅炉房或专门的凝水回收泵站内。凝水箱可以是开式的，也可以是闭式的。

6.1.8 集中采暖住宅分户热计量采暖系统

集中采暖住宅指以集中供热或分散锅炉房供热为热源的新建和扩建住宅。《中华人民共和国节约能源法》第三十八条规定：国家采取措施，对实行集中供热的建筑分步骤实行供热分户计量，按照用热量收费制度。

热量计量及热费分摊的手段有如下几种。

(1) 每个住户设置一个热量表，直接测量住户用热量，作为热费分摊的依据。热量表是通过对热媒的焓差和质量流量在一定时间内的积分进行热量计量的。

(2) 住宅楼设总热量表，每个住户单位仅测量与热量有关的一个或多个参量的值，假定该参量的值与住户用热量成比例，进行热费分摊。可以以时间为参量，即以各住户用热时间的长短来分摊热费；可以以温度为参量，即测量与供热量有关的温度并按时间累计，按此累计值分摊热费；也可以以蒸发式热表所充液体的蒸发量为参量。

(3) 测量仅反映室内热舒适程度的参量及使用延续时间。一般以室内空气干球温度为参量。

(4) 各种方案都应在供热入口设总表。

集中采暖住宅分户热计量采暖系统有共用立管分户独立采暖系统、单户独立式采暖系统，集中采暖住宅分户热计量水平放射式采暖系统原理如图6.21所示。

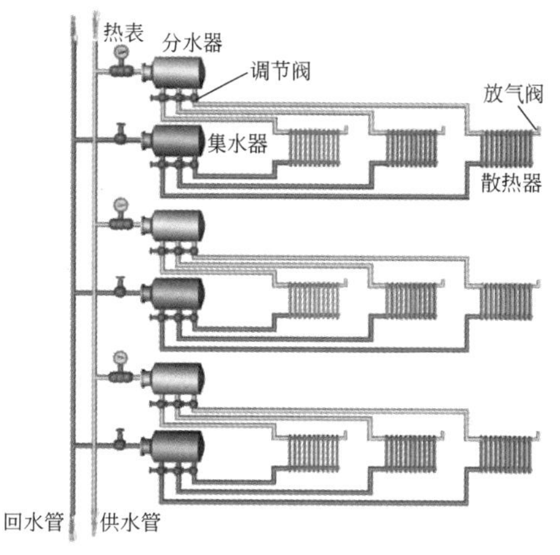

图6.21 分户热计量水平放射式采暖系统原理

6.2 采暖系统的传热原理和热负荷

6.2.1 传热学的基本理论

热量传递有三种基本方式：导热、对流和热辐射。

1. 导热

导热就是物体各部分之间不发生相对位移时，依靠分子、原子及自由电子等微观粒子的热运动而产生的热量传递方式，或称为热传导。如物体内部热量从温度较高的部分传递到温度较低的部分，以及温度较高的物体把热量传递给与之接触的温度较低的另一物体都是导热现象。

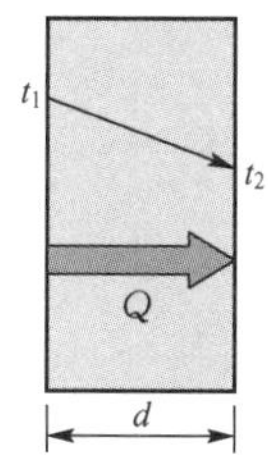

图6.22 通过平板的一维导热

通过对实践经验的提炼，导热现象的规律已经总结为傅里叶定律。图6.22所示为两个表面均维持均匀温度的平板的导热。这是一维导热问题。对于x方向上任意一个厚度为$\mathrm{d}x$的微元层来说，根据傅里叶定律，单位时间内通过该层的导热热量，与当地的温度变化率及平板

面积 F 成正比，即

$$Q=-\lambda F\frac{dt}{dx} \tag{6-4}$$

式中，负号表示热量传递的方向与温度升高的方向相反；λ 为导热系数，表征材料导热性能优劣的参数，W/(m·℃)，不同材料的导热系数值不同，即使是同一材料，导热系数值还与温度有关。

2. 对流

对流是指流体各部分之间发生相对位移，冷热流体相互掺混所引起的热量传递方式。对流仅发生在流体中，而且必然伴随着导热现象。工程上常遇到的不是单纯的对流方式，而是流体流过另一物体表面时对流与导热联合作用的热量传递过程。后者称为对流换热。

就引起对流的原因不同，对流换热可分为自然对流和强制对流两大类。自然对流是由于流体冷、热各部分密度不同所引起的，暖气片表面附近受热气体的向上流动就是一个例子。而强制对流是其流动是由水泵、风机或其他压差作用所引起的。冷凝器、冷油器等管内冷却水的流动都是由水泵驱动，都属于强制对流。

对流换热的基本计算公式是牛顿冷却公式，即

$$Q=F\alpha\Delta t \tag{6-5}$$

式中，Δt 为壁面温度与流体温度的温差值；α 为对流换热系数，W/(m^2·℃)，其值的大小与换热过程中的许多因素有关，并且在理论上使解决对流换热问题集中于求解表面传热系数问题，因此对流换热过程的分析和计算以表面传热系数的分析和计算为主。

3. 热辐射

物体因为热的原因而发出辐射能的现象称为热辐射。热辐射可以在真空中传播，这使热辐射区别于导热、对流，成为另一种独立的基本热量传递方式。另外热辐射还伴随着能量的转化，并且热辐射是时刻都在进行的，这些特点是导热和对流所不具有的。

不论物体的冷热程度和周围情况如何，只要其热力学温度 $T>0$K，都会或多或少地不断向外界发射热射线。物体温度越高，辐射的能量就越强。若物体间的温度不等，则高温物体向低温物体辐射的能量大于低温物体向高温物体辐射的能量，其结果是热量从高温物体传给了低温物体，即形成了物体间的辐射换热。物体表面每单位时间、单位面积对外辐射的热量称为辐射力，用 E 表示，单位为 W/m^2，其大小与物体表面性质及温度有关。对于绝对黑体（一种理想的热辐射表面），理论和实验证实，它的辐射力 E_b 与表面热力学温度的四次方成正比，即斯蒂芬–玻耳兹曼定律：

$$E_b=C_b(T/1\,000)^4 \tag{6-6}$$

式中　E_b——绝对黑体辐射力，W/m^2；

　　C_b——绝对黑体辐射系数，$C_b=5.67$ W/(m^2·K)；

　　T——热力学温度，K。

一切实际物体的辐射力 E 都低于同温度下绝对黑体的辐射力，有：

$$E=\varepsilon_b C_b(T/1\,000)^4 \tag{6-7}$$

式中　ε——实际物体表面的发射率，也叫黑度，其值范围为 0～1。

4. 传热过程

热量从壁面一侧的流体通过平壁传递给另一侧的流体，称为传热过程。实际平壁的传热过程非常复杂，为研究方便，将这一过程理想化，看作是一维的、稳定的传热过程。设有一无限大的平壁，面积为 F，两侧分别为温度为 t_{f1} 的热流体和温度为 t_{f2} 的冷流体，两侧换热系数分别为 α_1 和 α_2，两侧壁面温度分别为 t_{w1} 和 t_{w2}，壁材料的导热系数为 λ，厚度为 δ，如图 6.23 所示。

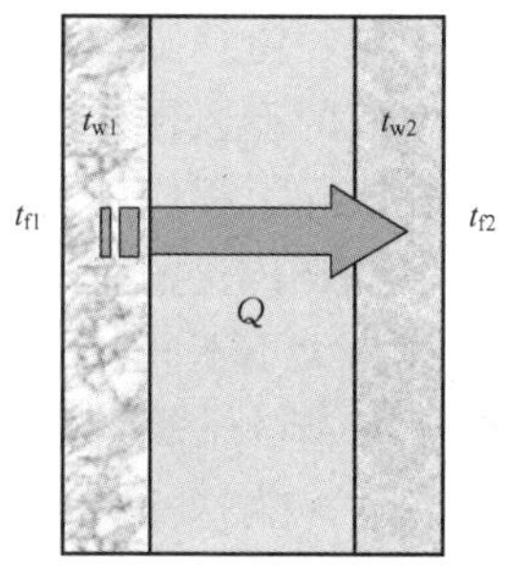

图 6.23 平壁的传热过程

按图可把整个传热过程用下列三式表达。

(1) 热量从热流体以对流换热传给壁左侧，单位时间内和单位面积上的传热量为

$$q=\alpha_1(t_{f1}-t_{w1}) \tag{6-8}$$

(2) 热量以导热的方式通过壁面，传热量为

$$q=(t_{w1}-t_{w2})\lambda/\delta \tag{6-9}$$

(3) 热量从壁面右侧以对流换热方式传给冷流体，传热量为

$$q=\alpha_2(t_{w2}-t_{f2}) \tag{6-10}$$

在稳态情况下，以上三式的热流通量 q 相等，可把它改写为

$$t_{f1}-t_{w1}=q/\alpha_1 \tag{6-11}$$

$$t_{w1}-t_{w2}=q\delta/\lambda \tag{6-12}$$

$$t_{w2}-t_{f2}=q/\alpha_2 \tag{6-13}$$

三式相加，消去未知的 t_{w1} 和 t_{w2}，整理后得

$$q=K(t_{f1}-t_{f2}) \tag{6-14}$$

对面积 F 的平壁传热量为

$$Q=KF(t_{f1}-t_{f2}) \tag{6-15}$$

$$K=1/(1/\alpha_1+\delta/\lambda+1/\alpha_2)=1/R_k \tag{6-16}$$

式中 K——传热系数，反映传热过程的强弱；

R_k——平壁单位面积的传热热阻，可表示为

$$R_k=1/\alpha_1+\delta/\lambda+1/\alpha_2 \tag{6-17}$$

由上式可知，传热过程的热阻等于热流体、冷流体的换热热阻和壁面的导热热阻之和，类似于电阻的计算方法，掌握这一点对于分析和计算传热过程十分方便。

6.2.2 热负荷

采暖系统设计热负荷是在某一室外温度下，为了达到室内温度要求，保持房间的热量平衡，在单位时间向建筑物供给的热量。建筑物热负荷有两部分：一部分是围护结构热负

荷，即通过建筑物门、窗、地板、屋顶等维护结构由室内向室外散失的热量；另一部分是加热由门、窗缝隙渗入室内的冷空气的冷风渗透耗热量和加热由于门、窗开启而进入室内的冷空气的冷风侵入耗热量。

在实际工程应用计算中，我们通常以某一稳定的传热过程来代替实际的不稳定传热过程，以稳定传热的简单计算代替不稳定传热的复杂计算，再在其基础上考虑由于朝向不同、风力大小不同及房间高度过高所引起的朝向、风力和房间高度修正。

热负荷的计算也可以采用概算法，概算法一般有两种：单位面积热指标法和单位体积热指标法。热指标法是在调查了同一类型建筑物的采暖热负荷后，所得出的该种类型建筑物每平方米建筑面积或在室内外温差为1℃时每立方米建筑物体积的平均采暖热负荷。

民用建筑的单位面积采暖热指标与工业车间建筑物单位体积的采暖热指标参数详见表6-2和表6-3。

表6-2 民用建筑单位面积采暖热指标

建筑物类型	单位面积热指标/(W/m²)	建筑物类型	单位面积热指标/(W/m²)
住宅	45～70	商店	65～75
办公楼、学校	60～80	单层建筑	80～105
医院、幼儿园	65～80	食堂、餐厅	115～140
旅馆	65～70	影剧院	90～115
图书馆	45～75	礼堂、体育馆	115～160

表6-3 工业车间建筑物单位体积采暖热指标

建筑物名称	建筑物体积	采暖体积热指标	建筑物名称	建筑物体积	采暖体积热指标
	1 000m³	/[W/(m³·℃)]		1 000m³	/[W/(m³·℃)]
金工装配车间	10～50 50～100 100～150 150～200 200以上	0.52～0.47 0.47～0.44 0.44～0.41 0.41～0.38 0.38～0.29	油漆车间	50以下 50～100	0.64～0.58 0.58～0.52
			木工车间	5以下 5～10 10～50 50以上	0.70～0.64 0.64～0.52 0.52～0.47 0.47～0.41
焊接车间	50～100 100～150 150～250 250以上	0.44～0.41 0.41～0.35 0.35～0.33 0.33～0.29	工具机修间	10～50 50～100	0.50～0.44 0.44～0.41
中央实验室	5以下 5～10 10以上	0.81～0.70 0.70～0.58 0.58～0.47	生活间及办公室	0.5～1 1～2 2～5 5～10 10～20	1.16～0.76 0.93～0.52 0.87～0.47 0.76～0.41 0.64～0.35

高层建筑采暖热负荷的计算与一般建筑物相比有一些特殊的地方，如围护结构的传热系数和室外空气的进入量的问题。

高层建筑高层部分外表面对流、辐射系数比一般建筑物都要大，使得高层建筑高层部分围护结构的传热系数也增大，进而增大了建筑物总的热负荷。

同时，建筑物在不同的高度，其外围护结构所受的风力作用是不同的，对采暖设计热负荷所产生的影响主要表现在风压对冷风渗透耗热量的影响。在风压作用下，冷空风会从迎风面渗入，热空风会从背风面渗出。

冷风渗透耗热量在采暖设计热负荷计算中所占比重很大，为了尽量减少冷风渗透量，节约能耗，对高层建筑物的门、窗等的密封性能有了更高要求，以阻隔建筑物内从底层到顶层的内部通气。因此在设计高层建筑的建筑形体和门、窗开口位置时，应尽量减少建筑物外露面积和门、窗的数量，研制钢、木制窗户的密封条，以达到节约建筑物总体能耗的目的。

6.2.3 围护结构的传热阻与建筑热工节能设计

建筑物围护结构应通过传热阻计算确定，传热阻要满足冬季供暖节能要求，同时还要满足卫生和不结露要求。

1. 围护结构传热阻

围护结构传热阻应按下式计算：

$$R_0=\frac{1}{\alpha_n}+R_j+\frac{1}{\alpha_w} \tag{6-18}$$

式中 R_0——围护结构传热阻，$m^2 \cdot K/W$；

α_n——围护结构内表面换热系数，$W/(m^2 \cdot K)$；

α_w——围护结构外表面换热系数，$W/(m^2 \cdot K)$；

R_j——围护结构本体的热阻，$m^2 \cdot K/W$。

2. 围护结构最小传热热阻

确定围护结构传热阻时，围护结构的内表面温度 τ_n 是一个主要的约束条件，τ_n 值应满足内表面不结露的要求；室内空气温度 t_n 与围护结构的内表面温度 τ_n 温度差还要满足卫生要求。内表面温度过低，人体向外辐射热过多，会产生不舒适感。满足上述要求的外围护结构的传热阻，叫做最小传热热阻。在正常使用条件，采用集中采暖的建筑物，非透明部分外围护结构的总传热热阻，都不能低于这一要求的低限热阻。

最小传热热阻可按式(6－19) 计算：

$$R_{0,\min}=\frac{t_n-t_w}{\Delta t_y}aR_n \tag{6-19}$$

式中 t_n——采暖室内空气温度,℃；

t_w——采暖室外空气温度,℃；

a——温差修正系数；

R_n——围护结构内表面换热热阻，$m^2 \cdot K/W$；

Δt_y——采暖室内温度与围护结构内表面温度的允许温差,℃，可查表 6－4 得。

表 6-4　允许温度 Δt_y 值　　单位：℃

建筑物及房间类别	外墙	屋顶
居住房间及要求较高的公共建筑（如办公楼、医院、幼儿园等）	6.0	4.5
具有正常温、湿度的公共建筑（如影剧院、学校、车站、体育馆等）	7.0	5.5
室内相对湿度小于 50%的车间	10	8.0
室内相对湿度为 50%～60%的车间	7.5	70
室内相对湿度大于 60%的车间，同时不允许围护结构内表面结露的车间	t_n-t_l	t_n-t_l-1
有余热且室内计算湿度不大于 45%的车间	12	12
室内相对湿度大于 60%，同时允许墙内表面结露的车间	7.0	t_n-t_l
辅助建筑物	7.5	7

注：t_l为室内空气露点温度。

以上其他参数确定原则与选用方法详见《民用建筑热工设计规范》(GB 50176—2016)。

3. 建筑热工节能设计

建筑物与室外大气接触的外表面积与其所包围的体积的比值称为建筑物的体形系数，外表面积中不包括地面和不采暖楼梯间内墙及户门的面积。建筑物窗墙面积比是指外墙上的窗、阳台门的透明部分的总面积与所在朝向外墙面的总面积之比。

围护结构传热系数是在稳态条件下，围护结构两侧空气温差为 1℃，在单位时间内通过单位面积围护结构的传热量，大小等于围护结构传热阻的倒数。

满足节能标准的围护结构最小传热阻［式(6-20)］大于满足卫生和不结露要求的最小传热阻，故进行围护结构节能设计时，应按节能标准的规定去设计。

$$R_{0,\min,1}=\frac{1}{K_{\max}} \tag{6-20}$$

式中　$R_{0,\min,1}$——满足节能标准的最小传热阻，$m^2 \cdot K/W$；

$K_{\max}$——各区节能标准的限值，$W/(m^2 \cdot K)$。

在全国各个热工分区的建筑节能标准和各地的建筑节能标准中，都对居住建筑和公共建筑围护结构的传热系数限值做了具体的规定，如《严寒和寒冷地区居住建筑节能设计标准》(JGJ 26—2010)、《夏热冬冷地区居住建筑节能设计标准》(JGJ 134—2010)、《夏热冬暖地区居住建筑节能设计标准》(JGJ 75—2012)、《公共建筑节能设计标准》(GB 50189—2015)。

在一定的气候分区中，围护结构传热系数不得大于限值。表 6-5、表 6-6 和表 6-7 是在《公共建筑节能设计标准》中，各分区的甲类公共建筑围护结构传热系数限值。

表 6-5　严寒地区与寒冷地区围护结构传热系数限值　单位：$W/(m^2 \cdot K)$

围护结构部位 \ 分区	严寒 A、B 区		寒冷地区	
	体形系数≤0.30	0.30<体形系数≤0.50	体形系数≤0.30	0.30<体形系数≤0.50
屋面	≤0.28	≤0.25	≤0.45	≤0.40
外墙（包括非透光幕墙）	≤0.38	≤0.35	≤0.50	≤0.45
底面接触室外空气的架空或外挑楼板	≤0.38	≤0.35	≤0.50	≤0.45
地下车库与供暖房间之间的楼板	≤0.50	≤0.50	≤1.0	≤1.0
非供暖楼梯间与供暖房间之间的隔墙	≤1.2	≤1.2	≤1.5	≤1.5

表6-6 夏热冬冷地区、夏热冬暖地区与温和地区围护结构传热系数限值

单位：W/(m²·K)

围护结构部位 \ 分区		夏热冬冷地区	夏热冬暖地区	温和地区
屋面	围护结构热惰性指标 $D\leqslant2.5$	≤0.40	≤0.50	≤0.50
	围护结构热惰性指标 $D>2.5$	≤0.50	≤0.80	≤0.80
外墙（包括非透光幕墙）	围护结构热惰性指标 $D\leqslant2.5$	≤0.60	≤0.80	≤0.80
	围护结构热惰性指标 $D>2.5$	≤0.80	≤1.50	≤1.50
底面接触室外空气的架空或外挑楼板		≤0.70	≤0.35	—

表6-7 严寒地区与寒冷地区透明部分围护结构传热系数限值

单位：W/(m²·K)

窗墙比 \ 分区	严寒A、B区		寒冷地区	
	体形系数≤0.30	0.30<体形系数≤0.50	体形系数≤0.30	0.30<体形系数≤0.50
窗墙面积比≤0.20	≤2.7	≤2.5	≤2.9	≤2.7
0.20<窗墙面积比≤0.30	≤2.5	≤2.3	≤2.6	≤2.4
0.30<窗墙面积比≤0.40	≤2.2	≤2.0	≤2.3	≤2.1
0.40<窗墙面积比≤0.50	≤1.9	≤1.7	≤2.0	≤1.7
0.50<窗墙面积比≤0.60	≤1.6	≤1.4	≤1.7	≤1.5
0.60<窗墙面积比≤0.70	≤1.5	≤1.4	≤1.7	≤1.5
0.70<窗墙面积比≤0.80	≤1.4	≤1.3	≤1.5	≤1.4
窗墙面积比>0.80	≤1.3	≤1.2	≤1.4	≤1.3

4. 围护结构热工性能权衡判断法

围护结构热工性能的权衡判断法建立在控制建筑物总能耗的基础上，同时考虑了公共建筑节能设计与计算的科学性与合理性。在许多公共建筑的设计中，往往着重考虑建筑外形立面和使用功能，有时难以完全满足传热系数限值的规定，尤其是采用大面积玻璃幕墙时，建筑的窗墙面积比和对应的玻璃热工性能很可能突破有关规范的规定限制。为了尊重建筑师的创造性工作，同时又使所设计的建筑能够符合节能设计标准的要求，引入建筑围护结构总体热工性能是否达到节能要求的权衡判断。权衡判断不拘泥于要求建筑围护结构各个局部的热工性能，而是着眼于总体热工性能是否满足节能标准的要求。

权衡判断是一种性能化的设计方法，具体做法是先构想出一栋虚拟建筑，称之为参照建筑，分别计算参照建筑和实际设计的建筑的全年采暖和空调能耗，并依照这两个能耗的比较结果做出判断。当实际设计的建筑能耗大于参照建筑的能耗时，调整部分设计参数（如提高窗户的保温隔热性能，缩小窗户的面积等），重新计算所设计建筑的能耗，直至设计建筑的能耗不大于参照建筑的能耗为止。

权衡判断的核心是对参照建筑和所设计建筑的采暖和空调能耗进行比较并做出判断。

用动态方法计算建筑的采暖和空调能耗是一个非常复杂的过程，必须借助于不断开发、鉴定和广泛推广使用的建筑节能计算软件（如美国的 DOE－2 和清华大学的 DeST－h）进行计算。在计算过程中，为了保证计算的准确性，必须对建筑的工况做出统一具体的规定，使计算结果具有可比性。对于公共建筑节能设计所规定的标准工况，见《公共建筑节能设计标准》附录 B。

6.3 热源

6.3.1 锅炉与锅炉基本特性参数

锅炉是供热之源。锅炉与锅炉房设备的任务在于安全可靠、经济有效地把燃料（即一次能源）的化学能转化为热能，进而将热能传递给水，以生产热水或蒸汽（即二次能源）。

通常把用于动力、发电方面的锅炉称为动力锅炉；把用于工业及采暖方面的锅炉称为供热锅炉，又叫工业锅炉。根据锅炉制取的热媒形式，锅炉可分为蒸汽锅炉和热水锅炉。按其压力的大小可分为低压锅炉和高压锅炉。在蒸汽锅炉中，当蒸汽压力低于 0.7MPa 时，称为低压锅炉；当蒸汽压力高于 0.7MPa 时，称为高压锅炉。在热水锅炉中，当热水温度低于 100℃时，称为低温热水锅炉；当热水温度高于 100℃时，称为高温热水锅炉两个分类。按水循环动力的不同有自然循环锅炉和机械循环锅炉两个分类。按所用燃料的不同有燃煤锅炉和燃油燃气锅炉两个分类。

通常用以下几个参数来表示锅炉的基本特性。

蒸发量：是指蒸汽锅炉每小时的蒸发量，该值的大小表征锅炉容量的大小。一般以符号 D 来表示，单位为 t/h。供热锅炉的蒸发量一般为 0.1～65t/h。

产热量：是指热水锅炉单位时间产生的热量，也是用来表征锅炉容量的大小。产热量以符号 Q 表示，单位为 kJ/h 或 kW。

受热面蒸发率（或发热率）：是指每平方米受热面每小时所产生的蒸发量（或热量），单位为 kg/(m^2 · h) 或 MW/m^2。锅炉受热面是指烟气与水或蒸汽进行热交换的表面积。受热面的大小，工程上一般以烟气放热的一侧来计算。

蒸汽（或热水）参数：是指蒸汽（或热水）的压力和温度，单位为 MPa 和℃。

锅炉效率：是指锅炉产生蒸汽或热水的热量与燃料在锅炉内完全燃烧时放出的全部热量的比值，通常用符号 η 表示，以百分数计。η 的大小直接说明锅炉运行的经济性。

锅炉的金属耗率：是指锅炉每吨蒸发量所耗用的金属材料的质量（t）。

锅炉的耗电率：是指产生 1t 蒸汽的耗电度数，单位为 kW/t。

6.3.2 锅炉房设备及系统

图 6.24 为锅炉房设备简图。

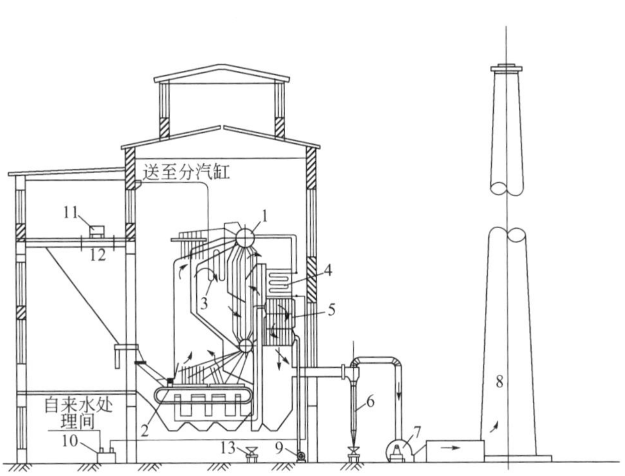

图 6.24 锅炉房设备简图

1—锅炉；2—链条炉排；3—蒸汽过热器；4—省煤器；5—空气预热器；6—除尘器；7—引风机；8—烟囱；9—送风机；10—给水泵；11—运煤传动带输送机；12—煤仓；13—灰车

锅炉本体和它的附属设备和称为锅炉房设备，其中锅炉本体是锅炉房的核心设备。锅炉本体的最主要设备是汽锅和炉子。炉子是燃料燃烧的设备场所，燃料在炉子中燃烧后的产物——高温烟气以对流和辐射的形式将热量传递给汽锅里的水，水被加热，形成热水或沸腾汽化形成蒸汽。

为保证锅炉本体正常运行，必须设置锅炉辅助设备，它们是为了保证锅炉房能安全可靠、经济有效地工作而设置的辅助性机械设备、安全控制器材及仪表控制器材等，有些则采用计算机控制运行。附属设备包括以下几个部分。

1. 燃料燃烧系统

1） 燃煤锅炉

锅炉房外必须设置有一定面积和空间的煤厂和灰渣场地，以保障能储存一定数量的煤，以免因运输工具的故障或是煤供应的临时短缺等原因影响锅炉的连续、正常工作，煤烧尽后的灰渣能及时排除。此外还要有专门的运煤除灰设备和煤粉碎、筛选设备。

2） 燃油燃气锅炉

燃油锅炉的燃油供给系统由储油器、输油管道、油泵和室内油箱组成。由输油泵将油输送到室内油箱，进入锅炉燃烧器内雾化喷出燃烧。燃气锅炉的燃气由单独设置的气体调压站，经输气管道送至燃气锅炉，且燃油燃气锅炉房的安全保障系统尤为重要。

2. 汽水系统

汽水系统包括锅炉给水、蒸汽的引出和锅炉排污。目的是确保进入锅炉的水符合锅炉给水水质标准，避免汽锅内壁结垢和腐蚀，所以给水在进入锅炉前必须进行软化处理。汽水系统由蒸汽、给水、排污三个部分组成。蒸汽系统包括主、副汽管及相应的设备、附件；给水系统有水处理设备、水箱、水泵及给水管道和附件等；排污系统包括排污减温池或扩容器、排污管等。锅炉的排污水还具有很高的压力和温度，因此必须先进行膨胀降温后，才能排入下水道。

3. 通风除尘系统

锅炉房的送风系统是为了把室外空气通过风机、风道送入炉膛，提供给燃烧过程必需的空气量，保障燃烧正常进行。排风系统是为了排出锅炉中的烟气，烟气在排入烟囱、进入大气之前，需经过除尘器处理，以减少烟尘的排放量，使排入大气中的有害物质的浓度符合现行国家有关“三废”排放试行标准、工业企业设计卫生标准、锅炉烟尘排放标准和大气环境质量标准的规定，来保护大气环境质量。

4. 仪表控制系统

仪表控制系统包括流量计、压力表、温度计、水位指示器、溢流阀、风压计、电控或自控器材等。其中压力表、溢流阀、水位指示器是保证锅炉安全运行的基本附件，合称为锅炉的三大安全附件，也是工作人员进行正常操作的“耳目”。

5. 运煤和除灰渣系统

锅炉房燃烧用的煤，是由各种运煤机械运至锅炉房的。锅炉房的运煤系统是指把煤从锅炉房煤场运到炉前煤斗的输送系统。

而目前常用的除灰渣办法有人工除灰渣、机械除灰渣和水力除灰渣三种。因为人工除灰渣劳动强度大，卫生条件差，因此只能用于单台锅炉蒸发量小于 4t/h 的锅炉房中；当蒸发量大于 4t/h 时，可采用机械除灰渣方法；对于更大型的锅炉房，一般用水力除灰渣和负压气力除灰渣系统。

6.3.3 锅炉房的位置确定与锅炉房对建筑设计的要求

1. 锅炉房的组成

锅炉房一般由锅炉间（主厂房）、生产辅助间（水泵及水处理间、除氧间、运煤廊及煤仓间、鼓风机、引风机及除尘设备间、化验间、仪表控制间、换热间、机修间）及生活间（值班室、办公室、更衣室、休息室、储藏室、浴厕室）组成。锅炉房应根据锅炉的形式、容量和规模及工艺流程的需要布置。

2. 锅炉房在总平面上的布置原则

根据锅炉房设计规范及有关防火规范，锅炉房在工业与居民区里的布置应考虑下列因素综合确定。

（1）新建城市居民区和大型公共建筑及工厂区应优化考虑设置区域性供热锅炉房，尽量减少锅炉房的数量。若因热用户分散、热负荷较低、外管线较长等因素考虑分散设置锅炉房时，应经过技术经济论证确认为合理时，方可采用。

（2）锅炉房一般应是独立的建筑，应满足最新的《锅炉房设计规范》（GB 50041—2008），锅炉和建筑物的净距应符合表 6-8 规定。

表 6-8　锅炉与建筑物的净距

<table>
<tr><th colspan="2">单台锅炉容量</th><th colspan="2" rowspan="2">炉前/m</th><th rowspan="2">锅炉两侧和后部通道/m</th></tr>
<tr><th>蒸汽锅炉/(t/h)</th><th>热水锅炉/MW</th></tr>
<tr><td>1～4</td><td>0.7～2.8</td><td>3.00</td><td>2.50</td><td>0.8</td></tr>
<tr><td>6～20</td><td>4.2～14</td><td>4.00</td><td>3.00</td><td>1.5</td></tr>
<tr><td>≥35</td><td>≥29</td><td>5.00</td><td>4.00</td><td>1.18</td></tr>
</table>

（3）当锅炉房单独设置有困难时，在符合下述要求的条件下可和民用建筑相连或设置在民用建筑物内，但在任何情况下都不允许在人员密集的房间（如浴室、教室、餐厅、影

剧院、候车室、托儿所、医疗机构病房）内或其上面、下面、主要疏散出口的两侧设置锅炉房。

(4) 新建锅炉房应考虑留有扩建的可能和余地。

(5) 蒸汽锅炉房宜位于地势较低的地区，可利用自流或余压系统回水，有利于凝结水回收，不设或少设凝结水泵站。

(6) 锅炉房的位置应注意与周围建筑物的互相影响。

(7) 为减少烟尘及有害气体、噪声、灰渣等对环境的污染，锅炉房应位于总体主导风向的下风侧。

(8) 锅炉房位置应有利于自然通风和采光。

(9) 锅炉房位置应便于燃料储运和灰渣排除，并宜使人流和煤、灰车流分开。

(10) 锅炉房应靠近热负荷比较集中的地区，以缩短管线长度，减少热损失。

(11) 锅炉房的位置应便于给、排水和供电，并且要有较好的地形、地质条件，不宜将锅炉房特别是大容量锅炉房设置在地质条件很差的地方。

(12) 燃气锅炉房不宜设置在地下室、半地下室。当因条件限制必须设置在地下室和半地下室时，应采取可靠的室内通风措施。

3. 锅炉房对建筑设计的要求

(1) 锅炉房每层至少有两个出口，分别设在相对的两侧；附近如果有通向消防电梯的太平门时，可以只开一个出口；当炉前走道总长度不大于 12m 时，且面积不大于 200m^2 时，可以只开一个出口。

(2) 锅炉房通向室外的门应向外开启，锅炉房内的辅助间或生活间直接通向锅炉间的门，应向锅炉间开启，以防止污染。

(3) 锅炉房与其他建筑物相邻时，其相邻的墙为防火墙。

(4) 设置在高层建筑物内的锅炉房，应布置在首层或地下一层靠外墙部位，并设置直接通向室外的安全出口。外墙开口部位的上方，应设置宽度不小于 1m 的不燃烧防火挑檐。

(5) 锅炉房的锅炉间属于丁类生产厂房，蒸汽锅炉额定蒸发量大于 4t/h，热水锅炉额定出力大于 2.8MW 时，锅炉间建筑不应低于二级耐火等级；蒸汽锅炉与热水锅炉低于上述出力时，锅炉间建筑不应低于三级耐火等级。

(6) 锅炉房屋顶自重大于 90kg/m^2 时，应开设天窗，或在高出锅炉的锅炉房墙上开设玻璃窗，开窗面积至少应为全部锅炉占地面积的 1/10。锅炉房应尽量采用轻型结构屋顶为宜。

(7) 锅炉房的设计应考虑有良好的采光和通风条件。

(8) 锅炉房的地面至少高出室外地面约 150mm，以免积水和便于泄水；但不宜过高，否则会增加向室内运输设备和燃料的困难。外门的台阶应做成坡道，以利于运输。

(9) 锅炉房的面积应根据锅炉的台数、型号、锅炉与建筑物之间的净距、检修、操作和布置等辅助设备的需要而定。我国对 22 个旅馆的锅炉房面积统计结果得出，高层旅馆建筑（建筑面积为 6 000～100 000m^2）的锅炉房面积约为建筑面积的 1%。锅炉房的高度主要由锅炉的高度而定，一般要求锅炉房的顶棚或屋顶下弦高出锅炉最高操作点 2.0m。

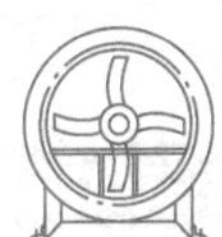

6.3.4 热力管网与热力引入口

采暖系统除用小型锅炉房作为热源外，还可用区域采暖系统来供给热能。区域采暖集中供热系统由热源、热网和热用户三部分组成。集中供热系统向许多不同的热用户供给热能，供应范围广，热用户所需的热媒种类和参数不一，锅炉房或热电厂供给的热媒及其参数，往往不能完全满足所有热用户的要求。因此，必须选择与热用户要求相适宜的供热系统形式及其管网与热用户的连接方式。集中供热系统根据供热管道的数目可分为单管制、双管制、三管制和四管制等几种形式。但供热工程中最常用的是双管制系统。

1. 热水供热管网与热用户的连接方式

如图 6.25 所示为双管制的闭式热水供热系统示意图。热水由热网供水管输送到各个热用户，在热用户系统的用热设备内放出热量后，沿热网回水管返回热源。双管闭式热水供热系统是我国目前应用最广泛的热水供热系统。

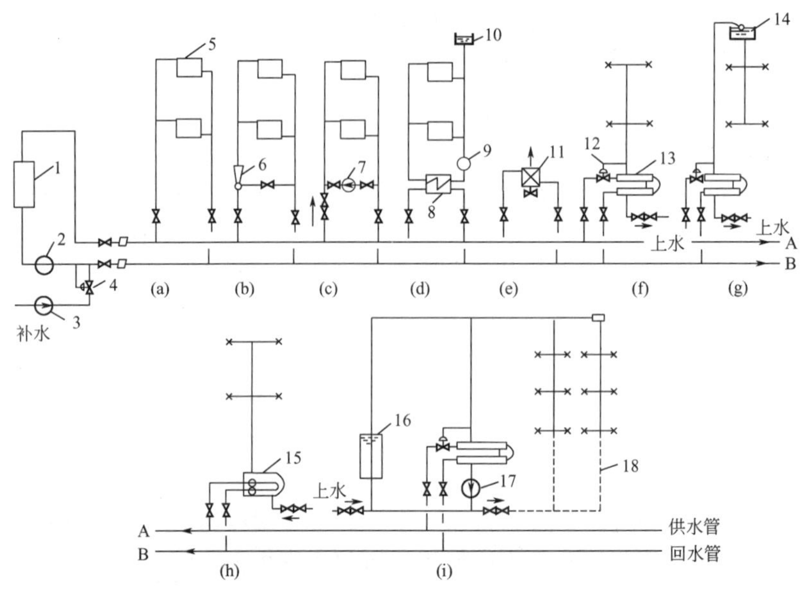

图 6.25 热水供热管网与热用户连接方式示意图

1—热源的加热装置；2—网路循环水泵；3—补给水泵；4—被给水压力调节器；5—散热器；6—水喷射器；7—混合水泵；8—表面式水-水换热器；9—采暖热用户系统的循环水泵；10—膨胀水箱；11—空气加热器；12—温度调节器；13—水-水式换热器；14—储水箱；15—容积式换热器；16—下部储水箱；17—热水供应系统的循环水泵；18—热水供应系统的循环管路

采暖系统热用户与热水网路的连接方式可分为直接连接和间接连接两种方式。

直接连接方式是用户系统直接连接于热水网路上。热水网路的水力工况（压力和流量状态）和供热工况与采暖热用户有着密切的联系。间接连接方式是在采暖系统热用户处设置表面式水-水换热器（或在热力站处设置担负该区采暖热负荷的表面式水-水换热器），用户系统与热水网路被表面式水-水换热器隔离，形成两个独立的系统，用户与网路之间的水力工况互不影响。

图 6.25 中，(a) 为无混合装置的直接连接；(b) 为装水喷射器的直接连接；(c) 为装混合水泵的直接连接方式，间接连接系统的工作方式如 (d) 所示。其他的连接方式如下：(e) 为通风热用户与热网的连接；(f) 为无储水箱的连接方式；(g) 为装设上部储水箱的连接方式；(h) 为装置容积式换热器的连接方式；(i) 为装设下部储水箱的连接方式。

2. 蒸汽供热管网与热用户的连接方式

蒸汽供热系统广泛地应用于工业厂房或工业区域，它主要承担向生产工艺热用户供热的任务；同时也向热水供应、通风和采暖热用户供热。根据热用户的要求，蒸汽供热系统可用单管式（同一蒸汽压力参数）或多根蒸汽管（不同蒸汽压力参数）供热，同时凝结水也可采取回收或不回收的方式。如图 6.26 所示为蒸汽网路的连接方式。

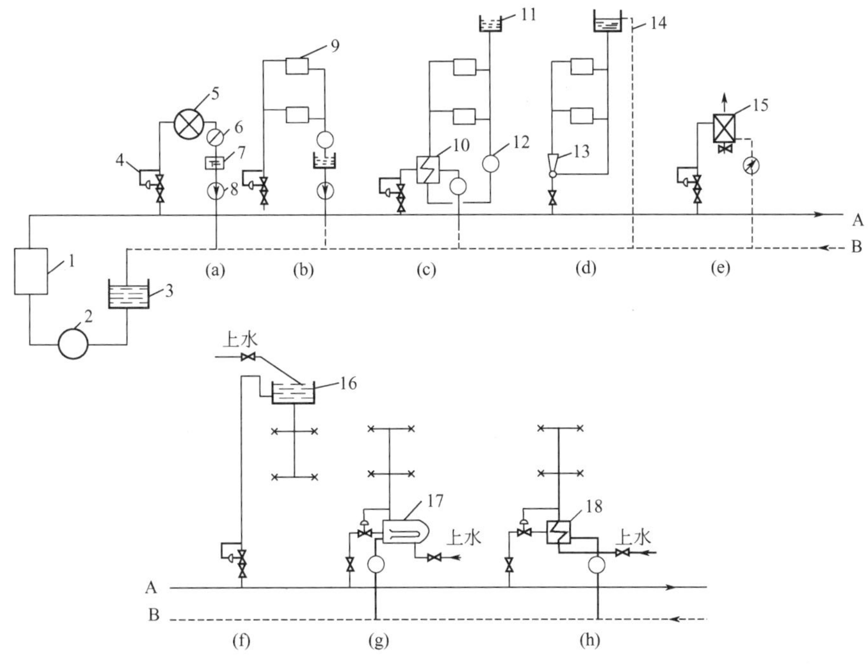

图 6.26 蒸汽网路连接方式示意图

1—蒸汽锅炉；2—锅炉给水泵；3—凝结水箱；4—减压阀；5—生产工艺用热设备；6—疏水器；7—用户凝结水箱；8—用户凝结水泵；9—散热器；10—采暖系统用的蒸汽-水换热器；11—膨胀水箱；12—循环水泵；13—蒸汽喷射器；14—溢流管；15—空气加热装置；16—上部储水箱；17—容积式换热器；18—热水供应系统的蒸汽-水换热器

图 6.26 中，(a) 为生产工艺热用户与蒸汽网路连接方式示意图；(b) 为蒸汽采暖用户系统与蒸汽网路的连接方式；(c) 表示热水采暖用户系统与蒸汽供热系统采用间接连接，与 (d) 所示的方式相同，不同点只是在用户引入口处安装了蒸汽-水换热器。

此外，(d) 是采用蒸汽喷射器的连接方式；(e) 为通风系统与蒸汽网路的连接方式。

热水供应系统与蒸汽网路的连接方式，如图 6.26 中 (f)、(g)、(h) 所示。

6.4 采暖设备及附件

6.4.1 散热器

【散热器安装操作】

散热器是安装在房间内的一种放热散备，它把来自管网的热媒（热水或蒸汽）的部分热量传给室内，以补偿房间散失的热量，维持室内所要求的温度，从而达到采暖的目的。

热媒在散热器内流动，首先加热散热器壁面，使得散热器外壁面温度高于室内空气的温度，因温差的存在促使热量通过对流、辐射的传热方式不断传给室内空气，以及室内的物体和人，从而达到提高室内空气温度的目的。

散热器的种类繁多，按其制造材质的主要分为铸铁和钢制两种；按其结构形状可分为管型、翼型、柱型、平板型和串片式等。图 6.27 为铸铁柱型散热器。

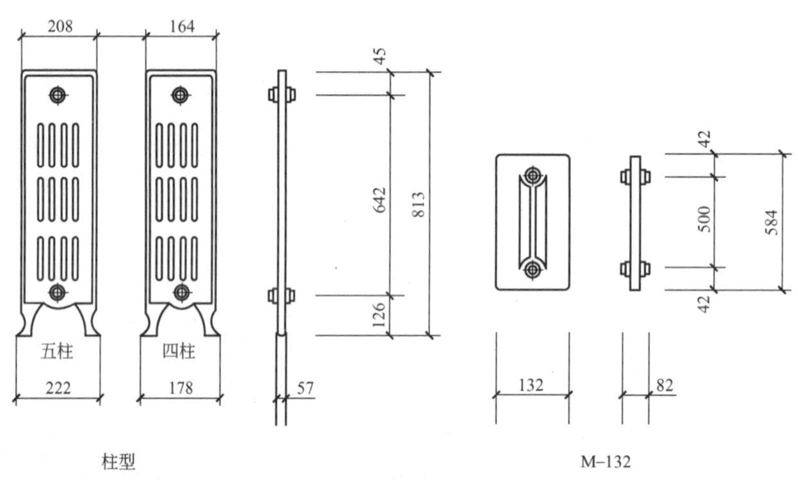

图 6.27 铸铁柱型散热器

散热器设置在外墙窗口下面最为合理。这样经散热器上升的对流热气流沿外窗上升，能阻止渗入的冷空气沿墙和窗户下降，因而防止冷空气直接进入室内工作区域，使房间温度分布均匀，流经室内的空气比较舒适、暖和。

为了散热器更好地散热，散热器应采用明装。在建筑、工艺方面有特殊要求时，应将散热器加以围挡，但要设有便于空气对流的通道。楼梯间的散热器应尽量放置在底层。双层外门的外室、门斗不宜设置，以防冻裂。

在热水采暖系统中，支管与散热器的连接，应尽量采用上进下出的方式，且进出水管尽量在散热器同侧，这样传热效果好且节约支管；下进下出的连接方式传热效果较差，但安装简单，对分层控制散热量有利；下进上出的连接方式传热效果最差，但这种连接方式有利于排气。

6.4.2 膨胀水箱

膨胀水箱一般用钢板制作，通常是圆形或矩形。膨胀水箱安装在系统的最高点，用来容纳系统加热后膨胀的体积水量，并控制水位高度。膨胀水箱在自然循环系统中起到排气作用，在机械循环中还起到恒定系统压力的作用。

膨胀管是系统主干管与膨胀水箱的连接管，当膨胀管与自然循环系统连接时，膨胀管应接在总立管的顶端，如图 6.28 所示；当与机械循环系统连接时，膨胀管应接在水泵入口前，如图 6.29 所示。一般开式膨胀水箱内的水温不应超过 95℃。

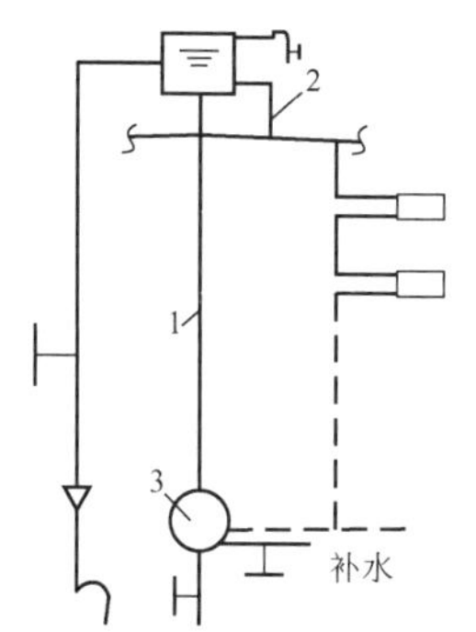

图 6.28　膨胀水箱与自然循环系统的连接

1—膨胀管；2—循环管；3—加热器

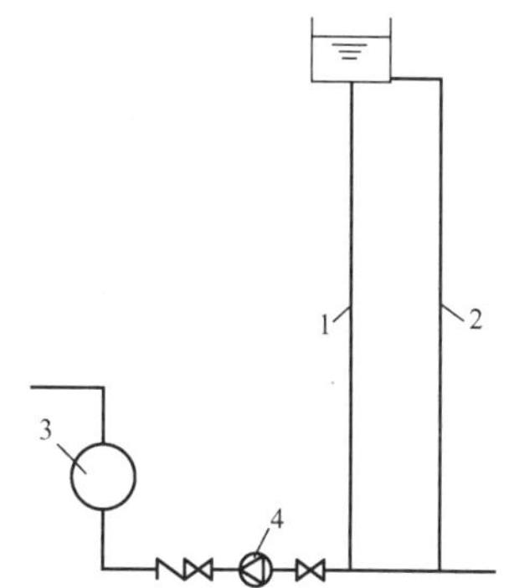

图 6.29　膨胀水箱与机械循环系统的连接

1—膨胀管；2—循环管；3—加热器；4—水泵

6.4.3 排气设备

排气设备是及时排除采暖系统中空气的重要设备，在不同的系统中可以用不同的排气设备。在机械循环上供下回式系统中，可用集气罐、自动排气阀来排除系统中的空气，且装在系统末端最高点。集气罐一般由直径为 100～250mm 的短管制成，分立式和卧式两种。在水平式和下供式系统中，采用装在散热器上的手动放气阀来排除系统中的空气。

6.4.4 疏水器

疏水器的作用是自动阻止蒸汽逸漏且迅速排出用热设备及其管道中的凝水，同时还能排除系统中积留的空气和其他不凝性气体。因此疏水器在蒸汽采暖系统中是必不可少的重要设备，它通常设置在散热器回水管支管或系统的凝水管上。最常用的疏水器主要有机械型疏水器、热动力型疏水器和热静力型疏水器三种。疏水器很容易被系统管道中的杂质堵塞，因此在疏水器前应有过滤措施。

6.4.5 除污器

除污器是阻留系统热网水中的污物以防它们造成系统室内管路阻塞的设备。除污器一般为圆形钢质筒体，其接管直径可取与干管相同的直径。

除污器一般安装在采暖系统的入口调压装置前，或锅炉房循环水泵的吸入口和换热器前面；其他小孔口也应该设除污器或过滤器。

6.4.6 散热器控制阀

散热器控制阀安装在散热器入口管上，根据室温和给定温度之差自动调节热媒流量的大小来自动控制散热器散热量的设备。它主要应用于双管系统中，单管跨越系统中也可使用。这种设备具有恒定室温，节约系统能源的功能。

6.4.7 补偿器

在供暖系统中，金属管道会热胀冷缩（每米钢管，温度每升高 1℃便会伸长 1.2×10^{-6} m）造成弯曲变形甚或破坏。对于一个系统的管道，要合理地设置固定点，并在两个固定点之间设置自然补偿或波纹管补偿器。如图 6.30 所示的管道系统，在两个固定点间的管道伸缩可以利用管道本身具有的弯曲部分来进行补偿，这种形式的补偿称为自然补偿。供暖系统中若线管段不太长，且具有很多弯曲段，也可以不设置专门的补偿装置。当直线管段很长或弯曲段不能起到应有的补偿作用时，就应在管道两固定点中间设置补偿器来补偿管道的伸缩量，常用的是波纹管补偿器，如图 6.31 所示。

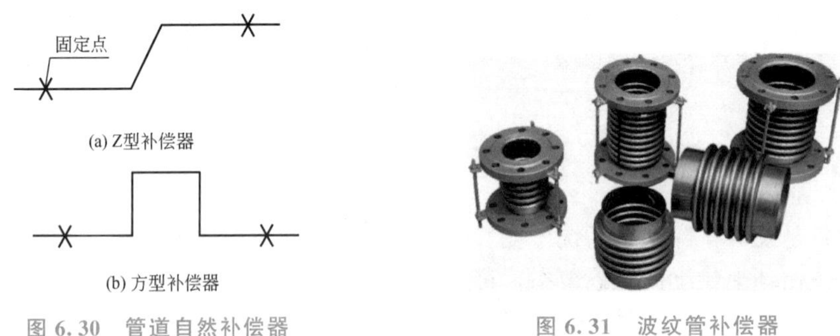

图 6.30　管道自然补偿器

图 6.31　波纹管补偿器

6.5 燃气工程

在城市的工业与民用燃料中，燃气逐渐取代煤炭等固体燃料，已经成为建筑供热、供暖系统中的重要热源。

6.5.1 燃气介绍

燃气又称煤气，一般有人工煤气、天然气及液化石油气三大类。

人工煤气包括以煤炭为原料的煤气及以石油为原料的油制气。其主要成分为氢气

(H_2)、一氧化碳(CO)及甲烷(CH_4)。煤制气的热值较低,均低于 20 000kJ/m³,热裂化油制气热值为 38 000kJ/m³。

天然气的主要成分为甲烷。其热值比人工煤气高,一般为 40 000~50 000kJ/m³。

液化石油气的主要成分为多种碳氢化合物,热值最高,一般在 110 000~120 000kJ/m³范围内。

燃气中的一氧化碳、碳氢化合物均为有毒气体。与空气混合达到一定浓度后,遇到明火会发生爆炸。

不同种类的燃气由于成分、热值及燃烧所需空气量的不同,使用的煤气炉具也是不同的。

6.5.2 城市燃气管道介绍

燃气的输送主要靠管道,为了克服管道阻力,输送燃气时要加压,压力越高,危险性就越大,燃气管与各种构筑物及建筑物的距离就要越远。

燃气管道的输送压力(P)分为四个级别,见表 6-9。

表 6-9 燃气管道的输送压力分级表

名称		压力值/MPa
高压燃气管道	A	$2.5<P\leqslant4.0$
	B	$1.6<P\leqslant2.5$
次高压燃气管道	A	$0.8<P\leqslant1.6$
	B	$0.4<P\leqslant0.8$
中压燃气管道	A	$0.2<P\leqslant0.4$
	B	$0.01\leqslant P\leqslant0.2$
低压燃气管道		$P<0.01$

居民生活、公共建筑、庭院和室内煤气管为低压煤气管道;输送焦炉煤气时,压力不大于 200kPa;输送天然气时,压力不大于 350kP;输送气态液化石油气时,压力不大于 500kPa。

输送一定数量的燃气时,压力越高,所需管径越小。为节省管材,可以由中压分配管道向用户送气。但燃气炉具需用低压燃气,这时应在每个用户或每一栋楼设调压器,将燃气压力由中压调至炉具所需压力,其额定压力见表 6-10。

表 6-10 用气设备燃烧器的额定压力(表压) 单位:kPa

燃气 燃烧器	人工燃气	天然气		液化石油气
		矿井气、液化气混空气	天然气、油田伴生气	
低压	1.0	1.0	2.0	2.8 或 5.0
中压	10 或 30	10 或 30	20 或 50	30 或 100

6.5.3 建筑燃气供应系统

建筑燃气供应系统一般由用户引入管、水平干管、立管、用户支管、燃气计量表、用具连接管和燃气用具组成,其平面布置图、剖面图及管路系统图分别如图 6.32~图 6.34

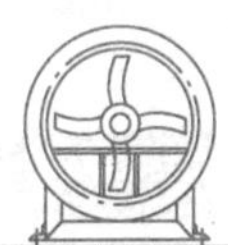

所示。中压进户和低压进户燃气通道系统相似，仅在用户支管上的用户阀门与燃气计量表间加装用户调压器。

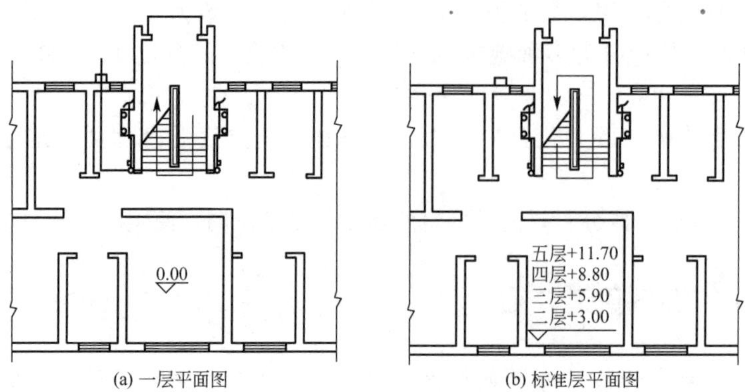

图 6.32　室内燃气管道平面图

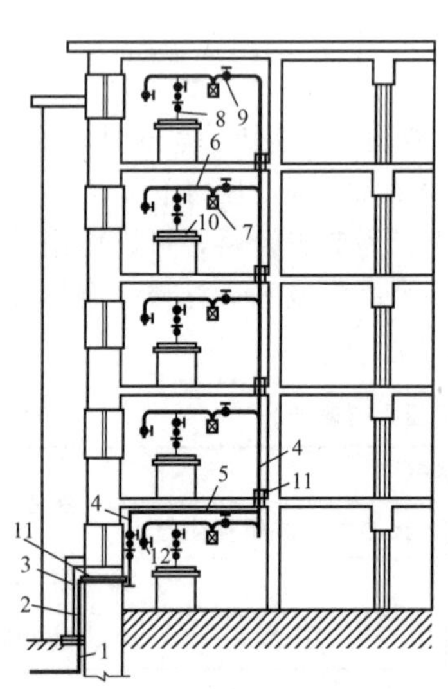

图 6.33　建筑燃气供应系统剖面图

1—用户引入管；2—转台；3—保温层；4—立管；5—水平干管；6—用户支管；7—燃气计量表；8—燃气灶具连接；9—表前阀门；10—燃气灶；11—套管；12—燃气热水器接头

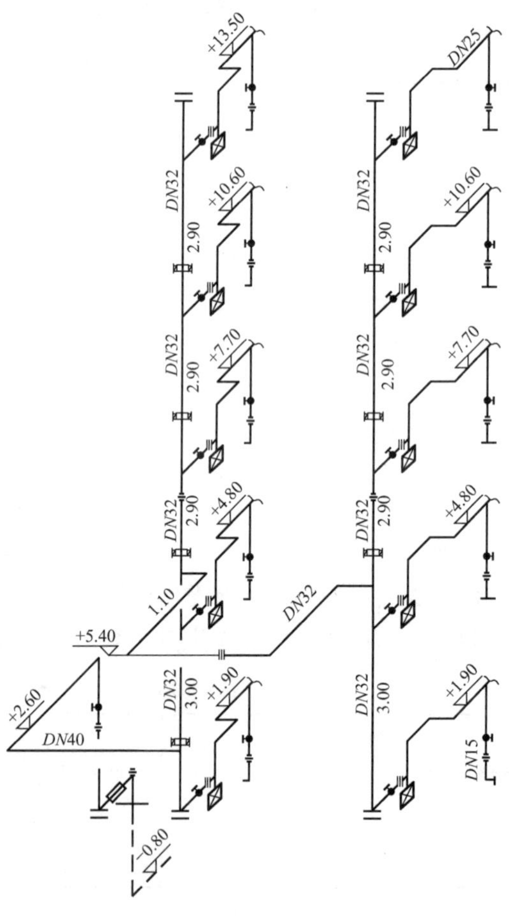

图 6.34　室内燃气管道系统图

室内燃气管道一般为明装敷设。当建筑物或工艺有特殊要求时，也可以采用暗装。但必须敷设在有人孔的闷顶或有活塞的墙槽内，以便安装和检修。

燃气引入管管径大于75mm时，管材采用给水铸铁管，以石棉水泥接口；管径小于75mm时，采用镀锌钢管，螺纹连接。室内管道全部采用镀锌钢管，螺纹连接，以聚四氟乙烯生料带或厚白漆为填料，不得使用麻丝作为填料。

6.5.4 燃气表与燃气用具

1. 燃气表

燃气表是计量燃气用量的仪表。根据其工作原理不同，分为容积式、速度式、差压式、涡街式。容积式燃气表又分为膜式和回转式两种。

使用管道燃气的用户均应设置燃气表。居住建筑应一户一表，公共建筑至少每个用气单位设一个燃气表。

为保证安全，燃气表宜装在非燃结构的室内通风良好处；严禁安装在卧室、浴室、危险品和易燃、易爆物物品堆存处，以及类似的地方；安装隔膜表的工作环境温度，当使用人工燃气和天然气时，应高于0℃，当使用液化石油气时，应高于其露点温度；燃气表的安装应满足抄表、检修、保养和安全使用的要求，当燃气表安装在燃气灶具上方时，燃气表到燃气灶的水平净距不得小于0.3m。

2. 燃气灶

燃气灶的形式很多，有单眼灶、双眼灶、多眼灶等。家用的一般是双眼灶，由炉体、工作面和燃烧器三个部分组成。灶面采用不锈钢材料，燃烧器为铸铁件。各种燃气灶对应于液化石油气、人工燃气及天然气的不同型号。

为提高燃气灶的安全性，避免发生中毒、火灾或爆炸事故，目前有些家用灶增设了熄火装置。它的作用是一旦灶的火焰熄灭，立即发出信号，将燃气通路切断，使燃气不能逸漏。

3. 燃气热水器

燃气热水器根据排气方式可分为直接排气式热水器、烟道排气式热水器和平衡式热水器三类。目前国内应用的多为直接排气式热水器，该热水器严禁安装在浴室内；烟道排气式热水器可安装在有效排烟的浴室内，浴室体积应大于7.5m^3；平衡式热水器可安装在浴室内。装有直接排气式热水器和烟道排气式热水器的房间，房间门或墙的下部应设有效截面面积不小于0.02m^{2}的隔栅，或在门与地之间留有不小于0.03m的间隙；房间净高应大于2.4m。热水器与对面墙之间应有不小于1m的通道。热水器的安装高度，一般以热水器的观火孔与人眼高度相齐为宜，一般距地面1.5m。

燃气表及燃气用具的安装如图6.35所示。

6.5.5 民用燃气用具烟气的排除

燃气在燃烧和发生不完全燃料时，烟气中含有一氧化碳（CO）、二氧化碳（CO_2）、二氧化硫（SO_2）等有害气体。

为保证人体健康，维持室内空气的清洁度，同时为了提高燃气的燃烧效果，对使用燃

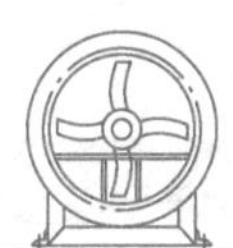

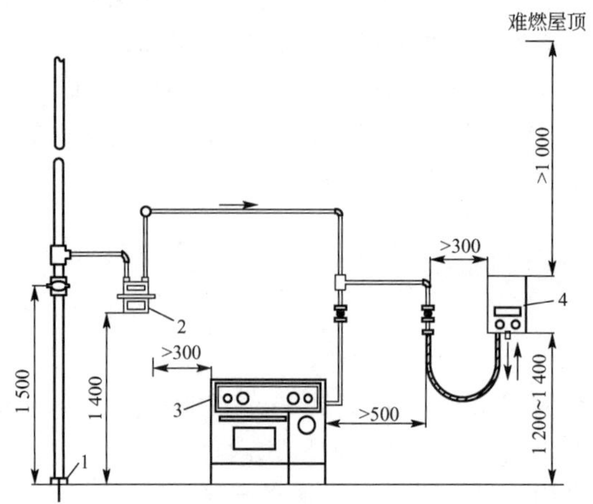

图 6.35 燃气表及燃气具安装示意图

1—套管；2—燃气表；3—燃气灶具；4—燃气热水器

气用具的房间必须采取一定的通风措施，使各种有害成分的含量能控制在容许浓度之下，使燃气燃烧得更加充分。

目前常用的通风排气方式有机械通风和自然通风两种。机械通风方式是在使用燃气用具的房间按照诸如抽油烟机、排风扇等设备来通风换气；自然通风方式是利用室内外空气温度差所造成的热压来通风换气。

安装燃气用具的房间，当燃气燃烧时生成的烟气量较多，而房间内的通风情况又不佳时，应安装烟道。它既可以排出燃气的燃烧产物，又可以在产生不完全燃烧和漏气情况下，排除可燃气体，防止中毒或爆炸，以提高燃气用具的安全性。

根据连接燃气用具的数量，烟道可分为单独烟道和共用烟道两种。

思考题

1. 分析在你的专业设计中如何考虑建筑采暖设备设计，如何向建筑采暖设计人员提条件。

2. 锅炉房的建筑设计要求有哪些？

3. 采暖系统的任务是什么？

4. 高层建筑热水采暖系统的方式有几种？

5. 辐射采暖的特点有哪些？

6. 夏季在维持20℃的室内，穿单衣感到舒适，而冬季在保持同样温度的室内却必须穿绒衣。试从传热的观点分析其原因。冬季挂上窗帘后顿觉暖和，原因又何在？

7. 一大平板，高 3m，宽 2m，厚 0.02m，导热系数 $\lambda=45\text{W}/(\text{m}\cdot\text{c})$，两侧表面温度分别为 $t_{W1}=285℃$和 $t_{W2}=315℃$。试求该板的热阻、单位面积热阻、热流通量及热流量。

8. 采暖系统中，散热器、膨胀水箱的作用有哪些？

9. 采暖系统管道布置对建筑构造的要求是什么？

10. 试叙述煤气的分类及主要组成成分。

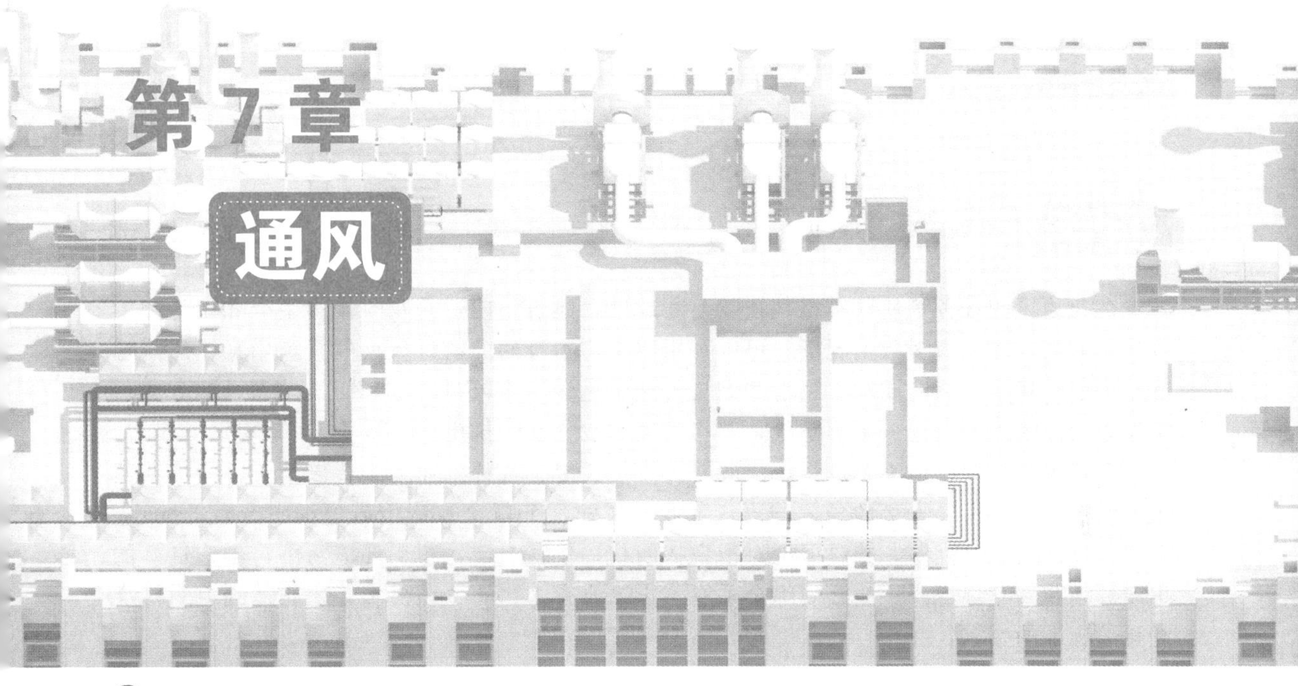

第7章 通风

教学要点

本章主要讲述建筑通风的任务和方式，以及通风系统的基本知识。通过本章的学习，应达到以下目标：

(1) 理解机械通风和自然通风的作用原理及两者的异同；

(2) 熟悉通风管道系统的设计计算；

(3) 了解通风系统的主要设备和附件。

基本概念

自然通风；机械通风；全面通风；局部通风；事故通风；置换通风；热平衡；排风罩；风压值；全面通风量；进排风窗孔的面积；避风风帽；风机

引例

2003年5月竣工的山东交通学院图书馆是一座地上5层、地下1层的现代化校园建筑。由于图书馆有大内区，外窗影响范围受限，因此热压通风比风压通风可能发挥的作用更大。本建筑采用的自然通风系统主要包括：中庭与边庭的拔风烟囱驱动热压通风；外窗、窗下百叶以及内部隔断的顶窗等开口作为主要气流路径；边庭的温室作为温度缓冲区；地下风道为夏季和过渡季节提供新风冷源，为冬季提供新风预热。自然通风技术作为一种免费的能源技术，需要依靠建筑设计造型形成气流，受自然环境影响。机械通风易组织合理的气流流动，但运行和维护费较高。

7.1 建筑通风概述

7.1.1 建筑通风的任务

建筑通风的任务是使新鲜空气连续不断地进入建筑物内，并及时排出生产和生活中的废气和有害气体。大多数情况下，可以利用建筑物本身的门窗进行换气，利用穿堂风降温等手段满足建筑通风的要求。当这些方法不能满足建筑通风时，可利用机械通风的方法有组织地向建筑物室内送入新鲜空气，并将污染的空气及时排出。

工业生产厂房中，工艺过程可能散发大量热、湿、各种工业粉尘，以及有害气体和蒸汽，必然会危害工作人员的身体健康。工业通风的任务就是控制生产过程中产生的粉尘、有害气体、高温、高湿，并尽可能对污染物回收，化害为宝，防止环境污染，创造良好的生产环境和大气环境。一般必须综合采取防止工业有害物的各种措施，才能达到卫生标准和排放标准的要求。

7.1.2 空气的参数和卫生条件

1. 空气的速度、温度和湿度

人体周围的空气流动速度是影响人体对流散热和水分蒸发的主要因素之一，舒适条件对室内空气流动速度也有所要求。气流流速过大会引起吹风感，气流流速过小会有闷气、呼吸不畅感。气流流速的大小还直接影响到人体皮肤与外界环境的对流换热效果，流速加快，对流换热速度也加快；气流流速减慢，对流换热速度也减慢。

人体与周围环境之间存在热量传递，它与人体的表面温度、环境温度、空气流动速度、人的衣着厚度、劳动强度及姿势等因素有关。因此在建筑通风设计计算中，应该根据当地气候条件、建筑物的类型、服务对象等条件选取适宜的计算温度。

人体在气温较高时需要更多的水分蒸发，相对湿度的设计极限应该从人体生理需求和承受能力来确定。而生产车间的设计，除了考虑人体舒适的要求外，还应该考虑生产工艺的要求。

2. 空气中有害物浓度、卫生标准和排放标准

有害物对人体的危害不但取决于有害物的性质，还取决于有害物在空气中的含量。单位体积空气中的有害物含量称为浓度，浓度越大，危害也越大。

有害蒸汽或气体的浓度有两种表示方法，一种是质量浓度，另一种是体积浓度。质量浓度（Y）是每立方米空气中所含有害蒸汽或气体的毫克数，以 mg/m^3 表示。体积浓度（C）是每立方米空气中所含有害蒸汽或气体的毫升数，以 mL/m^3 表示，$1ppm = 1mL/m^3$。$1m^3 = 10^6 mL$，即 $1mL/m^3 = 1\times10^{-4}\%$。

在标准状态下，质量浓度和体积浓度可按下式进行换算：

$$Y=\frac{M\times10^{3}C}{22.4\times10^{3}}=\frac{MC}{22.4} \qquad (7-1)$$

式中 Y——有害气体的质量浓度，mg/m^3；

M——有害气体的摩尔质量，g/mol；

C——有害气体的体积浓度，mL/m^3。

粉尘的浓度也有两种表示方法，即质量浓度和颗粒浓度。颗粒浓度是每立方米空气中所含粉尘的颗粒数。

7.1.3 通风方式

通风方式有如下两种分类方式。

1. 按照通风系统作用范围可分为全面通风和局部通风

全面通风是对整个房间进行通风换气，用送入室内的新鲜空气把房间里的有害气体浓度稀释到卫生标准的允许范围以下，同时把室内污染的空气直接或经过净化处理后排放到室外大气中去。局部通风是采取局部气流，使局部地点不受有害物的污染，从而营造良好的工作环境。

2. 按照通风系统的作用动力可分为自然通风和机械通风

自然通风是利用室外风力造成的风压及由室内外温度差产生的热压使空气流动的通风方式。机械通风是依靠风机的动力使室内外空气流动的方式。

在通风系统设计时，应先考虑局部通风，若达不到要求，再采用全面通风。另外还要考虑建筑设计和自然通风的配合。

7.2 机械通风

7.2.1 全面通风

对整个车间全面均匀地进行送风的方式称为全面送风，如图7.1所示。全面送风可以利用自然通风或机械通风来实现。全面机械送风系统利用风把室外大量新鲜空气经过风道、风口不断送入室内，将室内污染空气排至室外，把室内有害物浓度稀释到《大气污染物综合排放标准》(GB 16297—1996)的允许浓度以下；有的地方标准严于国家标准，则要达到地方标准的排放要求。

对整个车间全面均匀进行排气的方式称全面排风，如图7.2所示。全面排风系统既可利用自然排风，也可利用机械排风。全面机械排风系统利用全面排风将室内的有害气体排出，而进风来自不产生有害物的邻室和本房间的自然进风，这样形成一定的负压，可防止有害物向卫生条件较好的邻室扩散。

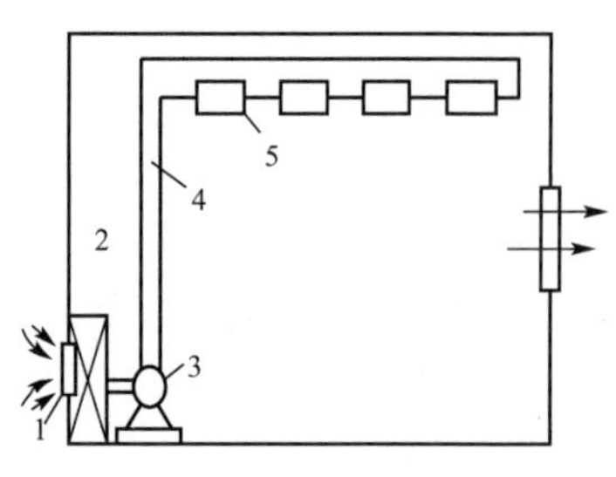

图 7.1　全面机械送风（自然排风）

1—进风口；2—空气处理设备；3—风机；4—风道；5—送风口

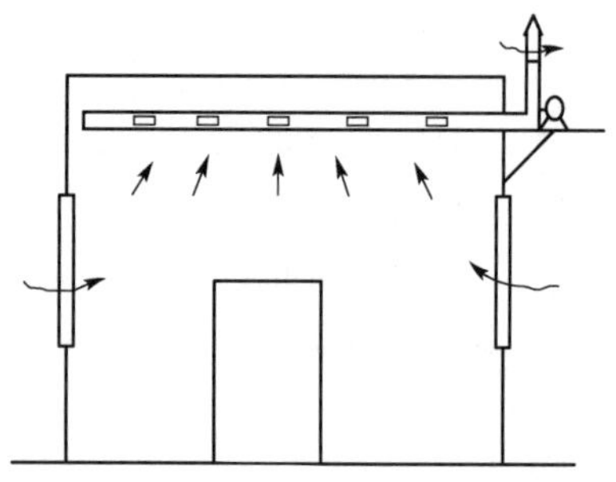

图 7.2　全面机械排风（自然送风）

一个房间常常可采用全面送风和全面排风相结合的送排风系统，这样可较好地排除有害物。对门窗密闭、自行排风或进风比较困难的场所，通过调整送风量和排风量的大小，使房间保持一定的正压或负压。

事故通风是为防止在生产车间生产设备时发生偶然事故或故障，可能突然放散的大量有害气体或爆炸性气体造成更大人员或财产损失而设置的排气系统，是保证安全生产和保障工人生命安全的一项必要措施。

置换通风是使新鲜的空气直接进入工作区，并在地板上形成一层较薄的“空气湖”。置换通风的主导气流是由室内热源产生向上的对流气流，送风速度较小，对室内主导气流无任何实际的影响。底部风口送出的新鲜空气首先通过人体，余热和污染物在浮力及气流组织的驱动力作用下向上运动。所以，置换通风能为室内工作区提供良好的空气品质。

7.2.2 全面通风量的确定

所谓全面通风量是指为了改变室内的温度、湿度或把散发到室内的有害物稀释到卫生标准规定的最高允许浓度以下所必需的换气量。一般按下列方法计算。

1. 为稀释有害物所需的通风量

$$L=\frac{kx}{(y_p-y_s)} \tag{7-2}$$

式中　L——全面通风量，m^3/s；

k——安全系数，取值考虑有害物毒性、室内气流组织及通风的有效性等，一般通风房间取 3～10；

x——有害物质散发量，g/s；

y_p——室内空气中有害物的最高允许浓度，g/m^3；

y_s——送风中含有该种有害物质浓度，g/m^3。

2. 为消除余热所需的通风量

$$L=\frac{Q}{c\rho(t_p-t_s)} \tag{7-3}$$

式中　L——全面通风量，m^3/s；

Q——室内余热量，kJ/s；

c——空气的比热容，可取 1.01kJ/(kg·℃)；

t_p——排风温度，0℃；

t_s——送风温度，0℃；

ρ——空气密度，可按下式近似确定：$\rho=\dfrac{1.293\text{kg}\cdot℃/\text{m}^3}{1+\dfrac{1}{273}t}\approx\dfrac{353}{T}\text{kg/m}^3$

3. 为消除余湿所需的通风量

$$L=\frac{W}{\rho(d_p-d_s)} \tag{7-4}$$

式中 W——余湿量，g/s；

d_p——排风含湿度，g/kg 干空气；

d_s——送风含湿量，g/kg 干空气。

根据《工业企业设计卫生标准》(GBZ 1—2010) 的规定，当数种溶剂（苯及其同系物，或醇类或乙酸酯类）的蒸汽或数种刺激性气体（三氧化二硫及三氧化硫，或氟化氢及其盐类等）同时放散于室内空气中时，由于它们对人体的作用是叠加的，全面通风量应按各种气体分别稀释至规定的接触限值所需空气量的总和计算。除上述有害气体及蒸汽外，同时还有其他有害物质放散于空气中时，全面通风量应分别计算稀释各有害物所需的空气量，然后取最大值；当室内同时放散余热、余湿时，全面通风量按其中所需最大的空气量计算。

对于产尘的建筑房间，采用全面通风不一定能够有效地降低室内空气中的含尘浓度，有时反而会扬起已经沉降落地或附在各种表面上的粉尘，造成个别地点浓度过高的现象。因此除特殊场合外很少采用全面通风的方式，而是采取局部控制，防止进一步扩散。

当散入室内有害物数量无法具体计算时，全面通风量可按类似房间换气次数的经验数据进行计算。换气次数 n 是指通风量 $L(\text{m}^3/\text{h})$ 与房间体积 $V(\text{m}^3)$ 的比值，即

$$n=L/V$$

因此通风量

$$L=nV \tag{7-5}$$

公共卫生间和浴室及附属房间机械通风换气次数可参见表 7-1，选自《民用建筑供暖通风与空计规气调节设范》(GB 50736—2012) 6.3.6 条。

表 7-1 公共卫生间、浴室及附属房间机械通风换气次数

名称	公共卫生间	淋浴	池浴	桑拿或蒸汽浴	洗浴单间或小于 5 个喷头的淋浴间	更衣室	走廊、门厅
每小时换气次数/次	5～10	5～6	6～8	6～8	10	2～3	1～2

7.2.3 空气质量平衡和热量平衡

1. 空气质量平衡

在通风房间中，无论采用哪种通风方式，单位时间进入室内的空气质量应和同一时间

内排出的空气质量保持相等。即通风房间的空气质量要保持平衡，这就是空气平衡。空气平衡的数学表达式为

$$G_{jj}+G_{zj}=G_{jp}+G_{zp} \tag{7-6}$$

式中 G_{jj}——机械进风量，kg/s；

G_{zj}——自然进风量，kg/s；

G_{jp}——机械排风量，kg/s；

G_{zp}——自然排风量，kg/s。

在工程实际中为满足各类通风房间及邻室的卫生要求，常利用无组织的自然渗透通风措施，使洁净度要求较高的房间维持正压，使机械送风量略大于机械排风量（5%～10%），使污染严重的房间维持负压，使机械送风量小于机械排风量（10%～20%），用自然渗透通风来补偿以上两种情况的不平衡部分。

2. 热平衡

热平衡是指室内的总得热量和总失热量相等，以保持车间内温度稳定不变，即

$$\sum Q_d=\Sigma Q_s \tag{7-7}$$

式中 $\sum Q_d$——总得热量，kW；

$\sum Q_s$——总失热量，kW。

车间总得热量包括很多方面，如生产设备散热、产品散热、照明设备散热、采暖设备散热、人体散热、自然通风得热、太阳辐射得热及送风得热等。车间的总体热量为各得热量之和。

车间的总失热量同样包括很多方面，有围护结构失热、冷材料吸热、水分蒸发吸热、冷风渗入耗热及排风失热等。

对某一具体的车间得热及失热并不是如上所述的几项都有，应根据具体情况进行计算。在设计全面通风系统时，常需将空气量平衡和热量平衡两者联系起来考虑。

【例 7-1】 已知某车间为排除有害气体的局部排风量 $G_p=0.556$kg/s，冬季工作地点的温度 $t_{g.d}=15$℃，不足的热量（指建筑热损失与生产散热量的差值）$Q=5.815$kW，当地的采暖计算温度 $t_w=-25$℃，试确定冬季机械送风系统的风量和温度。

解： 取机械送风量等于总排风量的 90%，即 $G_s=0.9\times0.556=0.5$(kg/s)，不足的进风量靠自然渗透来弥补，则渗入风量 $G_{z.s}=0.556-0.5=0.056$(kg/s)

$$1.01G_st_s+1.01G_{z.s}t_w=1.01G_pt_p+Q$$

即

$$1.01\times0.5t_s+1.01\times0.056\times(-25)=1.01\times0.556\times15+5.815$$

$$t_s\approx31℃$$

7.2.4 全面通风的气流组织

全面通风的效果不仅与全面通风量有关，还与通风房间的气流组织有关。全面通风的进排风应使室内的气流从有害物质浓度较低的地区流向较高的地区，使气流将有害物质从人员停留地区带走。通风房间气流组织的常用形式有上送下排、下送上排、中间送上下排等。选用时应按照房间功能、污染物类型、有害源位置及分布情况、工作地点的位置等因素来确定。如图 7.3 所示为几种不同的全面通风气流组织示意图。

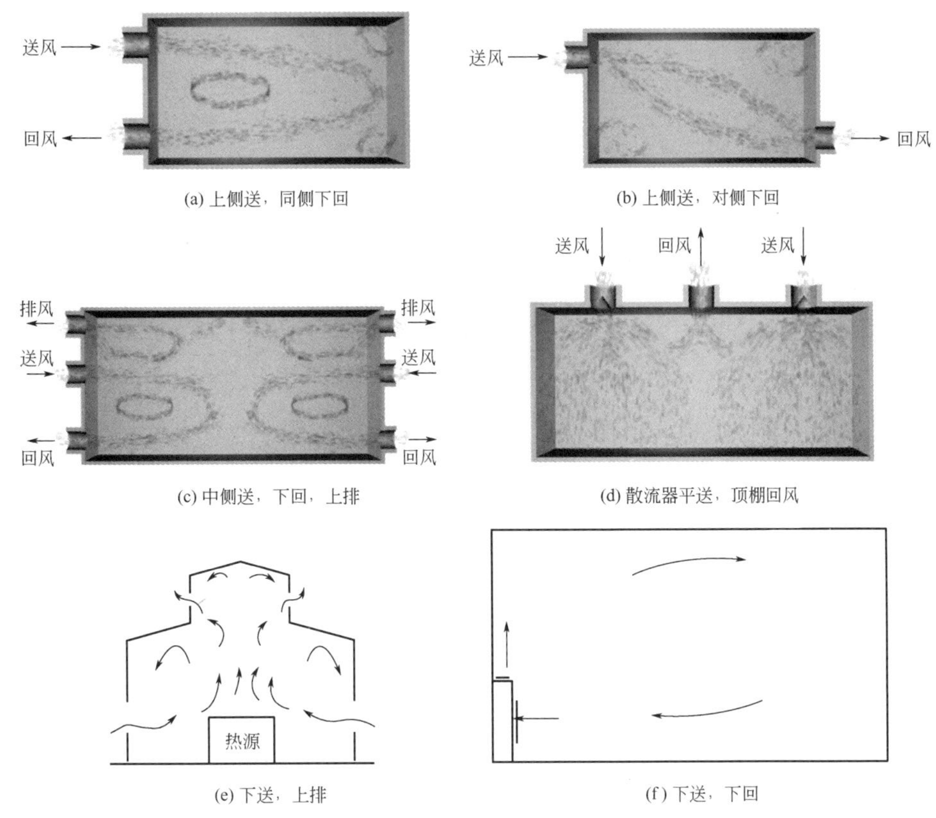

图 7.3 全面通风房间的气流组织示意图

气流组织方式通常按下列原则确定。

(1) 送风口应尽量接近并经过人员工作地点，再经污染区排至室外。

(2) 排风口尽量靠近有害物源或有害物浓度高的区域，以利于把有害物迅速从室内排出。

(3) 在整个通风房间内，尽量使进风气流均匀分布，减少涡流，避免有害物质在局部地区积聚。

工程设计中，通常采用以下的气流组织方式。

(1) 如果散发的有害气体温度比周围气体温度高，或受车间发热设备影响产生上升气流时，无论有害气体浓度大小，均应采用下送上排的气流组织方式。

(2) 如果没有热气流的影响，散发的有害气体密度比周围气体密度小时，应采用下送上排的方式；比周围空气密度大时，应从上下两个部位排出，从中间部位将清洁空气直接送至工作地点。

(3) 在复杂情况下，要预先进行模拟实验，以确定气流组织方式。因为通风房间内有害气体浓度分布除了受对流气流影响外，还受局部气流、通风气流的影响。

7.2.5 局部通风

局部送风是将符合要求的空气输送、分配给局部工作区，适用于产生有害物质的厂房，如图 7.4 所示。局部送风可直接将新鲜空气送至工作地点，这样既可改善工作区的环境条件，也利于节能。

局部排风是将有害物质在产生的地点就地排除，并在排除之前不与工作人员相接触。与全面通风相比较，局部排风既能有效地防止有害物质对人体的危害，又能大大减少通风量，如图 7.5 所示。

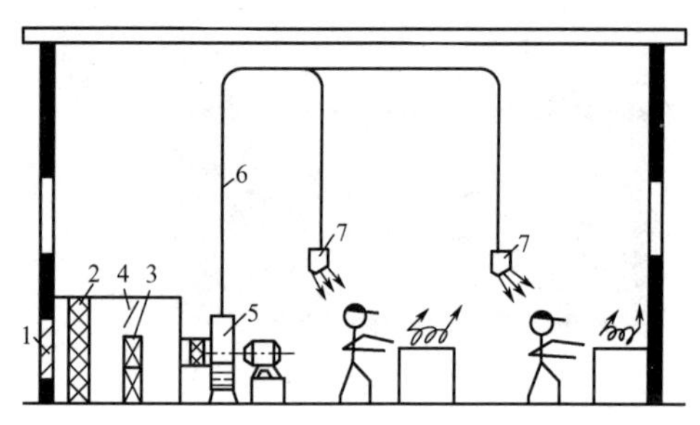

图 7.4 局部送风系统示意图

1—百叶窗；2—空气过滤器；3—空气冷却器；4—旁通阀；5—送风机；6—风管；7—送风口

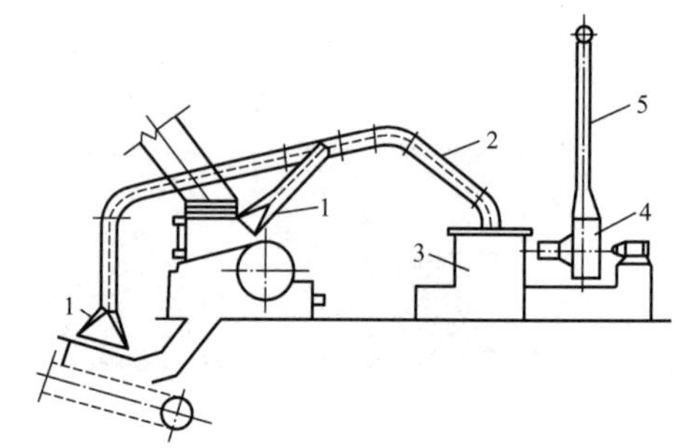

图 7.5 局部排风系统示意图

1—集气罩；2—排风管；3—净化设备；4—风机；5—烟囱

局部排风系统由排风罩、风管、净化设备和风机等组成。排风罩是排除有害物质的起始设备，它的性能对局部排风系统的技术经济效果有着直接影响。选用的排风罩应能以最小的风量有效而迅速地排除工作地点的有害物。常用局部排风罩有密闭罩、外部吸气罩、吹吸式排风罩和接受罩，如图 7.6 和图 7.7 所示。

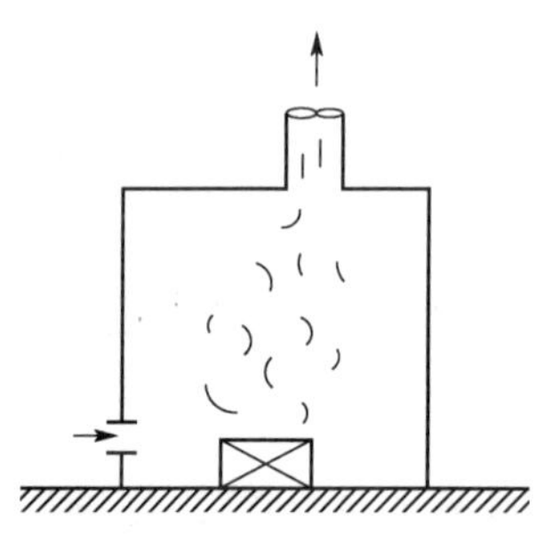

图 7.6 密闭式排风罩

图 7.7 外部吸气排风罩

净化处理设备又叫除尘器。除尘器的种类很多，一般根据主要除尘机理的不同可分为重力、惯性、离心（机械力）、过滤、洗涤和静电六大类；根据气体净化程度的不同则可分为粗净化、中净化、细净化与超净化四类；而根据除尘效率和阻力又可分为高效、中效、初效和高阻、中阻、低阻等几类，常用的有以下几种。

1）电除尘器

电除尘器又称静电除尘器。它利用静电力使尘粒从气流中分离，是一种高效干式过滤器，用于去除微小尘粒，除尘效率高，处理能力大。但它设备庞大、投资高、结构复杂、耗电量大。电除尘器目前主要用于某些大型工程或是进风的除尘净化处理中。

2）旋风除尘器

旋风除尘器利用气流旋转过程中作用在尘粒上的惯性离心力，使尘粒从气流中分离的。旋风除尘器结构简单、体积小、维护方便，对于 10～20μm 的粉尘，效率为 90%左右。旋风除尘器在通风工程中得到了广泛的应用，它主要用于 10μm 以上的粉尘，也用作多级除尘中的第一级除尘器。

3）湿式除尘器

湿式除尘器是通过含尘气体与液滴或液膜的接触使尘粒从气流中分离的。湿式除尘器与吸收净化处理的工作原理相同，可以对含尘、有害气体同时进行除尘、净化处理。它的优点是结构简单、投资低、占地面积小、除尘效率高，能同时进行有害气体的净化。它适宜处理有爆炸危险或含有多种有害物的气体。它的缺点是有用物料不能干法回收，泥浆处理比较困难，为了避免水系污染，有时要设置专门的废水处理设备。

4）过滤式除尘器

当含尘气流通过固体滤料时，粉尘借助于筛滤、惯性碰撞、接触阻留、扩散、静电等综合作用，从气流中分离的一种除尘设备。过滤方式有两种，即表面过滤和内部过滤。

滤料的种类很多，选用滤料时必须考虑含尘气体的特性和滤料本身的性能。例如袋式除尘器（一种干式高效除尘器）常利用纤维织物的过滤作用除尘，用于室外进风净化处理的空气过滤中，其滤料可以采用金属丝网、玻璃丝、泡沫塑料、合成纤维等材料制作。

【脉动反吹风袋式除尘器】

7.3 自然通风

7.3.1 自然通风系统的形式

自然通风是借助于“风压”或“热压”自然压力促使空气流动的，它是一种比较经济的通风方式，不消耗动力，可以获得巨大的通风换气量，它有以下几种形式。

1. 有组织的自然通风

在图 7.8 和图 7.9 所示的两种自然通风方式中，空气是通过建筑围护结构的门、窗孔口进出房间的，可以通过设计计算获得需要的空气量，也可由通风管上的调节阀门以及窗户的开度控制风量的大小，因此成为有组织的自然通风。

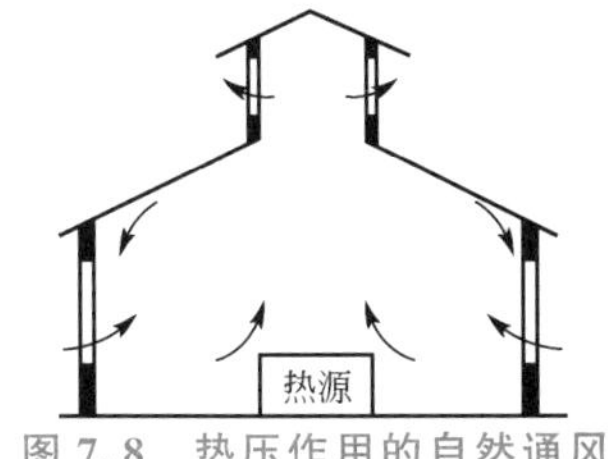

图 7.8 热压作用的自然通风

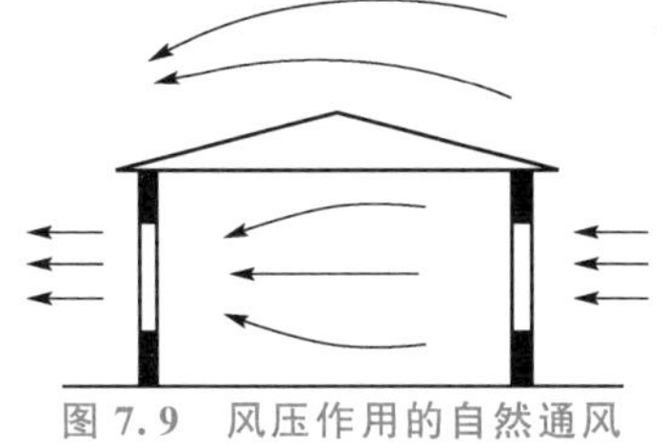

图 7.9 风压作用的自然通风

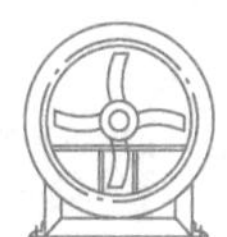

2. 管道式自然通风

管道式自然通风是依靠热压通过管道输送空气的一种有组织的自然通风。室外空气从进风口进入室内，经加热处理后由送风管道送至房间，热空气散热冷却后，从各房间下部的排风口经排风道由屋顶排风口排出室外。它常用于集中供暖的民用和公共建筑物中。

3. 渗透通风

在风压、热压的作用下，室内外空气通过围护结构的缝隙进入和流出房间的过程叫渗透通风。它既不能调节换气量，也不能组织室内气流方向，只能作为一种辅助性的通风措施，不能作为唯一的通风措施单独使用。

7.3.2 自然通风的作用原理

当建筑物外墙上的窗孔两侧存在压力差时，就会有空气流过该窗孔，设空气流过窗孔的阻力为 ΔP。

$$\Delta P=\xi\cdot\frac{v^2\rho}{2} \tag{7-8}$$

式中 ΔP——窗孔两侧压力差，Pa；

ρ——空气的密度，kg/m^3；

v——空气通过窗孔时的流速，m/s；

ξ——窗口的局部阻力系数。

通过窗口的空气量为

$$L=vF=F\sqrt{\frac{2\Delta P}{\xi\rho}} \tag{7-9}$$

式中 L——窗口的空气流量，m^3/s；

F——窗口的面积，m^2。

1. 热压作用下的自然通风

设有一建筑物，如图 7.10 所示，在建筑物外墙上开有窗孔 a 和 b，两窗孔之间的高差为 h，窗孔内的静压为 P'_a、P'_b，窗孔外的静压为 P_a、P_b，室内外的空气温度和密度分别为 t_n、ρ_n、t_w、ρ_w，当 $t_n>t_w$时，$\rho_n<\rho_w$。

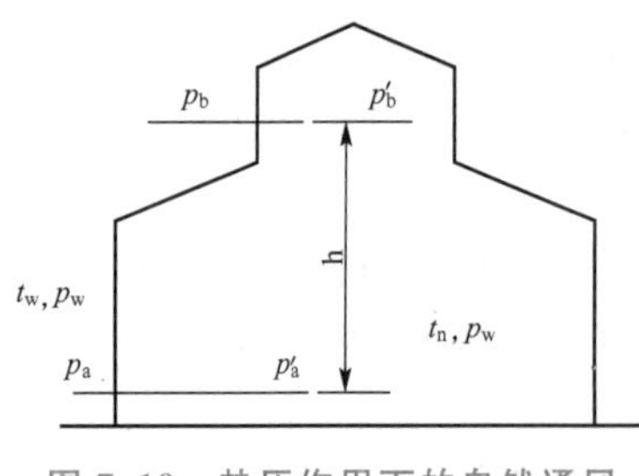

图 7.10 热压作用下的自然通风

如果首先关闭窗孔 b，打开窗孔 a，由于窗孔 a 内外的压差使得空气流动，室内外的压力会逐渐趋于一致。当窗孔 a 内外的压差 $\Delta P_a=P'_a-P_a=0$ 时，空气停止流动。由流体静力学原理，窗孔 b 内外两侧的压差则可表示为

$$\Delta P_b=P'_b-P_b=(P'_a-gh\rho_n)-(P_a-gh\rho_w)=(P'_a-P_a)+gh(\rho_w-\rho_n) \tag{7-10}$$

式中 ΔP_a——窗孔 a 内外两侧的压差，Pa；

ΔP_b——窗孔 b 内外两侧的压差，Pa。

当 $\Delta P>0$ 时，该窗孔排风；

当 $\Delta P<0$ 时，该窗孔进风。

由式(7-10) 可知，当 $\Delta P_a=0$ 时，由于 $t_n>t_w$，所以 $\rho_n<\rho_w$，$\Delta P_b>0$；这时打开窗

孔 b，室内空气就会在压差的作用下向室外流动，室内静压会逐渐减小，$(P'_a - P_a)$ 由等于零变成小于零；这时室外空气就由窗孔 a 流入室内，一直到窗孔 a 的进风量等于窗孔 b 的排风量时，室内静压才保持稳定。根据式(7-10)，可得

$$\Delta P_b + (-\Delta P_a) = \Delta P_b + |\Delta P_a| = gh(\rho_w - \rho_n) \tag{7-11}$$

由式(7-11)可看出，进风窗孔和排风窗孔两侧压差的绝对值之和与两窗孔的高度差 h 和室内外的空气密度差$(\rho_w - \rho_n)$有关，我们把 $gh(\rho_w - \rho_n)$称为热压。

在自然通风中，我们把室内外两侧的压差称为余压。余压为正，窗孔排风；余压为负，窗孔进风。在热压作用下窗孔两侧的余压与两窗孔间的高差成线性关系，且从进风窗孔 a 的负值沿外墙逐渐变为排风窗孔 b 的正值，如图 7.11 所示。即在某一高度 0—0 平面处，外墙内外两侧的压差为零，这个平面称为中和面。位于中和面以下的窗孔是进风窗，中和面以上的窗孔是排风窗。

2. 风压作用下的自然通风

由于建筑物的阻挡，建筑物四周的空气静压由于受到室外气流作用而有所变化，称为风压。在建筑物迎风面，气流受阻，部分动压转化为静压，静压值升高，风压为正，称为正压；在建筑物的侧面和背面由于产生局部涡流，形成负压区，静压降低，风压为负，称为负压。风压为负的区域称为空气动力阴影区，如图 7.12 所示。

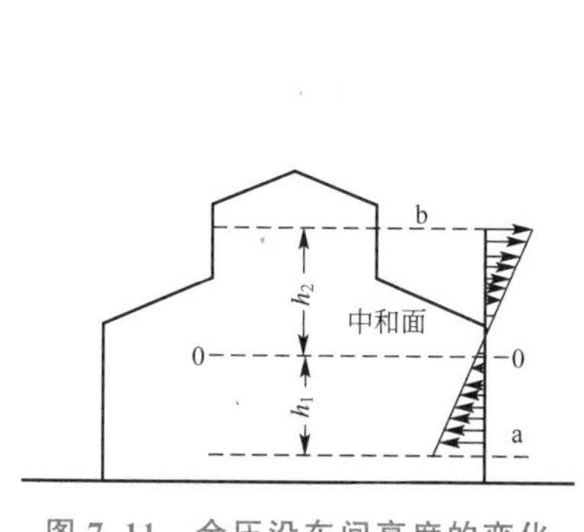

图 7.11 余压沿车间高度的变化

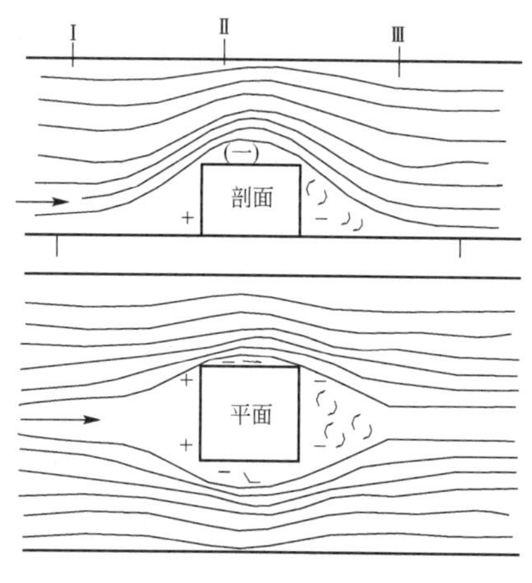

图 7.12 建筑物四周的风压分布

当风向一定时，建筑物外围结构上某一点的风压值可用下式表示：

$$P_f = \frac{K v_w^2}{2} \rho_w \tag{7-12}$$

式中 P_f——风压，Pa；

K——空气动力系数；

v_w——室外空气流速，m/s；

ρ_w——室外空气密度，kg/m^3。

K 值为正，说明该点的风压为正；K 值为负，说明该点的风压为负。不同形状的建筑物在不同方向的风力作用下，空气动力系数分布是不同的，K 值要在风洞内通过模型实验求得。

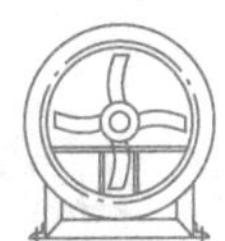

7.3.3 自然通风的设计计算

自然通风的计算步骤和方法如下。

1. 计算车间的全面通风量

$$L=\frac{Q}{c\rho(t_p-t_j)} \tag{7-13}$$

式中 L——车间的全面通风量，m^3/s；

t_p——车间的上部排风温度，℃；

t_j——车间的进风温度，即外界空气温度，℃。

其余符号与式(7-3) 相同。

2. 车间的排风温度确定

车间的排风温度，对于有强热源的车间，通常按下式确定：

$$t_p=t_w+\frac{t_d-t_w}{m} \tag{7-14}$$

式中 t_w——夏季通风室外计算温度,℃；

t_d——车间内作业地带的温度,℃；

m——有效热量系数，大小主要取决于热源的集中程度和热源布置，同时也取决于建筑物的某些几何因素。一般情况下，计算公式为

$$m=m_1\times m_2\times m_3 \tag{7-15}$$

式中 m_1——根据热源占地面积 f 和地板面积 F 的比值确定的系数，见表 7-2；

m_2——根据热源高度确定的系数，见表 7-3；

m_3——根据热源的辐射散热量 Q_f 和总散热量 Q 的比值确定的系数，见表 7-4。

表 7-2 根据热源占地面积 f 和地板面积 F 的比值确定的系数 m_1 值

f/F	0.05	0.1	0.2	0.3	0.4
m_1	0.35	0.42	0.53	0.63	0.7

表 7-3 根据热源高度确定的系数 m_2 值

热源高度/m	≤2	4	6	8	10	12	≥14
m_2	1.0	0.85	0.75	0.65	0.60	0.55	0.5

表 7-4 根据热源的辐射散热量 Q_f 和总散热量 Q 的比值确定的系数 m_3 值

Q_f/Q	≤0.4	0.5	0.55	0.60	0.65	0.7
m_3	1.0	1.07	1.12	1.18	1.30	1.45

3. 进排风窗孔面积确定

以图 7.11 为例，在热压作用下，进排风窗孔的面积为

进风窗：

$$F_a=\frac{G_a}{\mu_a\sqrt{2|\Delta P_a|\rho_w}}=\frac{G_a}{\mu_a\sqrt{2h_1g(\rho_w-\rho_n)\rho_w}} \tag{7-16}$$

排风窗：

$$F_b=\frac{G_b}{\mu_b\sqrt{2\Delta P_b\rho_p}}=\frac{G_b}{\mu_b\sqrt{2h_2g(\rho_w-\rho_n)\rho_p}} \tag{7-17}$$

式中 ΔP_a、ΔP_b——窗孔 a、b 的内外压差，Pa；

G_a、G_b——窗孔 a、b 的空气流量，kg/s；

μ_a、μ_b——窗孔 a、b 的流量系数；

ρ_w——室外空气的密度，kg/m^3；

ρ_p——上部排风温度下的空气密度，kg/m^3；

ρ_n——室内平均温度下的空气密度，kg/m^3；

h_1、h_2——中和面至窗孔 a、b 的距离，m。

4. 中和面与进排风窗孔面积的关系

根据空气平衡方程式，$G_a=G_b$，如果近似认为，$\mu_a\approx\mu_b$，$\rho_w\approx\rho_p$，式(7-16)、式(7-17)可简化为

$$\left(\frac{F_a}{F_b}\right)^2=\left(\frac{h_2}{h_1}\right)\text{或}\left(\frac{F_a}{F_b}\right)=\left(\frac{h_2}{h_1}\right)^{\frac{1}{2}} \tag{7-18}$$

从式(7-18) 可看出，进排风窗孔面积之比是随中和面的位置的变化而变化的。若排风窗孔的面积增大，进风窗孔的面积减小，则中和面上移（即 h_1 增大、h_2 减小）；反之亦然。在热车间一般都是采用上部天窗进行排风，而天窗的造价比侧窗要高，因此中和面的位置不宜选得太高。

【例 7-2】 某车间如图 7.13 所示，车间总余热 $Q=582kJ/s$，$m=0.4$，$F_1=12m^2$，$F_3=15m^2$，$\mu_1=\mu_3=0.6$，$\mu_2=0.4$，空气动力系数 $k_1=0.6$，$k_2=-0.4$，$k_3=-0.3$，室外风速 $v_w=4m/s$，室外空气温度 $t_w=26℃$，要求室内工作区温度 $t_n\leqslant t_w+5℃$，计算必需的天窗面积 F_2。

解：(1) 计算全面换气量工作区温度。

$$t_n\leqslant t_w+5℃=26℃+5℃=31℃$$

上部排风温度

$$t_p=t_w+\frac{t_n-t_w}{m}=26℃+\frac{31-26}{0.4}℃=38.5℃$$

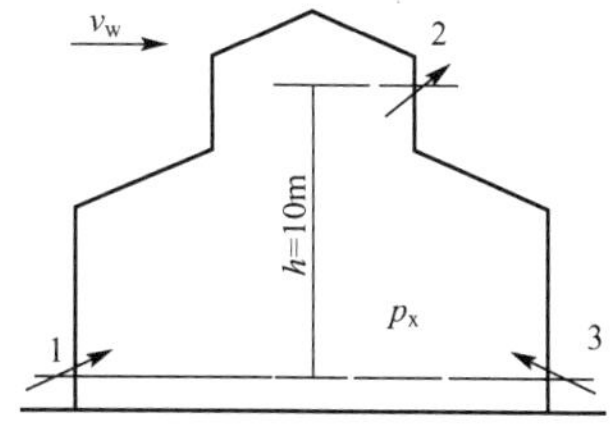

图 7.13 全面换气量

车间的平均空气温度

$$t_{wp}=\frac{1}{2}(t_n+t_p)=\frac{1}{2}(31+38.5)℃=34.8℃$$

$$G=\frac{582}{1.01(38.5-26)}kg/s=46.1kg/s$$

(2) 计算各窗孔的内外压差。

$$\Delta\rho=\rho_w-\rho_{wp}=\rho_{26}-\rho_{34.8}=1.181kg/m^3-1.147kg/m^3=0.034kg/m^3$$

室外风的动压

$$\frac{v_w^2}{2}\rho_w=\frac{4^2}{2}\times1.181Pa=9.45Pa$$

假设窗孔 1 的余压为 P_x，各窗孔的内外压差为

$$\Delta P_1=P_x-P_{f1}=P_x-k_1\frac{v_w^2}{2}\rho_w=P_x-0.6\times9.45Pa=P_x-5.67Pa$$

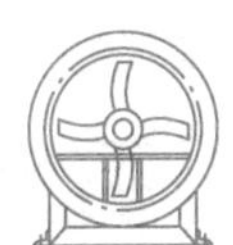

$$\Delta P_2 = P_{x2} - P_{f2} = (P_x + gh\Delta\rho) - k_2\frac{v_w^2}{2}\rho_w$$

$$= (P_x + 9.8\times10\times0.034\text{Pa}) - (-0.4)\times9.45\text{Pa} = P_x + 7.11\text{Pa}$$

$$\Delta P_3 = P_{x3} - P_{f3} = P_x - k_3\frac{v_w^2}{2}\rho_w = P_x - (-0.3)\times9.45\text{Pa} = P_x + 2.84\text{Pa}$$

由于窗孔 1、3 进风，ΔP_1和 ΔP_3均是负值，代入公式时，应取绝对值。

(3) 确定 P_x。

根据平衡原理，$G_1+G_3=G_2=46.1\text{kg/s}$

根据式(7-16)：

$$0.6\times12\sqrt{2\times(5.78-P_x)\times1.181}+0.6\times15\sqrt{2\times(-2.84-P_x)\times1.181}=46.1$$

(4) 解上式，得 $P_x\approx-3.6\text{Pa}$。

(5) 计算必需的天窗面积 F_2。

$$F_2=\frac{G_2}{u_2\sqrt{2\Delta P_2\rho_p}}\text{m}^2=\frac{46.1}{0.4\times\sqrt{2(7.11-3.6)\times1.134}}\text{m}^2=40.8\text{m}^2$$

7.3.4 进风窗、避风天窗与风帽

1. 进风窗

对于单跨厂房进风窗应设在外墙上，在集中供暖地区最好设上下两排。自然通风进风窗的标高应根据其使用的季节来确定：夏季通常使用房间下部的进风窗，其下缘距室内地坪的高度一般为 0.3～1.2m，这样可使室外新鲜空气直接进入工作区；冬季通常使用车间上部的进风窗，其下缘距地面不宜小于 4.0m，以防止冷风直接吹向工作区。夏季车间余热量大，下部进风窗面积应开设大一些，宜用门、洞、平开窗或垂直转动窗板等；冬季使用的上部进风窗面积应小一些，宜采用下悬窗扇，向室内开启。尤其是在窗口下沿高度小于 4.0m 时，采用下悬窗更为有利。

2. 避风天窗

在工业车间的自然通风中，往往依靠天窗（车间上部的排风窗）来排除室内的余热及烟尘等污染物。普通天窗往往在迎风面上发生倒灌现象，为了稳定排风，需要在天窗外加设挡板或采取特殊构造形式的天窗，以使天窗的排风口在任何风向时都处于负压区，这种天窗称为避风天窗。

常见的避风天窗有矩形天窗、下沉式天窗、曲线形天窗等多种形式。

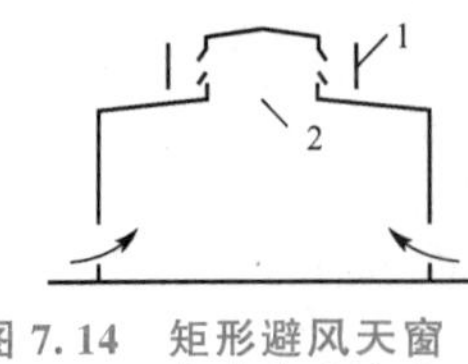

图 7.14 矩形避风天窗

1—挡风板；2—喉口

【矩形避风天窗】

(1) 矩形天窗如图 7.14 所示，挡风板常用钢板、木板或木棉板等材料制成，两端应封闭。挡风板上缘一般应与天窗屋檐高度相同。矩形天窗采光面积大，便于热气流排除，但结构复杂、造价高。

(2) 下沉式天窗如图 7.15 所示，其部分屋面下凹，利用屋架本身的高差形成低凹的避风区。这种天窗无须专设挡风板和天窗架，其造价低于矩形天窗，但是不易清扫。

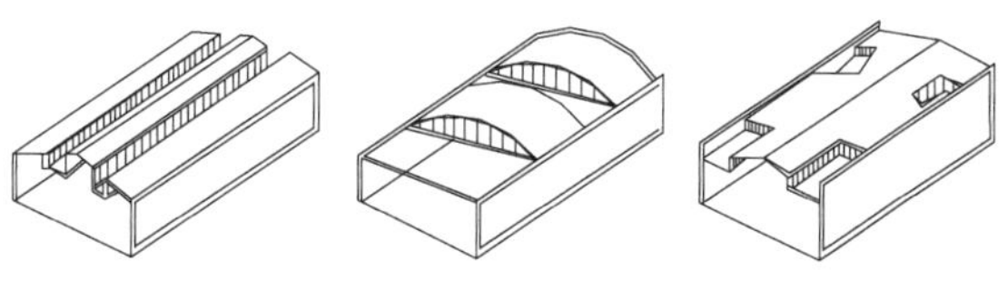

图 7.15 下沉式天窗

(3) 曲(折)线形天窗是一种新型的轻型天窗，如图 7.16 所示。其挡风板的形状为折线或曲线形。与矩形天窗相比，其排风能力强、阻力小、造价低、质量轻。

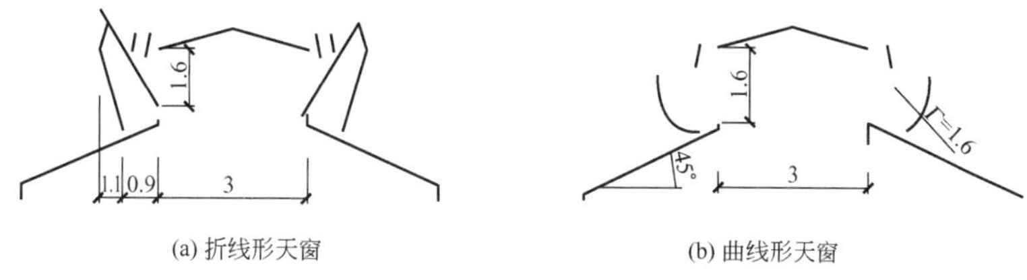

图 7.16 曲(折)线形天窗(单位：m)

3. 避风风帽

避风风帽是在普通风帽的外围增设一周挡风圈。挡风圈的作用同挡风板相同。风帽多用于局部自然通风和设有排风天窗的全面自然通风系统中，一般安装在局部排风罩风道出口的末端和全面自然通风的建筑物屋顶上。风帽的作用在于使排风口处和风道内产生负压，防止室外倒灌并防止雨水或污物进入风道或室内。

7.3.5 建筑设计与自然通风的配合

1. 建筑形式的选择

(1) 以自然通风为主的热车间，为增大进风面积，应尽量采用单跨厂房。

(2) 余热量较大的厂房应尽量采用单层建筑，不宜在其四周建筑坡屋；否则，宜建在夏季主导风向的迎风面。

(3) 如果车间内无高大障碍物阻挡，也不放散大量的粉尘和有害气体，且迎风面和背风面的开孔面积占外墙面积的25%以上时，尽可能采用“穿堂风”的通风方式。穿堂风布置形式广泛地用于民用和工业建筑中，是经济、有效的降温措施。如图 7.17 所示的开敞式厂房是应用穿堂风的主要建筑形式之一。应用穿堂风时，应将主要热源布置在夏季主导风向的下风侧。刮倒风时，热车间的通风效果会急剧恶化。

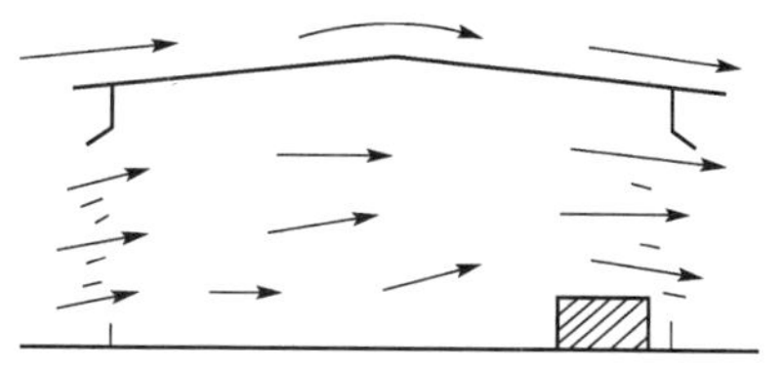

图 7.17 开敞式厂房的自然通风

(4) 热加工厂房的平面布置，应尽可能采用“L”形、“⊔”形或“⊔⊔”形等形式，不宜采用“▭”形或“⊏⊐”形布置。开窗部分应位于夏季主导风向的迎风面，而各翼的纵轴与主导风向成0°～45°角。

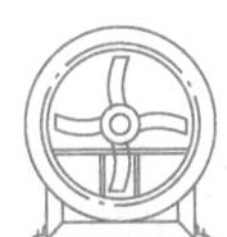

2. 厂房的总平面布置

(1) 厂房纵轴尽量布置成东、西向，尤其是在炎热地区。厂房主要进风面一般应与夏季主导风向成60°～90°角，不宜小于45°。厂房迎风面不宜布置过多的高大建筑物。

(2) 当低矮建筑物与高大建筑物相邻时，为避免风压作用在高大建筑物周围形成的正、负压对低矮建筑物正常通风的影响，各建筑物之间应保持适当的比例关系，如图7.18和图7.19所示。有关尺寸应符合表7-5中的要求。

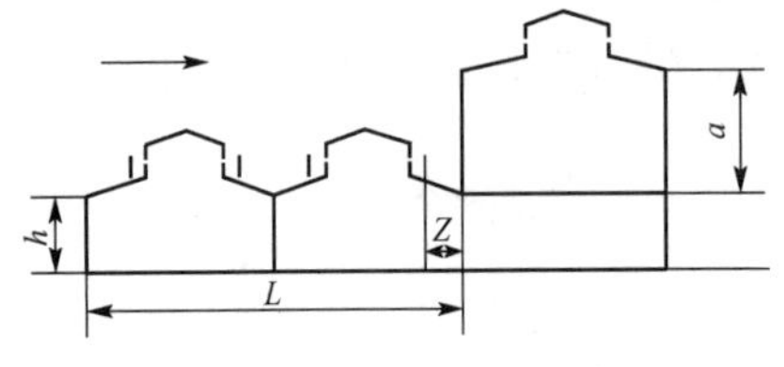

图7.18　避风天窗尺寸

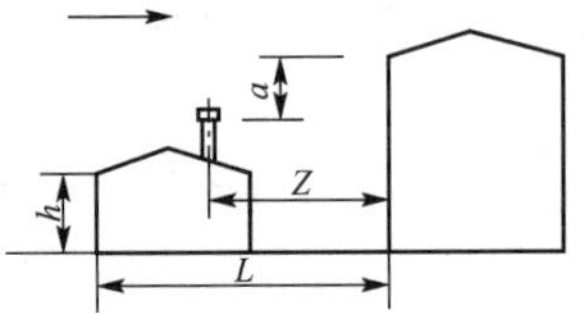

图7.19　竖风管尺寸

表7-5　排风天窗或竖风管与相邻较高建筑外墙之间的最小距离

Z/a	0.4	0.6	0.8	1.0	1.2	1.4	1.6	1.8	2.0	2.1	2.1	2.3
$\frac{L-Z}{h}$	1.3	1.4	1.45	1.5	1.65	1.8	2.1	2.5	2.9	3.7	4.6	5.6

3. 工艺设备的布置与自然通风

(1) 工作区应尽可能布置在靠外墙的一侧，热源应尽量布置在天窗下部或下风侧，以便高温的污染空气顺利排至室外。

(2) 在多层建筑厂房中，应将散热设备尽量放置在最高层。

7.4　通风系统的主要设备和构件

7.4.1　风机

1. 离心式风机和轴流式风机的结构原理

(1) 离心式风机主要由叶轮、机壳、风机轴、进风口、电动机等部分组成。叶轮上有一定数量的叶片，机轴由电动机带动旋转，空气由进风口吸入，空气在离心力的作用下被抛出叶轮甩向机壳，获得了动能与压能，由出风口排出。当叶轮中的空气被压出后，叶轮中心处形成负压，此时室外空气在大气压力作用下由吸风口吸入叶轮，再次获得能量后被压出，形成连续的空气流动，如图7.20所示。

(2) 轴流式风机主要有叶轮、机壳、风机轴、进风口、电动机等部分组成，它的叶片安装于旋转的轮毂上，叶片旋转时将气流吸入并向前方送出。风机的叶轮在电动机的带动下转动时，空气由机壳一侧吸入，从另一侧送出。我们把这种空气流动与叶轮旋转轴相互平行的风机称为轴流式风机，如图7.21所示。

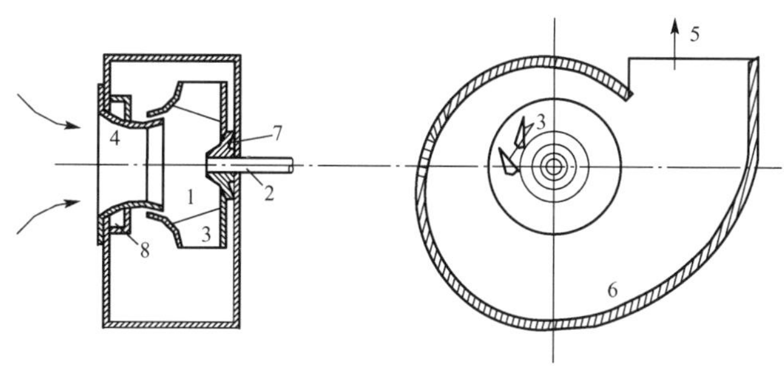

图7.20 离心式风机构造示意图

1—叶轮；2—机轴；3—叶片；4—吸气口；5—出口；6—机壳；7—轮毂；8—扩压环

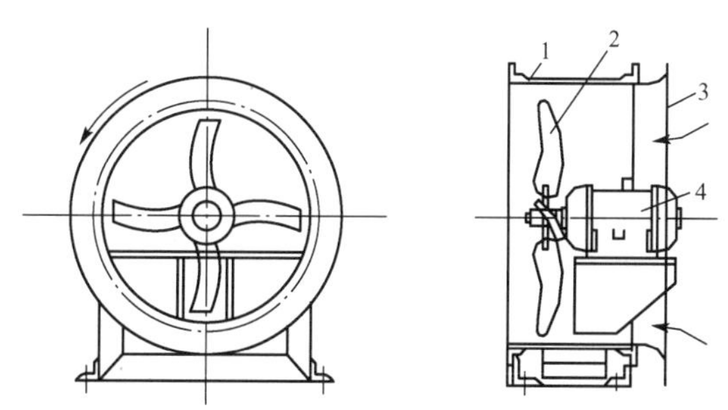

图7.21 轴流式风机的构造简图

1—圆筒形机壳；2—叶轮；3—进口；4—电动机

2. 风机的基本性能参数

(1) 风量 (L)——风机在标准状况下工作时，在单位时间内所输送的气体体积，称为风机风量，以符号 L 表示，单位为 m^3/h。

(2) 全压（或风压 P）——每立方米空气通过风机应获得的动压和静压之和，Pa。

(3) 轴功率 (N)——电动机施加在风机轴上的功率，kW。

(4) 有效功率 (Ne)——空气通过风机后实际获得的功率，kW。

(5) 效率 (η)——风机的有效功率与轴功率的比值。

(6) 转数 (n)——风机叶轮每分钟的旋转数，r/min。

3. 通风机的选择

(1) 根据被输送气体（空气）的成分和性质以及阻力损失大小，选择不同类型的风机。例如：用于输送含有爆炸、腐蚀性气体的空气时，需选用防爆、防腐性风机；用于输送含尘浓度高的空气时，可选用耐磨通风机；对于输送一般性气体的公共民用建筑，可选用离心风机；对于车间内防暑散热的通风系统，可选用轴流风机。

(2) 根据通风系统的通风量和风道系统的阻力损失，按照风机产品样本确定风机型号。由于风机的磨损和系统不严密处产生的渗风量，应对通风系统计算的风量和风压附加安全系数。即

$$L_{风机}=(1.05\sim1.1)L \qquad (7-19)$$

$$P_{风机}=(1.10\sim1.15)P \qquad (7-20)$$

按照$L_{风机}$和$P_{风机}$两个参数来选择风机。另外，样本中所提供的性能选择表或性能曲线，是指标准状态下（大气压力$B=101.325\text{kPa}$，空气温度$t=20℃$）的空气。所以，当实际通风系统中空气条件与标准状态相差较大时，应进行换算。

4. 通风机的安装

输送气体用的中、大型离心风机一般应安装在混凝土基础上，轴流风机通常安装在风道中间或墙洞中。在风管中间安装时，可将风机装在用角钢制成的支架上，再将支架固定在墙上、柱上或混凝土楼板的下面。对隔振有特殊要求的情况，应将风机安装在减振台座上。

7.4.2 风道

1. 风道的材料及保温

在通风空调工程中，管道及部件主要用普通薄钢板，镀锌钢板制成，有时也用铝板、不锈钢板、硬聚氯乙烯塑料板，以及砖、混凝土、玻璃、矿渣石膏板等制成。

【风管制作安装与保温安装】

风道的断面形状有圆形和矩形。圆形风道的强度大、阻力小、耗材少，但占用空间大，不易与建筑配合。对于流速高、管径小的除尘和高速空调系统，或是需要暗装时，可选用圆形风道。矩形风道容易布置，易于和建筑结构配合，便于加工。对于低流速、大断面的风道多采用矩形风道。

风道在输送空气过程中，如果要求管道内空气温度维持恒定，则应考虑风道的保温处理问题。保温材料主要有软木、泡沫塑料、玻璃纤维板等，保温厚度应根据保温要求进行计算，或采用带保温的通风管道。

2. 风道的布置及风道断面积的确定

【冷气热水器泡沫风管安装】

风道的布置应和通风系统的总体布局，以及土建、生产工艺和给排水等各专业互相协调、配合，应使风道少占建筑空间。风道布置应尽量缩短管线、减少转弯和局部构件，这样可减少阻力。风道布置应避免穿越沉降缝，伸缩缝和防火墙等；对于埋地管道，应避免与建筑物基础或生产设备底座交叉，并应与其他管线综合考虑；风道在穿越火灾危险性较大房间的隔墙、楼板处，以及垂直和水平风道的交接处时，均应符合防火设计规范的规定。风道布置应力求整齐美观，不影响工艺和采光，不妨碍生产操作。

另外，要考虑风道和建筑物本身构造的密切结合。例如：民用建筑的竖直风道通常砌筑在建筑物的内墙里，为了防止结露和影响自然通风的作用压力，竖直风道一般不允许设在外墙中，否则应设空气隔离层。对采用锯齿屋顶结构的纺织厂，可将风道与屋顶结构合为一体。

风道断面积F按式(7－21）确定：

$$F=\frac{L}{3\,600V} \qquad (7-21)$$

式中 L——风道内的通风量，m^3/h；

V——风道内的空气流动速度，m/s。

通风量 L 可通过设计计算得到。风道中风速的确定应通过全面的技术经济比较综合考虑，使初始投资和运行费用的总和最小。表7-6中的数据可供参考。

表7-6 一般工业建筑机械通风系统风管内的风速 单位：m/s

风管类别	金属及非金属风管	砖及混凝土风道
干管	6～14	2～8
支管	4～12	2～6

7.4.3 室内送、排风口

室内送、排风口的位置决定了通风房间的气流组织形式。室内送风的形式有多种，如图7.22所示。最简单的形式就是在风道上开设孔口，孔口可开在侧部或底部，用于侧向和下向送风。图7.22(a) 所示的送风口没有任何调节装置，不能调节送风流量和方向；图7.22(b) 所示为插板式风口，插板可用于调节孔口面积的大小，这种风口虽可调节送风量，但不能控制气流的方向。常用的送风口还有百叶式送风口，如图7.23所示。对于布置在墙内或暗装的风道可采用这种送风口，将其安装在风道末端或墙壁上。百叶式送风口有单、双层和活动式、固定式之分，双层式不但可以调节风向，还可以调节送风速度。

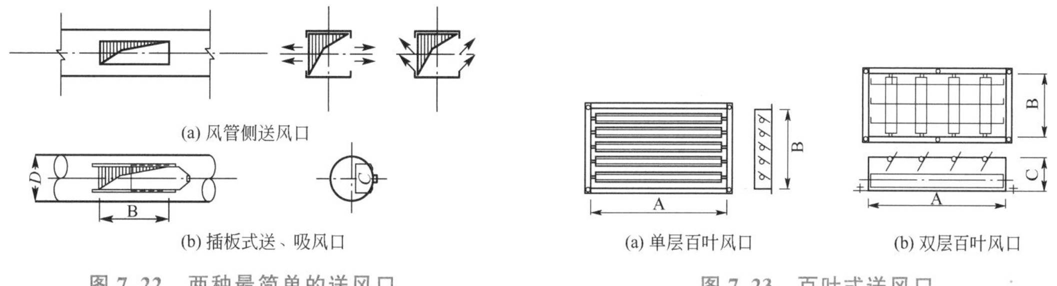

图7.22 两种最简单的送风口

图7.23 百叶式送风口

在工业车间中往往需要大量的空气从较高的上部风道向工作区送风，而且为了避免工作地点有“吹风”的感觉，要求送风口附近的风速迅速降低。在这种情况下常用的室内送风口形式是空气分布器，如图7.24所示。

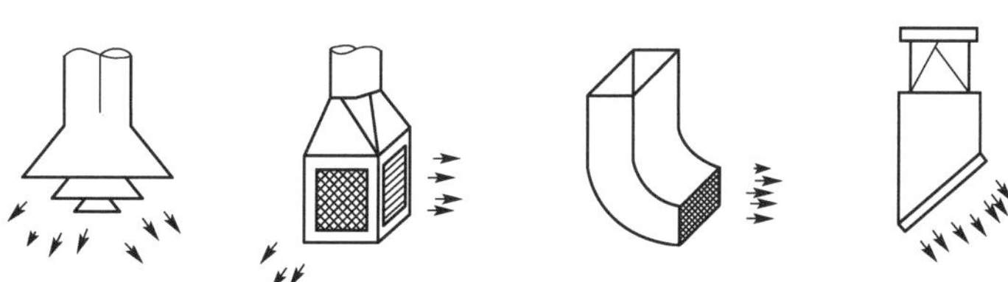

图7.24 空气分布器

室内排风口一般没有特殊要求，其形式种类也很多。通常多采用单层百叶式送风口，有时也采用水平排风道上开孔的孔口排风形式。

7.4.4 进、排风装置

1. 室外进风装置

室外进风口是通风和空调系统采集新鲜空气的入口。根据进风室的位置不同，室外进风口可采用竖直风道塔式进风口，如图7.25所示，图7.25(a)中的进风口是贴附于建筑物的外墙上，图7.25(b)中的进风口是做成离开建筑物而独立的构筑物。

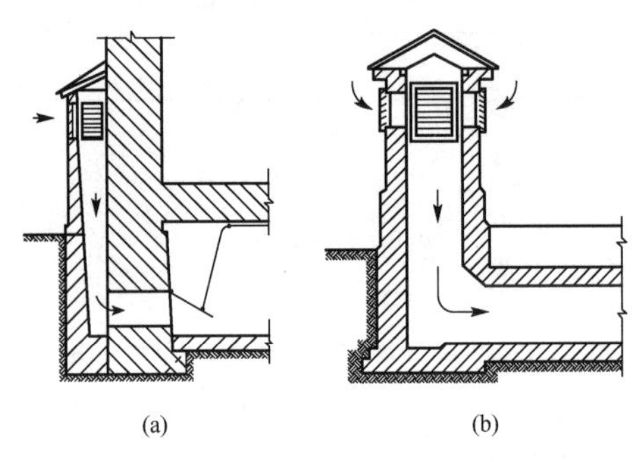

图7.25 室外进风装置

机械送风系统的进风室常设在地下室或底层，在工业厂房里为减少占地面积，也可设在平台上。图7.26、图7.27分别是布置在地下室和平台上的进风室示意图。

室外进风口的位置应满足以下要求。

(1) 设置在室外空气较为洁净的地点，在水平和垂直方向上都应远离污染源。

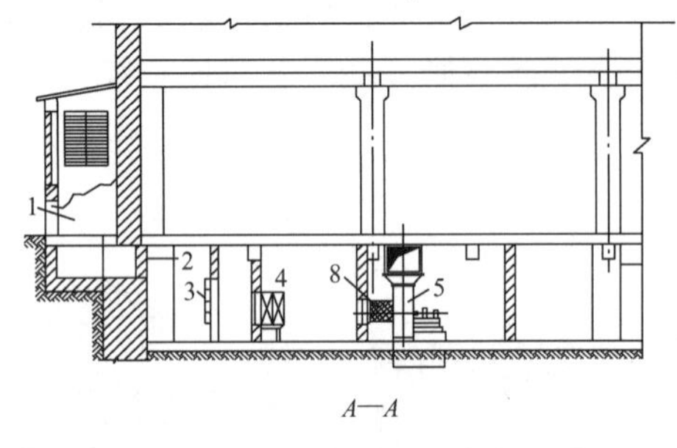

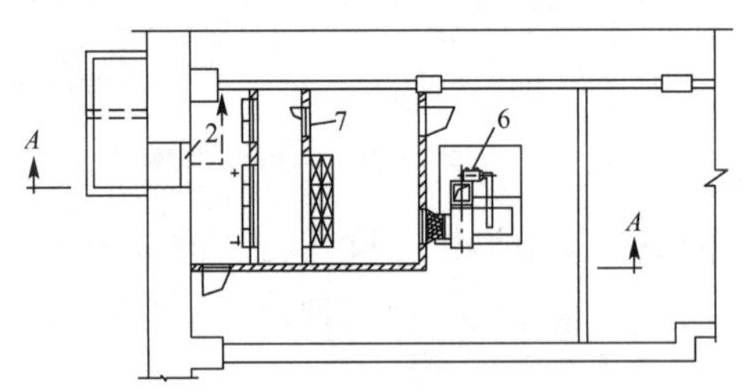

图7.26 设在地下室的进风室
1—进风装置；2—保温阀；3—过滤器；
4—空气加热器；5—风机；6—电动机；
7—旁通阀；8—帆布接头

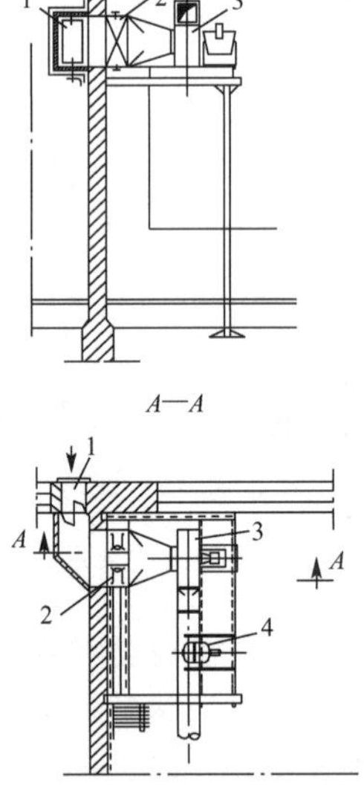

图7.27 设在平台上的进风室
1—进风室；2—空气加热器；
3—风机；4—电动机

(2) 室外进风口下缘距室外地坪的高度不宜小于2m，并需装设百叶窗，以免吸入地面上的粉尘和污物，同时可避免雨、雪的侵入。

(3) 用于降温的通风系统，其室外进风口宜设在背阴的外墙侧。

(4) 室外进风口的标高应低于周围的排风口，宜设在排风口的上风侧，以防吸入排风口排出的污浊空气。当进、排风口的水平间距小于 20m 时，进风口应比排风口至少低 6m。

(5) 屋顶式进风口应高出屋面 0.5～1.0m，以防吸进屋面上的积灰和被积雪埋没。

室外新鲜空气由进风装置采集后直接送入室内通风房间或送入进风室，根据用户对送风的要求进行预处理。机械送风系统的进风室多设在建筑物的地下室或底层，也可以设在室外进风口内侧的平台上。

2. 室外排风装置

室外排风装置的任务是将室内被污染的空气直接排到大气中去。管道式自然排风系统和机械排风系统的室外排风通常是由屋面排出，也有由侧墙排出的，但排风口应高出屋面。一般来说，室外排风口应设在屋面以上 1m 的位置，出口处应设置风帽或百叶风口。

思考题

1. 建筑通风的任务是什么？
2. 通风设计如果不考虑风量平衡和热量平衡，会出现什么现象？
3. 确定全面通风风量时，为什么有时采用分别稀释各有害物空气量之和，有时取其中的最大值？
4. 利用风压热压进行自然通风时，必须具备什么条件？
5. 在通风系统设计时，为什么要通过全面的技术经济比较选定合理的流速？
6. 室内送风的形式有哪些？

第8章 空气调节

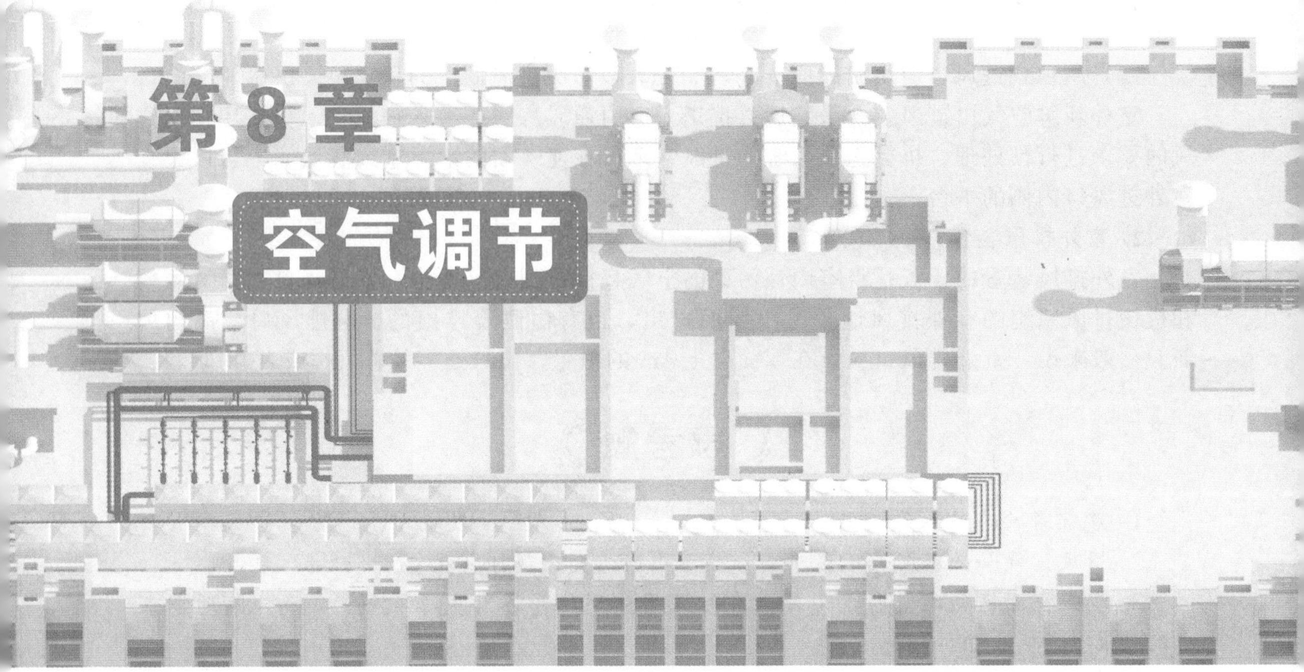

教学要点

本章主要讲述建筑空气调节工程的一些基本概念和基本原理，通过本章的学习，应达到以下目标：

（1）熟悉空调系统的组成和分类；

（2）掌握空气处理方法和处理设备；

（3）了解制冷的基本原理和制冷压缩机的种类；

（4）了解热泵技术。

基本概念

湿空气；空调温湿度；空调精度；送风量；新风量；冷热源；集中式空调系统；分散式空调系统；半集中式空调系统；全空气系统；全水系统；空气-水系统；制冷剂系统；一次回风系统；风机盘管加新风空调系统；表面式换热器；喷水室；压缩式制冷；吸收式制冷；活塞式压缩机；离心式压缩机

引例

2003年，一场突如其来的“SARS”疫情使得人们对自己居住的环境空间又有了新的认识：“恨不得身边所有的东西都能消毒。”于是，有关“SARS病毒可以通过空调系统传播”的说法在社会上引起了不小的恐慌。那么，空调能不能传染疾病呢？这一时期的发问促成了空调的一个发展方向——空调洁净技术。另外，2005年一场名为“26度空调节能行动”的民间环保组织的自发行动得到了广泛的回应。无独有偶，国家也提出要建设节约型社会，看似巧合，实际上这是历史的必然。“安得广厦千万间，大庇天下寒士俱欢颜，风雨不动安如山”，杜甫千年之前的愿望早已不是遥不可及的梦想，实现它的主要力量是建筑师。而代表着建筑发展方向的“舒适、健康、便捷、安全、环保、节能”的“绿色建筑”梦想就要靠未来的绿色建筑师来实现了。

8.1 概述

8.1.1 空气调节的任务和作用

空气调节是采用技术手段把某一特定空间内部的空气环境控制在一定状态下，以满足人体舒适和工艺生产过程的要求。控制的内容包括空气的温度、湿度，空气流动速度及洁净度等。现代技术发展有时还要求对空气的压力、成分、气味及噪声等进行调节与控制。所以，采用技术手段创造并保持满足一定要求的空气环境是空气调节的任务。

众所周知，对这些参数产生干扰的来源主要有两个：一是室外气温变化、太阳辐射及外部空气中的有害物的干扰；二是内部空间的人员、设备与生产过程所产生的热、湿及其他有害物的干扰。因此需要采用人工的方法消除室内的余热、余湿，或补充不足的热量与湿量，清除室内的有害物，保证室内新鲜空气的含量。

一般把为生产或科学实验过程服务的空调称为“工艺性空调”，而把为保证人体舒适的空调称为“舒适性空调”，而工艺性空调往往同时需要满足人员的舒适性要求，因此二者又是相互关联的。

舒适性空调的作用是为人们的工作和生活提供一个舒适的环境，目前已普遍应用于公共与民用建筑中，如会议室、图书馆、办公楼、商业中心、酒店和部分民用住宅。交通工具如汽车、火车、飞机、轮船，空调的装备率也在逐步提高。

对于现代化生产来说，工艺性空调更是不可缺少。工艺性空调一般对新鲜空气量没有特殊要求，但对温湿度、洁净度的要求比舒适性空调高。在这些工业生产过程中，为避免元器件由于温度变化产生胀缩及湿度过大引起表面锈蚀，一般严格规定了温湿度的偏差范围，如温度不超过±0.1℃，湿度不超过±5%。在电子工业中，不仅要保证一定的温、湿度，还要保证空气的洁净度。制药行业、食品行业及医院的病房、手术室则不仅要求一定的空气温、湿度，还需要控制空气洁净度和含菌数。

现代农业的发展也与空调密切相关，如大型温室、禽畜养殖、粮食储存等都需要对内部空气环境进行调节。

另外，在宇航、核能、地下设施及军事领域，空气调节也都发挥着重要作用。

因此可以说，现代化发展需要空气调节，空气调节技术的提高与发展则依赖于现代化。空气调节具有广阔的发展前景。

8.1.2 湿空气的基本概念

我们把空调工程中所处理的空气和特定空间内部的空气称之为湿空气，该空气是由于空气和一定量水蒸气混合组成的混合物。干空气的主要成分是氮气（N_2）、氧气（O_2）、氩气（Ar）、二氧化碳及其他微量气体。多数成分比较稳定，少数随季节变化有所波动，但是这种改变对于干空气的热工特性的影响很小，因此总体上可以将干空气作为一个稳定的混合物来看待。

在湿空气中水蒸气的含量比较少，但其变化却对空气环境的干燥和潮湿程度产生重要影响，而且水蒸气含量的变化也对一些工业生产的产品质量产生影响。因此研究湿空气中水蒸气含量的调节在空气调节中占有重要地位。

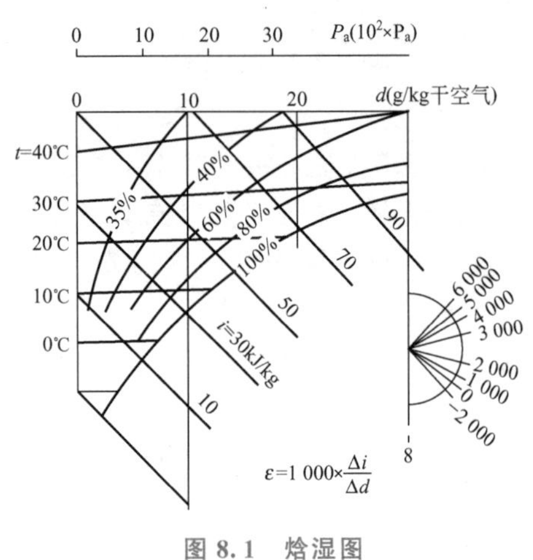

图 8.1　焓湿图

空气的状态参数有很多，与空气调节最密切的几个主要状态参数绘制在焓湿图（$i-d$ 图）上，如图 8.1 所示。1911 年，美国人威利斯·开利（Willis H. Carrier）博士发现了空气干球温度、湿球温度和露点温度间的关系，以及空气显热、潜热和焓值间的关系，绘制了湿空气焓湿图。焓湿图的诞生为空调调节技术奠定了理论基础。开利被誉为空调之父。

1. 压力

1）大气压力 B

地球表面单位面积上所受到的大气的压力称为大气压力。大气压力不是一个定值，它随着海拔高度、季节和气候条件而变化。通常把0℃以下、北纬 45°处海平面上的大气压作为一个标准大气压（atm），其值为：1atm＝101325Pa＝1.01325bar。

2）水蒸气分压力 P_q

湿空气中水蒸气单独占有湿空气的容积，并具有与湿空气相同的温度时所产生的压力称为湿空气中水蒸气的分压力。水蒸气分压力的大小反映空气中水蒸气含量的多少。空气中水蒸气含量越多，水蒸气分压力就越大。

3）饱和水蒸气分压力 $P_{q.b}$

在一定温度下，湿空气中水蒸气含量达到最大限度时，称湿空气处于饱和状态，此时相应的水蒸气分压力称为饱和水蒸气分压力。湿空气的饱和水蒸气分压力是温度的单值函数。

2. 温度

温度是反映空气冷热程度的状态参数。温度值的高低用温标表示。常用的温标有绝对温标（T，单位：K）和摄氏温标（t，单位：℃），二者之间的关系为：$t=T-273$℃。

3. 含湿量 d

含湿量的定义为对应于 1kg 干空气的湿空气中所含有的水蒸气量。它的单位用 kg/kg 干空气来表示。含湿量的大小随空气中水蒸气含量的多少而改变，它可以确切地反映空气中水蒸气含量的多少。

4. 相对湿度 ϕ

相对湿度的定义为湿空气的水蒸气分压力与同温度下饱和湿空气的水蒸气分压力之比，表示为 $\phi= P_q/P_{q.b}$。

相对湿度反映了湿空气中水蒸气接近饱和含量的程度，反映了空气的潮湿程度。当相对湿度 $\phi=0$ 时，为干空气；当相对湿度 $\phi=100\%$时，为饱和湿空气。

5. 焓 i

每千克干空气的焓加上与其同时存在的 $d$kg 水蒸气的焓的总和，称为 $(1+d)$ kg 湿空气的焓，其单位用 kJ/kg 干空气来表示。

在空气调节中，空气的压力变化一般很小，可近似定压过程，因此湿空气变化时初、终状态的焓差，反映了状态变化过程中热量的变化，表示为 $i=1.01t+(2500+1.84t)d$。

6. 露点温度 t_1

在含湿量保持不变的条件下，湿空气达到饱和状态时所具有的温度称为该空气的露点温度。当湿空气被冷却时，只有湿空气温度大于或等于其露点温度，就不会出现结露现象，因此湿空气的露点温度是判断是否结露的判据。

7. 湿球温度 t_s

在理论上，湿球温度是在定压绝热条件下，空气与水直接接触达到稳定热湿平衡时的绝热饱和温度。

在现实中，在温度计的感温包上包敷纱布，纱布下端浸在盛有水的容器中，在毛细现象的作用下，纱布处于湿润状态，这支温度计称为湿球温度计，所测量的温度称为空气的湿球温度。

我们通常所见没有包纱布的温度计称为干球温度计，所测量的温度称为空气的干球温度，也就是空气的实际温度。

湿球温度计的读数反映了湿球纱布中水的温度。对于一定状态的空气，干、湿球温度的差值实际上反映了空气相对湿度的大小。差值越大，说明该空气相对湿度越大。

露点温度与湿球温度在焓湿图上的表示如图 8.2 所示。

相对湿度为 100%时，湿球温度=干球温度=露点温度。

相对湿度小于 100%时，露点温度<湿球温度<干球温度。

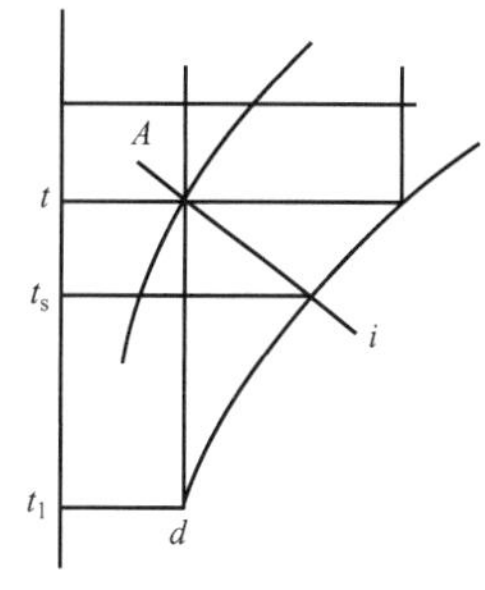

图 8.2 露点温度与湿球温度在焓湿图上的表示

8.1.3 空调温湿度与空调精度

不同使用目的的空调系统的空气状态参数控制指标是不同的，一般情况下，主要是控制空气的温度和相对湿度。空调房间室内温度、湿度通常用空调基数和空调精度两组指标来规定。

空调基数是指在空调区域内所需保持的空气基准温度与基准相对湿度。空调精度是指根据生产工艺或人体的舒适性要求，在空调区域内空气的温度和相对湿度被容许的波动范围。例如，温度 $t_n=(20\pm1)$℃和相对湿度 $\phi_n=(50\pm5)\%$，其中 20℃和 50%是空调基数，±1℃和±5%是空调精度。就温度而言，按允许波动范围的大小，一般分为 $\Delta t_n\geqslant\pm1$℃、$\Delta t_n=\pm0.5$℃和 $\Delta t_n=\pm(0.1\sim0.2)$℃三类精度级别。

根据《民用建筑供暖通风与空气调节设计规范》（GB 50736－2012）中关于舒适性空调室内计算参数的规定，人员长期逗留区域空调室内设计参数应符合表 8－1 的规定。

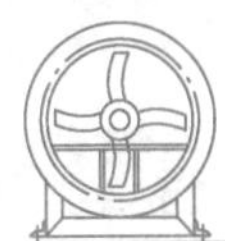

表 8-1 人员长期逗留区域空调室内设计参数

类　　别	热舒适度等级	温度/℃	相对湿度/%	风速/(m/s)
供热工况	Ⅰ级	22～24	≥30	≤0.2
	Ⅱ级	18～22	—	≤0.2
供冷工况	Ⅰ级	24～26	40～60	≤0.25
	Ⅱ级	26～28	≤70	0.3

注：① Ⅰ级热舒适度较高，Ⅱ级热舒适度一般。
② 热舒适度等级划分按规范第 3.0.4 条确定。

人员短期逗留区域空调供冷工况室内设计参数宜比长期逗留区域提高 1～2℃，供热工况宜降低 1～2℃。短期逗留区域供冷工况风速不宜大于 0.5m/s，供热工况风速不宜大于 0.3m/s。

工艺性空调室内设计温度、相对湿度及其允许波动范围，应根据工艺需要及健康要求确定。人员活动区的风速，供热工况时不宜大于 0.3m/s；供冷工况时宜采用 0.2～0.5m/s。

8.2 空调系统的组成与分类

8.2.1 空调系统的基本组成部分

如图 8.3 所示，完整的空调系统通常由以下四个部分组成。

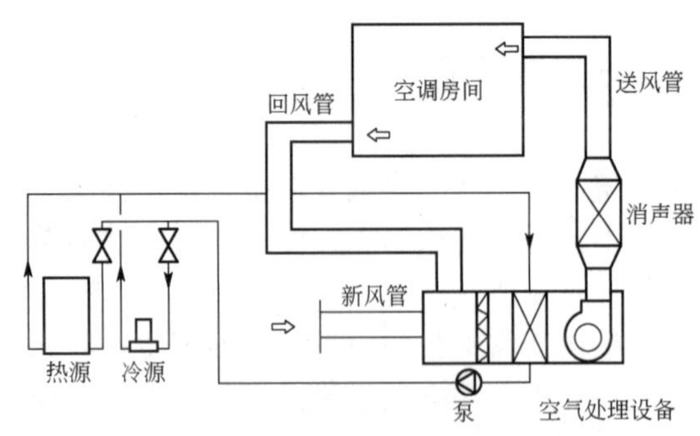

图 8.3 空调系统原理图

1. 空调房间

空调房间可以处于建筑外区，也可以处于建筑内区；可以由一个房间或多个房间组成，也可以是一个房间的一部分。

2. 空气处理设备

空气处理设备是由过滤器、表面式空气冷却器、空气加热器、空气加湿器等空气热湿处理和净化设备组合在一起的，是空调系统的核心。室内空气与室外新鲜空气被送到这里进行热湿处理与净化，达到要求的温度、湿度等空气状态参数，再被送回室内。

3. 空气输配系统

空气输配系统由送风机、送风管道、送风口、回风口、回风管道等组成。它把经过处理的空气送至空调房间，将室内的空气送至空气处理设备进行处理或排出室外。

4. 冷热源

空气处理设备需要配备冷源和热源。夏季降温用冷源一般用制冷机组，在有条件的地方也可以用深井水作为自然冷源。空调加热或冬季加热用热源可以是蒸汽锅炉、热水锅炉、热泵、城市热力管网等。

8.2.2 空调系统的分类

空调系统有很多类型，可以采用不同的方法对空调系统进行分类。

1. 按空气处理设备的位置来分类

1）集中式空调系统

集中式空调系统是指空气处理设备集中放置在空调机房内，空气经过处理后，经风道输送和分配到各个空调房间的系统。

【中央空调操作与维护】

集中式空调系统可以严格地控制室内温度和相对湿度；可以进行理想的气流分布；可以对室外空气进行过滤处理，满足室内空气洁净度的不同要求。空调风道系统复杂，布置困难，而且空调各房间被风管连通，发生火灾时会通过风管迅速蔓延。

对于大空间公共建筑物的空调设计，如体育馆，可以采用这种空调系统。

2）半集中式空调系统

半集中式空调系统是指空调机房集中处理部分或全部风量，然后送往各房间，由分散在各空调房间内的二次设备（又称末端装置）再进行处理的系统。

半集中式空调系统可根据各空调房间负荷情况自行调节，只需要新风机房，机房面积较小；当末端装置和新风机组联合使用时，新风风量较小，风管较小，利于空间布置；对室内温湿度要求严格时，难以满足；水系统复杂，易漏水。

对于层高较低又主要由小面积房间构成的建筑物的空调设计，如办公楼、旅馆饭店，可以采用这种空调系统。

3）分散式空调系统（局部空调系统）

分散式空调系统是指把空气处理所需的冷热源、空气处理设备和风机整体组装起来，直接放置在空调房间内或空调房间附近，控制一个或几个房间的空调系统。

分散式空调系统布置灵活，各空调房间可根据需要启停；各空调房间之间不会相互影响；室内空气品质较差；气流组织困难。

2. 按负担室内负荷所用介质来分类

1）全空气系统

全空气系统是指室内的空调负荷全部由经过处理的空气来负担的空调系统。集中式空调系统就属于全空气系统。由于空气的比热较小，需要用较多的空气才能消除室内的余热余湿，因此这种空调系统需要有较大断面的风道，占用建筑空间较多。

2）全水系统

全水系统是指室内的空调负荷全部由经过处理的水来负担的空调系统。由于水的比热比空气大得多，因此在相同的空调负荷情况下，所需的水量较小，可以解决全空气系统占用建筑空间较多的问题；但不能解决房间通风换气的问题，因此一般不单独采用这种系统。

3）空气-水系统

空气-水系统是指室内的空调负荷全由空气和水共同来负担的空调系统。风机盘管加新风的半集中式空调系统就属于空气-水系统。这种系统实际上是前两种空调系统的组合，既可以减少风道占用的建筑空间，又能保证室内的新风换气要求。

【中央空调安装教程】

4）制冷剂系统

制冷剂系统是指由制冷剂直接作为负担室内空调负荷介质的空调系统。如多联机、窗式空调器、分体式空调器就属于制冷剂系统。

这种系统是把制冷系统的蒸发器直接放在室内来吸收室内的余热、余湿，通常用于分散式安装的局部空调。由于制冷剂不宜长距离输送，因此不宜作为集中式空调系统来使用。

8.2.3 常用空调系统简介

1. 一次回风系统

1）工作原理

一次回风系统属于典型的集中式空调系统，也属于典型的全空气系统。该系统是由室外新风与室内回风进行混合，混合后的空气经过处理后，经风道输送到空调房间。

这种空调系统的空气处理设备集中放置在空调机房内，房间内的空调负荷全部由输送到室内的空气负担。空气处理设备处理的空气一部分来自于室外（这部分空气称为新风)。另一部分来自于室内（这部分空气称为回风)。所谓一次回风是指回风和新风在空气处理设备中只混合一次。

2）系统的应用

一次回风系统具有集中式空调系统和全空气系统的特点，从它具体的特点分析，这种空调系统适用于空调面积大、各房间室内空调参数相近、各房间的使用时间也较一致的场合。会馆、影剧院、商场、体育馆，还有旅馆的大堂、餐厅、音乐厅等公共建筑场所都广泛采用这种系统。

根据空调系统所服务的建筑物情况，有时需要划分成几个系统。建筑物的朝向、层次等位置相近的房间可合并在一个系统，以便于管路的布置、安装和管理；工作班次和运行时间相同的房间可划分成一个系统，以便于运行管理和节能；对于体育馆、纺织车间等空调风量特别大的地方，为了减少和建筑配合的矛盾，可根据具体情况划分成几个系统。

空调经常采用集中式全空气系统，图 8.4 为一次回风式空调系统结构示意图。

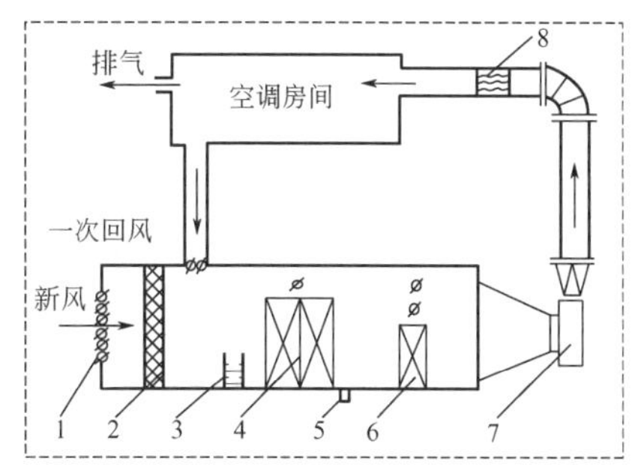

图 8.4 一次回风式空调系统结构示意图

1—新风口；2—过滤网；3—电极加湿器；4—表面冷却器；5—排水口；6—二次加热器；7—送风机；8—精加热器

2. 风机盘管加新风空调系统

1）工作原理

风机盘管加新风空调系统属于半集中式空调系统，也属于空气-水系统。它由风机盘管机组和新风系统两部分组成。风机盘管设置在空调系统内作为系统的末端装置，将流过机组盘管的室内循环空气冷却、加热后送入室内；新风系统是为了保证人体健康的卫生要求，给房间补充一定的新鲜空气。通常室外新风经过处理后，送入空调房间。

这种空调系统主要有三种新风供给方式。

(1) 靠渗入室外新鲜空气补给新风。这种方法比较经济，但是室内的卫生条件较差。

(2) 墙洞引入新风直接进入机组。这种做法常用于要求不高或在旧建筑中增设空调的场合。

(3) 独立新风系统。由设置在空调机房的空气处理设备把新风集中处理到一定参数，然后送入室内，如图 8.5 所示。

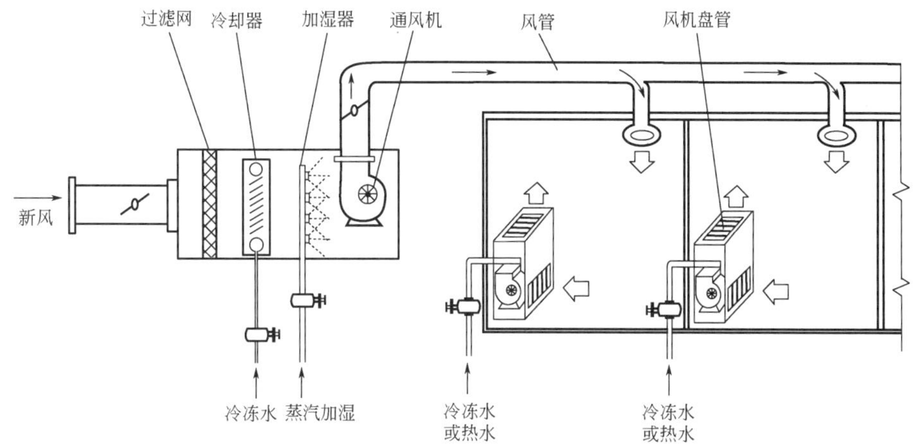

图 8.5 新风与风机盘管送风各自送入室内

2）系统的应用

风机盘管加新风空调系统具有半集中式空调系统和空气-水系统的特点。目前这种系统已广泛应用于宾馆、办公楼、公寓等商用或民用建筑。

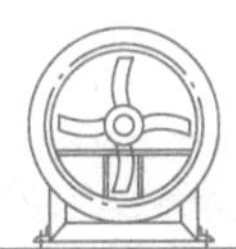

对于大型办公楼(建筑面积超过1万平方米)的外区(由外围护结构往内4～6m区域)往往采用轻质幕墙结构，由于热容量较小，室内温度随室外空气温度的变化而波动明显。所以空调外区一般冬季需要供热，夏季需要供冷。内区(建筑物除去外区的其他区域)由于基本不受室外空气和日射的直接影响，室内负荷主要是人体、照明和设备发热，全年基本上是冷负荷，且全年负荷变化较小，为了满足人体需要，新风量较大。所以针对负荷特点，内区可以采用全空气系统或全新风系统，外区采用风机盘管系统。

对于中小型办公楼，由于建筑面积较小或平面形状呈长条形，通常不分内、外区，可以采用风机盘管加新风系统空调方式。

对于客房空调，多采用风机盘管加新风系统的典型方式。

8.3 空调冷源及制冷机房

【空调制冷装置的工作原理】

8.3.1 空调冷源和制冷原理

空调工程中使用的冷源，分为天然和人工两种。

天然冷源包括一切可能提供低于正常环境温度的天然物质，如深井水、天然冰等。其中地下水是常用的天然冷源。在我国的大部分地区，用地下水喷淋空气都具有一定的降温效果，特别是北方地区，由于地下水的温度较低(如东北地区的北部和中部为4～12℃)可以采用地下水来满足空调系统降温的需要。但必须强调指出，我国水资源不够丰富，在北方尤其突出。许多城市，由于对地下水的过分开采，导致地下水位明显降低，甚至造成地面沉陷。因此，节约用水和重复利用水是空调技术中的一项重要课题。此外，各地地下水的温度也并非都能满足空调要求。

由于天然冷源受时间、地区、气候条件的限制，不可能总能满足空调工程的要求，因此，目前世界上用于空调工程的主要冷源依然是人工冷源。人工制冷的设备叫做制冷机。空调工程中使用的制冷机有压缩式、吸收式和蒸汽喷射式三种，其中以压缩式制冷机应用最为广泛。

1. 压缩式制冷

压缩式制冷机的工作原理，是利用“液体汽化时要吸收热量”这一物理特性，通过制冷剂的热力循环，以消耗一定量的机械能作为补偿条件来达到制冷的目的。

压缩式制冷机是由制冷压缩机、冷凝器、膨胀阀和蒸发器四个主要部件组成，并用管道连接，构成一个封闭的循环系统。制冷剂在制冷系统中历经蒸发、压缩、冷凝和节流四个热力过程，如图8.6所示。

在蒸发器中，低温低压的制冷剂液体吸收被冷却介质(如冷水)的热量，蒸发成低温低压的制冷剂蒸汽，每小时吸收的热量Q_1即为制冷量。

低温低压的制冷剂蒸汽被压缩机吸入，并被压缩成高温高压的蒸汽后排入冷凝器，在压缩过程中，制冷压缩机消耗机械功W。

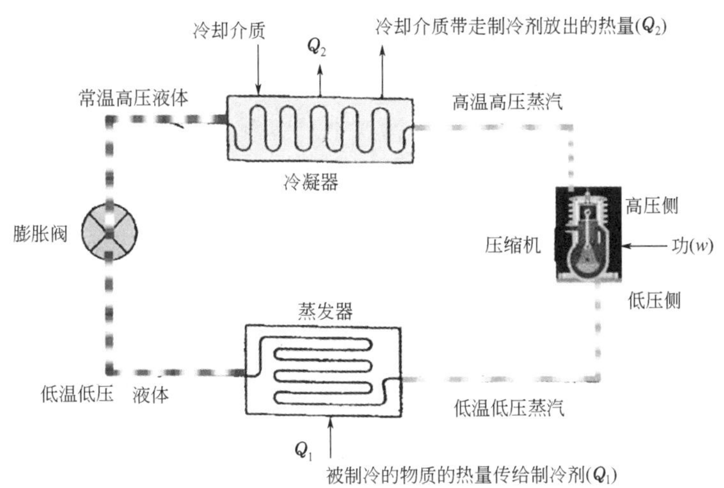

图 8.6 压缩式制冷循环原理图

在冷凝器中，高温高压的制冷剂蒸汽被冷却水冷却，冷凝成高压的液体，放出热量 Q_2（$Q_2=Q_1+W$）。

从冷凝器排出的高压液体，经膨胀阀节流后变成低温低压的液体，进入蒸发器再行蒸发制冷。

由于冷凝器中所使用的冷却介质（水或空气）的温度比被冷却介质的温度高得多，因此上述人工制冷过程实际上就是从低温物质中夺取热量而传递给高温物质的过程。由于热量不可能自发地从低温物体转移到高温物体，故必须消耗一定量的机械功 W 作为补偿条件，正如要使水从低处流向高处时，需要通过水泵消耗电能才能实现一样。

制冷系统中循环流动的工作介质叫制冷剂，它在系统的各个部件间循环流动以实现能量的转换和传递，达到制冷机向高温热源放热，从低温热源吸热，实现制冷的目的。

目前常用的制冷剂有氨和氟利昂。氨有良好的热力学性能，价格便宜，但有强烈的刺激作用，对人体有害，且易燃易爆。氟利昂是饱和碳氢化合物的卤代烃的总称，种类很多，可以满足各种制冷要求。氟利昂的优点是无毒无臭，无燃烧爆炸危险，但价格高，极易渗漏且不易发现。中小型空调制冷系统多采用氟利昂作制冷剂。

根据制冷剂的化学组成表示制冷剂的种类。不含氢，含氯、氟、碳的完全卤代烃称为氯氟化碳，写成 CFC；含氢，含氢、氯、氟、碳的不完全卤代烃称为氢氯氟化碳，写成 HCFC；不含氯，含氢、氟、碳的无氯卤代烃称为氢氟化碳，写成 HFC；碳氢化合物写成 HC；CFC、HCFC、HFC、HC 等后接数字或字母的编制方法见《制冷剂编号方法和安全性分类》（GB 7778—2008）规定一致。例如，R12 属氯氟化碳化合物，表示成 CFC－12；R22、R134a、R170 分别表示成 HCFC－22、HFC－134a、HC－170。

以上各种制冷剂由于成分组成不同，对大气臭氧层的破坏能力也各不相同。

CFC，氯氟烃：性能稳定，可进入平流层，只有受紫外线照射方分解出氯离子，对臭氧层破坏作用较大。由于对臭氧层破坏大，根据《蒙特利尔议定书》规定实际上已被禁用。

HCFC，氢氯氟烃：相对不稳定，到达平流层前已经分解，对臭氧层破坏作用较小。作为短期过渡制冷剂使用。发达国家从 2004 年、发展中国家从 2015 年开始，逐步限制并淘汰这类 HCFC 类制冷剂。欧盟实际于 2005 年 1 月 1 日起已经禁用 HCFC，并且在促使其他国家也提前淘汰。发展中国家到 2040 年全面禁用。

HFC，氢氟烃：这类物质由于不含氯和溴，对臭氧不产生破坏作用，温室作用也较弱；且由于含氢，大气寿命较短，适合作为长期过渡制冷剂使用。在《蒙特利尔议定书》没有规定其使用期限，在《联合国气候变化框架公约》京都议定书中定性为温室气体。

2. 吸收式制冷

吸收式制冷的工作原理与压缩式制冷基本相似，不同之处是用发生器、吸收器和溶液泵代替了制冷压缩机，如图 8.7 所示。吸收式制冷不是靠消耗机械功来实现热量从低温物质向高温物质的转移传递，而是靠消耗热能来实现这种非自发的过程。

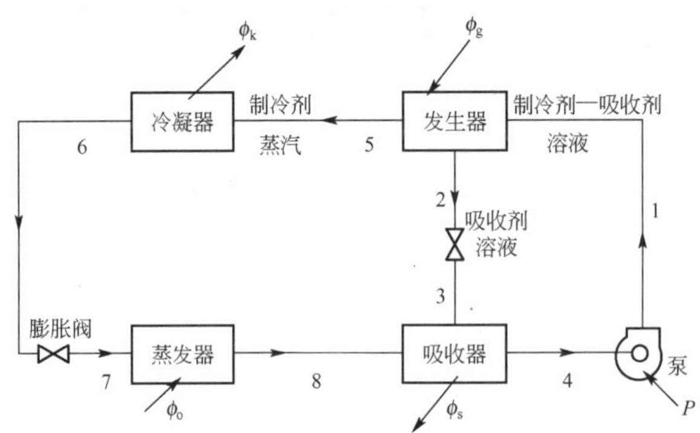

图 8.7 吸收式制冷循环原理图

在吸收式制冷机中，吸收器相当于压缩机的吸入侧，发生器相当于压缩机的压出侧。低温低压的液态制冷剂在蒸发器中吸热蒸发成为低温低压的制冷剂蒸汽后，被吸收器中的液态吸收剂吸收，形成制冷剂-吸收剂溶液，经溶液泵升压后进入发生器。在发生器中，该溶液被加热、沸腾，其中沸点低的制冷剂变成高压制冷剂蒸汽，与吸收剂分离，然后进入冷凝器液化，经膨胀阀节流的过程与压缩式制冷一致。

吸收式制冷目前常用的有两种工质，一种是溴化锂-水溶液，其中水是制冷剂，溴化锂为吸收剂，制冷温度为 0℃以上；另一种是氨-水溶液，其中氨是制冷剂，水是吸收剂，制冷温度可以低于 0℃。

吸收式制冷可利用低位热能（如 0.05MPa 蒸汽或 80℃以上热水）用于空调制冷，因此有利用余热或废热的优势。由于吸收式制冷机的系统耗电量仅为离心式制冷机的 20%左右，在供电紧张的地区可选择使用。

8.3.2 制冷压缩机的种类

制冷压缩机是压缩式制冷装置的一个重要设备。制冷压缩机的形式很多，根据工作原理的不同，可分为容积型和速度型两类。容积型压缩机是靠改变工作腔的容积，周期性地吸入气体并压缩。常用的容积型压缩机有活塞式压缩机、螺杆式压缩机、滚动转子压缩机和涡旋式压缩机，应用较广的是活塞式压缩机和螺杆式压缩机。速度型压缩机是靠机械的方法使流动的蒸汽获得很高的流速，然后再急剧减速，使蒸汽压力提高。这类压缩机包括离心式和轴流式两种，应用较广的是离心式制冷压缩机。

1. 活塞式压缩机

活塞式压缩机是应用最为广泛的一种制冷压缩机，它的压缩装置由活塞和汽缸组成。活塞式压缩机有全封闭式、半封闭式和开启式三种构造形式。全封闭式压缩机一般是小型机，多用于空调机组中；半封闭式除用于空调机组外，也常用于小型的制冷机房中；开启式压缩机一般都用于制冷机房中。氨制冷压缩机和制冷量较大的氟利昂压缩机多为开启式。

2. 离心式压缩机

离心式压缩机是靠离心力的作用，连续地将所吸入的气体压缩。离心式压缩机的特点是制冷能力大，结构紧凑，质量轻，占地面积少，维修费用低，通常可在 30%～100%负荷范围内无极调节。

3. 螺杆式压缩机

螺杆式压缩机是回转式压缩机中的一种，这种压缩机的汽缸内有一对相互啮合的螺旋形阴阳转子（即螺杆），两者相互反向旋转。转子的齿槽与汽缸体之间形成 V 形密封空间，随着转子的旋转，空间容积不断发生变化，周期性地吸入并压缩一定量的气体。与活塞式压缩机相比，其特点是效率高、能耗小，可实现无极调节。

8.3.3 制冷系统其他各主要部件

在制冷系统中，除了压缩机，还有蒸发器、冷凝器和膨胀阀等部件，下面简要介绍一下制冷系统中的其他主要设备。

1. 蒸发器

蒸发器有两种类型，一种是直接用来冷却空气的，称为直接蒸发式表面冷却器，这种类型的蒸发器只能用于无毒害氟利昂系统，直接装在空调机房的空气处理室中；另一种是冷却盐水或普通水用的蒸发器，在这种类型的蒸发器中，氨制冷系统常采用一种水箱式蒸发器，其外壳是一个矩形截面的水箱，内部装有直立管组或螺旋管组。此外，还有一种卧式壳管式蒸发器，可用于氨和氟利昂制冷系统。

2. 冷凝器

空调制冷系统中常用的冷凝器有立式壳管式和卧式壳管式两种。这两种冷凝器都是以水作为冷却介质，冷却水通过圆形外壳内的许多钢管或铜管，制冷剂蒸汽在管外空隙处冷凝。立式冷凝器用于氨制冷系统，卧式冷凝器在氨和氟利昂制冷系统中均可使用。

3. 膨胀阀

膨胀阀在制冷系统中的作用如下。

(1) 保证冷凝器和蒸发器之间的压力差。这样可以使蒸发器中的液态制冷剂在要求的低压下蒸发吸热；同时，使冷凝器中的气态制冷剂在给定的高压下放热、冷凝。

(2) 供给蒸发器一定数量的液态制冷剂。供液量过少，将使制冷系统的制冷量降低；供液量过多，部分液态制冷剂来不及在蒸发器内汽化，就随同气态制冷剂一起进入压缩机，引起湿压缩，甚至冲缸事故。

常用的膨胀阀有手动膨胀阀、浮球式膨胀阀、热力膨胀阀等。

通过计算合理地选择各种设备和部件，并设计各有关管道使之正确地将各设备和部件连接起来，这样就组成了一个空调制冷系统。

目前，以水作为冷媒的空调系统，常采用冷水机组作为冷源。所谓冷水机组，就是将制冷系统中的制冷压缩机、冷凝器、蒸发器、附属设备、控制仪器、制冷剂管路等全套零部件组成一个整体，安装在同一底座上，可以整机出厂运输和安装，图 8.8 为 YEWS 型冷水机组的外形图，机组使用时，只要在现场连接电源及冷水的进出水管即可。

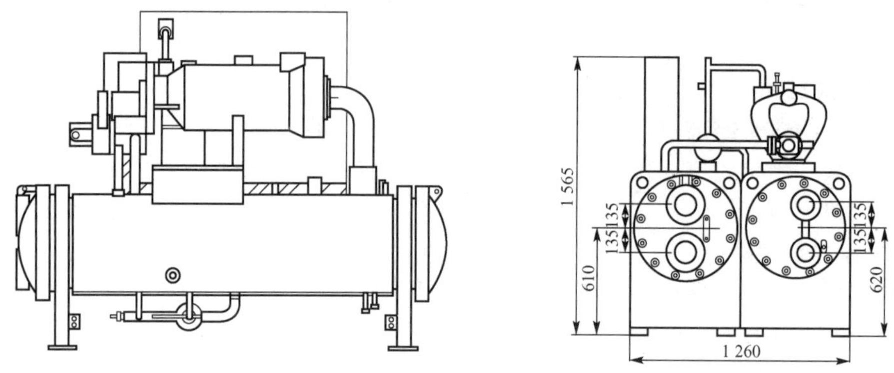

图 8.8　YEWS 型冷水机组的外形图

8.3.4　热泵

目前，许多建筑都采用热泵机组。所谓热泵，即制冷机组消耗一定的能量由低温热源取热，向需热对象供应更多的热量的装置。使用一套热泵机组既可以在夏季制冷，又可以在冬季供热。如图 8.9 所示为热泵工作原理。

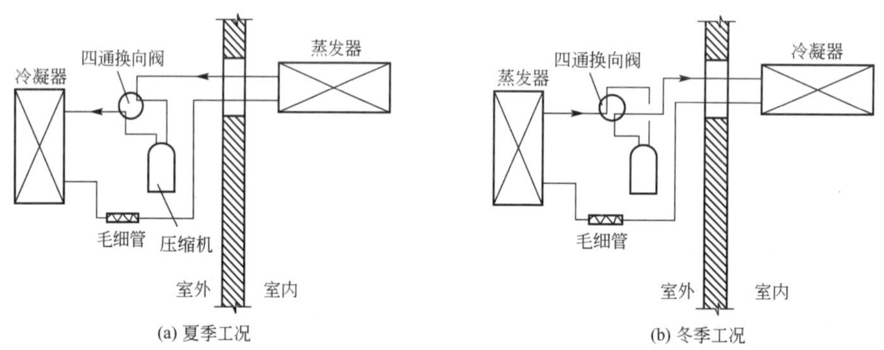

图 8.9　热泵工作原理

热泵取热的低温热源可以是室外空气、地面或地下水、太阳能、工业废热，以及其他建筑物的废热等。由此，利用余热是有效利用低温热能的一种节能技术手段。

目前经常使用的热泵通常有空气源热泵和水源热泵两大类。

空气源热泵通过对外界空气的放热进行制冷，通过吸收外界空气的热量来供热。这种热泵机组随着室外温度的下降，其性能系数明显下降，当室外温度下降到一定温度时（在－10～－5℃），该机组将无法正常运行，故该机组一般在长江以南地区应用较多。

水源热泵是一种利用地球表面或浅层水源（如地下水、河流和湖泊等）或人工再生水源（工业废水、地热尾水等）的既可供热又可制冷的高效节能空调系统。水源热泵技术利用热泵机组实现低温热能向高温热能转移，将水体和地层蓄能分别在冬、夏季作为供暖的热源和空调的冷源，即在冬季把水体和地层中的热量“取”出来，提高温度后，供给室内采暖；在夏季把室内的热量取出来，释放到水体和地层中去。

水源热泵是利用了地球表面或浅层水源作为冷热源，进行能量转换的供暖空调系统。地球表面水源和土壤是一个巨大的太阳能集热器，收集了 47%的太阳能量，比人类每年利用能量的 500 倍还多。水源热泵技术利用储存于地表浅层近乎无限的可再生能源，为供热空调系统提供能量，当之无愧地成为可再生能源一种形式。

水源热泵技术利用地下水以及地表水源的过程当中，不会引起区域性的地下以及地表水污染。实际上，水源水经过热泵机组后，只是交换了热量，水质几乎没有发生变化，经回灌至地层或重新排入地表水体后，不会造成对于原有水源的污染。可以说水源热泵是一种清洁能源方式。

地球表面或浅层水源的温度一年四季相对稳定，一般为 10～25℃，冬季比环境空气温度高，夏季比环境空气温度低，是很好的热泵热源和空调冷源。这种温度特性使得水源热泵的制冷、制热系数可达 3.5～5.5。

8.3.5 空调机组的性能参数

1. 空调、制冷设备的性能参数（Coefficient of Performance，COP）

为了衡量制冷压缩机在在制冷或制热方面的热力经济性，常采用性能系数 COP 这个指标。COP 值就是机组制冷量与机组能耗（包括燃料释放出的能量和电能）之比，它的数值与压缩机的形式有直接关系。

1） 制冷性能系数

开启式制冷压缩机的制冷性能系数 COP 是指在某一工况下，制冷压缩机的制冷量与同一工况下制冷压缩机轴功率的比值。

封闭式制冷压缩机的制冷性能系数 COP 是指在某一工况下，制冷压缩机的制冷量与同一工况下制冷压缩机电机的输入功率的比值。

2） 制热性能系数

开启式制冷压缩机在热泵循环中工作时，其制热性能系数 COP 是指在某一工况下，压缩机的制热量与同一工况下压缩机轴功率的比值。

封闭式制冷压缩机在热泵循环中工作时，其制热性能系数 COP 是指在某一工况下，压缩机的制热量与同一工况下压缩机电机的输入功率的比值。

其单位均为（W/W）或（kW/kW）。

2. 空调、制冷设备的能效比（Energy Efficiency Ratio，EER）

在额定（名义）工况下，空调、采暖设备提供的冷量或热量与设备本身所消耗的能量之比。

EER 主要表征了局部空调机组（含空气源、水源、地源等整体式、分体式空调机组）的性能参数，其一个较突出的特点是仅适合于电动压缩式（蒸气压缩式）制冷或热泵空调机组。

COP 性能参数值则适用范围更加广泛，除了一般的电动压缩式制冷或热泵空调机组（制冷压缩机）外，亦适合于吸收式制冷机组。

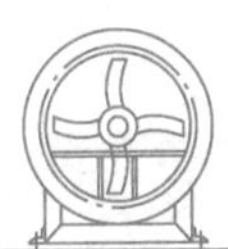

8.3.6 制冷机房

设置制冷设备的房屋称为制冷机房或制冷站。小型制冷机房一般附设在主体建筑内，氟利昂制冷设备也可设在空调机房内。规模较大的制冷机房，特别是氨制冷机房，则应单独修建。

1. 对制冷机房的要求

单独修建的制冷机房，易布置在厂区夏季主导风向的下风侧。在动力站区域内，一般应布置在乙炔站锅炉房煤气站堆煤场等的上风侧，以保持制冷机房的清洁。

氨制冷机房不应靠近人员密集的房间或场所，以及有精密贵重设备的房间等，以免发生事故时造成重大损失。

制冷机房应尽可能设在冷负荷的中心处，力求缩短冷冻水和冷却水管路。当制冷机房是全厂的主要用电负荷时，还应尽量靠近变电站。

规模较小的制冷机房可不分隔间，规模较大的按不同情况可分为机器间（布置制冷压缩机和调节站）、设备间（布置冷凝器、蒸发器、储液器等设备）、水泵间（布置水泵和水箱）、变电室（耗电量大时应有专用变压器）以及值班室、维修间和生活间等。

制冷机房的高度，应根据设备情况确定，并应符合下列要求：对于氟利昂压缩式制冷，不应低于 3.6m；对于氨压缩式制冷，不应低于 4.8m。溴化锂吸收式制冷机顶部至屋顶的距离应不低于 1.2m。设备间的高度也不应低于 2.5m。

对于制冷机房的防火要求应按现行的《建筑设计防火规范》(GB 50016—2014) 执行。

制冷机房应有每小时不少于 3 次换气的自然通风措施，氨制冷机房还应有每小时不少于 7 次换气的事故通风设备。

制冷机房的机器间和设备间应有良好的自然采光，窗孔投光面积与地板面积的比例不小于 1∶6。

在仪表集中处应设局部照明，在机器间及设备间的主要通道和站房的主要出入口应设事故照明。

制冷机房的面积占总建筑面积的 0.6%～0.9%，一般按每 1 163kW 冷负荷需要 $100m^2$ 估算。

制冷机房应有排水措施。在水泵、冷水机组等四周设排水沟，集中后排出；在地下室常设集水坑，再用潜水泵抽出。

2. 设备布置原则

制冷系统一般应由 2 台以上制冷机组组成，但不宜超过 6 台。制冷机的型号应尽量统一，以便维护管理。除特殊要求外，可不设备用制冷机组。大、中型制冷系统，宜同时设置 1～2 台制冷量较小的制冷机组，以适应低负荷运行时的需要。

机房内的设备布置应保证操作、检修的方便，同时要尽可能使设备布置紧凑，以节省占地面积。设备上的压力表、温度计等应设在便于观察的地方。

机房内各主要操作通道的宽度必须满足设备运输和安装的要求。

制冷机房应设有为主要设备安装维修的大门及通道，必要时可设置设备安装孔。

制冷机房的高度，应根据设备情况确定。对于 R22、R134a 等压缩式制冷，不应低于 3.6m；对于氨压缩式制冷，不应低于 4.8m。制冷机房的高度，指自地面至屋顶或楼板的净高。

制冷机房的地面载荷为4～6t/m^2，且有振动。

冷却塔一般设置在屋顶上，占地面积为总建筑面积的0.5%～1%。

冷却塔的基础载荷：横式冷却塔为1t/m^2；立式冷却塔为2～3t/m^2。

8.4 空气处理设备

8.4.1 基本的空气处理方法

在空调系统中，通过使用各种设备及技术手段使空气的温度、湿度等参数发生变化，最终达到要求的状态。对空气的主要处理过程包括热湿处理与净化处理两大类，其中热湿处理是最基本的处理方式。

最简单的空气热湿处理过程可分为四种：加热、冷却、加湿、除湿。所有实际的空气处理过程都是上述各种单一过程的组合，如夏季最常用的冷却去湿过程就是除湿与降温过程的组合，喷水室内的等焓加湿过程就是加湿与降温的组合。在实际空气处理过程中有些过程往往不能单独实现，如降温有时伴随着除湿或加湿。

1. 加热

单纯的加热过程是容易实现的。主要的实现途径是用表面式空气加热器或电加热器加热空气。如果用温度高于空气温度的水喷淋空气，则会在加热空气的同时又使空气的湿度升高。

2. 冷却

采用表面式空气冷却器或温度低于空气温度的水喷淋空气都可使空气温度下降。如果表面式空气冷却器的表面温度高于空气的露点温度，或喷淋水的水温等于空气的露点温度，则可实现单纯的降温过程；如果表面式空气冷却器的表面温度或喷淋水的水温低于空气的露点温度，则空气会实现冷却去湿过程；如果喷淋水的水温高于空气的露点温度，则空气会实现冷却加湿的过程。

3. 加湿

单纯的加湿过程可通过向空气加入干蒸汽来实现。直接向空气喷入水雾可实现等焓加湿过程。

4. 除湿

除了可用表面式空气冷却器与喷冷水对空气进行减湿处理外，还可以使用液体或固体吸湿剂来进行除湿。液体吸湿是利用某些盐类水溶液对空气的水蒸气的强吸收作用来对空气进行除湿，方法是根据要求的空气处理过程的不同（降温、加热或等温），用一定浓度和温度的盐水喷淋空气。固体吸湿剂是利用有大量孔隙的固体吸附剂（如硅胶）对空气中的水蒸气的表面吸附作用来承受的。但在吸附过程中固体吸附剂会放出一定的热量，所以空气在除湿过程中温度会升高。

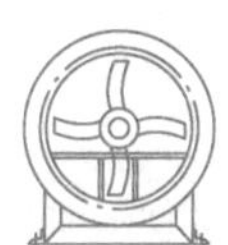

8.4.2 典型的空气处理设备

1. 表面式换热器

表面式换热器是空调工程中最常用的空气处理设备，它的优点是结构简单、占地少、水质要求不高、水侧的阻力小。目前应用的这类设备都由肋片管组成，管内流通冷水、热水、蒸汽或制冷剂，空气经过管外通过管壁与管内介质换热。使用时一般用多排串联，便于提高空气的换热量；如果通过的空气量较大，为避免迎风风速过大，也可以多个并联。表面式换热器可分为表面式空气加热器与表面式空气冷却器两类。

(1) 表面式空气加热器用热水或蒸汽做热媒，可实现对空气的等湿加热。

(2) 表面式空气冷却器用冷水或制冷剂做冷媒，因此又可分为冷水式与直接蒸发式两种。其中直接蒸发式冷却器就是制冷系统中的蒸发器。使用表面式冷却器可实现空气的干式冷却或湿式冷却过程，过程的实现取决于表面式冷却器的表面温度是高于还是低于空气的露点温度。

风机盘管机组中的盘管就是一种表面式换热器，空调机组中的空气冷却器是直接蒸发式冷却器。

2. 喷水室

喷水室的空气处理方法是向流过的空气直接喷淋大量的水滴，被处理的空气与水滴接触，进行热湿处理，达到要求的状态。喷水室由喷嘴、水池、喷水管路、挡水板、外壳组成，如图 8.10 所示。目前在一般建筑中已很少使用，但在纺织厂、卷烟厂等以调节湿度为主要任务的场合仍大量使用。

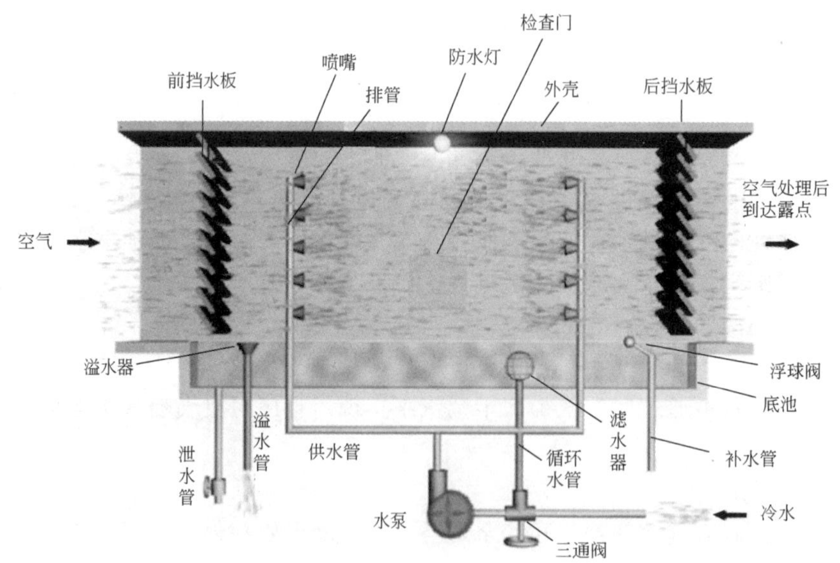

图 8.10 喷水室构造

3. 加热与除湿设备

1) 喷蒸汽加湿

蒸汽喷管是最简单的加湿装置，它由直径略大于供气管的管段组成，管段上开有多个小孔。蒸汽在管网压力作用下由小孔喷出，混入空气中。为保证喷出的蒸汽中不夹带冷凝水滴，蒸汽喷管外有保温套管，如图8.11所示。使用蒸汽喷管需要由集中热源提供蒸汽，它的优点是节省动力用电，加湿稳定、迅速，运行费用低，因此在空调工程中应用广泛。

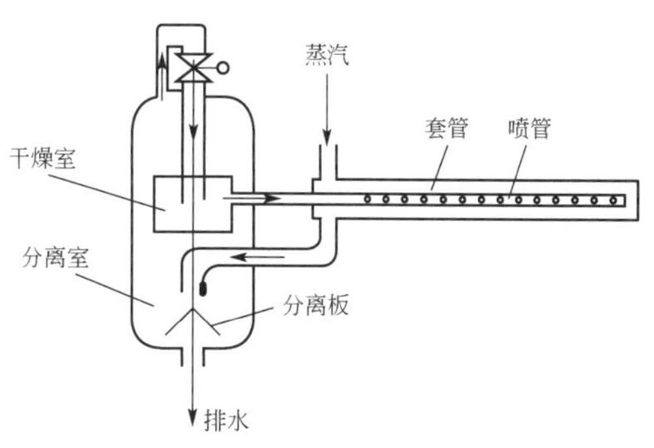

图8.11 干蒸汽加湿器

2）电加湿器

电加湿器是一种喷蒸汽的加湿器，它是利用电能使水汽化，然后用短管直接将蒸汽喷入空气中，电加湿器包括电热式和电极式两种。

（1）电热式加湿器是由管状电热元件置于水槽中做成的。电热元件通电后加热水至沸腾，产生蒸汽。

（2）电极式加湿器是利用三根不锈钢棒或镀铬铜棒做电极，插入水容器中组成。以水作为电阻，通电之后水被加热产生蒸汽；蒸汽由排气管送到空气里，水位越高，导热面积越大，通过电流越强，产生的蒸汽也越多；通过改变溢流管的高低来调节水位的高低，从而调节加湿量。

这两种电加湿器的缺点是耗电量大，电热元件与电极上易结垢；优点是结构紧凑，加湿量易于控制，经常应用于小型空调系统中。

3）冷冻除湿机

冷冻除湿机是由制冷系统与送风装置组成的。其中制冷系统的蒸发器能够吸收空气中的热量，并通过压缩机的作用，把所吸收的热量从冷凝器排到外部环境中去。冷冻除湿机的工作原理是由制冷系统的蒸发器将要处理的空气冷却除湿，再由制冷系统的冷凝器把冷却除湿后的空气加热。这样处理后的空气虽然温度较高，但湿度很低，适用于只需要除湿，而不需要降温的场合。

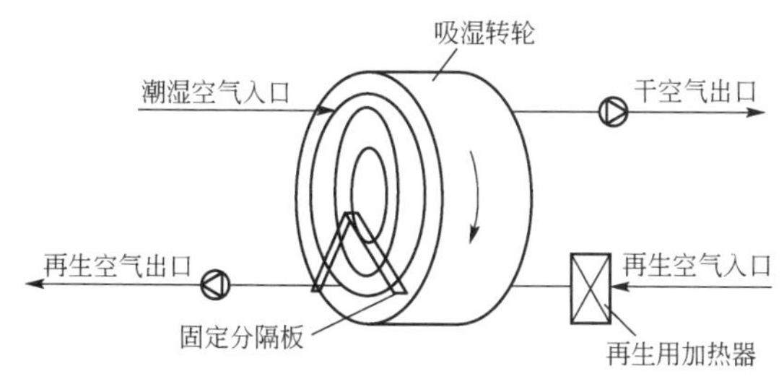

图8.12 转轮除湿机工作原理

4）氯化锂转轮除湿机

这是一种固体吸湿剂除湿设备，是由除湿转轮传动机构外壳风机与再生电加热器组成，如图8.12所示。它利用含有氯化锂和氯化锰晶体的石棉纸来吸收空气中的水分。吸湿纸做的转轮缓慢转动，要处理的空气流过3/4面积的蜂窝状通道被除湿，再生空气经过滤器与加热器进入另1/4面积通道，带走吸湿纸中的水分排出室外。这种设备吸湿能力强，维护管理简单，是比较理想的除湿设备。

5）电加热器

电加热器是让电流通过电阻丝发热来加热空气的设备。其优点是加热均匀、热量稳定、易于控制、结构紧凑，可以直接安装在风管内；缺点是电耗高。因此一般用于温度精度要求较高的空调系统和小型空调系统，加热量要求大的系统不宜采用。电加热器有裸线式和管式两种类型。通过电加热器的风速不能过低，以避免造成电加热器表面温度过高。通常电加热器和通风机之间要有启闭连锁装置，只有通风机运转时，电加热器才能接通。

8.4.3 组合式空调机组

组合式空调机组也称为组合式空调器，是将各种空气热湿处理设备和风机、阀门等组合成一个整体的箱式设备。箱内的各种设备可以根据空调系统的组合顺序排列在一起，能够实现各种空气的处理功能。可选用定型产品，也可自行设计。如图 8.13 所示为一种组合式空调机组。

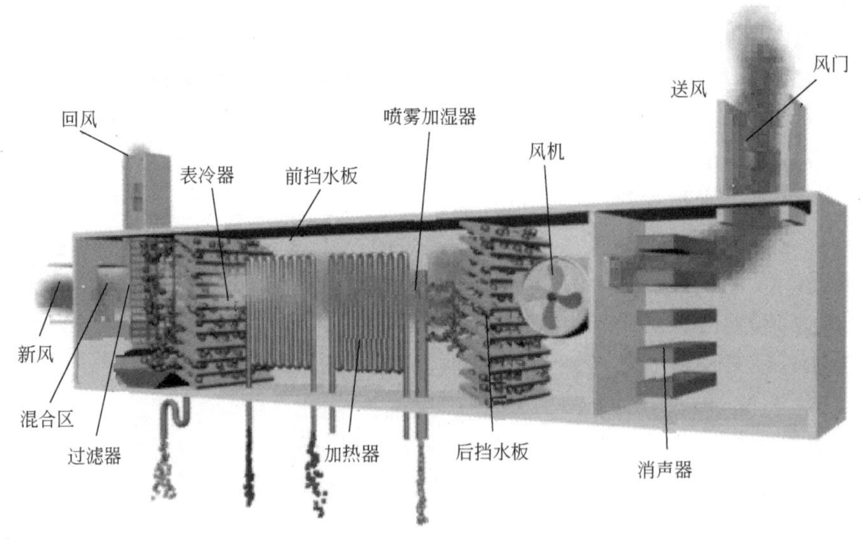

图 8.13 组合式空调机组

8.4.4 局部空调机组

局部空调机组属于直接蒸发表冷式空调机组。它是指一种由制冷系统、通风机、空气过滤器等组成的空气处理机组。

根据空调机组的结构形式分为整体式、分体式和组合式三种。整体式空调机组是指将制冷系统、通风机、空气过滤器等组合在一个整体机组内，如窗式空调器。分体式空调机组是指将压缩机和冷凝器及冷却冷凝器的风机组成室外机组，蒸发器和送风机组成室内机组，两部分独立安装，如家用壁挂式空调器。组合式空调机是指压缩机和冷凝器组成压缩冷凝机组，蒸发器、送风机、加热器、加湿器、空气过滤器等组成空调机组，两部分可以装在同一房间内，也可以分别装在不同房间内。相对于集中式空调系统而言，局部空调机组投资低、设备结构紧凑、体积小、占机房面积少、安装方便；但设备噪声较大，对建筑物外观有一定影响。局部空调机组不带风管，如需接风管，用户可自行选配。

8.4.5 空调机房

空调机房是放置集中式空调系统或半集中式空调系统的空气处理设备及送回风机的地方。

1. 空调机房的位置

空调机房尽量设置在负荷中心，目的是缩短送、回风管道，节省空气输送的能耗，减少风道占据的空间。但不应靠近要求低噪声的房间，如广播电视房间、录音棚等建筑物。空调机房最好设置在地下室，而一般的办公室、宾馆的空调机房可以分散在各楼层上。

高层建筑的集中式空调机房宜设置在设备技术层，以便集中管理。20 层以内的高层建筑宜在上部或下部设置一个技术层。若上部为办公室或客房，下部为商场或餐厅等，则技术层最好设在地下室。20～30 层的高层建筑宜在上部和下部各设一技术层，如在顶层和地下室各设一个技术层。30 层以上的高层建筑，其中还应增加一两个技术层。这样做的目的是避免送、回风干管过长过粗而占据过多空间，而且增加风机电耗。如图 8.14 所示是各类建筑物技术层或设备间的大致位置（用阴影部分表示）。

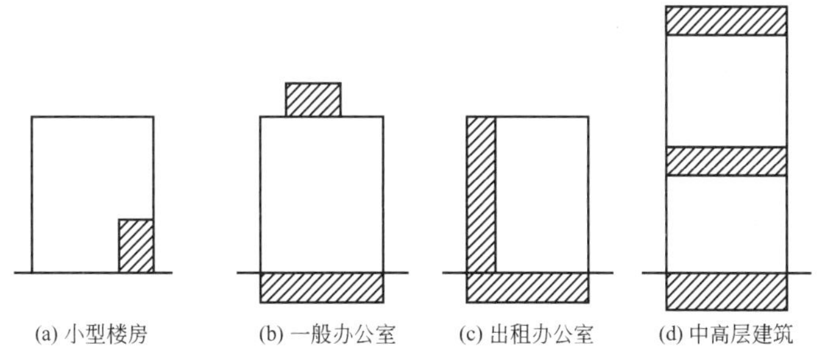

图 8.14 各类建筑物技术层或设备间的大致位置

空调机房的划分应不穿越防火分区。所以大中型建筑应在每个防火分区内设置空调机房，最好能设置在防火区的中心位置。如果在高层建筑中使用带新风的风机盘管等空气-水系统，应在每层或每几层（一般不超过 5 层）设一个新风机组。当新风量较小、房屋空间较大时，也可把新风机组悬挂在吊顶内。

各层空调机房最好能在垂直方向上同一位置布置，这样可缩短冷、热水管的长度，减少管道交叉，节省投资和能耗。各层空调机房的位置应考虑风管的作用半径不要过大，一般为 30～40m。一个空调系统的服务面积不宜大于 500m^2。

2. 空调机房的大小

空调机房的面积与采用的空调方式、系统的风量大小、空气处理的要求等有关，与空调机房内放置设备的数量和每台设备的占地面积有关。一般全空气集中式空调系统，当空气参数要求严格或有净化要求时，空调机房面积为空调面积的 10%～20%；舒适性空调和一般降温空调系统为空调面积的 5%～10%；仅处理新风的空气-水系统，新风机房约为空调面积的 1%～2%。如果空调机房、通风机房和冷冻机房统一估算，总面积为总建筑面积的 3%～7%。

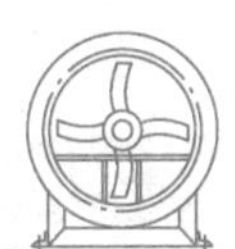

空调机房的高度一般为净高4～6m。对于总建筑面积小于3 000m²的建筑物，空调机房净高为4m；总建筑面积大于3 000m²的建筑物，空调机房净高为4.5m；对于总建筑面积超20 000m²的建筑物，其集中空调的大机房净高应为6～7m，而分层机房则为标准层的高度，即2.7～3m。

3. 空调机房的结构

空调设备安装在楼板上或屋顶上时，结构的承重应按设备自重和基础尺寸计算，而且应包括设备中充注的水或制冷剂的质量及保温材料的质量等。对于一般常用的系统，空调机房的荷载估算为500～600kg/m²，而屋顶机组的荷载应根据机组的大小而定。

空调机房与其他房间的隔墙以厚度为240mm为宜，机房的门应采用隔声门，机房内墙表面应粘贴吸声材料。

空调机房的门和拆装设备的通道应考虑能顺利地运入最大设备构件的可能；若构件不能从门运入，则应预留安装孔洞和通道，并考虑拆换的可能。

空调机房应有非正立面的外墙，以便设置新风口让新风进入空调系统。如果空调机房位于地下室或大型建筑的内区，则应有足够断面的新风竖井或新风通道。

4. 机房内的布置

大型机房应设单独的管理人员值班室，值班室应设在便于观察机房的位置，自动控制屏宜放在值班室。

机房最好有单独的出入口，以防止人员噪声传入空调房间。

经常操作的操作面宜有不少于1m的净距离，需要检修的设备旁边要有不少于0.7m的检修距离。

经常调节的阀门应设置在便于操纵的位置。需要检修的地点应设置检修照明。

风管布置应尽量避免交叉，以减少空调机房与吊顶的高度。放在吊顶内的阀门等需要操作的部件，如果吊顶不能上人，则需要在阀门附近预留检查孔便于在吊顶下操作。如果吊顶较高能够上人，则应预留上人的孔洞，并在吊顶上设人行通道。

8.5 空调负荷概算

8.5.1 影响空调负荷的内外扰因素

消除室内负荷而需要提供的冷量称为冷负荷，消除室内负荷而需要提供的热量称为热负荷，需要消除的室内产湿量称为湿负荷。

影响室内冷热负荷的内外扰因素包括以下几方面。

(1) 通过围护结构的传热量。

(2) 通过外窗的日射得热量。

(3) 由外门窗进入的渗透空气带入室内的热量。

(4) 室内设备、照明等室内热源的散热量。

（5）人体散热量。

影响室内湿负荷的内、外扰因素包括以下几方面。

（1）人体散湿。

（2）设备散湿。

（3）各种潮湿表面、液面散湿。

（4）由室外进入的渗透空气带入室内的湿量。

在确定空调设备容量时除了要考虑以上各种因素形成的负荷，还需要考虑新风的冷负荷与湿负荷，以及风机与水泵升温造成的附加负荷。

一般来说空调房间的室内散热、散湿量在一天中不是恒定不变的，随室内人员数量、设备使用情况的变化而变化。围护结构传热与日射得热、新风等形成的负荷随室外气候参数的逐时变化而变化。由于建筑围护结构与室内各种物体具有一定的蓄热能力，有些物体与家具还具有蓄湿能力，所以由室内外各种扰量形成的瞬时空调负荷与空调实际负荷存在一定的时间延迟和峰值衰减，因此空调的实际负荷并不简单等于室内产热量、室外传入热量等各项之和。空调区的夏季冷负荷，应按空调区各项逐时冷负荷的综合最大值确定。在空调系统设计中，准确计算各种负荷以确定空调设备容量与冷热源容量是必要的，其计算方法和过程比较复杂，下面仅介绍利用设计概算指标进行设备容量概算的方法。

8.5.2 空调设备容量概算方法

空调负荷设计概算指标是根据不同类型和用途的建筑物、不同使用空间，计算单位建筑面积或单位空调面积负荷量的统计值，在可行性研究或初步设计阶段用来进行设备容量概算的指标数。表 8-2 是国内部分建筑的单位空调面积冷负荷指标的概算值。表 8-3 是按整个建筑考虑的单位建筑面积负荷概算指标。

空调系统的冷热源设备容量也可通过类似方法进行概算。根据我国五十余个高层旅馆的统计，单位建筑面积空调制冷设备容量的设计指标 R 的最大变化范围为 $R=65\sim132\text{W/m}^2$，平均值为 89W/m^2，其中 $R=75\sim110\text{W/m}^2$ 的旅馆约占总统计数的 75%。现在国内常用的一种方法是以旅馆为基层，其他建筑的制冷机容量可用旅馆的基数乘以修正系数 β 求出。表 8-4 给出几种建筑的 β 值，旅馆的制冷机容量按 $80\sim93\text{W/m}^2$ 计。不同类型的建筑的空调面积的百分比见表 8-5。

表 8-2 国内部分建筑的单位空调面积冷负荷设计指标的概算值 单位：W/m^2

序号	建筑类型及房屋名称	冷负荷指标	序号	建筑类型及房屋名称	冷负荷指标
1	旅馆、宾馆			医院	
	标准客房	80～110	18	高级病房	80～110
2	酒吧、咖啡厅	100～180	19	一般手术室	100～150
3	西餐厅	160～200	20	洁净手术室	300～450
4	中餐厅、宴会厅	180～350	21	X光、B超、CT室	120～150
5	商店、小卖部	100～160		影剧院	
6	中厅、接待厅	90～120			

（续）

序号	建筑类型及房屋名称	冷负荷指标	序号	建筑类型及房屋名称	冷负荷指标
7	小会议室（允许少量吸烟）	200～300	22	观众席	180～350
8	大会议室（不允许吸烟）	180～280	23	休息厅（允许吸烟）	300～350
9	理发室、美容室	120～180	24	化妆室	90～120
10	健身房、保龄球	100～200		体育馆	
11	弹子室	90～120	25	比赛馆	120～300
12	室内游泳池	200～350	26	观众席休息厅（允许吸烟）	300～350
13	交谊舞舞厅	200～250	27	展览厅、陈列厅	130～200
14	迪斯科舞厅	250～350	28	会堂、报告厅	150～200
15	办公室	90～120	29	图书阅览室	70～150
16	商场、百货大楼	200～300	30	公寓、住宅	80～90
17	超级市场	150～200	31	餐馆	200～350

表 8-3　每平方米建筑面积空调冷负荷概算指标　　单位：W/m^2

建筑类型	冷负荷指标	备注	建筑类型	冷负荷指标	备注
旅馆	70～81		商店	56～65	只在营业厅设空调
中外合资宾馆	105～115		商店	105～122	全楼设空调
办公楼	84～98		体育馆	209～244	按比赛馆面积计算
图书馆	35～41		体育馆	105～119	按总建筑面积计算
大剧院	105～130		影剧院	84～98	放映厅设空调
医院	55～80				

表 8-4　制冷机容量概算指标修正系数 β

建筑类型	β 值	备注	建筑类型	β 值	备注
办公楼	1.2		体育馆	1.5	按总建筑面积计算
图书馆	0.5		大会堂	2～2.5	
商店	0.8	只在营业厅设空调	影剧院	1.2	放映厅设空调
商店	1.5	全楼设空调	影剧院	1.5～1.6	
体育馆	3.0	按比赛馆面积计算	医院	0.8～1.0	

表 8-5　不同类型建筑空调面积的百分比　　单位：%

建筑类型	空调面积占建筑面积的百分比
旅游旅馆、饭店	70～80
办公楼、展览中心	65～80
影剧院、俱乐部	75～85
医院	15～35
百货商店	50～65

思考题

1. 空气调节的任务是什么?

2. 表示空气状态的参数有哪些?干球温度和湿球温度有什么区别?相对湿度和含湿量有什么区别?

3. 空气调节系统是由哪几部分组成?常见的空气调节系统有哪几种形式?它们各有什么特点?

4. 空调系统常用的制冷机有哪几种形式?制冷原理有什么区别?

5. 在压缩式制冷系统中一般包括哪几个部件?各起什么作用?

6. 如何确定制冷机房的位置和大小?机房内的设备布置原则是什么?

7. 空调系统能够完成哪些热湿处理过程?相应采用的处理设备是什么?

8. 表面式空气冷却器和喷水室各有什么优缺点?

9. 组合式空调机组和局部空调机组有什么区别?各应用于什么场合?

10. 如何进行空调负荷的概算?

第9章 暖通施工图

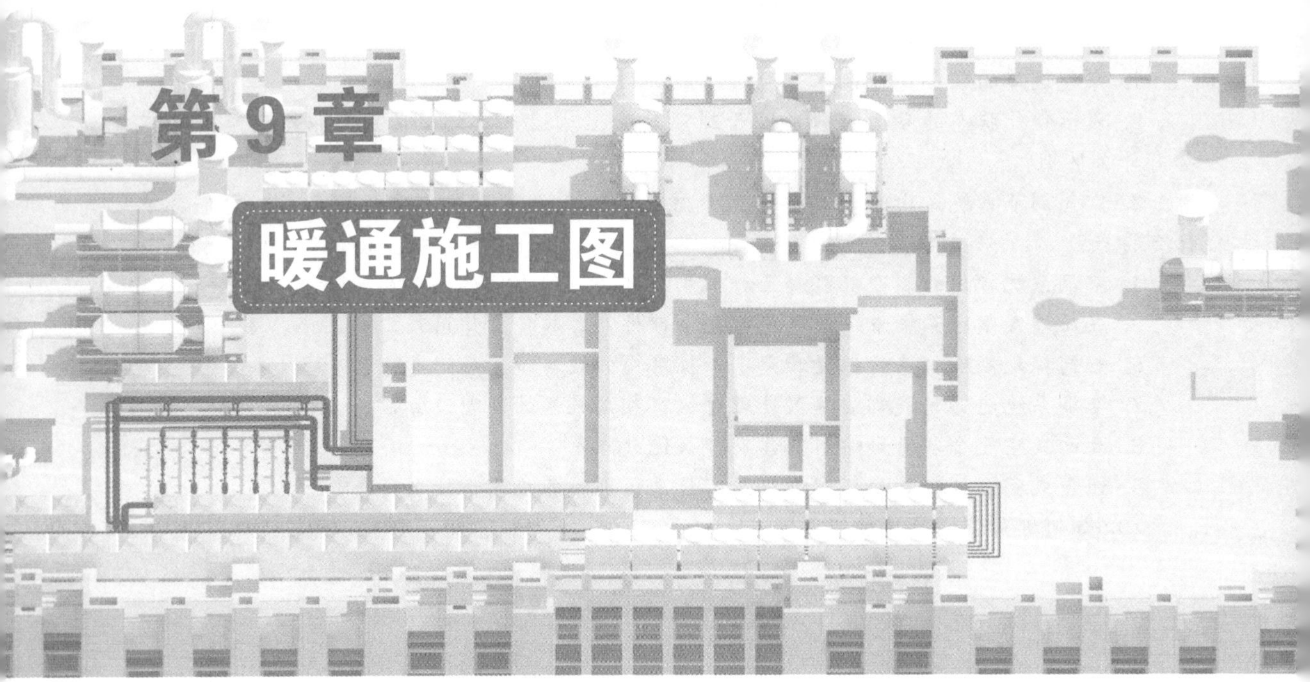

教学要点

本章主要介绍暖通施工图的内容和识图方法。通过本章的学习，应达到以下目标：

(1) 理解暖通施工图中，设备的作用、流程、图样内容和表示方法；

(2) 掌握暖通施工图识读的规律和要点。

基本概念

风道代号；图例；送风系统；排烟设计；平面图；剖面图

引例

超市里因为购物环境舒适，常让人留连忘返，不经意间会观察到好多风口，要分辨送风口、回风口和排风口，不借助暖通施工图确实不好区分。暖通施工图是暖通工程师的语言，它是现场施工和物业运行管理的参照。暖通施工图介绍了通风和空调中常用管道和设备的画法，管道和设备之间连接的表示方法以及通风与空气调节的流程、方式、所用设备、管材和阀门，本章通过对实例的识读，介绍建筑通风与空气调节设备图的识读方法和规律，并结合工程实践予以应用。

9.1 暖通施工图的常用图例

暖通施工图的常用图例有风道代号，风道、阀门及附件，暖通空调设备，分别见表 9-1、表 9-2 和表 9-3。

表 9-1 风道代号

序号	代号	管道名称	备注
1	SF	送风管	—
2	HF	回风管	一、二次回风可附加 1、2 区别
3	PF	排风管	—
4	XF	新风管	—
5	PY	消防排烟风管	—
6	ZY	加压送风管	—
7	P（Y）	排风排烟兼用风管	—
8	XB	消防补风风管	—
9	S（B）	送风兼消防补风风管	—

表 9-2 风道、阀门及附件图例

序号	名称	图例	备注
1	矩形风管	***×***	宽（mm）×高（mm）
2	圆形风管	φ***	Φ直径（mm）
3	风管向上		—
4	风管向下		—
5	风管上升摇手弯		—
6	风管下降摇手弯		—
7	天圆地方		左接矩形风管，右接圆形风管

(续)

序　　号	名　　称	图　　例	备　　注
8	软风管		—
9	圆弧形弯头		—
10	带导流片的矩形弯头		—
11	消声器		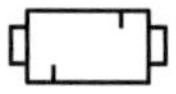
12	消声弯头		—
13	消声静压箱		—
14	风管软接头	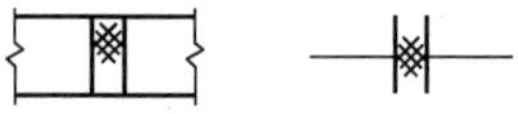	—
15	对开多叶调节风阀		—
16	蝶阀	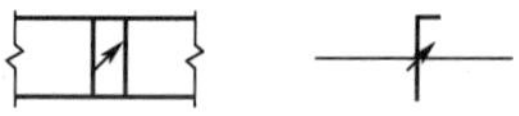	—
17	插板阀	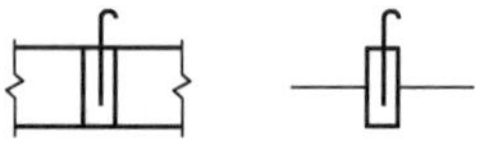	—
18	止回风阀		—
19	余压阀	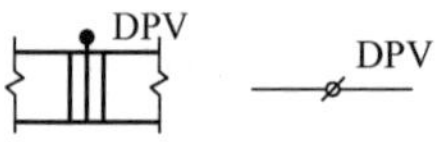 DPV　DPV	—
20	三通调节阀	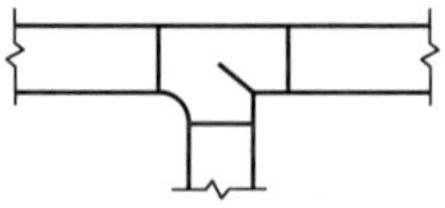	—
21	防烟、防火阀	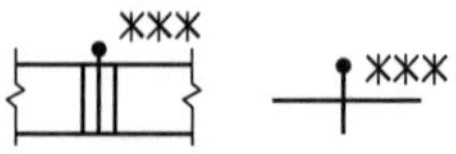 ***　***	***为防烟、防火阀名称代号
22	方形风口	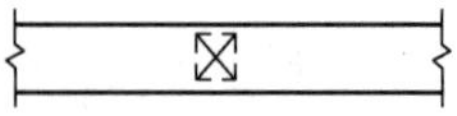	—

（续）

序号	名称	图例	备注
23	条缝形风口		—
24	矩形风口		—
25	圆形风口		—
26	侧面风口		—
27	防雨百叶		—
28	检修门	J　J	—
29	气流方向		左为通用表示法，中表示送风，右表示回风
30	远程手控盒	B	防排烟用
31	防雨罩		

表 9－3　暖通空调设备图例

序号	名称	图例	备注
1	散热器及手动放气阀	15　15　15	左为平面图画法，中为剖面图画法，右为系统图、y 轴侧图画法
2	散热器及温控阀	15　15	—
3	轴流风机		—
4	轴（混）流式管道风机		—
5	离心式管道风机		—

（续）

序号	名　　称	图　　例	备　　注
6	吊顶式排气扇		—
7	水泵	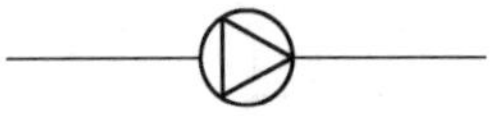	—
8	手摇泵	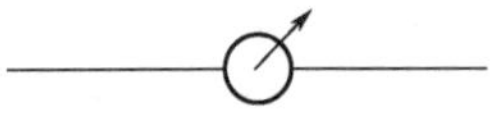	—
9	变风量末端	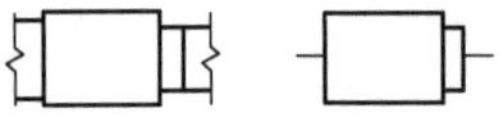	—
10	空调机组加热、冷却盘管		从左到右分别为加热、冷却及双功能盘管
11	空气过滤器		从左至右分别为粗效、中效及高效
12	挡水板		—
13	加湿器	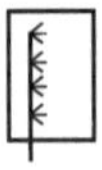	—
14	电加热器		—
15	板式换热器	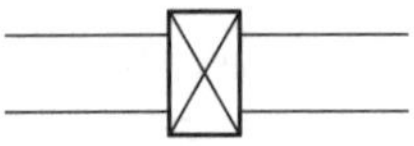	—
16	立式明装风机盘管	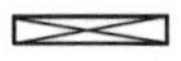	—
17	立式暗装风机盘管		—
18	卧式明装风机盘管	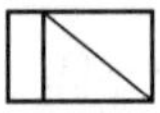	—
19	卧式暗装风机盘管	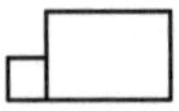	—
20	窗式空调器	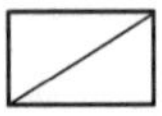	—
21	分体空调器	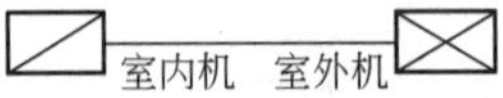 室内机　室外机	—
22	射流诱导风机	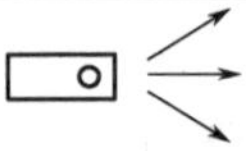	—
23	减振器		左为平面图画法，右为剖面图画法

9.2 暖通施工图的内容

暖通施工图的绘制是整个设计阶段的重要环节之一。施工图的图幅、标题栏、符号、线条、文字、尺寸标注、比例、设备与系统的表达方式要符合有关规范、规定、统一技术条例及制图规定，图面表达与计算要一致。施工图主要内容包括以下几个部分。

(1) 平面图。平面图主要包括：采暖及空调机房平面图、水管及风管布置平面图、冷热源设备与管道布置平面图、排风系统平面图、防排烟系统平面图等。平面图上应标明设备、管道等的定位尺寸、水管管径、风管尺寸、坡度、坡向等；采暖空调设备、阀门及附件等编号或型号规格、尺寸；空调系统、排风系统、防排烟系统的编号等。

(2) 剖面图。剖面图包括：通风、采暖、空调剖面图，采暖、空调机房等剖面图。剖面图上应标明设备、管路、附件的高程位置及尺寸，平面尺寸标注应与相应平面图对应。

(3) 系统图。系统图包括：空调冷冻水管系统图、采暖水系统图、空调风管系统图、防排烟系统图等。系统图中管道走向应与平、剖面相吻合，系统图上应标明管径、标高、剖度、剖向；空调设备、采暖设备附件的编号；标明主要阀门、压力表、温度计等。

(4) 详图。为了方便施工，设计人员根据施工需求，需绘制一些详图，如设备基础图，表冷器、加热器连管图，管道保温图，防火阀安装图及管道吊、托、支架图，固定支架、水箱图等。

下面以通风图为例说明。

图 9.1 是排风排烟系统示意图，该系统属于机械通风系统。右上横卧的管道是排烟管道，通常设在走廊的天花板下。

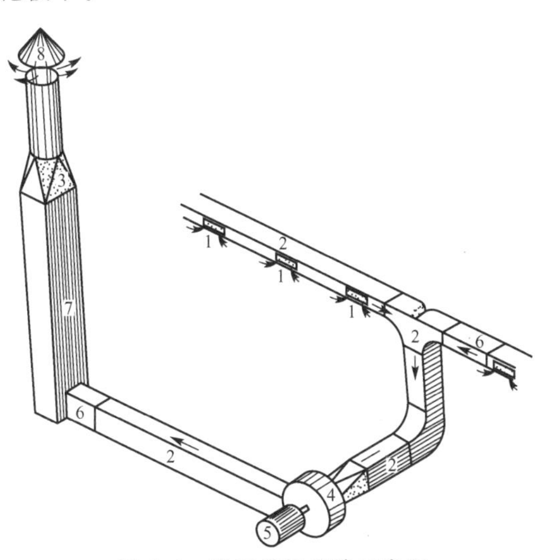

图 9.1 排风排烟系统示意图

1—排烟风口；2—排烟管道；3—异径管；4—排烟风机；5—电动机；6—防火调节阀；7—竖直排烟管；8—伞形风帽

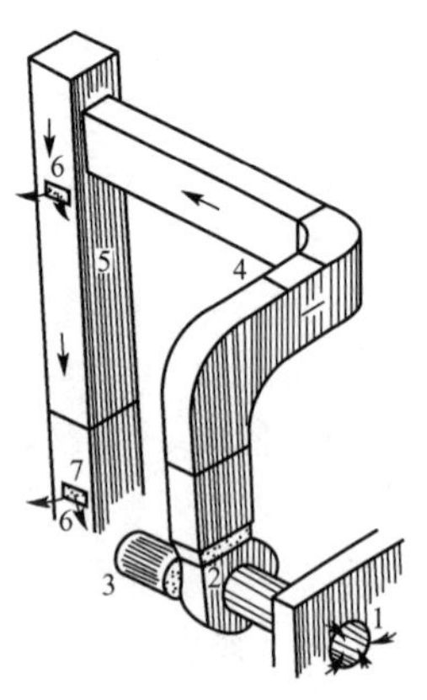

图 9.2　送风系统示意图
1—吸风口；2—送风机；3—电动机；
4—送风管道；5—竖直送风管道；
6—送风口

图 9.2 是送风系统示意图，该系统也是属于机械通风系统。右下是假想切断外墙后的一小块。

在平、剖面图中，均对设备、部件等进行了编号标注；风道（风管）通常用双线绘制，法兰盘用单线绘制。

风管（风道）管径或断面尺寸，通常标注在它的旁边或风管法兰盘处延长的细实线上方。圆形风管是以“ϕ数字”表示。矩形风管是以“数字×数字”表示。

通风系统用系统名称的汉字拼音字头加阿拉伯数字进行编号。如送风系统写成“S-1、S-2、…”。

通常绘制详图的平、剖面图只标注设备或部件的定位尺寸。其细部尺寸在详图中标注。

在一般情况下，通风设备安装图是由平面图、剖面图和详图等组成。

通风系统图中的风管，沿长度方向，按比例用单粗线绘制（其中设备、部件按图例规定表示）。

系统图是表示管道、设备、部件和配件等完整内容的图纸。通常，系统图中的设备和部件，全都要标注出它们的编号。风管的断面尺寸和标高也都有标注。

通风安装工程所需要的土建尺寸和标高，图中也有表示。

9.3　通风空调工程识图

9.3.1　排烟系统识图

1. 排烟设计说明

地下室设排烟系统，由于受风机房面积限制，所以转弯处的半径较小，需要在弯头处设导流叶片。

排烟管道所设防火阀均为 741(FVD)，排烟用防火调节阀，280℃时关闭。

地下室排烟管道采用钢板风道。风道均为标准钢板风道。钢板厚度见表 9-4，表 9-5 为送风排烟主要设备表。

表 9-4　管道钢板厚度表

管道尺寸/mm	ϕ1 600	1 600×500	1 000×1 000	1 000×630	921×700
厚度/mm	1.5	1.2	1.0	1.0	1.0

表 9-5 送风排烟主要设备表

编号	名称	型号与规格	单位	数量	备注
1	排烟风机	4-68，No.1250，左 0°	台	1	Q=42 910m³/h；H=640Pa
2	排烟风口	922C(BSFD)，400×500	个	9	
3	防火调节阀	741(FVD_2)，1 250×500	个	1	
4	防火调节阀	741(FVD_2)，1 000×630	个	1	
5	伞形风帽	D=560mm，No.10	个	1	
6	吸风口	D=560mm，No.12	个	1	
7	送风机	T4-72，No.52，左 90°	台	1	Q=14 620m³/h；H=2 010Pa；N=11kW
8	送风口	922B(SD)，320×320	个	15	

2. 排烟（风）管道平面图（图 9.3）

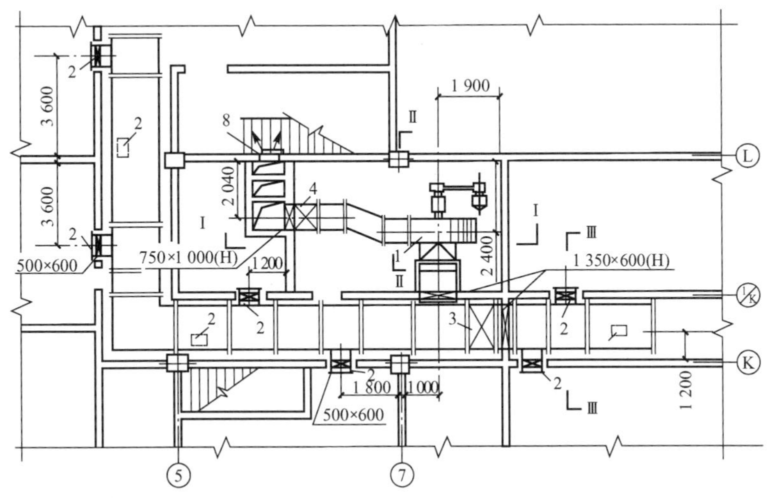

图 9.3 排烟（风）管道平面图

1—排烟风机，46-8，No12.50，左 0°；2—排烟风口，922C(BSFD)，400×500；

3—防火调节阀，741(FVD_2) 1 000×1 000；4—防火调节阀，741(FVD_2) 1 000×630

注：图中“-1.600，-3.750”均为墙洞底标高。

（1）⑤、⑦、Ⓚ、…为土建结构（柱、墙）的轴线编号，通风设备安装尺寸定位用。

（2）通风管道为“L”形，设置在走廊。

（3）6 个排烟风口（2），由通风管接至走廊两侧各个房间。

（4）另外，还有 3 个排烟风口（2），设置在走廊（虚线方框，在管道下方）。

（5）污浊空气或烟气，被排烟风机抽进，并送到竖直管道（砖砌）。

（6）墙上开出的洞口尺寸横线下，标注的数字为洞口底的标高。横线上的（H）为洞口高。

(7) 编号 1 为风机，旁边有电动机；编号 3、4 为防火调节阀；编号 8 为送风系统中的送风口。

(8) 以土建的墙边为基准，给出了设备、部件的各个定位尺寸。

(9) 看平面图，在排烟风机前（紧贴排烟机），沿Ⅰ—Ⅰ剖切符号位置，剖开向后看，即Ⅰ—Ⅰ剖面图，如图 9.4 所示。图中尺寸“4 500”和标高“－21.46”，是排烟风机（编号 1）的定位尺寸。防火调节阀（编号 4），紧贴左墙边。标高“－3.200”是管道中心线的定位尺寸。近阀的管道断面为“630×1 000”，而近机的管道断面为“700×921”。这样，两者必须由一个异径管来连接。在排烟机左方，取Ⅱ—Ⅱ剖面图，如图 9.5 所示。尺寸“2 400”和标高“－2.146”是风机的定位尺寸；标高“－1.300”是穿墙洞管的中心线定位尺寸。风机右方有一个异径管，连接风机圆口和断面为矩形的风管。通过风管和排烟风口剖切向右看，得Ⅲ—Ⅲ剖面图，如图 9.6 所示。从这幅图上可以看出管道（风管）的中心标高，以及管道底面与侧面的风口（管道在走廊）。

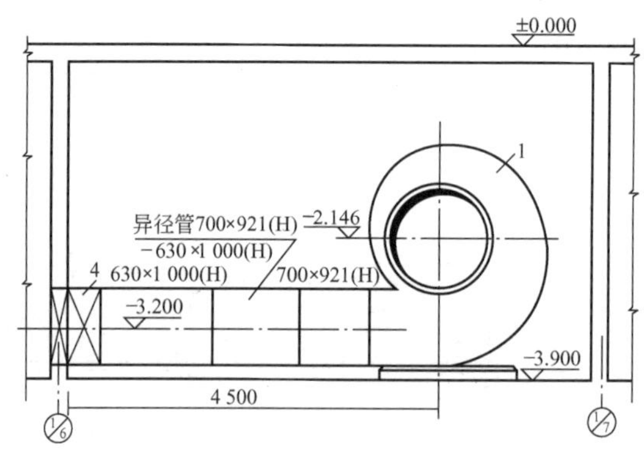

图 9.4　Ⅰ-Ⅰ剖面图

1—排烟风机；4—防火调节阀

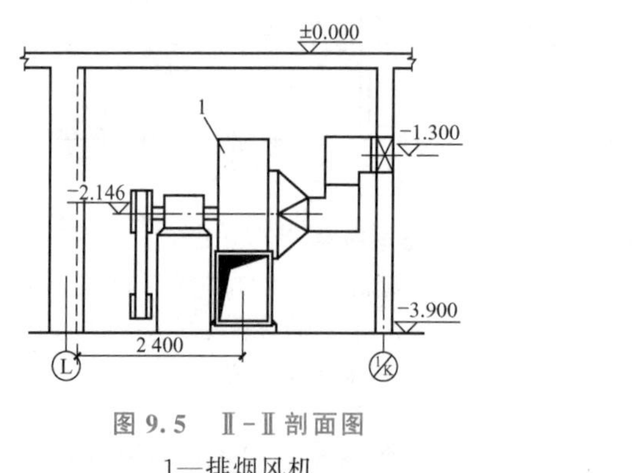

图 9.5　Ⅱ-Ⅱ剖面图

1—排烟风机

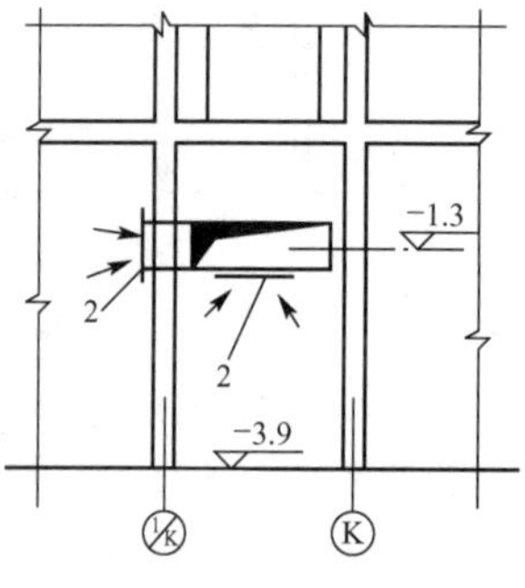

图 9.6　Ⅲ-Ⅲ剖面图

2—排烟风口

(10) 图 9.7 是排烟系统图。管道是用单线条表示的；设备采用图例绘制。此图主要体现系统立体形象、标高和管道断面尺寸。

3. 送风系统的机房图

图 9.8 是送风系统风机房平面图。机房和楼梯间突出毗邻房间的屋面，利用左侧墙开洞，装置新鲜空气的吸风口（编号 6）。吸进的新鲜空气，通过送风机（编号 7），送进竖直送风的砖砌管道。然后，再送到各层的房间，包括楼梯间。编号 8 是顶层楼梯间的送风口。

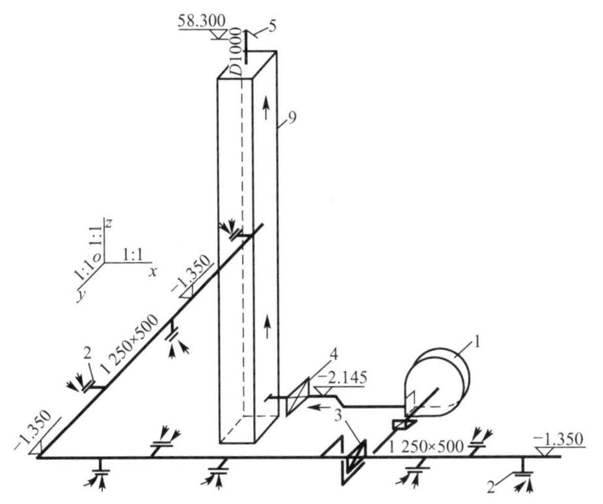

图 9.7 排烟系统图

1—排烟风机；2—排烟风口；3—防火调节阀；
4—防火调节阀；5—伞形风帽；
9—砌筑（建筑物内）竖直排烟道

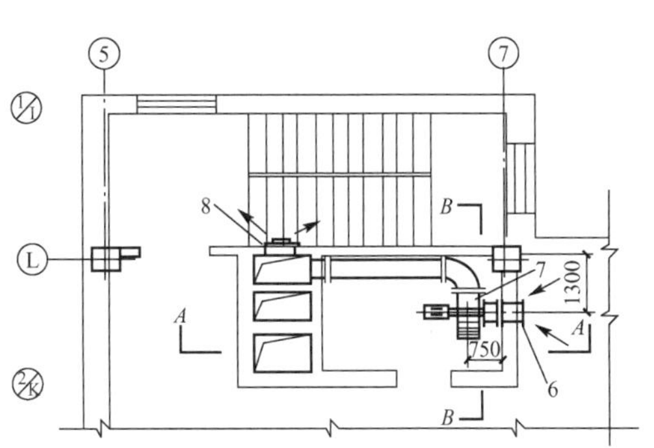

图 9.8 送风系统风机房平面图

6—吸风口 D=560mm，No. 12；
7—送风机 T4—72，No. 5A，左 90°；
8—送风口

在平面图的风机前面，取 A—A 剖面图，如图 9.9 所示。尺寸“750”和标高“53.500”是风机的定位尺寸。标高“55.300”是管道中心线的定位尺寸。尺寸“630×320”是管道的断面尺寸。编号 6 是吸风口；编号 7 是风机。

再从平面图上风机的右边，做 B—B 剖面，向左看，如图 9.10 所示。这里又补充给出了风机定位的第三个尺寸“1 300”。这个图上，还可以看到楼梯间的送风口（编号 8）。

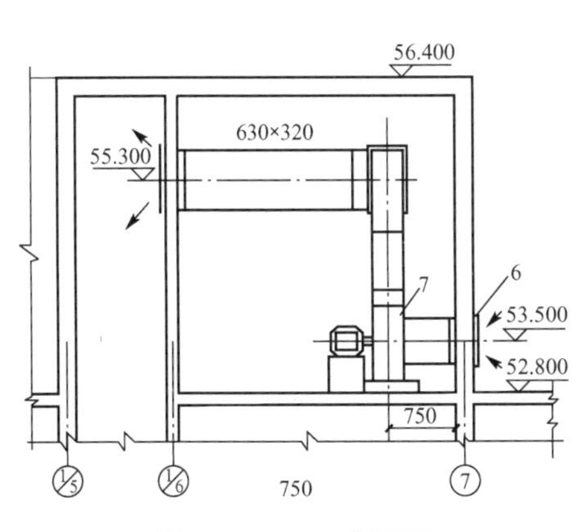

图 9.9 A—A 剖面图

注：风管支吊架按国际 T616 施工。

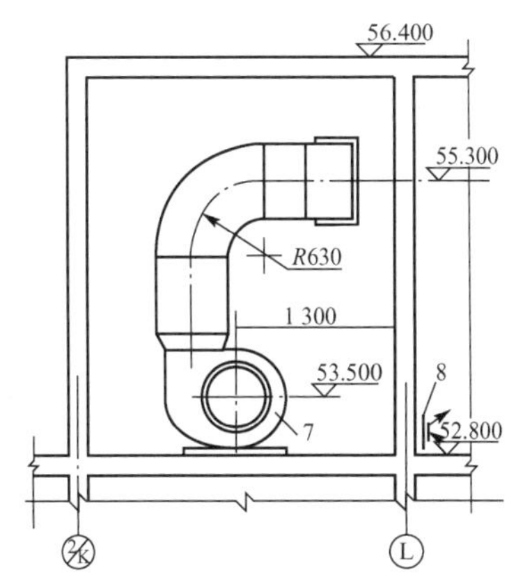

图 9.10 B—B 剖面图

9.3.2 空调设备图识读举例

下面是长沙某建筑的空调机房布置图，其制冷机房平面图、1—1 剖面图、2—2 剖面图、管路布置图、水系统图分别如图 9.11～图 9.15 所示。

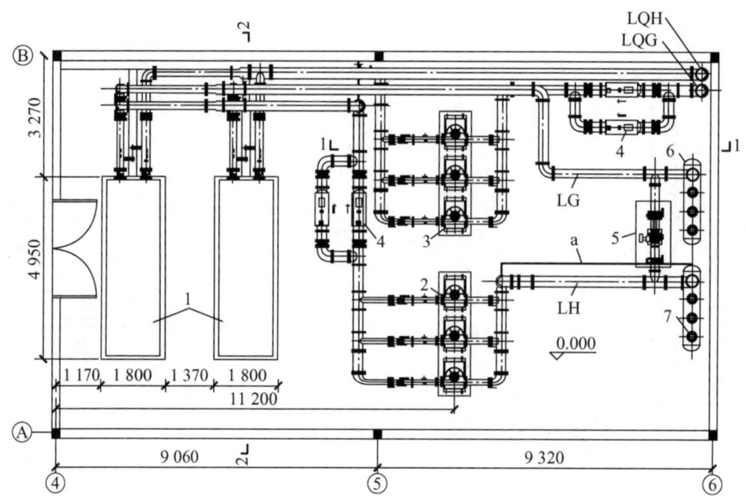

图 9.11 制冷机房平面图

1—冷水机组；2—冷冻水泵；3—冷却水泵；4—自动排污电子水除垢过滤器；5—压差旁通阀组；6—分水器；7—集水器

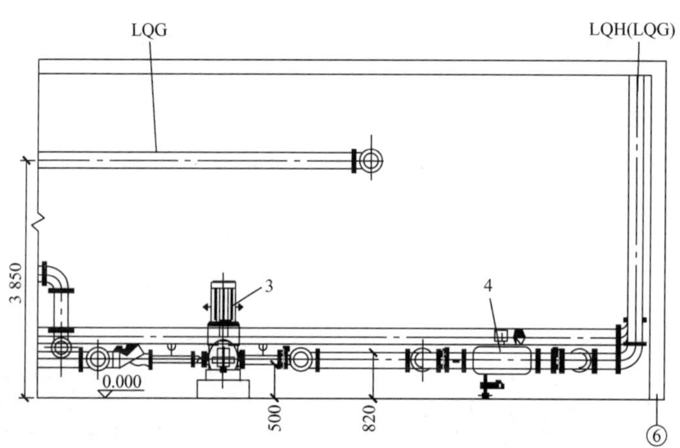

图 9.12 1—1 剖面图

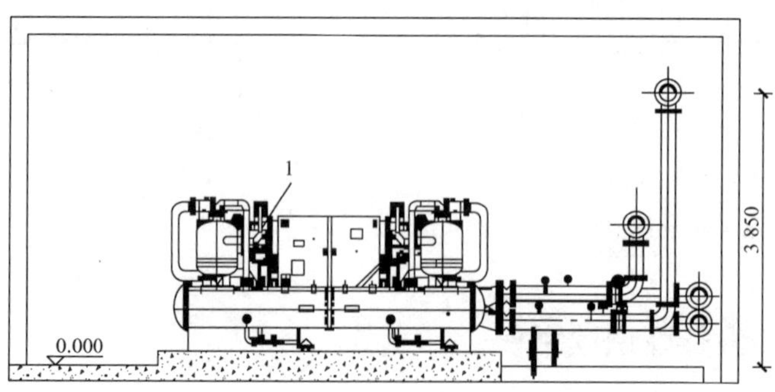

图 9.13 2—2 剖面图

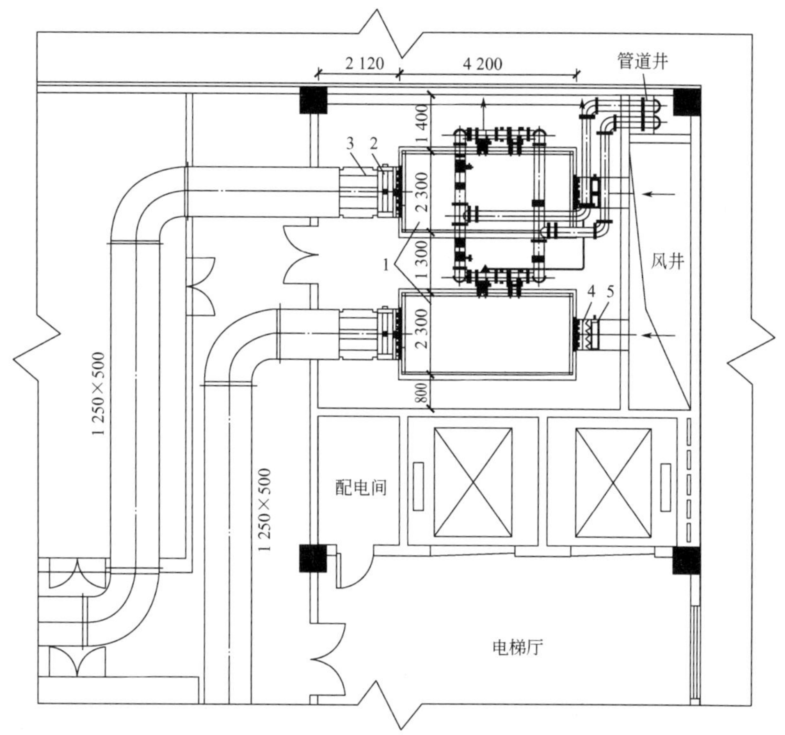

图 9.14　空调机房管路布置图

1—组合式空气处理机组；2—70°防火阀；3—消声器；4—电动对开多叶调节阀；5—70°常开防火阀

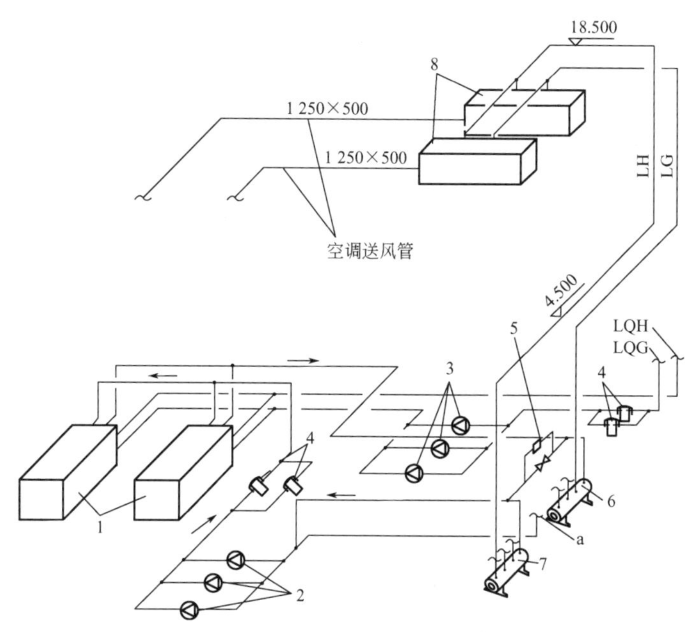

图 9.15　空调水系统图

1—冷水机组；2—冷冻水泵；3—冷却水泵；4—自动排污电子水除垢过滤器；5—压差旁通阀组；6—分水器；7—集水器；8—组合式空气处理机组

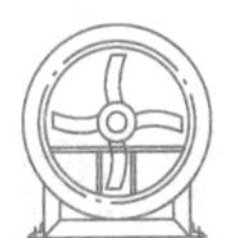

(1) 图中Ⓐ、Ⓑ、④、⑤、⑥为土建结构(柱、墙)的轴线编号。

(2) 图中标注“1 170”“3 270”分别是相对于轴线④、Ⓑ的距离，是冷水机组(编号1)的定位尺寸，标注“4 950”“1 800”分别是冷水机组的长和宽，是设备本身的尺寸大小。

(3) 图中“LQH”代表冷却水回水管，“LQG”代表冷却水供水管，“LH”代表空调冷水回水管，“LG”代表空调冷水供水管；从图 9.11 看出，空调机房有两套水系统，一套为冷却水系统，另一套为冷水系统。

(4) 图中包括主要设备有：冷水机组、冷冻水泵、冷却水泵、自动排污电子水除垢过滤器、压差旁通阀组、分水器、集水器。

(5) 图中各主要设备功能。冷水机组：制取冷水提供给各末端空调器。冷冻水泵：为冷水的循环流动提供动力。冷却水泵：为冷却水的循环流动提供动力。自动排污电子水除垢过滤器：过滤冷水、冷却水中的杂质。压差旁通阀组：用于空调系统供/回水系统之间以平衡压力。

(6) 管 a 一端接在水泵吸入端，一端与膨胀水箱相连，起定压和补水的作用。此外膨胀水箱的安装高度应能保持水箱中的最低水位高于水系统的最高点 1m 以上。

(7) 从冷水系统来看，冷水从冷水机组出来经分水器分送至各空调末端设备，末端换热后汇集至集水器，并通过过滤装置过滤及冷水泵加压后流入冷水机组再循环；从冷却水系统看，冷却水在冷水机组中的冷凝器里换热后，通过冷却水管送至冷却塔冷却，然后经过滤装置过滤及冷却水泵加压后流入冷水机组再循环。

1—1 剖面反映的是空调设备及管路在高程上的位置关系，从图 9.12 来看，其中一根冷水供水管离地面高程为 3 850mm，冷却水泵基础高 500mm，从这张图上可以查看出具体管路、具体设备的高程。

图 9.13 为 2—2 剖面图，从图上我们可以直观地看到冷水机组的外观及冷水、冷却水的接管情况。

图 9.14 是该建筑其中一层裙楼的空调机房管路布置图，该层空调系统采用全空气系统；如图所示，冷水从空调机房经管道井引入末端设备组合式空气处理机组，空气处理机组出口接有 70°防火阀、消声器；入口接有电动对开多叶调节阀、70°常开防火阀。新风从送风竖井引入，经空气处理机组处理后送入该层各个房间。图中尺寸标注给出了组合式空气处理机组的定位；送风管尺寸为 1 250mm×500mm。

图 9.15 展示了该建筑的部分空调水系统原理(包括空调机房及图 9.14 所示裙楼水系统)，图中管路附件(如阀门、温度计等)未示出。空调水系统主要包括冷水系统及冷却水系统两大部分，冷水系统主要内容包括有冷水水泵、冷水管路、过滤装置、末端空调设备等；冷却水系统主要内容包括有冷却水泵、冷却水管、过滤装置、冷却塔等。如图所示，冷水经分水器分流，其中一支由冷水供水管“LG”流向组合式空气处理机组，经组合式空气表冷器(冷却盘管)段与空气进行换热，从而制取低温新风经空调送风管送入室内各区域，以满足室内热舒适性要求。换热后，冷水由管道井中的冷水回水管“LH”流向位于空调机房的集水器，并经冷水机组中蒸发器换热后再循环。图中 a 接高位膨胀水箱，起定压与补水的作用；压差旁通阀组连接冷水供回水管用于平衡两者之间的压差。

9.3.3 采暖管路识读举例

图 9.16 为北京某小区采暖机房图，采暖机房内主要设备见表 9-6。

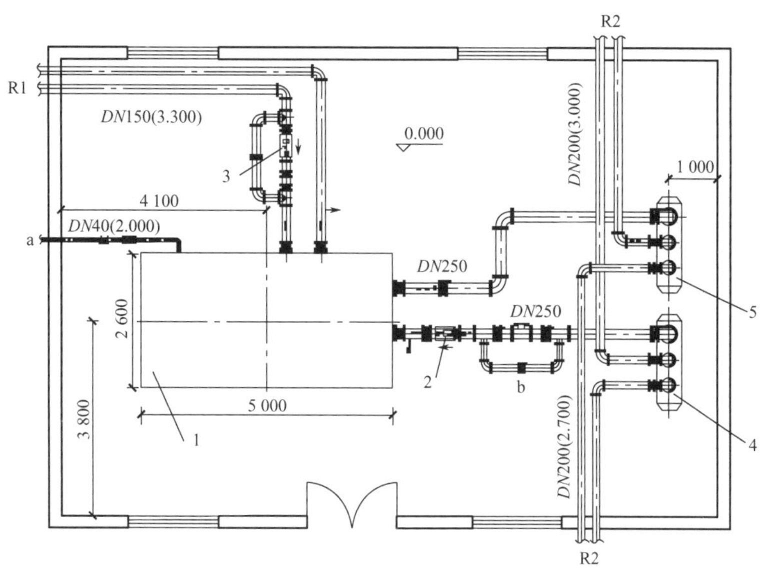

图 9.16 采暖机房平面图

1—换热机组；2—电子水处理器；3—除污器；4—集水器；5—分水器

表 9-6 采暖机房主要设备表

序 号	名 称	型 号	单 位	数 量
1	换热机组	SJZSIII-N-2.80-F1	台	1
2	电子水处理器	DN250	个	1
3	除污器	DN150	个	1
4	集水器	DN500	个	1
5	分水器	DN500	个	1

如图 9.16 所示，该采暖机房选用一台高效智能水-水换热机组，型号为 SJZSIII-N-2.80-F1，根据市政供回水（R1）温度为 100/60℃，设计二次水采暖供回水（R2）温度 50/40℃。图中主要设备有：换热机组、电子水处理器、除污器、集水器、分水器，一次热水供回水（R1）接入换热机组换热后，制出二次水采暖供回水（R2），经分水器流向各房间采暖末端，管路上均装有过滤设备。从平面图上看，一次热水供回水管径为 *DN*150，安装高度为 3.300m，二次水采暖供回水管径为 *DN*200，安装高度分别为 2.700m、3.000m，a 为补水接口，b 为旁通管，热水管应做保温处理。

图 9.17 是采暖机房系统图。系统图宜采用轴测投影法绘制，在不致引起误解时可不用轴测投影法绘制。系统图中的基本要素要与平、剖面图相对应，从图 9.16 来看，系统图中的主要设备换热机组、电子水处理器、除污器、集水器、分水器均与平面图对应，绘制系统图时，水、蒸汽、通风、空调管道均可用单线表示，管线重叠、密集处可采用断开画法。

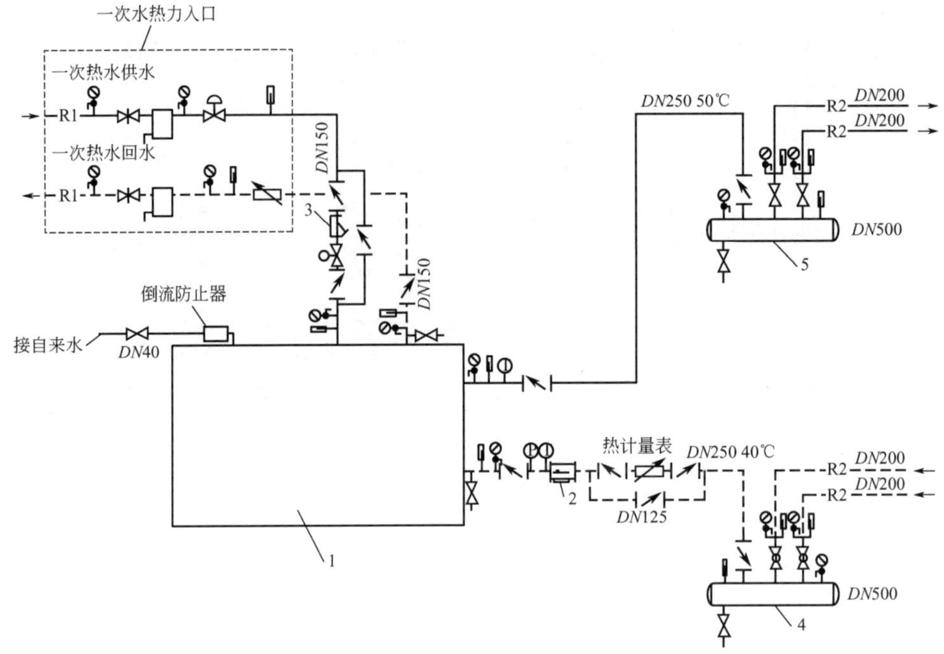

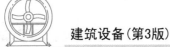

图 9.17　采暖机房系统图

1—换热机组；2—电子水处理器；3—除污器；4—集水器；5—分水器

思考题

1. 空调设备图的识读方法和步骤是什么?
2. 建筑通风设备图的内容包括哪些?
3. 暖通施工图的主要内容包括哪些?
4. 什么叫全空气系统?
5. LG、LH、LQG、LQH 各代表什么? 简述其在水系统中各自的作用。

第3篇 建筑消防

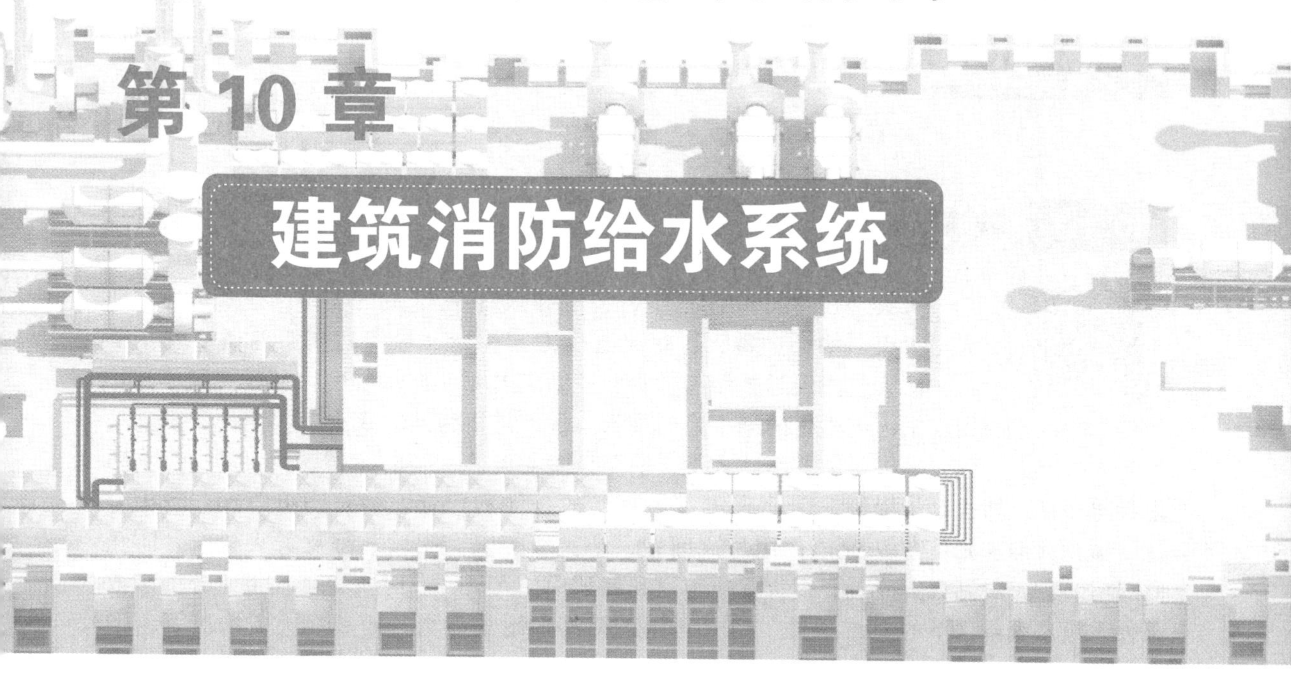

第10章 建筑消防给水系统

教学要点

本章主要讲述火灾的形成原因以及火灾种类，如何做到有效监测火灾、控制火灾、快速扑灭火灾和扑灭火灾的方法，以及一旦发生火灾，如何保证人员安全疏散。通过本章的学习，应达到以下目标：

(1) 了解火灾的种类以及监测、控制和扑灭火灾的方法；

(2) 理解防火分区、防烟分区及安全疏散的内容；

(3) 熟悉建筑消防系统的各种类型及其适用范围。

基本概念

耐火等级；防火分区；防烟分区；安全疏散；灭火剂；消防水喉；消火栓；水泵接合器；消防用水量；水枪设计射流量；喷头出水量；泡沫液泵；雨淋阀

引例

2003年11月3日凌晨5时许，湖南省衡阳市衡州大厦（整体八层、局部九层商住楼）一楼仓库起火，一个小时之内，大火蔓延到整栋大楼，8时37分，这幢八层高楼整体坍塌，20名参加救援的消防官兵被掩埋在废墟中殉职，16人受伤。事后分析火灾的原因是住宅楼内设置的仓库留下了火灾隐患；商业服务网点的建筑面积超过300m^2，但是却没有采用耐火极限大于1.50h的楼板，也没有采用耐火极限大于2.00h的隔墙分割住宅和其他用房；该商业服务网点也没有设置消火栓等。这些原因促成了这场震惊全国的火灾。为了避免、减少建筑火灾的发生，我们应该采取本章所介绍的消防技术，防患于未然。

10.1 建筑消防概述

10.1.1 建筑火灾

【火灾定义、分类与危害】

火灾是在时间和空间上失去控制的燃烧所造成的灾害。建筑可通过防火、灭火、堵火、避火、耐火五个方面构建“纵深防御”的消防安全体系。防火是指通过控制可燃物、控制点火源、控制可燃物和点火源相互作用，把火灾发生的概率降到最低。灭火是指为及时灭火、控制火灾扩大蔓延，提供足够的消防人员、消防设备与设施、消防车道、救援场地、消防电梯等条件。堵火是指限制、消除火灾扩大蔓延的条件和因素，构筑防火单元、防火分区，做到火焰和烟雾无法穿透；用防火间距、防火墙等隔离手段，隔离着火建筑，防止“火烧连营”，限制火灾蔓延。避火是指疏散和就地保护人员，及时报警，提供充分的疏散条件及最悲观条件下的避难条件。耐火是指加强结构耐火能力，使其在火灾情况下不倒塌。下面介绍建筑火灾的发展过程、蔓延途径，火灾烟气及其危害，以及火灾的种类。

【建筑火灾发展阶段与灭火方法】

1. 火灾的发展过程

根据国内外若干火灾实例分析，火灾可分为三个阶段：第一阶段是火灾初起阶段，此时燃烧是局部的，火势不稳定，室内的平均温度不高，是控火、灭火的最好时机；第二阶段是火灾的发展阶段，此时火势猛烈，室内温度很高，控火原则是利用建筑物设置的防火分隔限制燃烧范围，阻止火灾向外蔓延；第三阶段是火灾熄灭阶段，此时室内可燃物已经基本燃尽，但仍需防止火灾蔓延，注意建筑结构的倒塌，保障灭火人员的安全。

【建筑火灾的蔓延机理】

2. 火灾的蔓延途径

研究火灾蔓延途径，是在建筑物中科学合理地采取防火隔断措施的需要，也是灭火中采取“堵截包围、穿插分割”等措施，最后扑灭火灾的需要。火灾蔓延的途径有外墙窗口、内墙门、楼板的孔洞、建筑物封闭的空心处、闷顶、通风管道等。

3. 火灾烟气及其危害

国内外多次建筑火灾的统计表明，死亡人数中50％～70％是被烟气毒死的。烟气的危害性主要体现在对人体的生理、视觉和心理危害；在着火区域的房间及疏散通道内，充满了含有大量一氧化碳及各种有害物质的热烟，甚至远离火区的一些地方也可能烟雾弥漫，对安全疏散有非常不利的影响。烟气也会妨碍消防队员的行动，烟气中的某些可燃物可能死灰复燃，导致火场的扩大，增加扑救工作的难度。

4. 火灾的种类

根据国家标准《火灾分类》(GB/T 4968—2008)，火灾分为A、B、C、D、E、F六类。

A类火灾是指固体物质火灾，可燃的固体物质有：木材及木制品、纤维板、胶合板、纸张、纸板、家具，棉花、棉布、服装、粮食、谷类、豆类，合成橡胶、合成纤维、合成塑料、电工产品、化工原料、建筑材料、装饰材料等。

B类火灾是指液体或可熔化的固体物质火灾，液体可燃物有汽油、煤油、柴油、重油、原油、动植物油等油脂，酒精、苯、乙醚、丙酮等有机溶剂；可熔化的固体可燃物有沥青、石蜡等。根据可燃性液体的闪点，液体火灾危险性分为甲、乙、丙三类，闪点是液体表面上的蒸汽和周围空气的混合物与火接触，初次出现蓝色火焰闪光时的温度。甲类火灾危险性的液体闪点基准定为＜28℃，如汽油；乙类定为28～60℃，如煤油；丙类定为＞60℃，如柴油。

C类火灾是指可燃气体引起的火灾，可燃气体与空气组成的混合气体遇火源能发生爆炸。可燃气体最低浓度称爆炸下限，可燃气体的火灾危险性用爆炸下限来评定，爆炸下限小于10%的可燃气体为甲类火险物质，如氢气、乙炔、甲烷等；爆炸下限大于或等于10%的可燃气体划为乙类火险物质，如一氧化碳、氨气等。

D类火灾是指可燃金属燃烧引起的火灾，可燃金属有锂、钠、钾、钙、镁、铝、钛、锆、锌、铪、钚、钍和铀等。

E类火灾是指带电火灾，物体带电燃烧的火灾，如带电设备和导线。

F类火灾是指烹饪器具内的烹饪物火灾，如动植物油脂。

10.1.2 建筑分类和灭火救援设施

1. 建筑的分类

【建筑分类】

建筑按其使用功能可分为民用建筑和工业建筑；按其高度可分为地下建筑、单层建筑、多层建筑及高层建筑。高层建筑为建筑高度大于27m的住宅建筑和建筑高度大于24m的非单层厂房、仓库和其他民用建筑。

2. 民用建筑的分类

民用建筑根据其建筑高度和层数可分为单、多层民用建筑和高层民用建筑。高层民用建筑根据其建筑高度、使用功能和楼层的建筑面积可分为一类和二类。民用建筑的分类应符合表10－1的规定。

表10－1 民用建筑的分类

名称	高层民用建筑		单、多层民用建筑
	一类	二类	
住宅建筑	建筑高度大于54m的住宅建筑（包括设置商业服务网点的住宅建筑）	建筑高度大于27m，但不大于54m的住宅建筑（包括设置商业服务网点的住宅建筑）	建筑高度不大于27m的住宅建筑（包括设置商业服务网点的住宅建筑）
公共建筑	1. 建筑高度大于50m的公共建筑 2. 建筑高度24m以上部分任一楼层建筑面积1 000m² 的商业、展览、电信、邮政、财贸金融建筑和其他多种功能组合的建筑 3. 医疗建筑、重要公共建筑 4. 省级及以上的广播电视和防灾指挥调度建筑、网局级和省级电力调度建筑 5. 藏书超过100万册的图书馆、书库	除一类高层公共建筑外的其他高层公共建筑	1. 建筑高度大于24m的单层公共建筑 2. 建筑高度不大于24m的其他公共建筑

【建筑结构耐火性能分析】

3. 建筑物的耐火等级

根据建筑构件的燃烧性能和耐火极限，建筑物有不同的耐火等级要求。建筑构件的燃烧性能根据其组成材料的不同，分为不燃烧体、难燃烧体和燃烧体三类。建筑构件的耐火极限是在标准耐火试验条件下，建筑构件、配件或结构从受到火的作用时起，至失去承载能力、完整性或隔热性时止所用的时间，以小时表示。

《建筑设计防火规范》(GB 50016—2014) 将民用建筑的耐火等级划分为一、二、三、四级，不同耐火等级建筑相应构件的燃烧性能和耐火极限不应低于表 10-2 的规定。

表 10-2　不同耐火等级建筑相应构件的燃烧性能和耐火极限　　单位：h

构件名称		耐火等级			
		一级	二级	三级	四级
墙	防火墙	不燃性 3.00	不燃性 3.00	不燃性 3.00	不燃性 3.00
	承重墙	不燃性 3.00	不燃性 2.50	不燃性 2.00	难燃性 0.50
	非承重外墙	不燃性 1.00	不燃性 1.00	不燃性 0.50	可燃性
	楼梯间、前室的墙，电梯井的墙，住宅建筑单元之间的墙和分户墙	不燃性 2.00	不燃性 2.00	不燃性 1.50	难燃性 0.50
	疏散走道两侧的隔墙	不燃性 1.00	不燃性 1.00	不燃性 0.50	难燃性 0.25
	房间隔墙	不燃性 0.75	不燃性 0.50	难燃性 0.50	难燃性 0.25
柱		不燃性 3.00	不燃性 2.50	不燃性 2.00	难燃性 0.50
梁		不燃性 2.00	不燃性 1.50	不燃性 1.00	难燃性 0.50
楼板		不燃性 1.50	不燃性 1.00	不燃性 0.50	可燃性
层顶承重构件		不燃性 1.50	不燃性 1.00	可燃性 0.50	可燃性
疏散楼梯		不燃性 1.50	不燃性 1.00	不燃性 0.50	可燃性
吊顶（包括吊顶搁栅）		不燃性 0.25	难燃性 0.25	难燃性 0.15	可燃性

4. 灭火救援设施

【消防车道】

建筑物应设置保障消防车安全、快速通行和救援的道路。

1）消防车道

高层民用建筑，超过 3 000 个座位的体育馆，超过 2 000 个座位的会堂，占地面积大于 3 000m^2的商业建筑、展览建筑等单、多层公共建筑应设置环形消防车道；确有困难时，可沿建筑的两个长边设置消防车道，如图 10.1 所示。

设置环形消防车道

建筑物

设置环形消防车道确有困难时，可沿建筑的两个长边设置消防车道

建筑物

图 10.1 高层民用建筑消防车道的设置平面示意图

2）消防车登高操作场地

高层建筑应至少沿一个长边或周边长度的 1/4 且不小于一个长边长度的底边连续布置消防车登高操作场地，该范围内的裙房进深不应大于 4m，如图 10.2 所示；建筑高度不大于 50m 的建筑，连续布置消防车登高操作场地确有困难时，可间隔布置，但间隔距离不宜大于 30m，且消防车登高操作场地的总长度仍应符合上述规定。

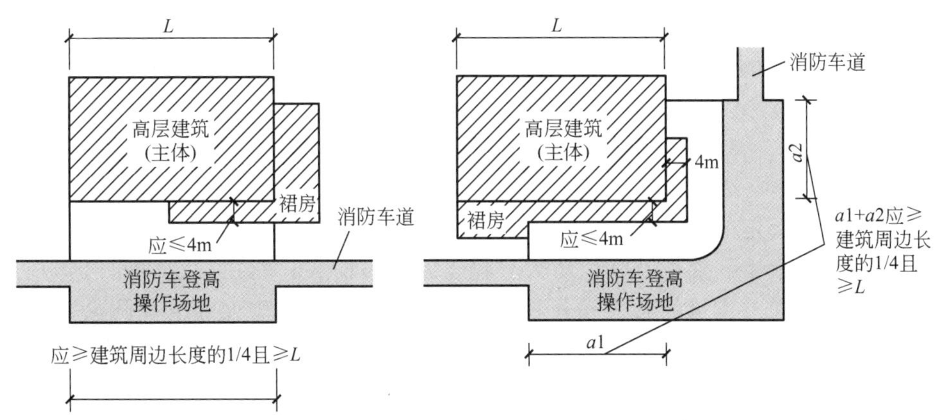

图 10.2 高层民用建筑消防车登高操作场地平面示意图

3）救援入口

建筑物与消防车登高操作场地相对应的范围内，应设置直通室外的楼梯或直通楼梯间的入口。

灭火救援时，消防员一般要通过建筑物直通室外的楼梯间或出入口，从楼梯间进入着火层对该层及其上、下部楼层进行内攻灭火和搜索救人。对于埋深较深或地下面积大

的地下建筑，还有必要结合消防电梯的设置，在设计中考虑设置供专业消防人员出入火场的专用出入口。

厂房、仓库、公共建筑的外墙应在每层的适当位置设置可供消防救援人员进入的窗口。

在无外窗建筑的外墙设置可供专业消防人员使用的入口，对于方便消防员灭火救援十分必要。救援窗口的设置既要结合楼层走道在外墙上的开口，还要结合避难层、避难间以及救援场地，应在外墙上选择合适的位置进行设置。

窗口的净高度和净宽度分别不应小于 1.0m，下沿距室内地面不宜大于 1.2m，救援口大小是满足一个消防员背负基本救援装备进入建筑的基本尺寸。间距不宜大于 20m 且每个防火分区不应少于 2 个，设置窗口位置应与消防车登高操作场地相对应。窗口的玻璃应易于击碎，并应设置可在室外易于识别的明显标志。

【消防电梯】

4）消防电梯

下列建筑应设置消防电梯：建筑高度大于 33m 的住宅建筑；一类高层公共建筑和建筑高度大于 32m 的二类高层公共建筑；设置消防电梯的建筑的地下或半地下室，埋深大于 10m 且总建筑面积大于 3 000m^2 的其他地下或半地下建筑（室）。

消防电梯应分别设置在不同防火分区内，且每个防火分区不应少于 1 台。

【直升机停机坪】

5）直升机停机坪

建筑高度大于 100m 且标准层建筑面积大于 2 000m^2 的公共建筑，宜在屋顶设置直升机停机坪或供直升机救助的设施。

为确保直升机停靠期间的安全，要设置消火栓，最好配备直流和水雾水枪。有关停机坪的设置技术要求等，见《民用直升机场飞行场地技术标准》（MH 5013—2014）或和《军用永备直升机场场道工程建设标准》（GJB 3502—1998）。

10.1.3 防火分区、防烟分区及安全疏散和避难

【防火分区分隔与功能分隔】

1. 防火分区

建筑物一旦发生火灾，为了防止火灾蔓延扩大，需要将火灾控制在一定的范围内进行扑灭，尽量减轻火灾造成的损失。在建筑内部采用防火墙、楼板及其他防火分隔设施分隔而成，能在一定时间内防止火灾向同一建筑的其余部分蔓延的局部空间，称为防火分区。防火分区划分得越小，越有利于保证建筑物的防火安全。但是划分得过小，势必影响建筑物的使用功能。防火分区面积大小的确定应考虑建筑物的使用功能、重要性、火灾危险性、建筑物高度、消防扑救能力以及火灾蔓延的速度等因素。

我国现行的《建筑设计防火规范》（GB 50016—2014）、《人民防空工程设计防火规范》（GB 50098—2009）、《汽车库、修车库、停车场设计防火规范》（GB 50067—2014）等均对建筑的防火分区面积做了具体规定，必须结合工程实际，严格执行。不同耐火等级建筑的允许建筑高度或层数、防火分区最大允许建筑面积见表 10-3。

表 10－3　不同耐火等级建筑的允许建筑高度或层数、防火分区最大允许建筑面积

名　　称	耐火等级	允许建筑高度或层数	防火分区的最大允许建筑面积/m^2	备　　注
高层民用建筑	一、二级	按表 10－1 确定	1 500	对于体育馆、剧场的观众厅、防火分区的最大允许建筑面积可适当增加
单、多层民用建筑	一、二级	按表 10－1 确定	2 500	
	三级	5 层	1 200	—
	四级	2 层	600	—
地下或半地下建筑（室）	一级	—	500	设备用房的防火分区最大允许建筑面积不应大于 1 000m^2

注：① 设有自动灭火系统的防火分区，其允许最大建筑面积可按本表增加 1.0 倍；当局部设置自动灭火系统时，防火分区的增加面积可按该局部面积的 1.0 倍计算。

② 裙房与高层建筑主体之间设置防火墙时，裙房的防火分区可按单、多层建筑的要求确定。

防火分区按照限制火势向本防火分区以外扩大蔓延的方向可分为两类，一类为竖向防火分区，另一类为水平防火分区。

竖向防火分隔设施主要有楼板及窗间墙。建筑内的电缆井、管道井应在每层楼板处采用不低于楼板耐火极限的不燃材料或防火封堵材料封堵。建筑内的电缆井、管道井与房间、走道等相连通的孔隙应采用防火封堵材料封堵。

水平防火分隔设施主要有防火墙、防火门、防火窗、防火卷帘等，建筑物墙体客观上也发挥防火分隔的作用。防火分区的隔断同样也对烟气起了隔断作用。

2. 防烟分区

【防烟分区】

防烟分区是防火分区的细分，是指为了将烟气控制在一定的范围内，在屋顶、顶棚、吊顶下采用分割而成的具有挡烟功能的构配件，如具有一定蓄烟空间的挡烟隔板、挡烟垂壁、隔墙或从顶棚下突出不小于 500mm 的梁来划分区域的防烟空间。可有效地控制烟气随意扩散，但无法防止火灾的扩散。

划分防烟分区是在防火分区的基础上，保证在一定时间内，火场上产生的高温烟气不随意扩散，并得以迅速排除，以控制火势蔓延，满足人员安全疏散和火灾扑救的需要，避免造成不应有的伤亡事故，减少火灾损失。

一般每个防烟分区应采用独立的排烟系统或垂直排烟道（竖井）进行排烟。如果防烟分区的面积过小，会使排烟系统或垂直排烟道数量增多，提高系统和建筑造价；如果防烟分区面积过大，会使高温烟气波及面积加大，受灾面积增加，不利于安全疏散和扑救。因此，除敞开式汽车库、建筑面积小于 1 000m^2 的地下一层汽车库和修车库外，汽车库、修车库应设置排烟系统，并应划分防烟分区；防烟分区的建筑面积不宜大于 2 000m^2，且防烟分区不应跨越防火分区。

【安全疏散】

3. 安全疏散和避难

安全疏散设施由室内通道、疏散出口、疏散走道或避难走道、安全出口、疏散指示标志和应急照明灯具等组成。

疏散出口是指人们走出活动场所或使用房间的出口或门。安全出口是指通往室外、防烟楼梯间、封闭楼梯间等安全地带的出口或门。

建筑物发生火灾后，受灾人员需及时疏散到安全区域。沿着疏散路线，各个阶段的安全性应当依次提高，疏散路径可表示成如图 10.3 所示的走向。

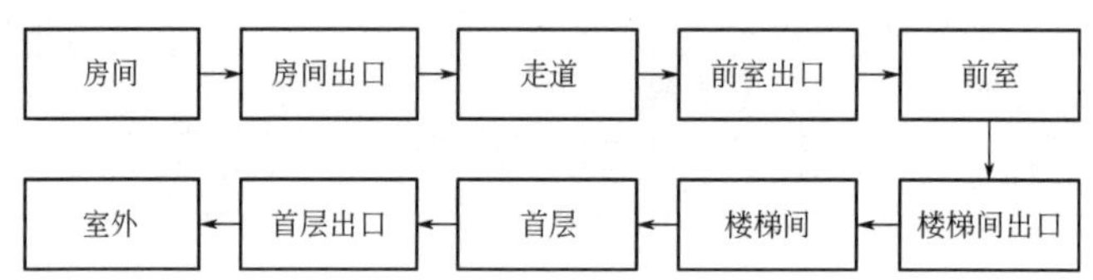

图 10.3　疏散路径

建筑内的安全出口和疏散门应分散布置，且建筑内每个防火分区或一个防火分区的每个楼层、每个住宅单元的每层相邻两个安全出口，以及每个房间相邻的两个疏散门最近边缘之间的水平距离不应小于 5m；小于 5m 时，应按一个安全出口考虑。图 10.4 为标准层平面安全出口距离示意图。

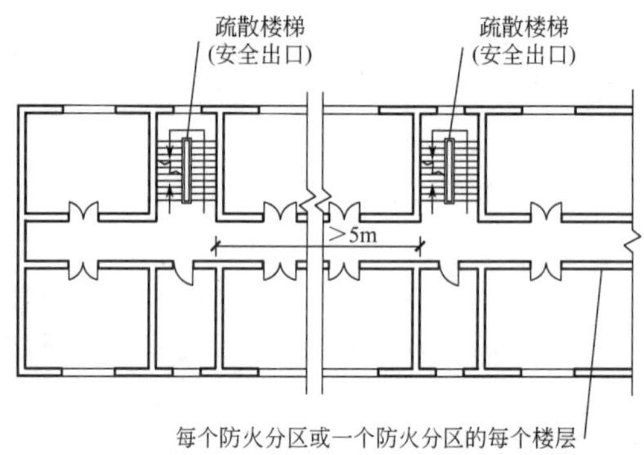

图 10.4　标准层平面安全出口距离示意图

【疏散楼梯间】

1）疏散楼梯间

疏散楼梯（间）的数量、位置、宽度和楼梯间形式应满足人员安全疏散和使用方便的要求。

疏散楼梯间应具有天然采光和自然通风的能力，并宜靠外墙设置。靠外墙设置时，楼梯间、前室及合用前室外墙上的窗口与两侧门、窗、洞口最近边缘的水平距离不应小于 1.0m，如图 10.5 所示。

2）封闭楼梯间

封闭楼梯间是在楼梯间入口处设置门，以防止火灾的烟和热气进入的楼梯间。

封闭楼梯间除应符合疏散楼梯间规定外，尚应符合下列规定：不能自然通风或自然通风不能满足要求时，应设置机械加压送风系统或采用防烟楼梯间，如图 10.6 所示；除楼梯间的出入口和外窗外，楼梯间的墙上不应开设其他门、窗、洞口；高层建筑、人员密集的公共建筑、人员密集的多层丙类厂房、甲、乙类厂房，其封闭楼梯间的门应采用乙级防

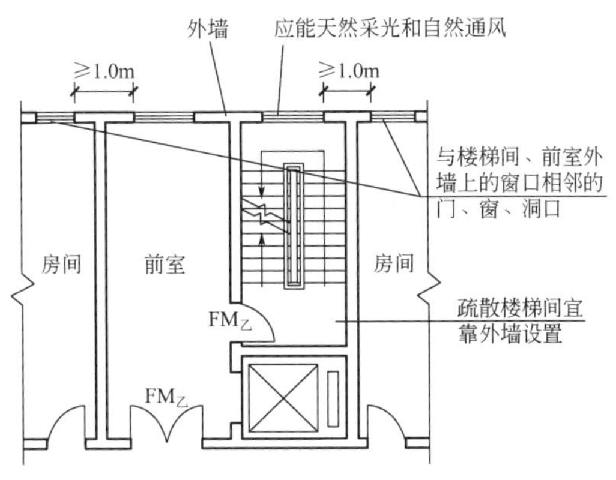

图 10.5 疏散楼梯间的布置

火门，并应向疏散方向开启，其他建筑，可采用双向弹簧门；楼梯间的首层可将走道和门厅等包括在楼梯间内形成扩大的封闭楼梯间，但应采用乙级防火门等与其他走道和房间分隔，如图 10.7 所示。

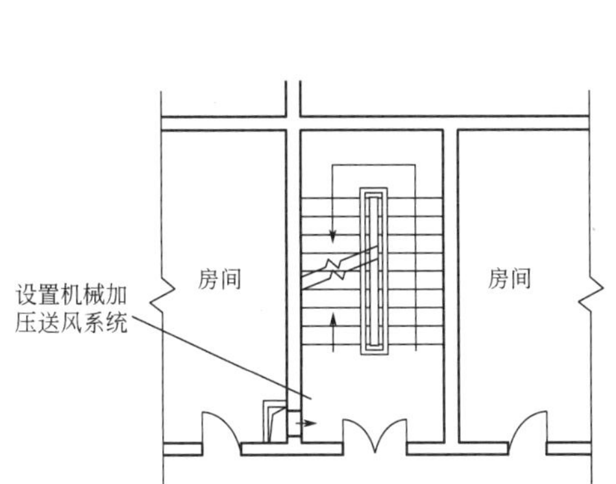

图 10.6 不能自然通风或自然通风不能满足要求的封闭楼梯间

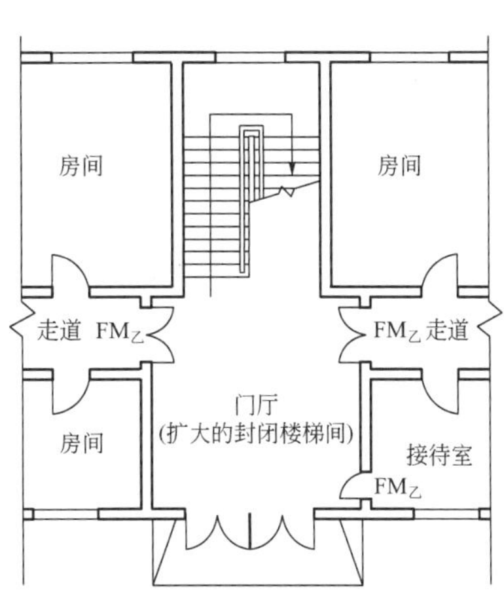

图 10.7 楼梯间的首层扩大的封闭楼梯间

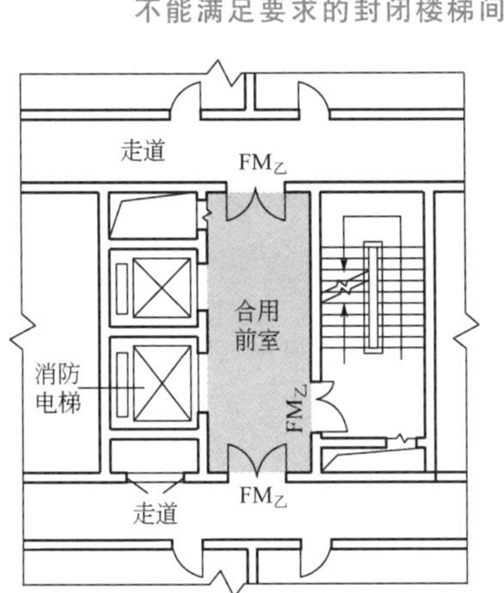

图 10.8 前室可与消防电梯间前室合用的防烟楼梯间

3）防烟楼梯间

防烟楼梯间是在楼梯间入口处设置防烟的前室、敞开式阳台或凹廊（统称前室）等设施，且通向前室和楼梯间的门均为防火门，以防止火灾的烟气和热气进入的楼梯间。

防烟楼梯间除应符合疏散楼梯间规定外，尚应符合下列规定：应设置防烟设施；前室可与消防电梯间前室合用，如图 10.8 所示；疏散走道通向前室以及前室通向楼梯间的门应采用乙级防火门；除住宅建筑的楼梯间前室外，防烟楼梯间和前室内的墙上不应开设除疏散门和送风口外的其他门、窗、洞口；楼梯间的首层可将走道和门厅等包括在楼梯间前室内形成扩大的前室，但应采用乙级防火门等与其他走道和房间分隔，如图 10.9 所示。

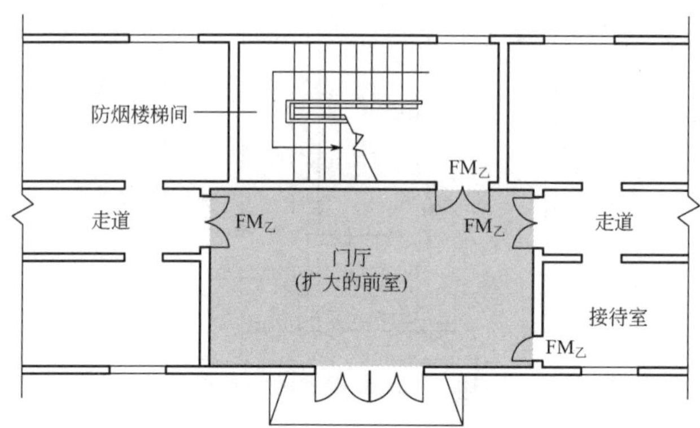

图 10.9　门厅扩大的前室的防烟楼梯间

【室外疏散楼梯和剪刀楼梯】

高层公共建筑的疏散楼梯，当分散设置。确有困难且从任一疏散门至最近疏散楼梯间入口的距离不大于 10m 时，可采用剪刀楼梯间，剪刀楼梯间是在同一楼梯间内设置两个楼梯，要求楼梯之间设墙体分隔，形成两个互不相通的两个独立空间，但应符合下列规定：楼梯间应为防烟楼梯间；梯段之间应设置耐火极限不低于 1.00h 的防火隔墙；楼梯间的前室应分别设置。高层公共建筑采用剪刀楼梯间作为 2 个安全出口如图 10.10 所示。

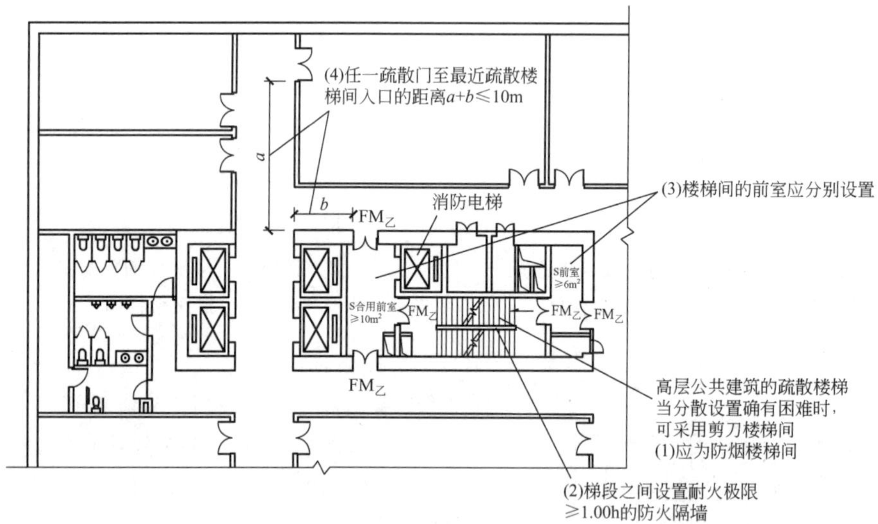

图 10.10　高层公共建筑采用剪刀楼梯间作为 2 个安全出口

4）疏散门

公共建筑内各房间疏散门的数量应经计算确定且不应少于 2 个。除托儿所、幼儿园、老年人建筑、医疗建筑、教学建筑内位于走道尽端的房间外，图 10.11 所示房间可设置 1 个疏散门情况。

安全出口或疏散出口的门应采取措施防止在火灾时无法打开。

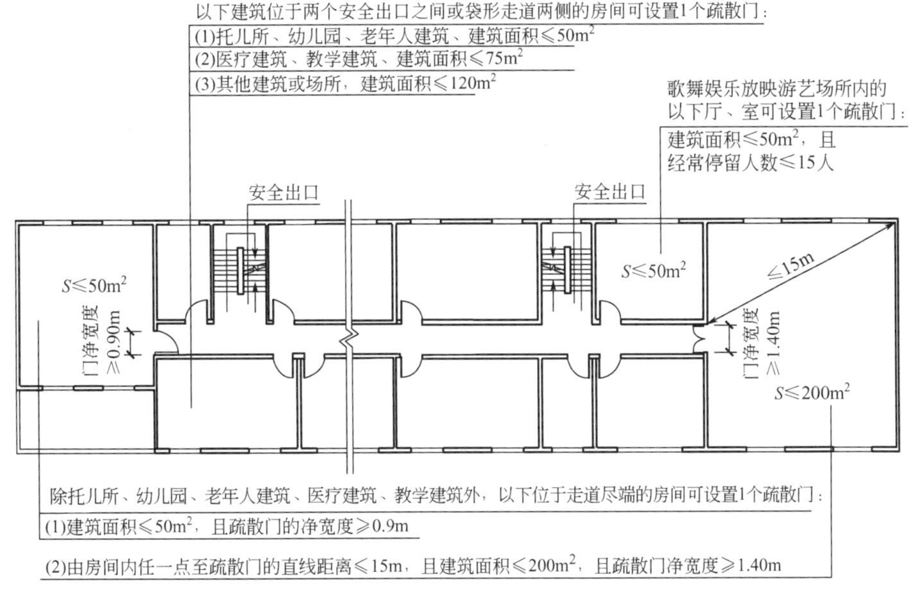

图 10.11 公共建筑设 1 个疏散门示意图

建筑内的疏散门应符合下列规定：民用建筑和厂房的疏散门，应采用向疏散方向开启的平开门，如图 10.12 所示。除甲、乙类生产车间外，人数不超过 60 人且每樘门的平均疏散人数不超过 30 人的房间，其疏散门的开启方向不限，如图 10.13 所示；仓库的疏散门应采用向疏散方向开启的平开门，但丙、丁、戊类仓库首层靠墙的外侧可采用推拉门或卷帘门；开向疏散楼梯或疏散楼梯间的门，当其完全开启时，不应减少楼梯平台的有效宽度；人员密集场所内平时需要控制人员随意出入的疏散门和设置门禁系统的住宅、宿舍、公寓建筑的外门，应保证火灾时无须使用钥匙等任何工具即能从内部轻易打开，并应在显著位置设置具有使用提示的标识，如图 10.14 所示。

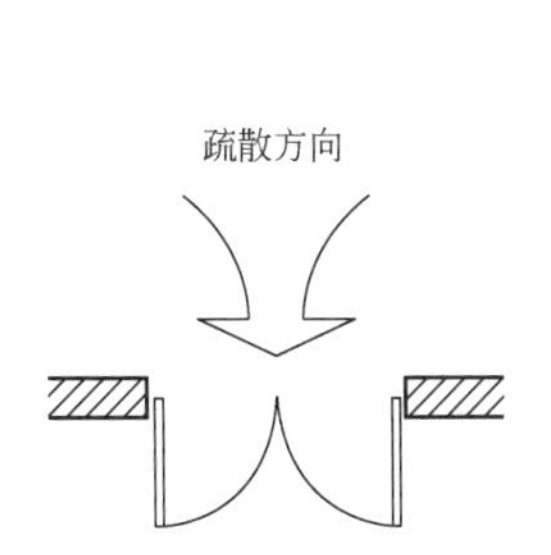

图 10.12 疏散方向开启的平开门

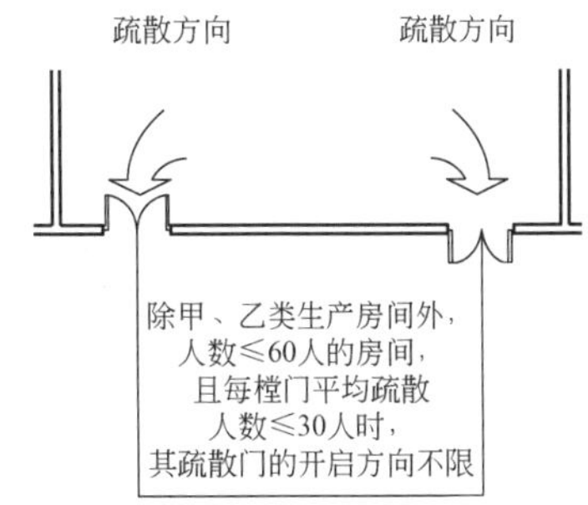

图 10.13 疏散门的开启方向不限示意图

5）疏散距离

安全疏散的一个重要内容是疏散距离的确定。安全疏散距离直接影响疏散所需时间和人员安全，它包括房间内最远点到房间门或住宅户门的距离和从房间门到安全出口的距离。

公共建筑直通疏散走道的房间疏散门至最近安全出口的直线距离不应大于表 10－4 的

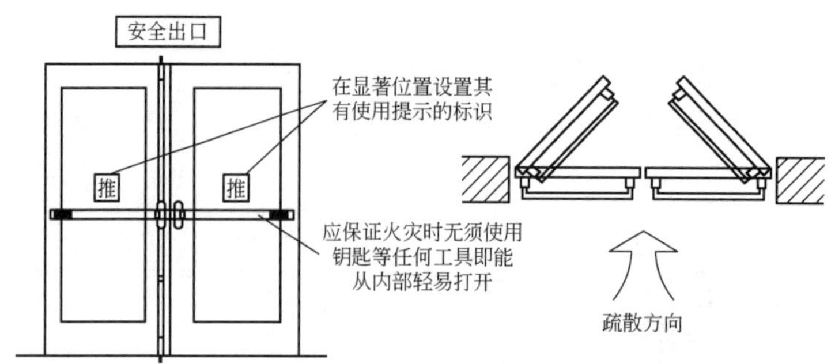

图 10.14　密集场所的疏散门和有门禁的外门标识示意图

规定，示意图如图 10.15 所示。

表 10-4　直通疏散走道的房间疏散门至最近安全出口的直线距离　　单位：m

名　　称			位于两个安全出口之间的疏散门			位于袋形走道两侧或尽端的疏散门		
			一、二级	三级	四级	一、二级	三级	四级
托儿所、幼儿园 老年人建筑			25	20	15	20	15	10
歌舞娱乐放映游艺场所			25	20	15	9	—	—
医疗建筑	单、多层		35	30	25	20	15	10
	高层	病房部分	24	—	—	12	—	—
		其他部分	30	—	—	15	—	—
教学建筑	单、多层		35	30	25	22	20	10
	高层		30	—	—	15	—	—
高层旅馆、展览建筑			30	—	—	15	—	—
其他建筑	单、多层		40	35	25	22	20	15
	高层		40	—	—	20	—	—

注：① 建筑内开向敞开式外廊的房间疏散门至最近安全出口的直线距离可按本表的规定增加 5m。

② 直通疏散走道的房间疏散门至最近敞开楼梯间的直线距离，当房间位于两个楼梯间之间时，应按本表的规定减少 5m；当房间位于袋形走道两侧或尽端时，应按本表的规定减少 2m。

③ 建筑物内全部设置自动喷水灭火系统时，其安全疏散距离可按本表的规定增加 25%。

【避难层与避难间】

6）避难层（间）

避难层（间）是建筑内用于人员暂时躲避火灾及其烟气危害的楼层（房间）。

建筑高度大于 100m 的公共建筑，应设置避难层（间）。第一个避难层（间）的楼地面至灭火救援场地地面的高度不应大于 50m，两个避难层之间的高度不宜大于 50m，如图 10.16 所示。

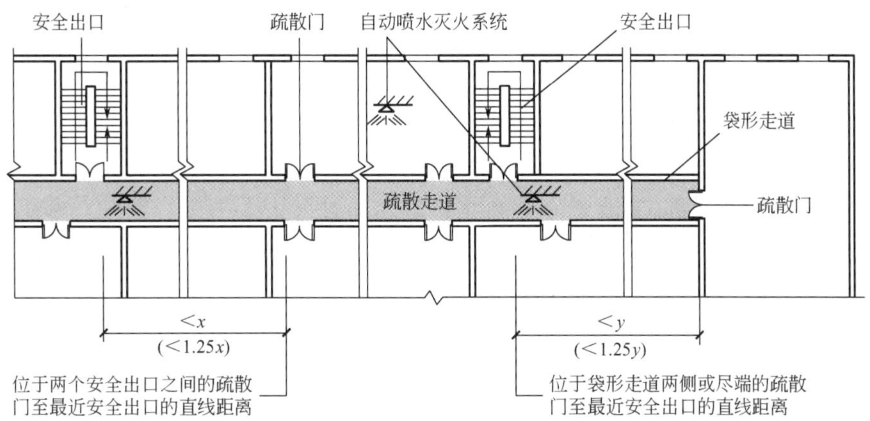

图 10.15　直通疏散走道的房间疏散门至最近安全出口的直线距离示意图

注：x 为表 10－4 中位于两个安全出口之间疏散门至最近安全出口的最大直线距离（m）；y 为表 10－4 中位于袋形走道两侧或尽端的疏散门至最近安全出口的最大直线距离（m）；建筑物内全部设自动喷水灭火系统时，安全疏散距离取图 10.15 中括号内的数字。

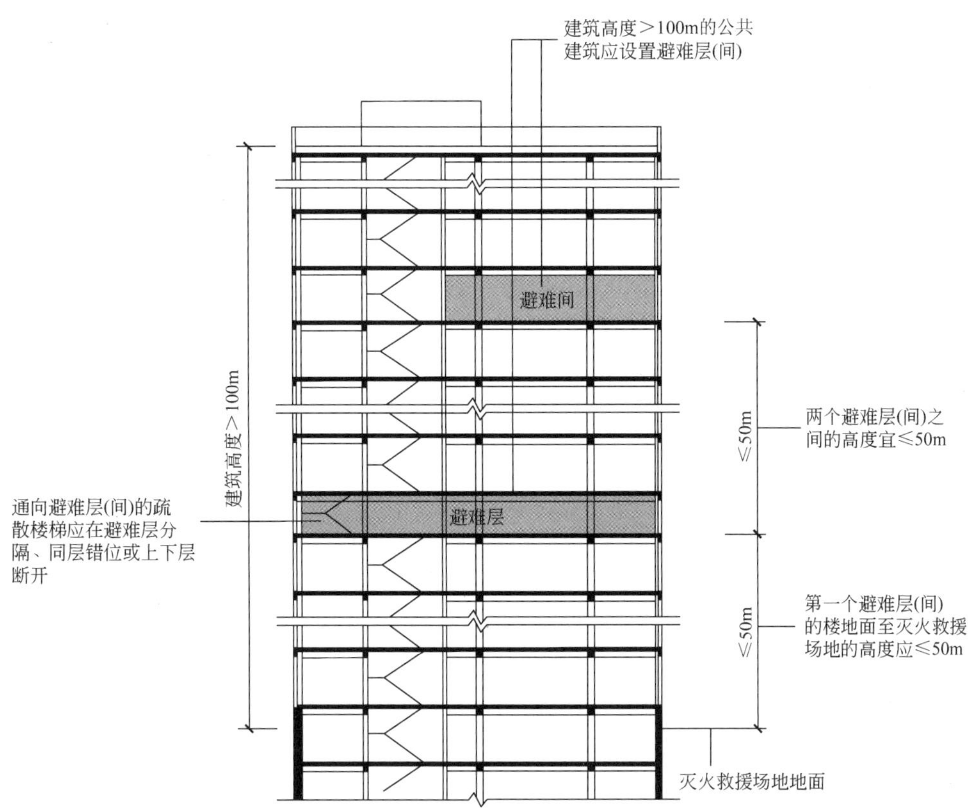

图 10.16　建筑高度大于 100m 的公共建筑避难层（间）设置位置剖面示意图

10.1.4 灭火剂

灭火剂的种类很多，有水、泡沫、卤代烷、二氧化碳和干粉等。不同的灭火剂，灭火作用不同。应根据不同的燃烧物质，有针对性地使用灭火剂，才能使灭火成功。

用水灭火，使用方便，器材简单，价格便宜，而且灭火效果好，因此，水仍是目前国内外的主要灭火剂。

1. 泡沫灭火剂

泡沫灭火剂是与水混溶，通过化学反应或机械方法产生泡沫进行灭火的药剂。泡沫灭火剂按其基料分为三类：化学泡沫灭火剂、以蛋白质为基料的泡沫灭火剂（包含普通蛋白泡沫、氟蛋白泡沫、抗溶性泡沫）、合成型泡沫灭火剂（凝胶型抗溶泡沫、水成膜泡沫、抗溶性水成膜泡沫、高倍数泡沫）。泡沫灭火剂的应用范围如下。

(1) 化学泡沫灭火剂在国内原来以灭火器的形式存在应用，现在已经淘汰。普通蛋白泡沫主要应用于沸点较高的非水溶性易燃和可燃液体的火灾，以及一般固体物质的火灾，例如原油、重油、燃料油、木材、纸张、棉麻等，应用场所通常是油罐、油池、汽车修理场、仓库、码头等。

(2) 氟蛋白泡沫主要用于扑救低沸点易燃液体，特别是大型储油罐可采用液下喷射泡沫灭火。飞机火灾的扑救，首选“轻水”泡沫（水成膜泡沫灭火剂），其次是氟蛋白泡沫。以蛋白泡沫覆盖于飞机跑道，可防止因飞机迫降时与跑道摩擦而产生的火灾。

(3) 抗溶性泡沫主要用于扑救水溶性可燃液体的火灾，如醇、醛、酮、酯、醚、有机酸等引起的火灾以使用聚合型抗溶泡沫为好。

(4) 中、高倍泡沫可用于扑救电器和电子设备火灾（此时应断开电源），扑救船舱、巷道、矿井、地下室、汽车库、图书档案库等的火灾；以二氧化碳代替空气发泡时，可以扑救二硫化碳的火灾；液化石油气等深冷气体泄漏时，可以用高倍泡沫覆盖，以防挥发起火爆炸。

2. 二氧化碳灭火剂

二氧化碳灭火剂属液化气体灭火剂。它是一种良好的灭火剂，灭火效果虽然稍差于卤代烷灭火剂，但其价格却是卤代烷灭火剂的几十分之一，二氧化碳灭火系统广泛用于国内外消防工程中。

1) 二氧化碳的应用范围

灭火前可切断气源的气体火灾；液体火灾或石蜡、沥青等可熔化的固体火灾；固体表面火灾及棉毛、织物、纸张等部分固体深位火灾；电气火灾；贵重生产设备、仪器仪表、图书档案等火灾。

2) 二氧化碳灭火剂不得用于下列火灾

硝化纤维、火药等含氧化剂的化学制品火灾；钾、钠、镁、钛、锆等活泼金属火灾；氢化钾、氢化钠等金属氢化物火灾。

3. 干粉灭火剂

干粉灭火剂是干燥的、易于流动的细微粉末，一般以粉雾的形式灭火。干粉灭火剂一般以某些盐类做基料，添加少量的添加剂，经粉碎、混合加工而制成。干粉灭火剂多用于物料表面火灾的扑救。干粉灭火剂可分为BC类干粉（普通型干粉）、ABC类干粉（多用型干粉）、D 类火灾专用干粉。BC 类干粉适于扑救易燃和可燃液体、可燃气体和带电设备的火灾；ABC 类干粉适于扑救易燃和可燃液体、可燃气体和带电设备的火灾之外，还可用于一般固体物质的火灾。D 类干粉是金属火灾专用干粉，由于金属火灾的燃烧特性，要求灭火时干粉与金属燃烧物的表层发生反应或形成熔层，使炽热的金属与周围的空气隔绝。

10.1.5 消防设施的设置

消防给水和消防设施的设置应根据建筑的用途及其重要性、火灾危险性、火灾特性和环境条件等因素综合确定。

所有设置在建筑内或建筑外需要供人员操作或使用的消防设施、器材设置点，均应该设置明显区别于环境或建筑装饰的标志，方便人员使用。

1）主动防火系统

建筑主动防火系统主要由建筑消防给水系统、建筑灭火设施、火灾自动报警系统、建筑防排烟系统等构成。

建筑灭火设施应包括室内外消火栓系统、各类自动灭火系统和自动灭火装置、灭火器、灭火沙、灭火毯、消防软管卷盘等。

2） 室外设施

建筑外应设置室外消火栓系统。室外消火栓应能够保证能有效控制火灾、保护建筑结构不会受到不可修复的破坏且相邻建筑不会被引燃。

城镇（包括居住区、商业区、开发区、工业区等）应沿可通行消防车的街道设置市政消火栓系统；民用建筑、厂房、仓库、储罐（区）和堆场周围，用于消防救援和消防车停靠的屋面上，应设置室外消火栓系统。

自动喷水灭火系统、水喷雾灭火系统、泡沫灭火系统和固定消防炮灭火系统等，以及超过 5 层的公共建筑、超过 4 层的厂房或仓库、超过 2 层或建筑面积大于 10 000m^{2}的地下建筑（室）、其他高层建筑的室内消火栓给水系统，应设置消防水泵接合器。

3） 消防水泵房和消防控制室

单独建造的消防水泵房，其耐火等级不应低于二级；附设在建筑内的消防水泵房，不应设置在地下三层及以下或室内地面与室外出入口地坪高差大于 10m 的地下楼层。

消防水泵房和消防控制室疏散门应直通室外或安全出口，如图 10.17 所示。

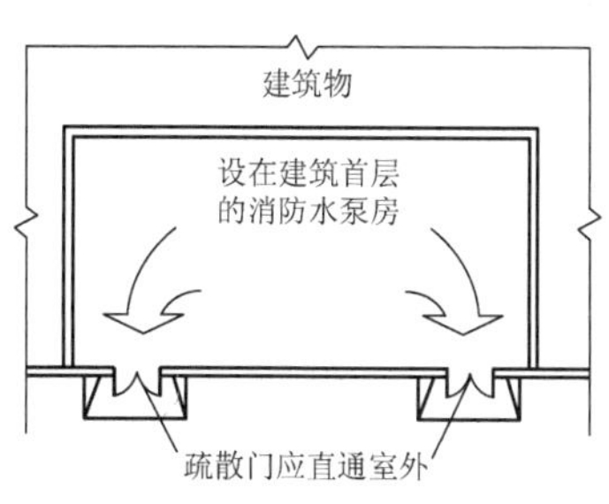

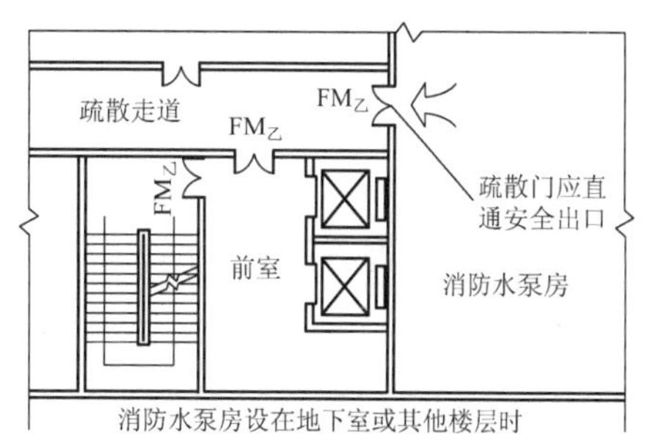

图 10.17 消防水泵房疏散门平面示意图

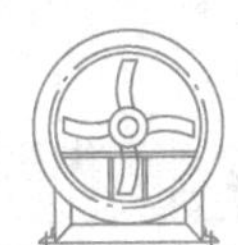

已设置火灾自动报警系统和需要联动控制的消防设备的建筑（群）应设置消防控制室。消防控制室是建筑物内防火、灭火设施的显示、控制中心，必须确保控制室具有足够的防火性能，且设置的位置便于安全进出。

消防水泵房和消防控制室应采取防水淹的技术措施。

4） 室内消火栓系统

应设置室内消火栓系统的建筑或场所：建筑占地面积大于 300m^2 的厂房和仓库；高层公共建筑和建筑高度大于 21m 的住宅建筑；体积大于 5 000m^3 的车站、码头、机场的候车（船、机）建筑、展览建筑、商店建筑、旅馆建筑、医疗建筑和图书馆建筑等单、多层建筑；特等、甲等剧场，超过 800 个座位的其他等级的剧场和电影院等，以及超过 1 200 个座位的礼堂、体育馆等单、多层建筑；建筑高度大于 15m 或体积大于 10 000m^3 的办公建筑、教学建筑和其他单、多层民用建筑。

5） 自动灭火系统

自动喷水、水喷雾、七氟丙烷、二氧化碳、泡沫、干粉、细水雾、固定水炮灭火系统等及其他自动灭火装置，对于扑救和控制建筑物内的初起火，减少损失、保障人身安全，具有十分明显的作用，在各类建筑内应用广泛。

自动灭火系统的设置应与建筑的使用功能、火灾特性，以及室内空间特征与环境条件和保护对象的重要性等相适应。建筑内自动灭火系统设置的基本原则是对建筑重点部位、重点场所进行重点防护。

6） 火灾自动报警系统

建筑内需要早期报警或提醒人员疏散的场所均应设置火灾自动报警系统，建筑内可能散发可燃汽体、可燃蒸汽的场所应设可燃气体报警装置。

火灾自动报警系统应考虑保护对象的火灾危险性、空间的大小与高度和环境条件、保护对象的火灾特性与体量、建筑内其他建筑消防设施的联动需要。

7） 防烟和排烟设施

建筑内设置的防排烟系统应能有效控制建筑内的火灾烟气流动与蔓延，并应能使建筑内的环境条件满足人员的安全疏散需要，任何建筑均应考虑排烟措施。防烟和排烟设施具体设计等注意事项详见本书第 11 章。

10.2 室内消火栓给水系统

10.2.1 室内消火栓系统的组成

室内消火栓给水系统由水枪、水龙带、消火栓、消防水喉、消防管道、消防水池、水箱、增压设备和水源等组成。当室外给水管网的水压不能满足室内消防要求时，应当设置消防水泵和消防水箱。如图 10.18 所示为室内消火栓给水系统组成。

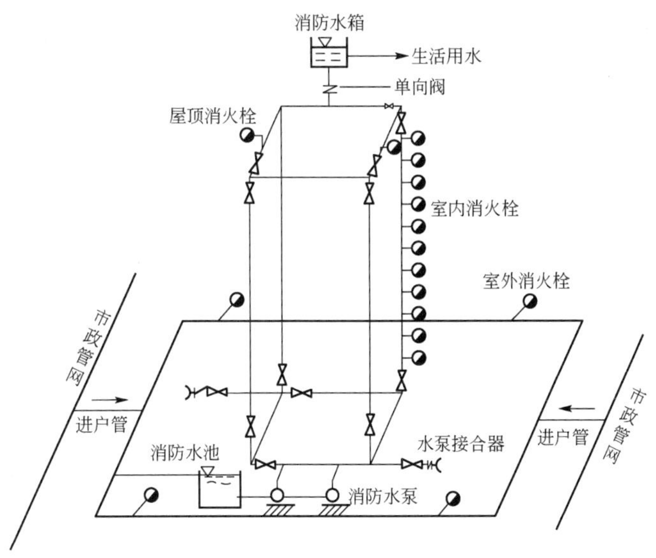

图 10.18 室内消火栓给水系统组成

1. 水枪、水龙带、消火栓

水枪是一种增加水流速度、射程，改变水流形状和射水的灭火工具，室内一般采用直流式水枪。水枪的喷嘴直径分别为 13mm、16mm、19mm。

水龙带是连接消火栓与水枪的输水管线，材料有棉织、麻织和化纤等。水龙带接口口径有 50mm 和 65mm 两种。水龙带长度有 15m、20m、25m 和 30m 四种。

消火栓是具有内扣式接口的球形阀式龙头，有单出口和双出口之分，单出口消火栓直径有 50mm 和 65mm 两种，双出口消火栓直径为 65mm。消火栓、水龙带、水枪均设在消火栓箱内，如图 10.19 所示。设置消防水泵的系统，其消火栓箱应设启动水泵的消防按钮，并应有保护按钮设施。消火栓箱有双开门和单开门两种，又有明装、半明装和暗装三种形式，在同一建筑内，应采用同一规格的消火栓、水龙带和水枪，以便于维修、保养。

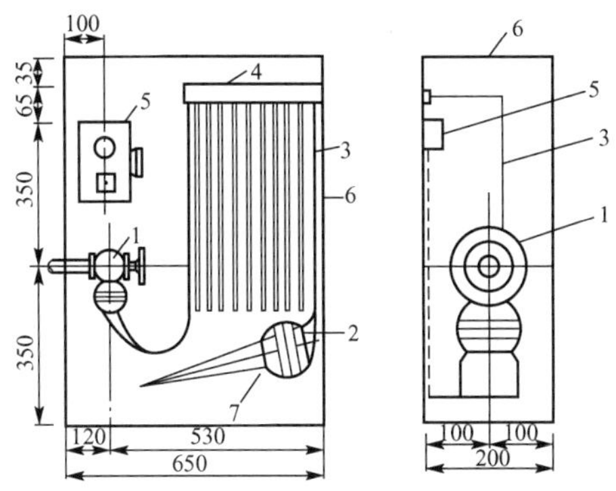

图 10.19 室内消火栓箱

1—消火栓；2—水带接口；3—水带；4—挂架；5—消防水泵按钮；6—消火栓箱；7—水枪

2. 消防水喉

消防水喉是一种重要的辅助灭火设备。按其设置条件有自救式小口径消火栓和消防软管卷盘两类。可与普通消火栓设在同一消防箱内，也可单独设置。该设备操作方便，便于非专职消防人员使用，对及时控制初起火灾有特殊作用。自救式小口径消火栓适合于有空调系统的旅馆和办公楼，消防软管卷盘适合于大型剧院（超过 1 500 个座位)、会堂闷顶内装设，因用水量较少，且消防人员不使用该设备，故其用水量可不计入消防用水总量。

3. 屋顶消火栓

为了检查消火栓给水系统是否能正常运行，并使本建筑物免受邻近建筑火灾的波及，在室内设有消火栓给水系统的建筑屋顶应设一个消火栓。可能冻结的地区，屋顶消火栓应设在水箱间或采取防冻措施。

4. 水泵接合器

水泵接合器一端由室内消火栓给水管网底层引至室外，另一端进口可供消防车或移动水泵加压向室内管网供水。水泵接合器有地上式、地下式和墙壁式三种。设置数量应根据每个水泵接合器的出水量达到 10～15L/s 和全部室内消防用水量由水泵接合器供给的原则计算确定。

水泵接合器的接口为双接口，接口直径有 65mm 和 80mm 两种，它与室内管网的连接管直径不应小于 100mm，并应设有阀门、单向阀和安全阀。

水泵接合器应设在室外便于消防车的地点，且距室外消火栓或消防水池的距离不宜小于 15m，且不宜大于 40m。

5. 减压设施

室内消火栓处的静水压力不应超过 $80mH_2O$，如超过时宜采用分区给水系统或在消防管网上设置减压阀。消火栓栓口处的出水压力超过 $50mH_2O$ 时，应在消火栓栓口前设置减压节流孔板。设置减压设施的目的在于保证消防储水的正常使用和消防队员便于掌握好水枪。若出流量过大，将会迅速用完消防储水；若系统下部消火栓口压力增大，灭火时水枪反作用力随之增大，当水枪反作用力超过 15kg 水的作用力时，消防队员就难以掌握水枪对准着火点，会影响灭火效果。

6. 高位消防水箱

高位消防水箱是设置在高处直接向水灭火设施重力供应初期火灾消防用水量的蓄水设施，对扑救初期火灾起着重要作用，经常保持消防给水管网中有一定压力。

高位消防水箱的设置位置应高于其所服务的水灭火设施，且最低有效水位应满足水灭火设施最不利点处的静水压力，一类高层民用公共建筑不应低于 0.10MPa，但当建筑高度超过 100m 时，不应低于 0.15MPa；高层住宅、二类高层公共建筑、多层民用建筑不应低于 0.07MPa，多层住宅确有困难时可适当降低；工业建筑不应低于 0.10MPa；自动喷水灭火系统等自动水灭火系统应根据喷头灭火需求压力确定，但最小不应低于 0.10MPa；当高位消防水箱不能满足上述的静压要求时，应设稳压泵。

高位消防水箱间应通风良好，不应结冰。当必须设置在严寒、寒冷等冬季结冰地区的非采暖房间时，应采取防冻措施，环境温度或水温不应低于 5℃。

高位消防水箱进水管的管径应满足消防水箱 8h 充满水的要求，但管径不应小于 *DN*32，进水管宜设置液位阀或浮球阀；出水管管径应满足消防给水设计流量的出水要求，且不应小于 *DN*100；进、出水管应设置带有指示启闭装置的阀门。

7. 消防水泵

消防水泵宜与其他用途的水泵一起布置在同一水泵房内，水泵房一般设置在建筑底层。水泵房应有直通安全出口或直通室外的通道，与消防控制室应有直接的通信联络设备。泵房出水管应有两条或两条以上与室内管网相连接。每台消防水泵应设有独立的吸水管，分区供水的室内消防给水系统，每区的进水管亦不应少于两条。在水泵的出水管上应装设试验与检查用的出水阀门。水泵安装应采用灌入式。消防水泵房应设有和主要泵性能相同的备用泵，且应有两个独立的电源，若不能保证两个独立的电源，应备有发电设备。

为了在起火后很快提供所需的水量和水压，必须设置按钮、水流指示器等远距离启动消防水泵的设备。在每个消火栓处应设远距离启动消防水泵的按钮，以便在使用消火栓灭火的同时，启动消防水泵。水流指示器可安装在水箱底下的消防出水管上，当动用室内消火栓或自动消防系统的喷头喷水时，由于水的流动，水流指示器发出火信号并自动启动消防水泵。建筑物内的消防控制中心，均应设置远距离启动或停止消防水泵运转的设备。

8. 消防水池

消防水池设置的条件：当生产、生活用水量达到最大时，市政给水管网或引入管不能满足室内、外消防用水量；采用一路消防供水或只有一条引入管，且室外消火栓设计流量大于20L/s或建筑高度大于50m的住宅；市政消防给水设计流量小于建筑的消防给水设计流量。

当消防水池采用两路供水且在火灾情况下连续补水能满足消防要求时，消防水池的有效容积应根据计算确定，但不应小于100m^3；当仅设有消火栓系统时不应小于50m^3。

消防水池的出水管应保证消防水池的有效容积能被全部利用；消防水池应设置就地水位显示装置，并应在消防控制中心或值班室等地点设置显示消防水池水位的装置，同时应设有最高和最低报警水位；消防水池应设置溢流水管和排水设施，并应采用间接排水。

消防用水与其他用水共用的水池，应采取确保消防用水量不作他用的技术措施。

10.2.2 室内消火栓给水系统的给水方式

根据建筑物的高度，室外给水管网的水压和流量，以及室内消防管道对水压和水量的要求，室内消火栓灭火系统一般有下面几种给水方式。

1. 由室外给水管网直接供水的给水系统

当室外给水管网的压力和流量能满足室内最不利点消火栓的设计水压和水量时，可优选此种方式，如图10.20所示。

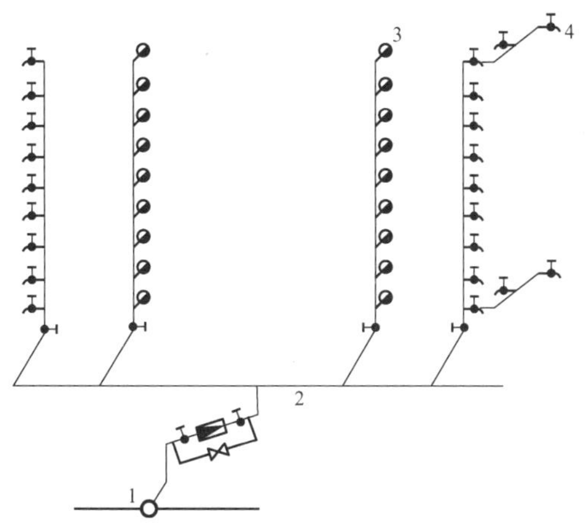

图 10.20 直接给水的消防和生活共用给水方式

1—室外给水管网；2—室内管网；3—消火栓及立管；4—给水立管及支管

2. 设水箱的室内消火栓给水系统

这种方式适用于水压变化较大的城市或居住区，当生活和生产用水量达到最大时，室外管网不能满足室内最不利点消火栓的压力和流量，由水箱出水满足消防要求；当生活和生产用水量较小时，室外管网压力大，能保证各消火栓的供水并能向高位水箱补水。因此，常设水箱调节生活、生产用水量，同时水箱中储存10min的消防用水量，如图10.21所示。

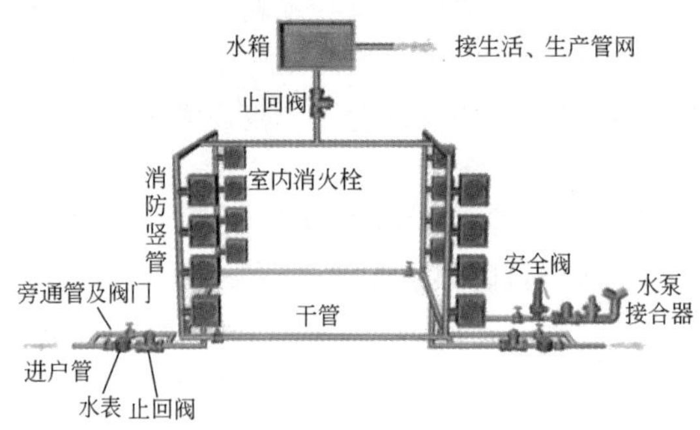

图10.21 设水箱的室内消火栓给水系统

3. 设消防水泵和水箱的消火栓给水系统

室外管网压力经常不能满足室内消火栓给水系统的水量和水压要求时，宜设水泵和水箱。消防用水与生活、生产用水合并的室内消火栓给水系统，其消防泵应保证供应生活、生产、消防用水的最大秒流量，并应满足室内管网最不利点消火栓的水压，如图10.22所示。水箱应储存10min的消防用水量。

4. 高层建筑分区给水的室内消火栓给水系统

在消火栓给水系统中，当消火栓栓口处最大工作压力大于1.20MPa，自动水灭火系统报警阀处的工作压力大于1.60MPa或喷头处的工作压力大于1.20MPa，系统最高压力大于2.40MPa时，应采用分区给水系统，如图10.23所示。

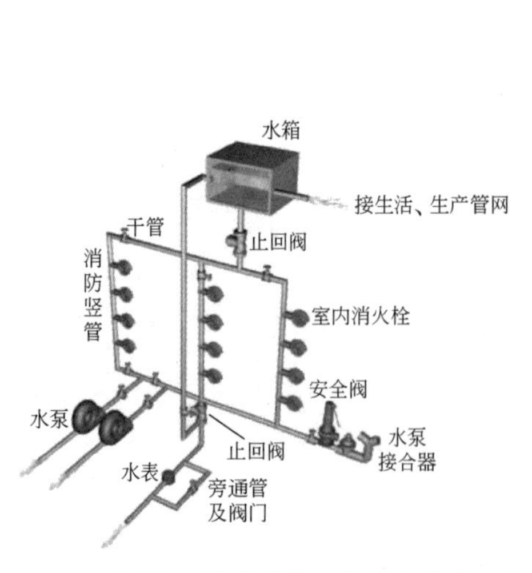

图10.22 设消防泵和水箱的室内消火栓给水系统

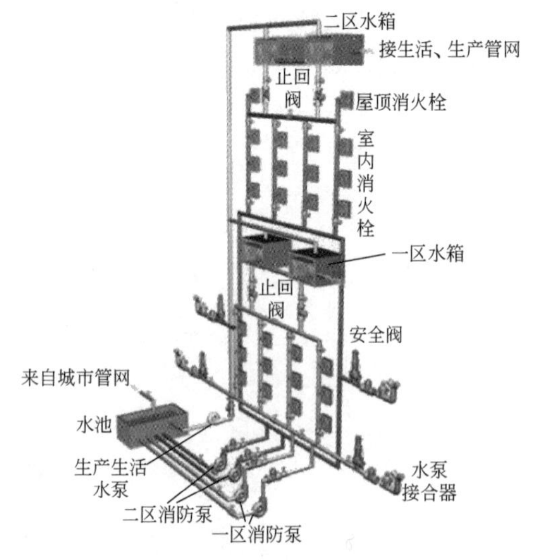

图10.23 分区给水室内消火栓给水系统

10.2.3 室内消火栓给水系统的布置

1. 室内消火栓布置

室内消火栓的选型应根据使用者、火灾危险性、火灾类型和不同灭火功能等因素综合确定。

设置室内消火栓的建筑，包括设备层在内的各层均应设置消火栓。

室内消火栓的布置应满足同一平面（楼梯间及其休息平台等安全区域可视为同一平面）有 2 支消防水枪的 2 股充实水柱同时达到任何部位。但对于建筑高度小于或等于 24.0m 且体积小于或等于 5 000m^3 的多层仓库，可采用 1 支水枪充实水柱到达室内任何部位。

充实水柱是指从水枪喷嘴起至射流 90%的水柱水量穿过直径 380mm 圆孔处的一段射流长度。水柱长度范围为 7～15m（包括 7m 和 15m）。小于 7m 难以接近火源，大于 15m 反冲力过大。

消火栓的保护半径为

$$R=KL_d+L_s \tag{10-1}$$

式中 R——消火栓保护半径，m；

K——消防水带弯曲折减系数，宜根据消防水带转弯数量取为 0.8～0.9；

L_d——消防水龙带长度，m；

L_s——水枪充实水柱长度在平面上的投影长度，m，按水枪倾角为 45°时计算，$L_s=0.71S_k$；

S_k——水枪充实水柱长度，m。

室内消火栓宜按行走距离计算其布置间距，有如图 10.24 所示的几种布置方式。

布置间距的计算公式分别为：

单排消火栓一股水柱到达室内任何部位的间距［图 10.24(a)］：

$$S_1=2\sqrt{R^2-b^2} \tag{10-2}$$

式中 S_1——消火栓间距，m；

R——消火栓保护半径，m；

b——消火栓最大宽度，m。

单排消火栓两股水柱到达室内任何部位的间距［图 10.24(b)］：

$$S_2=\sqrt{R^2-b^2} \tag{10-3}$$

式中 S_2——单排消火栓两股水柱到达时的间距，m。

多排消火栓一股水柱到达室内任何部位时的消火栓间距［图 10.24(c)］：

$$S_n=\sqrt{2}R=1.4R \tag{10-4}$$

式中 S_n——多排消火栓一股水柱的消火栓间距，m。

多排消火栓两股水柱到达室内任何部位时，消火栓间距可按图 10.24(d) 布置。

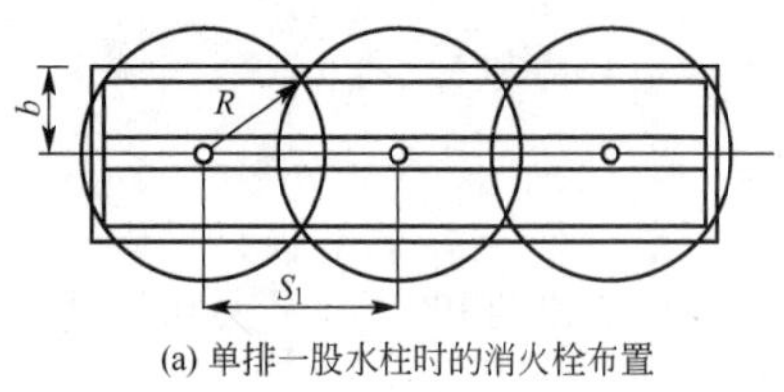

(a) 单排一股水柱时的消火栓布置

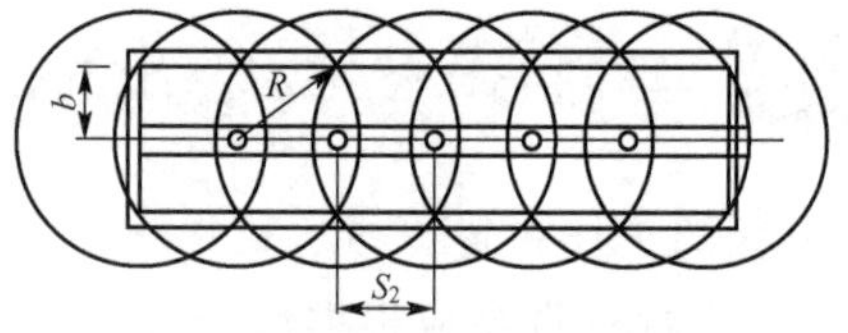

(b) 两股水柱时的消火栓布置

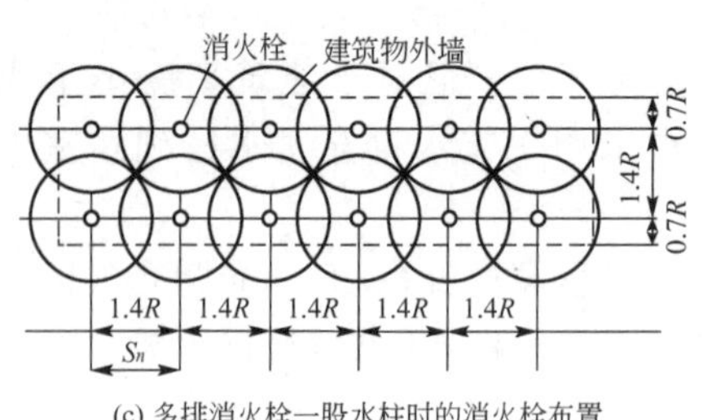

(c) 多排消火栓一股水柱时的消火栓布置

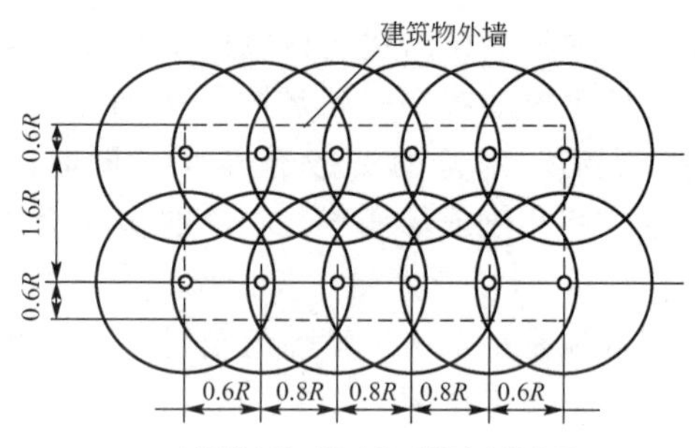

(d) 多排消火栓两股水柱时的消火栓布置

图 10.24 消火栓布置位置

建筑室内消火栓栓口的安装高度应便于消防水龙带的连接和使用，其距地面高度宜为1.1m；其出水方向应便于消防水带的敷设，并宜与设置消火栓的墙面成90°角或向下。

2. 室内消防管道布置

向室外、室内环状消防给水管网供水的输水干管不应少于两条，当其中一条发生故障时，其余的输水干管应仍能满足消防给水设计流量。

室内消火栓系统管网应布置成环状，当室外消火栓设计流量不大于20L/s（但建筑高度超过50m的住宅除外），且室内消火栓不超过10个时，可布置成枝状；当由室外生产、生活、消防合用系统直接供水时，合用系统除应满足室外消防给水设计流量及生产和生活最大小时设计流量外，还应满足室内消防给水系统的设计流量和压力要求；室内消防管道管径应根据系统设计流量、流速和压力要求经计算确定；室内消火栓竖管管径应根据竖管最低流量经计算确定，但不应小于*DN*100。

室内消火栓环状给水管道检修时，当竖管数量为1～4根时，竖管允许关闭1根，当竖管数量为5根及以上时，竖管允许关闭不相邻的2根，在每根立管上下两端与供水干管相连处设阀门。

消防给水管道不宜穿越建筑基础，当必须穿越时，应采取防护套管等保护措施。

10.2.4 室内消火栓系统给水管网的水力计算

室内消火栓给水管道的配管是在绘出管道平面布置图和系统图后进行的，计算内容同室内给水系统，包括确定各管段管径和消防给水系统所需压力。

1. 室内消火栓设计流量和消防用水量

建筑物室内消火栓设计流量，应根据建筑物的用途功能、体积、高度、耐火极限、火灾危险性等因素综合确定。

建筑物室内消火栓设计流量查表10-5可获得。

表 10－5 建筑物室内消火栓设计流量

建筑物名称			高度 h(m)、层数、体积 V(m^2)、座位数 n(个)、火灾危险性	消火栓设计流量 /(L/s)	同时使用消防水枪数 /支	每根竖管最小流量 /(L/s)
民用建筑	单层及多层	科研楼、试验楼	$V\leqslant 10\ 000$	10	2	10
			$V>10\ 000$	15	3	10
		车站、码头、机场的候车（船、机）楼和展览建筑（包括博物馆）等	$5\ 000<V\leqslant 25\ 000$	10	2	10
			$25\ 000<V\leqslant 50\ 000$	15	3	10
			$V>50\ 000$	20	4	15
		剧场、电影院、会堂、礼堂、体育馆等	$800<n\leqslant 1\ 200$	10	2	10
			$1\ 200<n\leqslant 5\ 000$	15	3	10
			$5\ 000<n\leqslant 10\ 000$	20	4	15
			$n>10\ 000$	30	6	16
		旅馆	$5\ 000<V\leqslant 10\ 000$	10	2	10
			$10\ 000<V\leqslant 25\ 000$	15	3	10
			$V>25\ 000$	20	4	15
		商店、图书馆、档案馆等	$5\ 000<V\leqslant 10\ 000$	15	3	10
			$10\ 000<V\leqslant 25\ 000$	25	5	15
			$V>25\ 000$	40	8	15
		病房楼、门诊楼等	$5\ 000<V\leqslant 25\ 000$	10	2	10
			$V>25\ 000$	15	3	10
		办公楼、教学楼等其他建筑	$V>10\ 000$	15	3	10
		住宅	$21<h\leqslant 27$	5	2	5
	高层	住宅　普通	$27<h\leqslant 54$	10	2	10
			$h>54$	20	4	10
		二类公共建筑	$h\leqslant 50$	20	4	10
			$h>50$	30	6	15
		一类公共建筑	$h\leqslant 50$	30	6	15
			$h>50$	40	8	15
国家级文物保护单位的重点砖木或木结构的古建筑			$V\leqslant 10\ 000$	20	4	10
			$V>10\ 000$	25	5	15
汽车库/修车库（独立）				10	2	10

注：① 当高层民用建筑其高度不超过 50m，室内消火栓用水量超过 20L/s，且设有自动喷水灭火系统时，其室内、外消防用水量可按本表减少 5L/s。

② 消防软管卷盘、轻便消防水龙及多层住宅楼梯间中的干式消防竖管，其消防设计流量可不计入室内消防设计流量。

当建筑物室内设有自动喷水灭火系统、水喷雾灭火系统、泡沫灭火系统或固定消防炮灭火系统等一种或两种以上自动水灭火系统全保护时，室内消火栓系统设计流量可减少 50%，但不应小于 10L/s。

2. 水枪的设计射流量

水枪的设计射流量 q_{xh} 是确定各管段管径和计算水头损失，进而确定水枪给水系地统所需压力的主要依据。消防给水系统最不利水枪的设计射流量，应由每支水枪的最小流量 q_{min} 和水枪的设计射流量 q_{xh}，进行比较后确定。水枪设计射流量可按下式计算：

$$q_{xh}=\sqrt{BH_q} \tag{10-5}$$

式中 B——水流特性系数，见表 10-6；

H_q——水枪喷口处的压力。计算最不利水枪射流量时，应为保证该建筑充实水柱长度所需的压力（mH_2O），q_{xh} 也可根据充实水柱长度和水枪喷嘴口径由表 10-7 确定。若计算可行，$q_{xh}>q_{min}$，则取设计射流量；若 $q_{xh}=q_{min}$，为确保火灾现场所需水量，应取设计射流量 $q_{xh}=q_{min}$。

表 10-6 水流特性系数 *B* 值

喷嘴直径/mm	9	13	16	19	22	25
B	0.079	0.346	0.793	1.577	2.834	4.727

表 10-7 直流水枪技术数据充实水柱

充实水柱 H_m/m	水枪不同喷嘴口径 $d_出$ 的压力 H_q 和实际消防射流量 q_{xh}					
	d_{13}/mm		d_{16}/mm		d_{19}/mm	
	H_q/mH_2O	q_{xh}/(L/s)	H_q/mH_2O	q_{xh}/(L/s)	H_q/mH_2O	q_{xh}/(L/s)
6	8.1	1.7	7.8	2.5	7.7	3.5
8	11.2	2.0	10.7	2.9	10.4	4.1
10	14.9	2.3	14.1	3.3	13.6	4.6
12	19.1	2.6	17.7	3.8	16.9	5.2
14	23.9	2.9	21.8	4.2	20.6	5.7
16	29.7	3.2	26.5	4.6	24.7	6.2

3. 消火栓给水管网水力计算

在保证最不利消火栓所需的消防流量和水枪所需的充实水柱的基础上，确定管网径及计算管路水头损失。消火栓给水管道中的流速一般以 1.4～1.8m/s 为宜，不宜大于 2.5m/s。

1）管径的确定

根据给水管道中设计流量，按下列公式，即可确定管径：

$$Q=\frac{\pi D^2}{4}v \tag{10-6}$$

$$D=\sqrt{\frac{4Q}{\pi v}} \tag{10-7}$$

式中 Q——管道设计流量，m^3/s；

D——管道的管径，m；

v——管道中的流速，m/s。

已知管段的流量后，只要确定了流速，方可求得管径。

2）计算水头损失，确定消防给水系统的压力

消火栓给水管网的水头损失包括沿程水头损失和局部水头损失，消火栓给水网所需压力可按下式计算：

$$P = K_2\left(\sum P_f + \sum P_p + 0.01H + P_0\right) \tag{10-8}$$

式中 P——消防水泵或消防给水系统所需要的扬程和压力，MPa；

P_f——管道沿程水头损失，MPa；

P_p——管件和阀门等局部水头损失，MPa（当资料不全时，局部水头损失可按根据管道沿程损失的10%～30%估算；消防给水干管和室内消火栓可按10%～20%计算，自动喷水等支管较多时可按30%计算）；

H——当消防水泵从消防水池吸水时，H为最低有效水位至最不利水灭火设施的几何高差，m（当消防水泵从市政给水管网直接吸水时，H为消防时市政给水管网在消防水泵入口处的设计压力值的高程至最不利水灭火设施的几何高差）；

P_0——最不利点水灭火设施所需的设计压力，MPa；

K_2——安全系数，可取1.05～1.15，宜根据管道的复杂程度和不可预见发生的管道变更所带来的不确定性来取值。

10.3 自动喷水灭火系统

10.3.1 概述

自动喷水灭火系统是一种在发生火灾时，能自动喷水灭火并同时发出火警信号的灭火系统。这种灭火系统具有很高的灵敏度和灭火成功率，是扑灭建筑初期火灾非常有效的一种灭火设备。在经济发达国家的消防规范中，几乎要求所有应该设置灭火设备的建筑都采用自动喷水灭火系统，以保证生命财产安全。

自动喷水灭火系统按喷头开闭形式，分为闭式喷水系统和开式喷水系统。闭式喷水系统可分为湿式自动喷水灭火系统、干式自动喷水灭火系统、预作用自动喷水灭火系统、重复启闭预作用灭火系统、闭式自动喷水-泡沫联用系统等；开式自动喷水灭火系统可分为雨淋灭火系统、水幕系统、水喷雾系统等。

10.3.2 闭式自动喷水灭火系统

1. 闭式自动喷水灭火系统的四种主要类型

1）湿式自动喷水灭火系统

湿式自动喷水灭火系统是世界上使用最早、应用最广泛，且灭火速度快、控火率较

高、系统比较简单的一种自动喷水灭火系统。由于该系统在报警阀的前后管道内始终充满着压力水,故称湿式喷水灭火系统或湿管系统。湿式系统适合在温度不低于4℃且不高于70℃的环境中使用,因此绝大多数的常温场所采用此类系统。经常低于4℃的场所有使管内充水冰冻的危险。高于70℃的场所管内充水汽化的加剧有破坏管道的危险。

湿式喷水灭火系统是由闭式喷头、管道系统、湿式报警阀、报警装置和供水设施等组成,如图10.25所示。

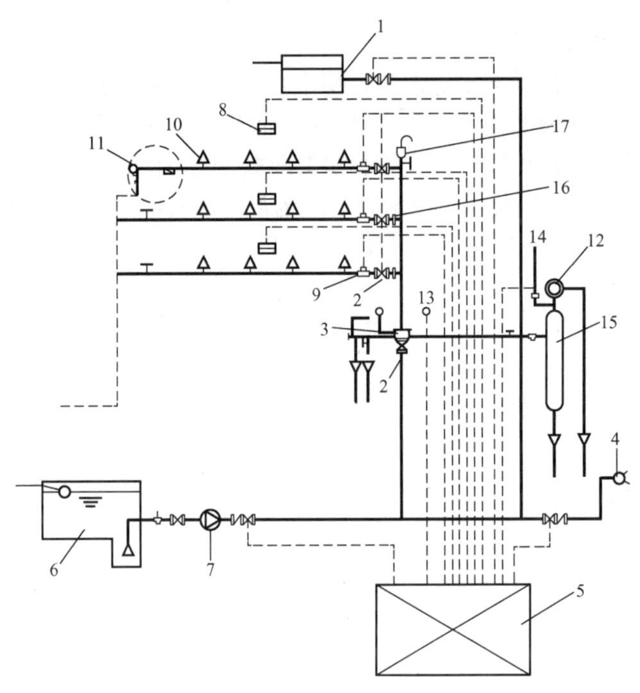

图10.25 湿式自动喷水灭火系统

1—高位水箱;2—消防安全信号阀;3—湿式报警阀;4—水泵接合器;5—控制箱;6—储水池;
7—消防水泵;8—感烟探测器;9—水流指示器;10—闭式喷头;11—末端试水装置;
12—水力警铃;13—压力表;14—压力开关;15—延迟器;16—节流孔板;17—自动排气阀

火灾发生时,高温火焰或高温气流使闭式喷头10的热敏感元件炸裂或熔化脱落,喷水灭火。此时,管网中的水由静止变为流动,则水流指示器9就被感应送出信号。在报警控制器上指标某一区域已在喷水,持续喷水造成湿式报警阀3的上部分压低于下部水压,原来处于关闭状态的阀片自动开启。此时,压力水通过湿式报警阀3,流向干管和配水管,同时水进入延迟器15,继而压力开关14动作、水力警铃12发出火警声号。此外,压力开关14直接连锁自动启动消防水泵7或根据水流指示器9和压力开关14的信号,控制器自动启动消防水泵7向管网加压供水,达到持续自动喷水灭火的目的。

2)干式自动喷水灭火系统

干式自动喷水灭火系统与湿式自动喷水灭火系统的区别在于,采用干式报警阀组,警戒状态下配水管道内充压缩空气等有压气体,为保持气压,需要配套设置补气设施,如图10.26所示。干式自动喷水灭火系统适用于环境在4℃以下或70℃以上且不宜采用湿式自动喷水灭火系统的地方。

干式自动喷水灭火系统配水管道中维持的气压，根据干式报警阀入口前管道需要维持的水压，结合干式报警阀的工作性能确定。

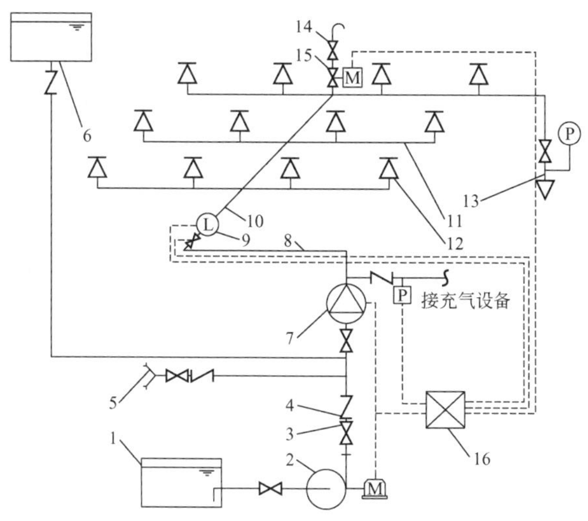

图 10.26 干式喷水灭火系统

1—水池；2—水泵；3—闸阀；4—止回阀；5—水泵接合器；6—消防水箱；7—干式报警阀组；8—配水干管；9—水流指示器；10—配水管；11—配水支管；12—闭式喷头；13—末端试水装置；14—快速排气阀；15—电动阀；16—报警控制器

闭式喷头开放后，配水管道有一个排气充水过程。系统开始喷水的时间，将因排气充水过程而产生滞后，因此削弱了系统的灭火能力。这一点是干式自动喷水灭火系统的固有缺陷。

干式报警装置最大工作压力不超过 1.20MPa。干式喷水管网容积不宜超过 1 500L；当设有排气装置时，不宜超过 3 000L。

3）重复启闭预作用系统

灭火后必须及时停止喷水的场所，应采用重复启闭预作用系统。

该系统能在扑灭火灾后自动关闭报警阀，发生复燃时又能再次开启报警阀恢复喷水，适用于灭火后必须及时停止喷水，要求减少不必要水渍损失的场所。为了防止误动作，该系统与常规预作用系统的不同之处是采用了一种即可输出火警信号，又配有可在环境恢复常温时输出灭火信号的感温探测器。当其感应到环境温度超出预定值时，报警并启动供水泵和打开具有复位功能的雨淋阀，为配水管道充水，并在喷头动作后喷水灭火。喷水过程中，当火场温度恢复至常温时，探测器发出关停系统的信号，在按设定条件延迟喷水一段时间后，关闭雨淋阀停止喷水。若火灾复燃、温度再次升高时，系统则再次启动，直至彻底灭火。

4）预作用自动喷水灭火系统

预作用自动喷水灭火系统在严禁因管道泄漏或误喷造成水渍污染的场所替代湿式自动喷水灭火系统；为了消除干式自动喷水灭火系统滞后喷水现象，用于替代干式自动喷水灭火系统。

预作用自动喷水灭火系统采用预作用报警阀组，并由配套使用的火灾自动报警系统启动。处于戒备状态时，配水管道为不充水的空管。利用火灾探测器的热敏性能优于闭式喷头的特点，由火灾报警系统开启雨淋阀后为管道充水，使系统在闭式喷头动作前转换为湿式系统（图 10.27）。

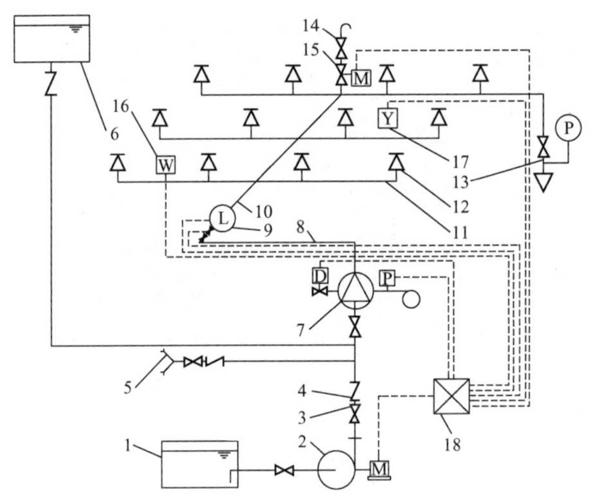

图 10.27　预作用自动喷水灭火系统

1—水池；2—水泵；3—闸阀；4—止回阀；5—水泵接合器；6—消防水箱；7—预作用报警阀组；8—配水干管；9—水流指示器；10—配水管；11—配水支管；12—闭式喷头；13—末端试水装置；14—快速排气阀；15—电动阀；16—感温探测器；17—感烟探测器；18—报警控制器

2. 系统主要设备和控配件

1）闭式喷头

闭式系统的喷头，其公称动作温度宜高于环境最高温度 30℃。

闭式喷头是闭式自动喷水灭火系统的关键设备，它通过热敏感释放机构的动作而喷水，喷头由喷水口、温感释放器和溅水盘组成，其形状和式样较多，如玻璃球闭式喷头（图 10.28）和易熔合金闭式喷头（图 10.29）。

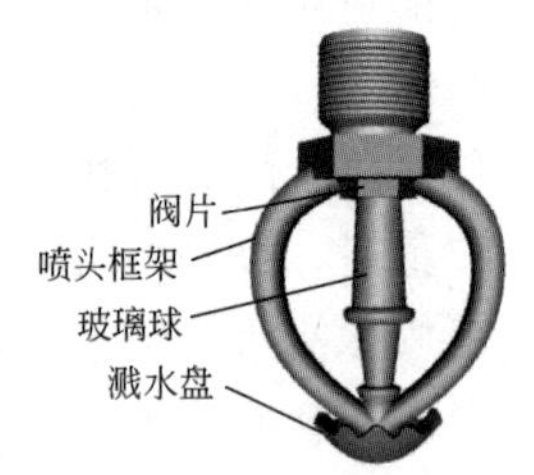

图 10.28　玻璃球闭式喷头

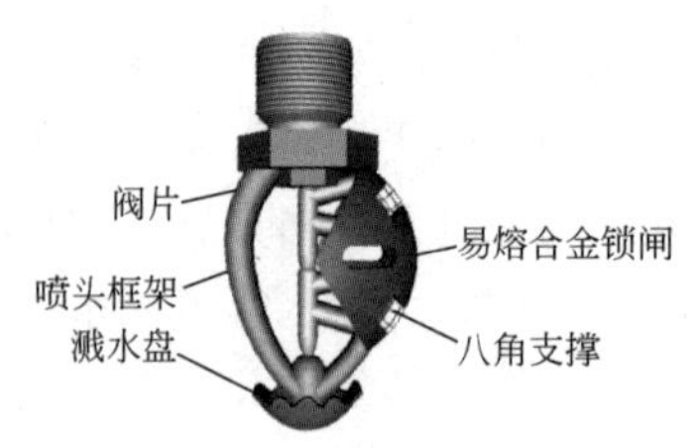

图 10.29　易熔合金闭式喷头

玻璃球闭式喷头由喷水口、玻璃球、框架、溅水盘、密封垫等组成。这种喷头释放机构中的热敏感元件是一个内装一定量的彩色膨胀液体的玻璃球，球内有一个小的气泡，用它顶住喷水口的密封垫。当室内发生火灾时，球内的液体因受热而膨胀，瓶内压力升高，当达到规定温度时，液体就完全充满了瓶内全部空间；当压力达到规定值时，玻璃球便炸裂，这样使喷水口的密封垫失去支撑，压力水便喷出灭火。

易熔合金闭式喷头的热敏感元件为易熔金属或其他易熔材料制成的元件。当室内起火温度达到易熔元件本身的设计温度时，易熔元件便熔化，释放机构脱落，压力水便喷出灭火。

自动喷水灭火系统应有备用喷头，其数量不应少于总数的 1%，且每种型号均不得少于 10 只。提出喷头备品的数量，以便在系统投入使用后，因火灾或其他原因损伤喷头时能够及时更换，缩短系统恢复戒备状态的时间。

2）报警阀

报警阀的主要功能是开启后能够接通管中水流，同时启动报警装置。不同类型的自动喷水灭火系统，应安装不同结构的报警阀。报警阀分为湿式、干式、雨淋、预作用四种，干式、湿式报警阀如图 10.30 所示。

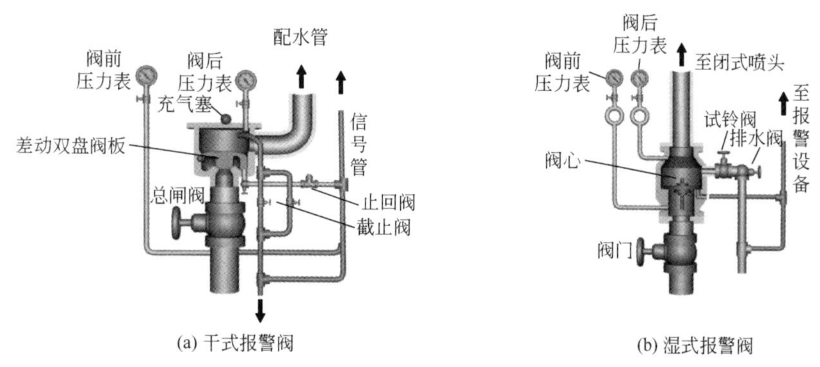

图 10.30 干式、湿式报警阀

3）报警控制装置

报警控制装置由控制箱、监测器和报警器三种产品组成，它在系统中不但起着探测火警，启动系统，发出声、光等信号的作用，同时还能监测和监视系统的各种故障，减少系统的失效率，增强系统控火、灭火能力。

除预作用和雨淋系统中用探测器的热敏元件启动报警外，其他系统均采用水力报警器，靠水力启动的报警器有水力警铃和压力开关。

4）延迟器

安装在报警阀与水力警铃之间的信号管道上，用以防止水源发生水锤时引起水力警铃的误动作。

5）末端试水装置

为了检验系统的可靠性，测试系统能否在开放一只喷头的最不利条件下可靠报警并正常启动，要求在每个报警阀的供水最不利点处设置末端试水装置。末端试水装置测试的内容，包括水流指示器、报警阀、压力开关、水力警铃的动作是否正常，配水管道是否畅通，以及最不利点处的喷头工作压力等。其他的防火分区与楼层，则要求在供水最不利点处装设直径 25mm 的试水阀，以便在必要时连接末端试水装置。末端试水装置应由试水阀、压力表及试水接头组成。试水接头出水口的流量系数，应等同于同楼层或防火分区内的最小流量系数。末端试水装置的出水，应采取孔口出流的方式排入排水管道。末端试水装置如图 10.31 所示。

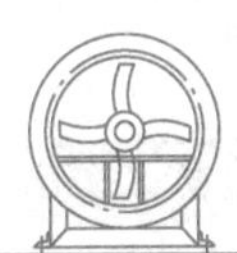

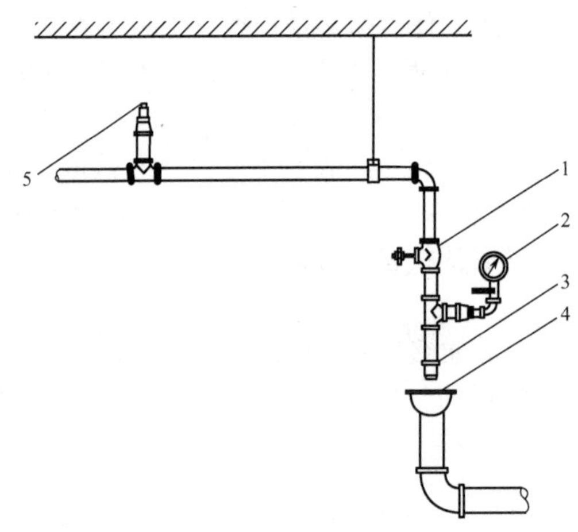

图 10.31 末端试水装置示意图

1—截止阀；2—压力表；3—试水接头；4—排水漏斗；5—最不利点处喷头

3. 喷头和管网的布置及敷设

喷头应布置在顶板或吊顶下易于接触到火灾热气流并有利于均匀布水的位置。当喷头附近有障碍物时，应符合现行《自动喷水灭火系统设计规范》（GB 50084—2001）中规定的喷头与障碍物的距离要求或增设补偿喷水强度的喷头。

直立型、下垂型喷头的布置，包括同一根配水支管上喷头的间距及相邻配水支管的间距，应根据系统的喷水强度、喷头的流量系数和工作压力确定，并不应超过表 10－8 的规定，且不宜小于 2.4m。

表 10－8 同一根配水支管上喷头的间距及相邻配水支管的间距

喷水强度 /[L/(min·m²)]	正方形布置的边长/m	矩形或平行四边形布置的长边边长/m	一只喷头的最大保护面积/m²	喷头与端墙的最大距离/m
4	4.4	4.5	20.0	2.2
6	3.6	4.0	12.5	1.8
8	3.4	3.6	11.5	1.7
≥12	3.0	3.6	9.0	1.5

注：① 仅在走道设置单排喷头的闭式系统，其喷头间距应按走道地面不留漏喷空白点确定。

② 喷水强度大于 8L/(min·m²) 时，宜采用流量系数 $K>80$ 的喷头。

③ 货架内置喷头的间距均不应小于 2m，且不应大于 3m。

自动喷水灭火系统用水应无污染、无腐蚀、无悬浮物。可由市政或企业的生产、消防给水管道供给，也可由消防水池或天然水源供给，并应确保持续喷水时间内的用水量。系统中设有 2 个及以上数量的报警阀组时，报警阀组前宜设环状供水管道。

自动喷水灭火系统应与消火栓给水系统分开设置，有困难时，可以合用消防水泵，但在报警阀前必须分开设置。为了保证系统的用水量，报警阀出口后的管道上不能设置其他用水设施。配水管道的工作压力不应大于 1.2MPa。

自动喷水灭火系统的管网是一个以报警阀来控制的管道系统，为一单元管网。报警阀后的管道分为配水干管、配水管和配水支管。

配水管两侧每根配水支管控制的标准喷头数，轻危险级、中危险级场所不应超过 8 只；同时在吊顶上下安装喷头的配水支管，上下侧均不应超过 8 只。严重危险级及仓库危险级场所均不应超过 6 只。

短立管及末端试水装置的连接管，其管径不应小于 25mm。轻危险级、中危险级场所中配水支管、配水管控制的标准喷头数，不应超过表 10 - 9 的规定。

表 10 - 9　轻危险级、中危险级场所中配水支管、配水管控制的标准喷头数

公称管径/mm	控制的标准喷头数/只	
	轻危险级	中危险级
25	1	1
32	3	3
40	5	4
50	10	8
65	18	12
80	48	32
100	—	64

喷水时，管道会引起晃动，而且管网充水后具有一定的质量，因此，应设置管道吊架、支架和防晃支架。

管道上吊架和支架的位置，以不妨碍喷头喷水效果为原则。一般吊架距喷头的距离应大于 0.3m，距末端喷头的间距应小于 0.75m，对圆钢制的吊架，其间距可小于 0.075m。管道支架或吊架的间距见表 10 - 10。一般在喷头之间的每段配水支管上至少安装一个吊架，但其间距小于 1.8m 时，允许每隔一段配置一个吊架，吊架的间距不应大于 3.6m。

表 10 - 10　支架或吊架的最大间距

公称管径/mm	15	20	25	32	40	50	70	80	100	125	150
间距/m	2.5	3.0	3.5	4.0	4.5	5.0	5.5	6.0	7.0	7.5	8.0

10.3.3 开式自动喷水灭火系统

开式自动喷水灭火系统，按其喷水形式的不同而分为雨淋自动喷水灭火系统、水幕系统和水喷雾灭火系统，通常布设在火势猛烈、蔓延迅速的严重危险级建筑物和场所中。

1）雨淋自动喷水灭火系统

具有下列条件之一的场所，应采用雨淋自动喷水灭火系统：①火灾的水平蔓延速度快、闭式喷头的开放不能及时使喷水有效覆盖着火区域；②民用建筑或工业厂房室内净空高度大于 8m，且必须迅速扑救初期火灾；③严重危险级Ⅱ级。

雨淋自动喷水灭火系统启动后立即大面积喷水，遏制和扑救火灾的效果更好，但水渍损失大于闭式系统。

雨淋自动喷水灭火系统采用开式洒水喷头、雨淋报警阀组，有配套使用的火灾自动报警系统或传动管联动雨淋阀，由雨淋阀控制其配水管道上的全部开式喷头同时喷水(图 10.32)。(注：可以做冷喷试验的雨淋系统，应设末端试水装置。)

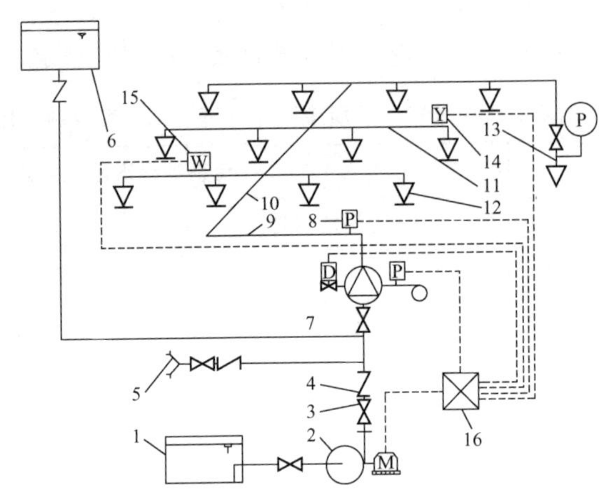

图 10.32　雨淋自动喷水灭火系统

1—水池；2—水泵；3—闸阀；4—止回阀；5—水泵接合器；6—消防水箱；7—雨淋报警阀组；8—压力开关；9—配水干管；10—配水管；11—配水支管；12—开式洒水喷头；13—末端试水装置；14—感烟探测器；15—感温探测器；16—报警控制器

2）水幕系统

水幕系统不以灭火为主要目的。

水幕系统由开式洒水喷头或水幕喷头、雨淋报警阀组或感温雨淋阀，以及水流报警装置(水流指示器或压力开关)等组成，用于挡烟阻火和冷却分隔物的喷水系统，包括防火分隔水幕和防护冷却水幕两种形式。

该系统是将水喷洒成水帘幕状，用以冷却防火分隔物，提高防火分隔物的耐火性能；或利用防火水帘阻止火焰和热辐射穿过开口部位，防止火势扩大和火灾蔓延。水幕系统应设在防火墙等隔断物无法设置的开口部分，如大型剧院、会堂、礼堂的舞台口，防火卷帘或防火幕的上部。

3）水喷雾灭火系统

水喷雾灭火系统在系统组成上与雨淋系统基本相似，所不同的是该系统使用的是一种喷雾喷头。这种喷头有螺旋状叶片，当有一定压力的水通过喷头时，叶片旋转，在离心力作用下，同时产生机械撞击作用和机械强化作用，使水形成雾状喷向被保护部位。

10.3.4　自动喷水灭火系统给水管网的水力计算

1. 喷头出水量

喷头的出水量是确定各管段设计流量的基本数据，可按下式计算：

$$q=K\sqrt{\frac{P}{9.8\times10^4}} \tag{10-9}$$

式中 q——喷头出水量，L/min；

P——喷头的工作压力，Pa；

K——喷头流量特性系数，当 $P=9.8\times10^4$Pa，喷头公称直径为 15mm 时，$K=80$。

系统最不利点处喷头的工作压力应计算确定。

2. 计算各管段的设计流量并确定管径

自动喷水灭火系统的计算，是以作用面积内的喷头全部动作，且满足所需喷头强度要求为出发点，因为喷水强度是衡量控火、灭火效果的主要依据。由于火灾时一般火源呈辐射状向四周扩散，因此作用面积宜选用正方形或长方形。当采用长方形布置时，其长边应平行于配水支管，边长宜为作用面积平方根的 1.2 倍。

系统的设计流量，应按最不利点处作用面积内喷头同时喷水的总流量确定：

$$Q_s=\frac{1}{60}\sum_{i=1}^{n}q_i \tag{10-10}$$

式中 Q_s——系统设计流量，L/s；

q_i——最不利点处作用面积内各喷头节点的流量，L/min；

n——最不利点处作用面积内的喷头数。

民用建筑和工业厂房系统设计流量的计算，应保证任意作用面积内的平均喷水强度不低于表 10－10 的规定值。最不利点处作用面积内任意 4 只喷头围合范围内的平均喷水强度，轻危险级、中危险级不应低于表 10－11 规定值的 85%；严重危险级和仓库危险级不应低于表 10－10 的值。

表 10－11 民用建筑和工业厂房的系统设计参数

火灾危险等级		净空高度/m	喷水强度/[L/(min·m²)]	作用面积/m²
轻危险级		≤8	4	160
中危险级	Ⅰ级		6	
	Ⅱ级		8	
严重危险级	Ⅰ级		12	260
	Ⅱ级		16	

注：系统最不利点处喷头的工作压力不应低于 0.05MPa。

从作用面内的最不利点喷头开始，沿程计算各喷头和压力、管段的累计流量和水头损失，逐点计算直到将作用面积内的全部喷头计算完毕为止，在此以后的管段中流量不再增加，仅计算沿程和局部损失。

各管段设计流量即为该管段所有作用喷头的出水量之和。建筑管道内的水流速度宜采用经济流速，必要时可超过 5m/s，但不应大于 10m/s。各管段管径按计算确定的流量和已知的流速计算确定。

3. 计算水头损失，确定系统所需压力

自动喷水灭火系统管网的水头损失包括沿程水头损失和局部水头损失。每米管道的水头损失应按式(10－11) 计算。

$$i=0.0000107\frac{V^2}{d_j^{1.3}} \tag{10-11}$$

式中 i——每米管道的水头损失，MPa/m；

V——管道内水的平均流速，m/s；

d_j——管道的计算内径，m，取值应按管道的内径减 1mm 确定。

局部水头损失可按沿程水头损失的20%计算。自动喷水灭火系统水泵扬程或系统入口的供水压力应按式(10-12)计算。

$$H=\sum h+P_0+Z \tag{10-12}$$

式中 H——水泵扬程或系统入口的供水压力，MPa；

$\sum h$——管道沿程与局部水头损失之和，MPa，湿式报警阀取值 0.04 MPa 或按检测数据确定，水流指示器取值 0.02 MPa，雨淋阀取值 0.07 MPa；

P_0——最不利点处喷头的工作压力，MPa；

Z——最不利点处喷头与消防水池的最低水位或系统入口管水平中心线之间的高程差，MPa，当系统入口管或消防水池最低水位高于最不利点处喷头时，Z 应取负值。

10.4 粉末灭火系统

10.4.1 泡沫灭火系统

1. 泡沫灭火系统简介

泡沫灭火系统是指泡沫灭火剂与水按一定比例混合，经泡沫产生装置产生灭火泡沫的灭火系统。

泡沫灭火系统在石油化工企业、油库、地下工程、汽车库、各类仓库、煤矿、大型飞机库、船舶等场所得到广泛的应用；泡沫灭火系统是扑灭甲、乙、丙类液体火灾和某些固体火灾的一种主要灭火设施。

现行国家标准《石油库设计规范》(GB 50074—2014)、《石油天然气工程设计防火规范》(GB 50183—2015)、《汽车库、修车库、停车场设计防火规范》(GB 50067—2014)、《飞机库设计防火规范》(GB 50284—2008)等中对泡沫灭火系统的设置场所分别做了具体规定。

2. 灭火原理和系统分类

泡沫灭火系统主要由泡沫产生装置、泡沫比例混合器、泡沫混合液管道、泡沫液储罐、消防泵、消防水源、控制阀门等组成，如图 10.33 所示。

泡沫灭火工作原理是保护场所起火后，自动或手动启动消防泵，打开出水阀门，水流经过泡沫比例混合器后，将泡沫与水按规定比例混合成混合液，然后经混合液管道输送到泡沫产生装置，将产生的泡沫施放到燃烧物的表面上，将燃烧物的表面覆盖，从而实施灭火。

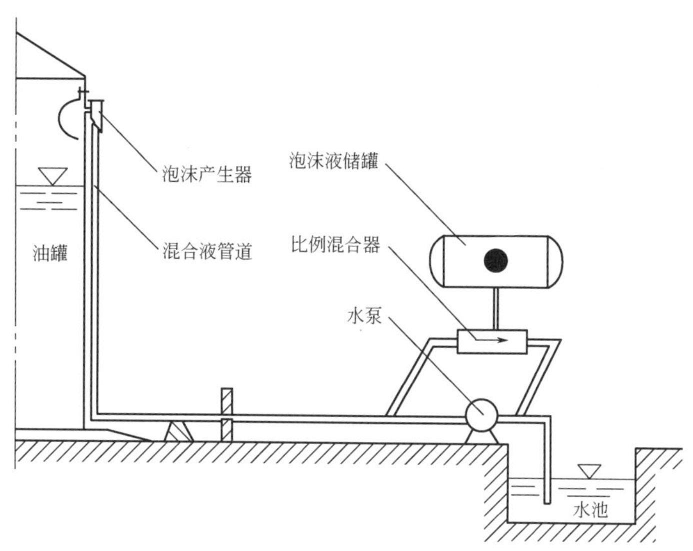

图 10.33 固定式泡沫灭火系统

泡沫灭火系统按系统组件安装方式不同可分为固定式泡沫灭火系统、半固定式泡沫灭火系统、移动式泡沫灭火系统。

泡沫灭火系统按发泡倍数不同可分为低倍数泡沫灭火系统、中倍数泡沫灭火系统、高倍数泡沫灭火系统。

泡沫灭火系统按泡沫喷射形式不同可分为：液上喷射泡沫灭火系统、液下喷射泡沫灭火系统、半液下喷射泡沫灭火系统、泡沫喷淋灭火系统、泡沫炮灭火系统。

固定式液下喷射泡沫灭火系统如图 10.34 所示。

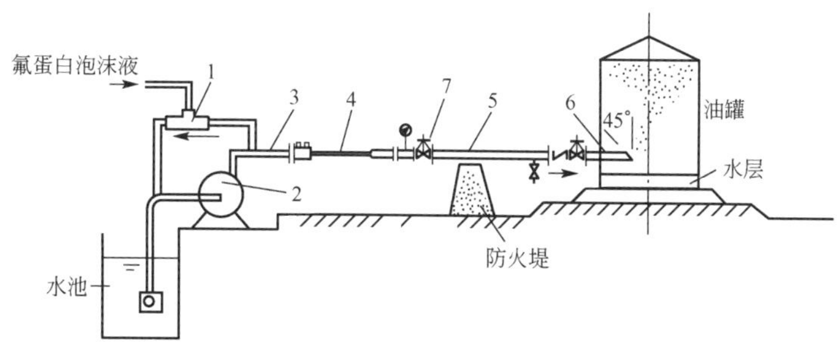

图 10.34 固定式液下喷射泡沫灭火系统

1—环泵式比例混合器；2—泡沫混合液泵；3—泡沫混合液管道；4—液下喷射泡沫产生器；5—泡沫管道；6—泡沫注入管；7—背压调节阀

10.4.2 干粉灭火系统

干粉灭火系统是由干粉供应源通过输送管道连接到固定的喷嘴上，通过喷嘴喷放干粉的灭火系统。干粉灭火系统可扑灭下列火灾：灭火前可切断气源的气体火灾；易燃、可燃液体和可熔化固体火灾；可燃固体表面火灾；带电设备火灾。

干粉灭火剂是一种干燥且易于流动的细微粉末。当干粉灭火剂用于扑救燃烧物时，会形成粉雾而扑灭燃烧物表面火灾。灭火剂灭火原理主要是干粉灭火剂对火焰的抑制作用和干粉灭火剂的烧爆作用。

干粉灭火具有灭火历时短、效率高、绝缘好、灭火后损失小、不怕冻、不用水、可长期储存等优点。干粉灭火系统的组成如图 10.35 所示。

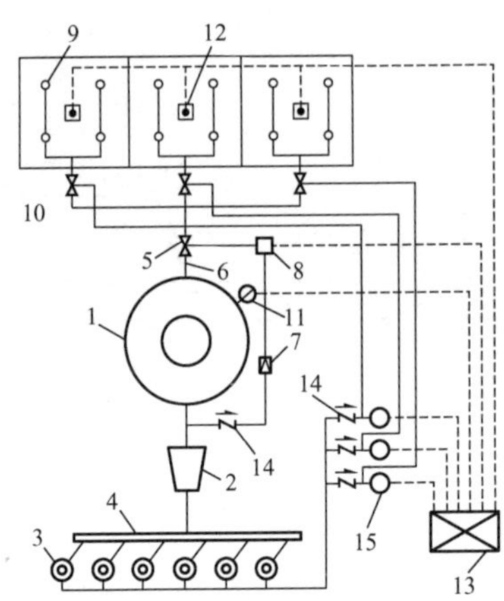

图 10.35　干粉灭火系统的组成

1—干粉储罐；2—压力控制器；3—氮气瓶；4—集气管；5—球阀；6—输粉管；
7—减压阀；8—电磁阀；9—喷嘴；10—选择阀；11—压力传感器；
12—火灾探测器；13—消防控制中心；14—单向阀；15—启动气瓶

干粉灭火系统按应用方式分为两种类型，即全淹没灭火系统和局部应用灭火系统，扑救封闭空间内的火灾应采用全淹没灭火系统，扑救具体保护对象的火灾应采用局部应用灭火系统。

设置干粉灭火系统，其干粉灭火剂的储存装置应靠近其防护区，但不能使干粉储存器有着火危险。干粉还应避免潮湿和高温。输送干粉的管道宜短而直、光滑，无焊瘤、缝隙。管内应清洁，无残留液体和固体杂物，以便喷射干粉时提高效率。

10.4.3 烟雾灭火系统

烟雾灭火系统主要用在各种油罐和醇、酮类储罐等的初起火灾。此系统具有设备简单、无须水和电、无须人工操作、扑灭初期火灾快、适用温度范围宽等特点，很适合用于野外无水、无电设施的独立油罐或冰冻期较长的地区。

烟雾自动灭火装置主要由发烟器、导烟管、喷头、感温启动器、引火系统等组成，其中灭火剂填装在发烟器中。

烟雾灭火剂在烟雾灭火器内进行燃烧反应产生烟雾灭火气体，喷射到储罐着火液面的上方空间，形成一种均匀而浓厚的灭火气体层。

烟雾灭火系统按其灭火器安装位置的不同，可分为罐内式和罐外式两种。罐内式烟雾灭火系统的烟雾灭火器置于罐中心，并用浮漂托于液面上；而罐外灭火系统的烟雾灭火器置于罐外，但其烟雾喷头伸入罐内的中心液面上。当罐内温度达到 110～120℃时，会使各种烟雾灭火器上的探头熔化，通过导火索导燃烟雾灭火剂，产生出大量水蒸气、氮气、二氧化碳的烟雾灭火气体，从而自动喷出烟雾于罐内空间，起到灭火效果。

10.5 气体灭火系统

10.5.1 二氧化碳灭火系统

二氧化碳灭火系统是气体消防的一种，主要靠窒息作用和一定的冷却降温作用灭火。该系统是一种物理的、无化学变化的气体灭火系统，具有不污损保护物、灭火快、空间淹没效果好等优点。一般可以使用卤代烷灭火系统的场合，均可以采用二氧化碳灭火系统。

1. 二氧化碳灭火系统分类

按系统应用场合，二氧化碳灭火系统通常可分为全充满二氧化碳灭火系统、局部二氧化碳灭火系统及移动式二氧化碳灭火系统。

所谓全充满系统也称全淹没系统，由固定在某一特定地点的二氧化碳钢瓶、容器阀、管道、喷嘴、控制系统及辅助装置等组成。此系统在火灾发生后的规定时间内，使被保护封闭空间的二氧化碳浓度达到灭火浓度，并使其均匀充满整个被保护区的空间，将燃烧物体完全淹没在二氧化碳中。

全充满系统在设计、安装与使用上都比较成熟，因此是一种应用较为广泛的二氧化碳灭火系统。

局部二氧化碳灭火系统也是由设置固定的二氧化碳喷嘴、管路及固定的二氧化碳组成，可直接、集中地向被保护对象或局部危险区域喷射二氧化碳灭火。

移动式二氧化碳灭火系统由二氧化碳钢瓶、集合管、软管卷轴、软管及喷筒等组成，系统构成如图 10.36 所示。

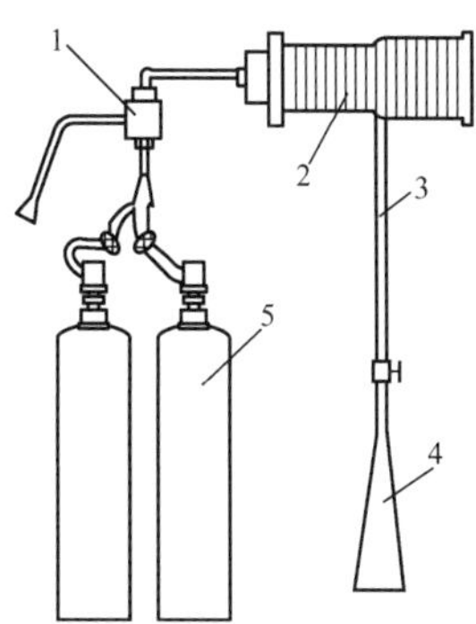

图 10.36 移动式二氧化碳灭火系统

1—手动阀；2—软管卷轴；3—软管；4—喷筒；5—二氧化碳钢瓶

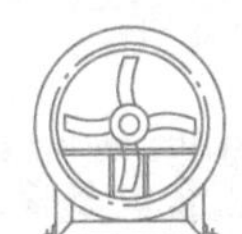

2. 二氧化碳灭火系统的介绍

二氧化碳管网灭火系统主要有二氧化碳储存容器、启动气瓶装置、管道、阀门和其他附件、喷嘴、应急操作机构及探测、报警、控制器等组成，如图 10.37 所示。

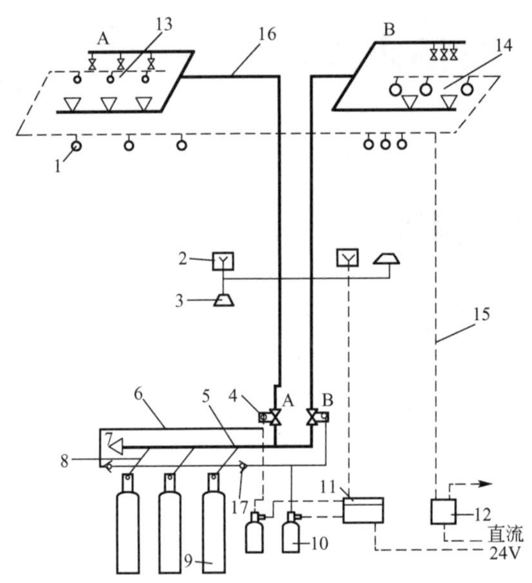

图 10.37 二氧化碳灭火系统

1—火灾探测器；2—手动按钮启动装置；3—报警器；4—选择阀；5—总管；6—操作管；7—安全阀；8—连接管；9—储存容器；10—启动用气体容器；11—控制盘；12—检测盘；13—被保护区 1；14—被保护区 2；15—控制电缆线；16—二氧化碳支管

二氧化碳灭火系统由一组二氧化碳钢瓶组成的二氧化碳源、管路及喷头等构成，负责保护的区域为两个以上的多区域，其主要特征是在二氧化碳供给总路干管上需分出若干路支管，再配以选择阀，完成各自被保护的封闭区域。

10.5.2 蒸汽灭火系统

蒸汽灭火的工作原理是在火场燃烧区内，向其释放一定量的蒸汽时，可阻止空气进入燃烧区而使燃烧窒息。这种灭火系统只有在经常具备充足蒸汽源的条件下才能设置。蒸汽灭火系统适用于扑灭石油化工、炼油、火力发电等厂房、燃油锅炉房、油库及高温设备的油气火灾。蒸汽灭火系统具有设备简单、造价低、淹没性好等优点，但不适用于体积大、面积大的火灾区，也不适用于扑灭电气设备、贵重仪表、文物档案等火灾。

蒸汽灭火系统有固定式和半固定式两种类型，半固定式蒸汽灭火系统多用于扑救局部火灾；固定式蒸汽灭火系统为全淹没式灭火系统，对建筑物容积不大于 $500m^3$ 的保护空间的灭火效果较好。蒸汽灭火系统宜采用高压饱和蒸汽，不宜采用过热蒸汽。蒸汽源与被保护区距离一般不大于 60m 为好。

思考题

1. 为什么要进行防火、防烟分区？防火、防烟分区采用何种措施进行分界？
2. 灭火剂的种类有哪些？
3. 救援入口的设置要求有哪些？
4. 室内消火栓给水系统由哪几部分组成？消火栓的布置原则是什么？
5. 什么是自动喷水灭火系统？它由哪几部分组成？主要有哪些类型？
6. 自动喷水灭火系统中设置末端试水装置的作用是什么？
7. 试述泡沫灭火系统工作原理。

第11章 建筑防烟排烟系统

教学要点

本章主要讲述自然排烟和机械排烟的基本概念、方法和原理，以及加压送风系统和地下停车场的防排烟系统设计。通过本章的学习，应达到以下目标：

（1）理解烟气的流动规律与控制原理；

（2）掌握自然排烟、机械排烟及加压防烟系统的原理和确定方法；

（3）掌握地下停车场的防排烟设计。

基本概念

防烟系统；排烟系统；自然排烟；机械排烟量；中庭机械排烟量；加压送风系统；加压送风量

引例

2010年11月15日14时，上海市胶州路718号的一幢28层的公寓发生特大火灾，造成58人死亡。起火大楼在装修作业施工中，两名电焊工违规实施作业，在短时间内形成密集火灾。由于高层建筑内部有大量的管道、楼梯间、电梯井、排气道等各种竖向管井和通道，从地面一直通到最高层。一旦发生火灾，这些部位就成了一座拔风的“烟囱”，加速火势的蔓延，且蔓延途径多，速度快。大楼的烟气变得非常浓，给救援和逃生都带来一定困难。火灾发生后，排除着火部位的烟气，防止楼梯间、走廊等疏散路线烟气的进入，是本章要解决的问题。

【管道井和玻璃幕墙[illegible]】

11.1 烟气的流动规律与控制原理

11.1.1 烟气的流动规律

建筑物发生火灾后，烟气在建筑物内不断流动传播，不仅导致火灾蔓延，也引起人员恐慌，影响疏散与扑救。引起烟气流动的因素有如下几点。

【火灾报警系统演示】

1. 烟囱效应引起的烟气流动

当建筑物内外有温度差时，在空气的密度差作用下引起垂直通道内（楼梯间、电梯间）的空气向上（或向下）流动，从而携带烟气向上（或向下）传播。图 11.1 表示了火灾烟气在烟囱效应作用下引起的传播。图 11.1(a) 表示室外温度 t_0 小于楼梯间内的温度 t_s，室外空气密度 ρ_0 大于楼梯间内的空气密度 ρ_s，当着火层在中和面以下时，火灾烟气将传播到中和面以上各层中去，而且随着温度较高的烟气进入垂直通道，烟囱效应和烟气的传播将增强。如果层与层之间没有缝隙渗漏烟气，中和面以下除了着火层以外的各层是无烟的。当着火层向外的窗户开启或爆裂，烟气逸出，会通过窗户进入上层房间。当着火层在中和面以上时，如无楼层间的渗透，除了火灾层外其他各层基本上是无烟的。图 11.1(b) 是 $t_0>t_s$，$\rho_0<\rho_s$ 的情况，建筑物内产生逆向烟囱效应。当着火层在中和面以下时，如果不考虑层与层之间通过缝隙的传播，除了着火层外，其他各层都无烟。当着火层在中和面以上时，火灾开始阶段烟气温度较低，则烟气在逆向烟囱效应的作用下传播到中和面以下的各层中去；一旦烟气温度升高后，密度减小，浮力的作用超过了逆向烟囱效应，烟气转而向上传播。建筑的层与层之间、楼板上总是有缝隙（如在管道通过处）的，则在上下层房间压力差作用下，烟气也将渗透到其他各层中去。

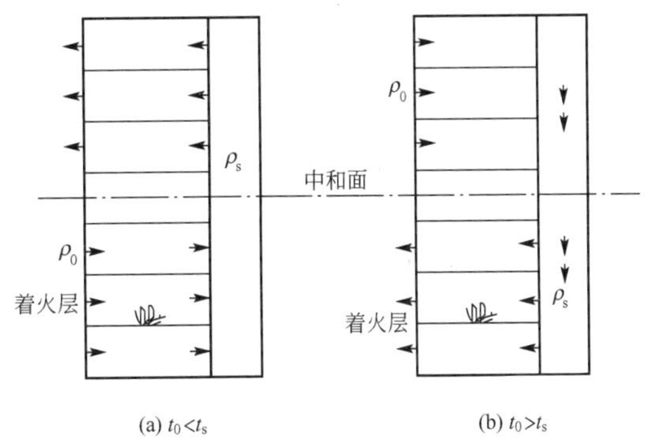

图 11.1 火灾烟气的传播

2. 浮力引起的烟气流动

着火房间温度升高，空气和烟气的混合物密度减小，与相邻的走廊、房间或室外的空气形成密度差，引起烟气流动，如图 11.2 所示。实质上着火房间与走廊、邻室或室外形成热压差，导致着火房间内的烟气与邻室或室外的空气相互流动，中和面的上部烟气向走廊、邻室或室外流动，而走廊、邻室

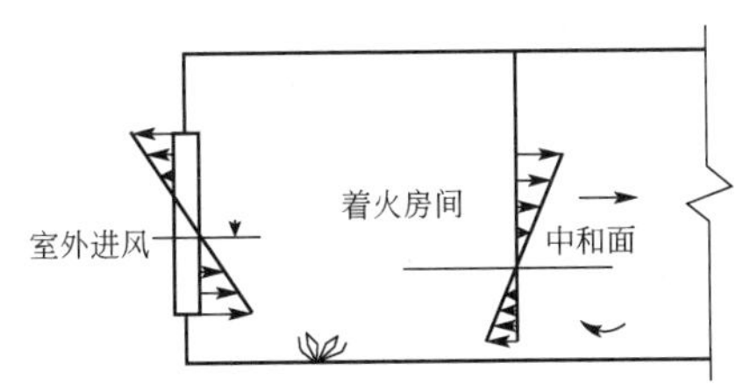

图 11.2 在浮力作用下的烟气流动

或室外的空气从中和面以下进入。这是烟气在室内沿水平方向流动的原因之一。浮力作用还将通过楼板上的缝隙向上层渗透。

3. 热膨胀引起的烟气流动

着火房间随着烟气的流出，温度较低的外部空气流入，空气的体积因受热而急剧膨胀。燃烧导致的体积膨胀计算公式：

$$\dot{V}_s/\dot{V}_a = T_s/T_a \tag{11-1}$$

式中 $\dot{V}_s$、$\dot{V}_a$——流入着火房间的空气量和燃烧膨胀后的烟气量，m^3/s；

T_s、T_a——流入着火房间的空气温度和燃烧后的烟气温度，K。

若流入空气的温度为20℃，烟气温度为250℃，则烟气热膨胀的倍数$\dot{V}_a/\dot{V}_s=1.8$；烟气温度为500℃时，$\dot{V}_a/\dot{V}_s=2.6$。由此可见，火灾燃烧过程中，因膨胀产生大量体积的烟气。对于门窗开启的房间，体积膨胀所产生的压力可以忽略不计；但对于门窗关闭的房间，将产生很大的压力，从而使烟气向非着火区流动。

4. 风力作用下的烟气流动

建筑物在风力作用下，迎风侧产生正风压；而在建筑侧部或背风侧，将产生负风压。当着火房间在正风压侧时，将引导烟气向负风压侧的房间流动。反之，当着火房间在负风压侧时，风压将引导烟气向室外流动。

5. 通风空调系统引起的烟气流动

通风空调系统的管路是烟气流动的通道。当系统运行时，空气流动方向也是烟气可能流动的方向，烟气可能从回风口、新风口等处进入系统。当系统不工作时，由于烟囱效应，以及浮力、热膨胀和风压的作用，各房间的压力不同，烟气可通过房间的风口、风道传播，也将使火势蔓延。

建筑物内火灾的烟气是在上述多因素共同作用下流动、传播的。各种作用有时互相叠加，有时互相抵消，而且随着火势的发展，各种因素都在变化着；另外，火灾的燃烧过程也各有差异，因此要确切地用数学模型来描述烟气在建筑物内动态的流动状态是相当困难的。但是了解这些因素作用下的规律，有助于正确地采取防烟、排烟措施。

11.1.2 火灾烟气控制原理

【烟气的流动与控制】

烟气控制的主要目的是在建筑物内创造无烟或烟气含量极低的疏散通道或安全区。烟气控制的实质是控制烟气合理流动，也就是使烟气不流向疏散通道、安全区和非着火区，而向室外流动。基于以上目的，通常用防烟与排烟两种方法对烟气进行控制。

1. 防烟系统

防烟系统是采用机械加压送风或自然通风的方式，防止烟气进入疏散空间的系统，分为机械加压送风系统和自然通风系统。机械加压送风就是凭借机械力，将室外新鲜的空气送入应该保护的疏散区域，如前室、楼梯间、封闭避难层（间）等，以提高该区域的室内压力，阻挡烟气的侵入。

2. 排烟系统

利用自然或机械作用力，将烟气排到室外，称之为排烟。利用自然作用力的排烟称为自然排烟；利用机械（风机）作用力的排烟称机械排烟。排烟的部位有两类：着火区和疏散通道。着火区排烟的目的是将火灾发生的烟气（包括空气受热膨胀的体积）排到室外，降低着火区的压力，不使烟气流向非着火区，以利于着火区的人员疏散及救火人员的扑救。对于疏散通道的排烟是为了排除可能侵入的烟气，保证疏散通道无烟或少烟，利于人员安全疏散及救火人员的通行。

设置排烟系统的场所或部位应划分防烟分区。防烟分区不应跨越防火分区，并应符合下列要求：防烟分区面积不宜大于 2 000m^2；采用隔墙等形成封闭的分隔空间时，该空间应作为一个防烟分区，防烟分区的长边不应大于 60m，当室内高度超过 6m，且具有自然对流条件时，长边不应大于 75m；防烟分区应采用挡烟垂壁、结构梁及隔墙等划分；防烟分区内的储烟仓高度不应小于空间净高的 10%，且不应小于 500mm，同时应保证疏散所需的高度。

同一个防烟分区应采用同一种排烟方式。

11.2 自然防排烟系统

11.2.1 自然排烟方式

自然排烟是利用热烟气产生的浮力、热压或其他自然作用力使烟气排出室外。如图 11.3 所示，自然排烟有两种方式：①利用外窗或专设的排烟口排烟；②利用竖井排烟。图 11.3(c) 是利用专设的竖井，即相当于专设一个烟囱，这种排烟方式实质上是利用烟囱效应的原理。在竖井的排出口设避风风帽，还可以利用风压的作用。但是由于烟囱效应产生的热压很小，而排烟量又大，因此需要竖井的截面和排烟风口的面积都很大，日本就规定楼梯间前室排烟用的竖井断面为 6m^2，排烟风口的面积为 4m^2。如此大的面积很难为建筑业主和设计人员所欢迎。因此我国并不推荐使用这种排烟方式。

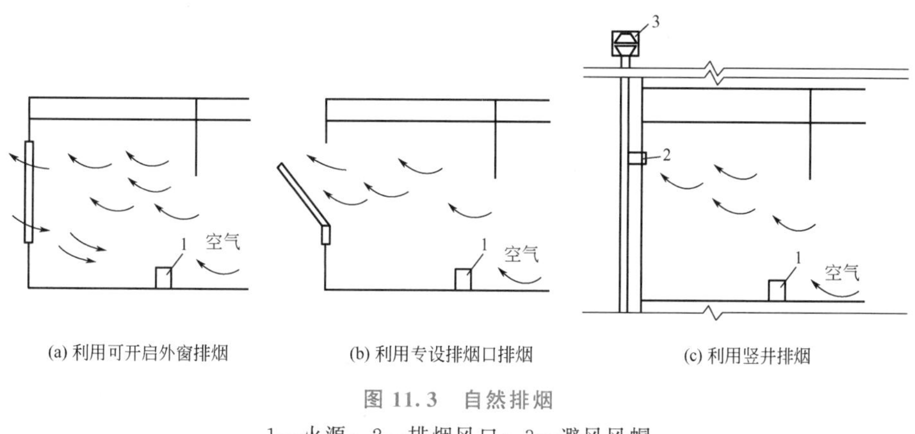

(a) 利用可开启外窗排烟　(b) 利用专设排烟口排烟　(c) 利用竖井排烟

图 11.3　自然排烟

1—火源；2—排烟风口；3—避风风帽

11.2.2 自然防烟系统和自然通风设施

1. 自然防烟系统

建筑高度小于或等于 50m 的公共建筑、厂房、仓库和建筑高度小于或等于 100m 的住宅建筑，由于受风压作用影响较小，可利用建筑本身的采光通风，基本起到防止烟气进一步进入安全区域的作用。

(1) 防烟楼梯间及其前室、消防电梯间前室和合用前室宜采用自然通风方式的防烟系统，如图 11.4 所示。

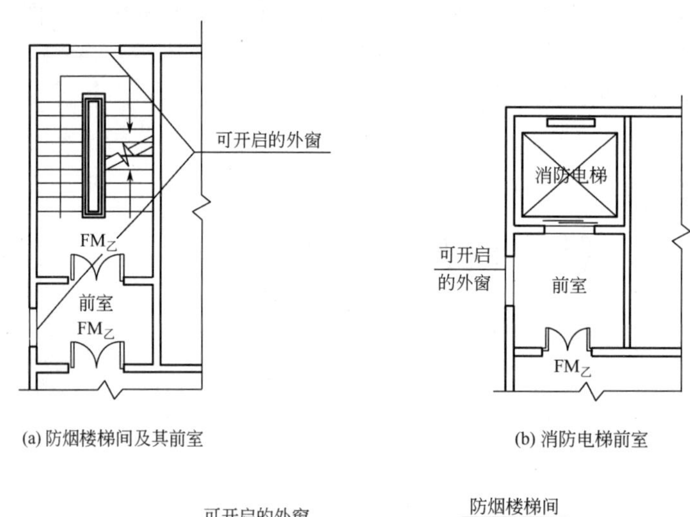

(a) 防烟楼梯间及其前室　　(b) 消防电梯前室

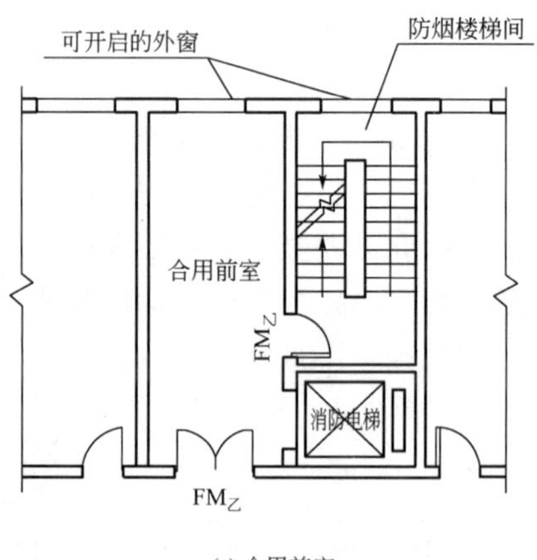

(c) 合用前室

图 11.4　自然通风式防烟的场所和部位

(2) 采用敞开的阳台、凹廊做前室或合用前室，楼梯间可不设置防烟系统，如图 11.5 所示；设有不同朝向的可开启外窗的前室或合用前室，且前室两个不同朝向的可开启外窗面积分别不小于 2.0m²，合用前室分别不小于 3.0m²，楼梯间可不设置防烟系统，如图 11.6 所示。上述两种情况可以认为该前室或合用前室的自然通风能及时排出漏入前室或合用前室的烟气，并可防止烟气进入防烟楼梯间。

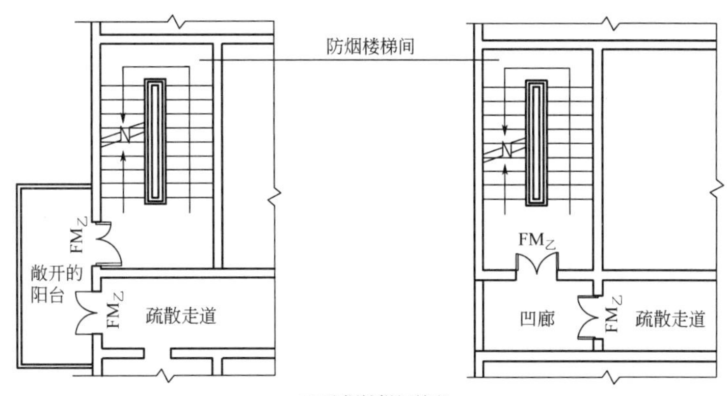

(a) 防烟楼梯间前室

注：敞开的阳台、凹廊做前室时，其面积要满足防烟楼梯间前室的面积要求(公共建筑≥6m²；住宅建筑≥4.5m²)。

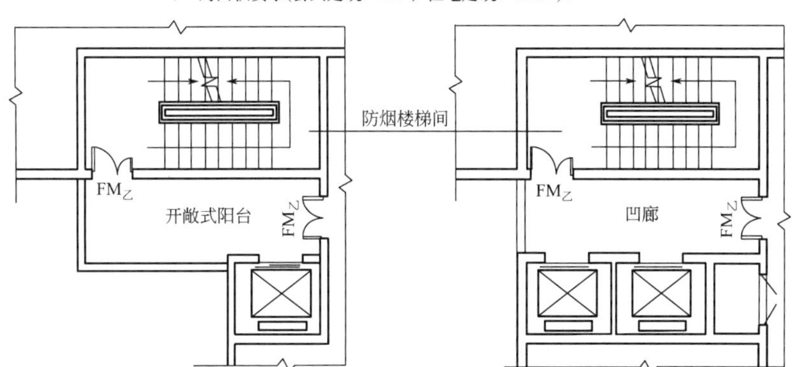

(b) 防烟楼梯间的合用前室

注：敞开的阳台、凹廊做合用前室时，其面积要满足防烟楼梯间合用前室的使用面积要求（公共建筑、高层厂房仓库＞10m²；住宅建筑＞6m²）。

图 11.5　敞开的阳台、凹廊自然通风式防烟

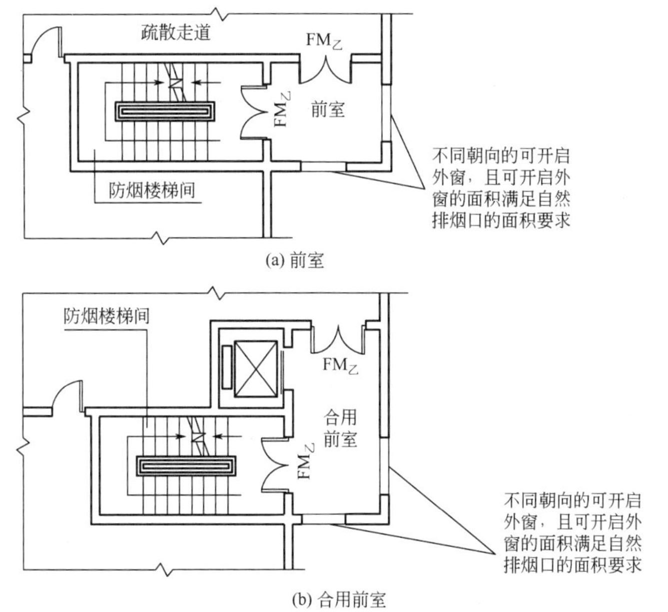

(a) 前室

(b) 合用前室

图 11.6　前室或合用前室自然通风式防烟

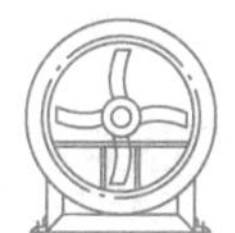

2. 自然通风设施

(1) 封闭楼梯间、防烟楼梯间每 5 层内的可开启外窗或开口的有效面积不应小于 2.0m^2，且在该楼梯间的最高部位应设置有效面积不应小于 1.0m^2 的可开启外窗或开口。

(2) 防烟楼梯间的前室、消防电梯前室可开启外窗或开口的有效面积不应小于 2.0m^2，合用前室不应小于 3.0m^2。

(3) 采用自然通风方式的避难层（间）应设有不同朝向的可开启外窗，其有效面积不应小于该避难层（间）地面面积的 2%，且每个朝向的有效面积不应小于 2.0m^2。

(4) 可开启外窗应方便开启；设置在高处的可开启外窗应设置距地面高度为 1.3～1.5m 的开启装置。

11.2.3 自然排烟系统

1. 自然排烟系统的适用范围

(1) 当下列场所的厂房或仓库符合自然排烟条件时，应设置自然排烟设施，不符合自然排烟条件时，应设置机械排烟设施。①丙类厂房内建筑面积大于 300m^2 且经常有人停留或可燃物较多的地上房间，人员或可燃物较多的丙类生产场所；②建筑面积大于 5 000m^2 的丁类生产车间；③占地面积大于 1 000m^2 的丙类仓库；④高度大于 32m 的高层厂（库）房内长度大于 20m 的疏散走道，其他厂（库）房内长度大于 40m 的疏散走道。

(2) 当民用建筑的下列场所或部位符合自然排烟条件时，应设置自然排烟设施，不符合自然排烟条件时，应设置机械排烟设施。①设置在一、二、三层且房间建筑面积大于 100m^2 的歌舞、娱乐、放映、游艺场所和设置在四层及以上楼层、地下或半地下的歌舞、娱乐、放映、游艺场所；②中庭；③公共建筑内建筑面积大于 100m^2 且经常有人停留的地上房间；④公共建筑内建筑面积大于 300m^2 且可燃物较多的地上房间；⑤建筑内长度大于 20m 的疏散走道。

2. 自然排烟设施

(1) 排烟窗应设置在排烟区域的顶部或外墙，并应符合下列要求。

① 当设置在外墙上时，排烟窗应在储烟仓以内或室内净高度的 1/2 以上，并应沿火灾烟气的气流方向开启。

② 宜分散均匀布置，每组排烟窗的长度不宜大于 3.0m。

③ 设置在防火墙两侧的排烟窗之间水平距离不应小于 2.0m。

④ 自动排烟窗附近应同时设置便于操作的手动开启装置，手动开启装置距地面高度宜为 1.3～1.5m。

⑤ 走道设有机械排烟系统的建筑物，当房间面积不大于 300m^2 时，除排烟窗的设置高度及开启方向可不限外，其余仍按上述要求执行。

(2) 采用自然排烟时，厂房、仓库排烟窗的有效面积应符合下列要求。

① 采用自动排烟窗时，厂房的排烟面积不应小于排烟区域建筑面积的 2%，仓库的排烟面积应增加 1.0 倍。

② 采用手动排烟窗时，厂房的排烟面积不应小于排烟区域建筑面积的 3%，仓库的排烟面积应增加 1.0 倍。

③ 当设有自动喷水灭火系统时，排烟面积可减半。

④ 同时设置可开启外窗和可熔性固定采光带（窗）时，可熔性采光带（窗）按 40% 的面积折算成自动排烟窗的面积或按 60% 的面积折算成手动排烟窗的面积。

(3) 中庭可开启天窗或高侧窗面积不应小于该中庭面积的 5%。

(4) 需要排烟的房间，可开启外窗面积不应小于该房间面积的 2%。

(5) 民用建筑长度大于 20m 的内走道，可开启外窗面积不应小于走道面积的 2%。

(6) 室内或走道的任一点至防烟分区内最近的排烟口或排烟窗的水平距离不应大于 30m，当室内高度超过 6m 且具有自然对流条件时，其水平距离可增加 25%。

3. 自然排烟设计对建筑设计的制约

(1) 房间必须至少有一面墙壁是外墙。

(2) 房间进深不宜过大，否则不利于自然排烟。

(3) 排烟口的有效面积不小于地面面积的 2%。

4. 自然排烟设计应考虑的几点

(1) 对于高层一类住宅和高层民用建筑二类，当前室内两个不同方向设有可开启的外窗，且可开启窗口面积符合要求时，其排烟效果受风力、风向、热压等因素的影响较小，能达到排烟的目的。因此，在实际设计中，应尽可能利用不同朝向开启外窗来排除前室的烟气，如图 11.7 所示。

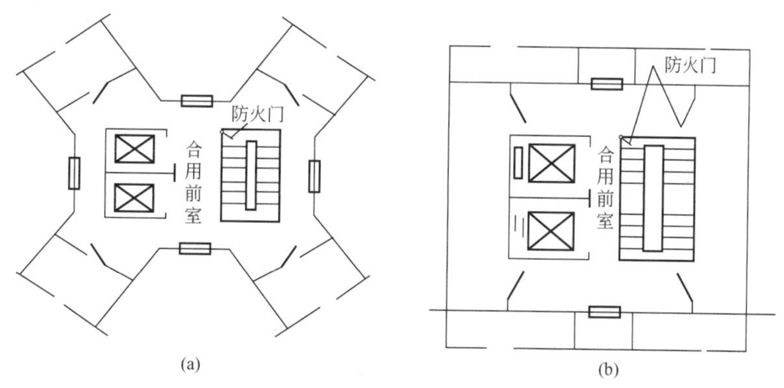

图 11.7 有两个不同方向的可开启外窗的合用前室

(2) 排烟口位置越高，排烟效果越好，所以，可开启的外窗应尽可能靠近顶棚位置，并应有方便开启的装置。

(3) 为了减小风向对自然排烟的影响，当采用阳台、凹廊为防烟前室时，应尽量设置与建筑物色彩、体型相适应的挡风措施，如图 11.8 所示。

(4) 内走廊排烟窗口应尽量设在两个不同的朝向上。

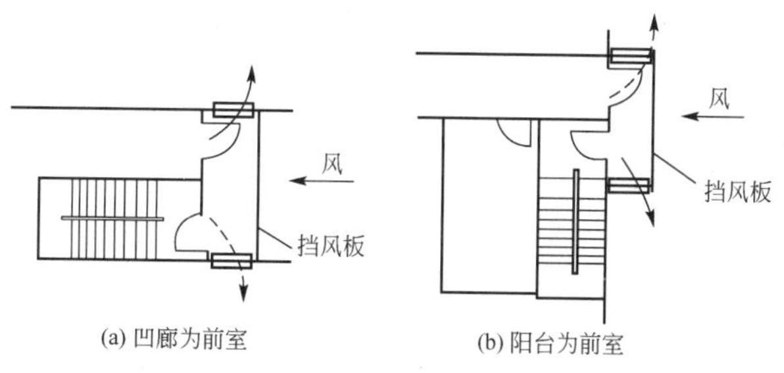

图 11.8 设挡风板的凹廊、阳台

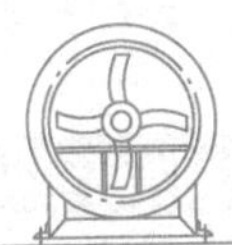

11.3 机械排烟系统

11.3.1 机械排烟系统的设置及方式

超过一定长度的走道、超过一定面积的房间、舞台等需要设置排烟设施的场所，当不具备自然排烟条件时，应采用机械排烟系统。

需要设置排烟的场所，当不具备自然排烟条件时，应设机械排烟，如“11.2.3 自然排烟系统”中提到的场所。

高层建筑净空高度超过12m的中庭，应采用机械排烟系统。

除利用窗井等开窗进行自然排烟的房间外，总建筑面积大于200m^{2}或一个房间建筑面积大于50m^2，且经常有人停留或可燃物较多的地下或半地下建筑（室）、地上建筑内的无窗房间应设置机械排烟系统。

机械排烟可分为局部排烟和和集中排烟两种方式。局部排烟是在每个需要排烟的部位设置独立的排烟风机直接进行排烟；集中排烟是将建筑物划分为若干个区，在每个区内设置排烟风机，通过排烟风道排烟。

11.3.2 机械排烟系统的设计

1. 排烟系统的布置

(1) 排烟气流应与机械加压送风的气流合理组织，并尽量考虑与疏散人流方向相反。

(2) 机械排烟系统横向应按每个防火分区独立设置。

(3) 建筑高度超过100m的高层建筑，排烟系统应竖向分段独立设置，且每段高度不应超过100m。

(4) 为防止风机超负荷运转，排烟系统竖直方向可分成数个系统，不过不能采用将上层烟气引向下层的风道布置方式。

(5) 每个排烟系统设置排烟口的数量不宜过多，以减少漏风量对排烟效果的影响。

(6) 独立设置的机械排烟系统可兼作平时通风排气用。

2. 系统组成

机械排烟系统大小与布置应考虑排烟效果、可靠性与经济性。系统服务的房间过多(即系统大)，则排烟口多、管路长、漏风量大、最远点的排烟效果差；水平管路太多时，布置困难，但优点是风机少、占用房间面积少。若系统小，则恰好相反。下面介绍在高层建筑常见部位的机械排风系统划分方案。

1) 内走道的机械排烟系统

内走道每层的位置相同，因此宜采用垂直布置的系统，如图11.9所示。当任何一层着火后，烟气将从排烟风口吸入，经管道、风机、百叶风口排到室外。每层的支管上都应装有排烟防火阀，在280℃时自动关闭，复位必须手动。它的作用是当烟温达到280℃时，人已基本疏散完毕，排烟已无实际意义；而烟气中此时已带火，阀门自动关闭，以避免火势蔓延。

排烟风口的作用距离不得超过 30m，如走道太长，需设两个或两个以上排烟风口时，可以设两个或两个以上与图 11.10 相同的垂直系统；也可以只用一个系统，但每层设水平支管，支管上设两个或两个以上排烟风口。

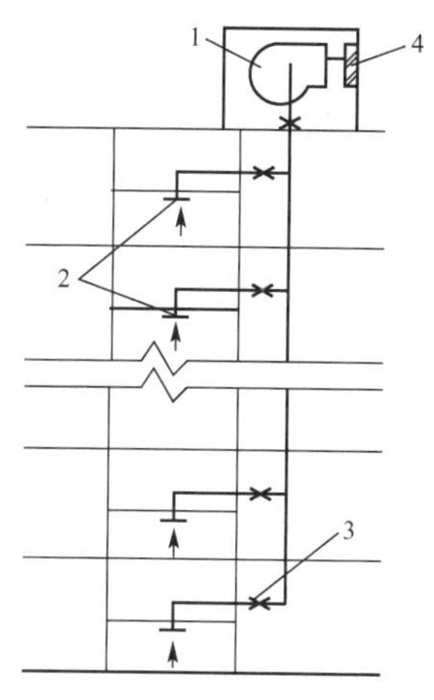

图 11.9 内走道机械排烟系统
1—风机；2—排烟风口；
3—排烟防火阀；4—百叶风口

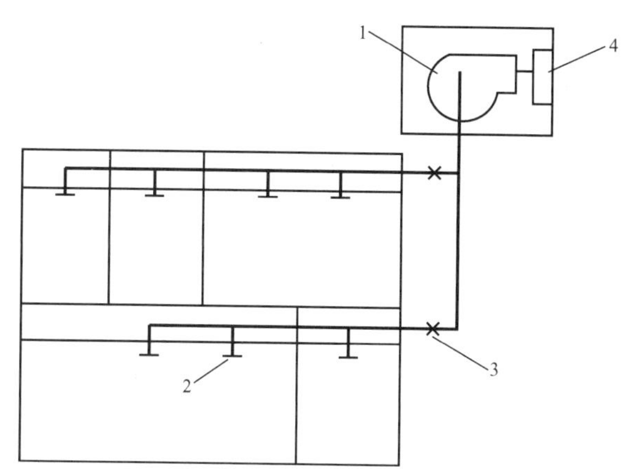

图 11.10 多个房间的机械排烟系统
1—风机；2—排烟风口；
3—排烟防火阀；4—金属百叶风口

2）多个房间（或防烟分区）的机械排烟系统

地下室或无自然排烟的地面房间设置机械排烟时，每层宜采用水平连接的管路系统，然后用竖风道将若干层的子系统合为一个系统，如图 11.10 所示。排烟风口布置原则是，其作用距离不得超过 30m。当每层房间很多，水平排烟风管布置困难时，可以分设几个系统。每层的水平风管不得跨越防火分区。

3. 机械排烟量的确定

当火灾发生时，产生大量的烟气及受热膨胀的空气量，导致着火区域的压力增大，一般平均高出其他区域 10～15Pa，短时间内可达 35～40Pa。机械排烟系统必须有比烟气生成量大的排风量，才有可能使着火区产生一定负压。国外曾对 4 座高层建筑进行机械排烟试验，试验表明，当着火层或着火区有 6 次/h 的排烟量时，就能形成一定负压。目前许多国家为了确保机械排烟效果，其排烟风量的标准大于 6 次/h，机械排烟系统最小排烟量见表 11－1。

表 11－1 机械排烟系统的最小排烟量

条件和部位		单位排烟量 /[$m^3/(h\cdot m^2)$]	换气次数 /(次/h)	备　注
担负 1 个防烟分区		60	—	单台风机排烟量不应小于 7 200m^3/h
室内净高大于 6.0m 且不划分防烟分区的空间				
担负 2 个及 2 个以上防烟分区		120	—	应按最大的防烟分区面积确定
中庭	体积小于或等于 17 000m^3	—	6	体积大于 17 000m^3 时，排烟量不应小于 102 000m^3/h
	体积大于 17 000m^3	—	4	

机械排烟系统通常担负多个房间或防烟分区的排烟任务。它的总风量不像其他排风系统那样将所有房间风量叠加起来得到。这是因为系统虽然担负很多房间的排烟，但实际着火区可能只有一个房间，最多再波及邻近房间。一个排烟系统可以担负若干个防烟分区，其最大排烟量为 60 000m^3/h，最小排烟量为 7 200m^3/h。

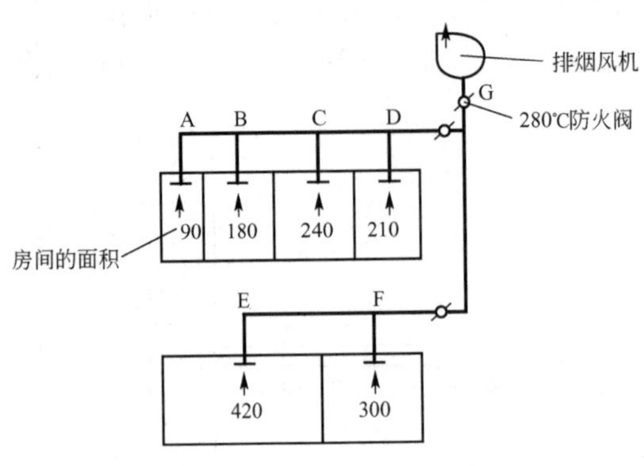

图 11.11　机械排烟系统

【例 11－1】　如图 11.11 所示的机械排烟系统为 6 个房间服务，每个房间的面积标于图中，试确定系统总风量和每个管路的风量。

解：该系统的总风量应按其中面积最大的房间进行确定，即

$$V = 120 \times 420\text{m}^3/\text{h} = 50\ 400\text{m}^3/\text{h}$$

根据管路风量确定的原则，系统中各管路风量分别为：

管 A：$60 \times 90\text{m}^3/\text{h} = 5\ 400\text{m}^3/\text{h}$　　管 B：$120 \times 180\text{m}^3/\text{h} = 21\ 600\text{m}^3/\text{h}$

管 C：$120 \times 240\text{m}^3/\text{h} = 28\ 800\text{m}^3/\text{h}$　　管 D：$120 \times 210\text{m}^3/\text{h} = 25\ 200\text{m}^3/\text{h}$

管 E：$60 \times 420\text{m}^3/\text{h} = 14\ 400\text{m}^3/\text{h}$　　管 F：$120 \times 300\text{m}^3/\text{h} = 36\ 000\text{m}^3/\text{h}$

管 G：$120 \times 420\text{m}^3/\text{h} = 50\ 400\text{m}^3/\text{h}$

4. 排烟口或排烟阀的设计要求

(1) 当用隔墙或挡烟垂壁划分防烟分区时，每个防烟分区应分别设置排烟口。

(2) 排烟口应设在防烟分区所形成的储烟仓内，应尽量设置在防烟分区的中心部位，排烟口到该防烟分区最远点的水平距离不应超过 30m，如图 11.12 所示；走道的排烟口与防烟楼梯的疏散口的距离无关，但排烟口应尽量布置在与人流疏散方向相反的位置，如图 11.13 所示。

【疏散距离指标】

(3) 排烟口必须设置在距顶棚 800mm 以内的高度上。对于顶棚高度超过 3m 的建筑物，排烟口可设在距地面 2.1m 的高度上，或者设置在与顶棚之间 1/2 以上高度的墙面上，如图 11.14 所示。

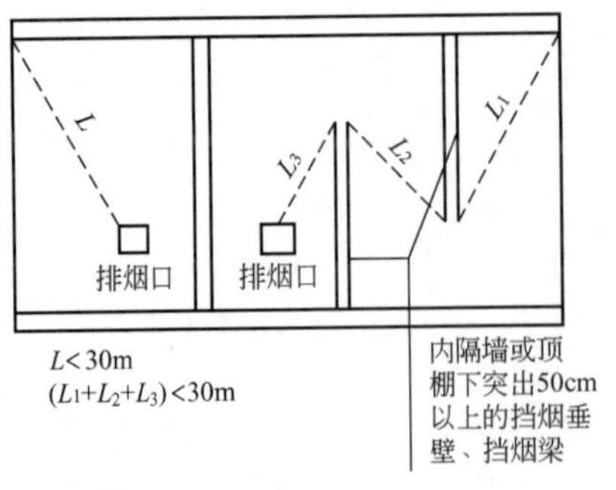

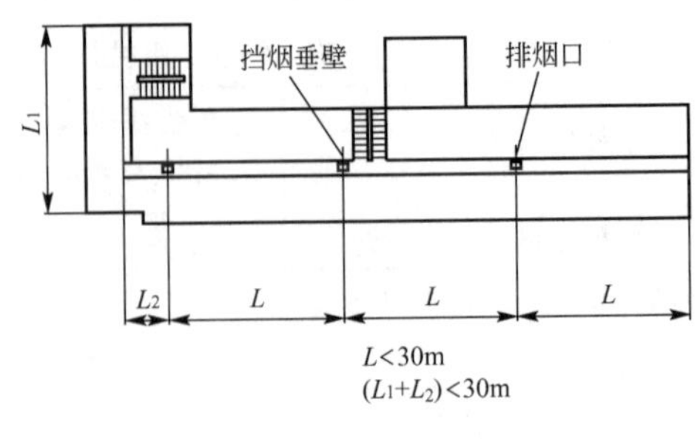

图 11.12　排烟口至防烟分区最远水平距离

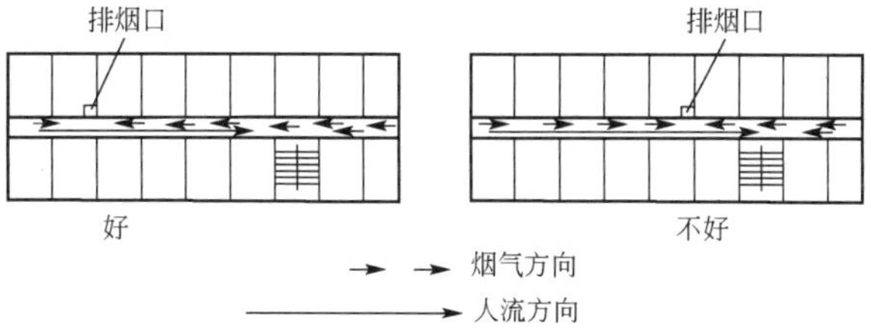

排烟口　排烟口
好　不好
烟气方向
人流方向

图 11.13　走道排烟口与疏散口的位置

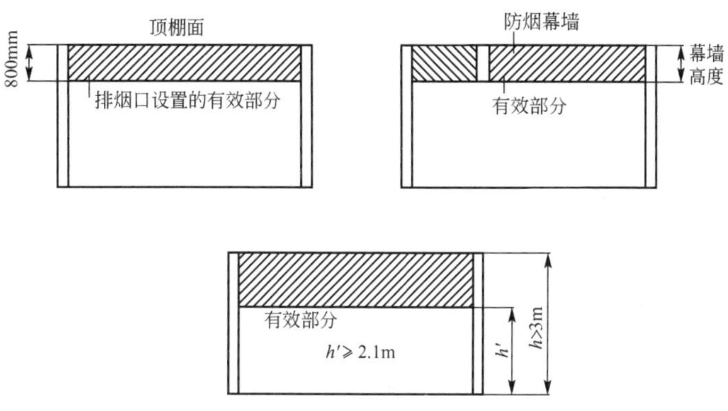

图 11.14　排烟口设置的有效高度

(4) 为防止顶部排烟口处的烟气外溢逸，可在排烟口一侧的上部装设防烟幕墙，如图 11.15 所示。

【防烟垂壁】

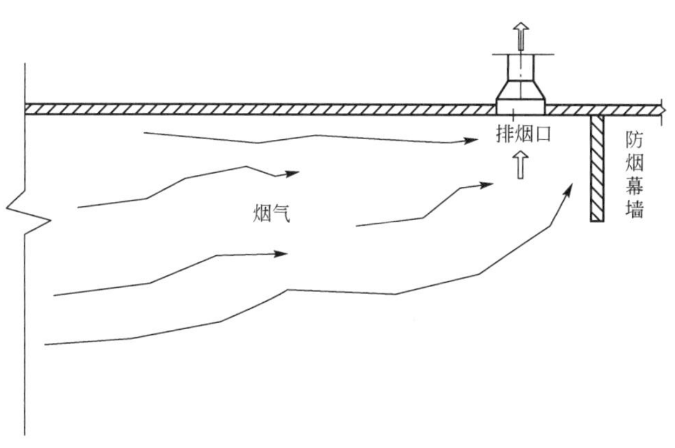

图 11.15　防烟幕墙与排烟口的位置

(5) 排烟口的尺寸，可根据烟气通过排烟口有效断面时的速度不大于 10m/s 进行计算。

(6) 同一防烟分区内设置数个排烟口时，要保证所有排烟口能同时开启，排烟量应等于各排烟口排烟量的总和。

(7) 火灾时由火灾自动报警系统联动开启排烟区域的排烟阀或排烟口，应在现场设置手动开启装置。除开启装置将其打开外，平时一般保持闭锁状态。手动开启装置宜设在墙面上，距地板面 0.8～1.5m；或从顶棚下垂时距地板 1.8m 处。

(8) 走道内排烟口应设置在其净空高度的1/2以上，当设置在侧墙时，其最近的边缘与吊顶的距离不应大于0.5m。

(9) 当排烟阀或排烟口设在吊顶内，通过吊顶上部空间进行排烟时，封闭式吊顶的吊平顶上设置的烟气流入口的颈部烟气速度不宜大于1.5m/s，吊顶应采用不燃烧材料，且吊顶内不应有可燃物；非封闭吊顶的吊顶开孔率不应小于吊顶净面积的25%，且应均匀布置。

5. 排烟风道设计要求

(1) 排烟风道不应穿越防火分区。竖直穿越各层的竖风道应用耐火材料制成，宜设在管道井内或采用混凝土风道，且与垂直风管连接的水平风管交接处应设置280℃排烟防火阀。

(2) 排烟井(管)道应采用不燃材料制作。当采用金属风道时，管道设计风速不应大于20m/s；当采用非金属材料管道时，管道设计风速不应大于15m/s；当采用土建风道时，管道设计风速不应大于10m/s。

(3) 当吊顶内有可燃物时，吊顶内的排烟管道应采用不燃烧材料进行隔热，并应与可燃物保持不小于150mm的距离。

(4) 排烟风道外表面与木质等可燃构件的距离不应小于15cm，或在排烟道外表面包有厚度不小于10cm的保温材料进行隔热；排烟风道穿过挡烟墙时，风道与挡烟墙之间的空隙应用水泥砂浆等不燃材料严密填塞；排烟风道与排烟风机宜采用法兰连接，或采用不燃烧的软性材料连接；需要隔热的金属排烟道，必须采用不燃保温材料，如矿棉、玻璃棉、岩棉、硅酸铝等材料。

(5) 烟气排出口的材料，可采用1.5mm厚钢板或用具有同等耐火性能的材料制作。烟气排出口的位置，应根据建筑物所处的条件(风向、风速、周围建筑物及道路等情况)考虑确定。既不能将排出的烟气直接吹在其他火灾危险性较大的建筑物上，也不能妨碍人员避难和灭火行动的进行，更不能让排出烟气再被通风或空调设备吸入；此外，必须避开有燃烧危险的部位。

11.3.3 补风系统

除建筑地上部分设有机械排烟的走道或面积小于500m^2的房间外，排烟系统应设置补风系统。

补风系统应直接从室外引入空气，补风量不应小于排烟量的50%。

补风系统可采用疏散外门、手动或自动可开启外窗等自然进风方式以及机械送风方式，风机应设置在专用机房内。

补风口与排烟口设置在同一空间内相邻的防烟分区时，补风口位置不限；补风口与排烟口设置在同一防烟分区时，补风口应设在储烟仓下沿以下。补风口与排烟口水平距离不应少于5m。

排烟区域所需的补风系统应与排烟系统联动关闭。

机械补风口的风速不宜大于10m/s，人员密集场所补风口的风速不宜大于5m/s；自然补风口的风速不宜大于3m/s。

补风管道耐火极限不应低于0.5h；当补风管道跨越防火分区时，应采用耐火极限不小于1.5h防火风管。

11.4 机械加压送风系统

11.4.1 加压送风系统的设置及方式

1. 加压送风系统的设置

加压防烟是一种有效的防烟措施。但它的造价高，一般只有重要建筑和重要部位才采用这种加压防烟措施。

不具备自然排烟条件的防烟楼梯间及其前室（图 11.16）、消防电梯间前室或合用前室（图 11.17）、避难走道的前室（图 11.18）、避难层（间）应设置加压送风系统。

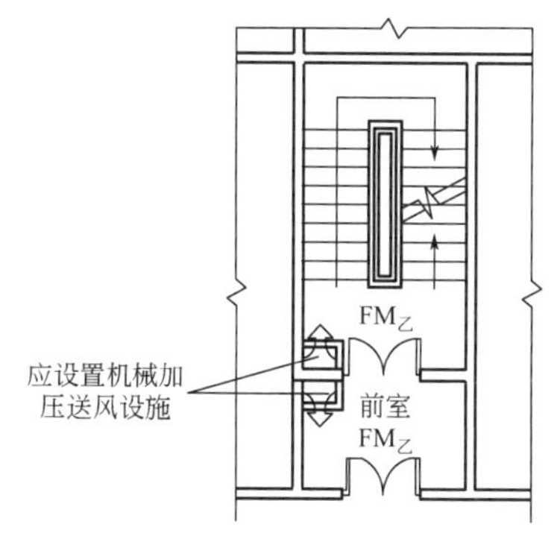

图 11.16　不具备自然排烟条件的防烟楼梯间及其前室加压送风

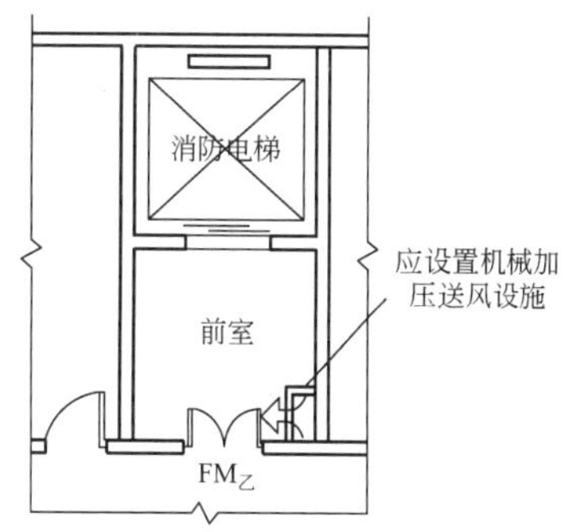

图 11.17　不具备自然排烟条件的消防电梯间前室加压送风

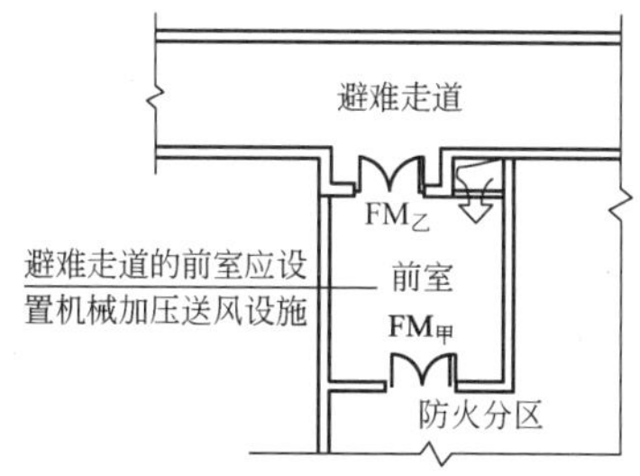

图 11.18　不具备自然排烟条件的避难走道的前室加压送风

建筑高度大于 50m 的公共建筑、工业建筑和建筑高度大于 100m 的住宅建筑，其防烟楼梯间的楼梯间、前室、合用前室及消防电梯前室应采用机械加压送风方式的防烟系统。

带裙房的高层建筑的防烟楼梯间的楼梯间、前室、合用前室及消防电梯前室，当裙房高度以上部分利用可开启外窗进行自然通风，裙房等高范围内不具备自然通风条件时，其前室或合用前室应设置局部机械加压送风系统。

地下、半地下建筑（室）楼梯间与地上部分楼梯间均需设置机械加压送风系统时，宜分别独立设置。当受建筑条件限制，与地上部分的楼梯间共用机械加压送风系统时，应分别计算地上、地下的加压送风量，相加后作为共用加压送风系统风量，且应采取有效措施满足地上、地下的送风量的要求。

建筑的地下部分不能采用自然通风的防烟楼梯间的楼梯间、前室、合用前室及消防电梯前室，应采用机械加压送风系统。

不能满足自然通风条件的封闭楼梯间，应设置机械加压送风系统。当地下、半地下建筑（室）的封闭楼梯间不与地上楼梯间共用，且首层设置不小于 1.2m² 的可开启外窗或直通室外的疏散门时，可不设置机械加压送风系统。

剪刀楼梯的两个楼梯间的机械加压送风系统应分别独立设置。

2. 加压送风系统的方式

机械防烟是向防烟楼梯间及其前室、消防电梯前室和合用前室加压送风，造成房间与疏散走道之间一定的压力差，防止烟气入侵。防烟楼梯间及其前室，消防电梯前室及合用前室的加压送风系统的方案及压力控制见表 11－2。

表 11－2　加压送风系统方式

序　　号	加压送风系统方式	图　　示
1	仅对防烟楼梯间加压送风时（前室不加压）	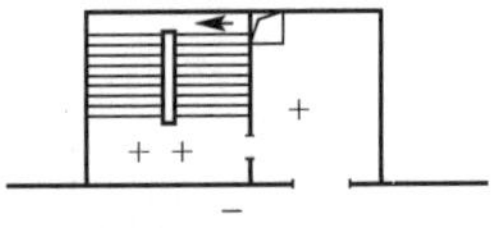 ++ + −
2	对防烟楼梯间及其前室分别加压	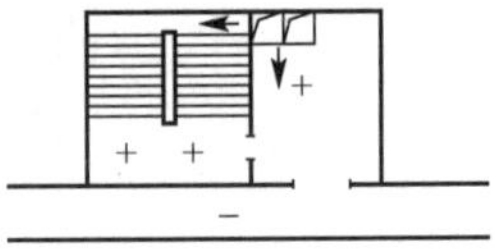 ++ + −
3	对防烟楼梯间及有消防电梯的合用前室分别加压	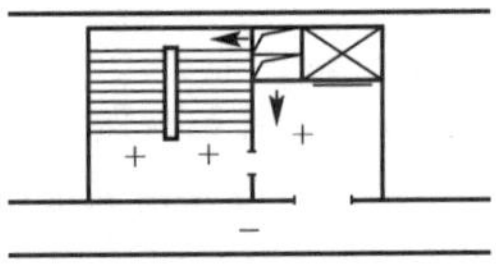 ++ + −
4	仅对消防电梯的前室加压	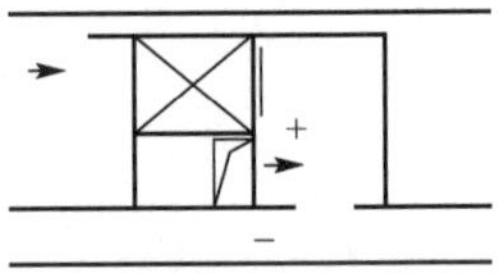 + −
5	当防烟楼梯间具有自然排烟条件时，仅对前室及合用前室加压	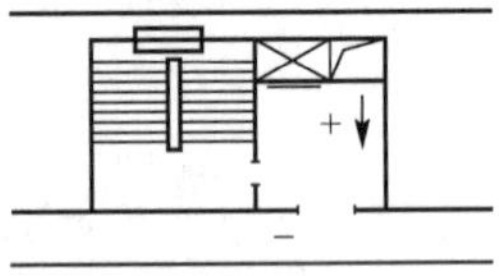 + −

注：图中“＋＋”“＋”“－”表示各部位压力的大小。

11.4.2　机械加压送风系统设计

1. 加压送风系统的布置

建筑高度大于 100m 的高层建筑，其机械加压送风系统应竖向分段独立设置，且每段高度不应超过 100m。

采用机械加压送风的场所不应设置百叶窗，且不宜设置可开启外窗。

机械加压送风风机可采用轴流风机或中低压离心风机。

送风机的进风口宜直通室外。

送风机的进风口不应与排烟风机的出风口设在同一层面。当必须设在同一层面时，送风机的进风口与排烟风机的出风口应分开布置：竖向布置时，送风机的进风口应设置在排烟机出风口的下方，其两者边缘最小垂直距离不应小于 3.0m；水平布置时，两者边缘最小水平距离不应小于 10.0m。

送风机应设置在专用机房内。该房间应采用耐火极限不低于 2.0h 的隔墙和不低于 1.5h 的楼板及甲级防火门与其他部位隔开。

2. 加压送风系统的组成

系统通常由加压送风机、风道和加压送风口组成，如图 11.19 所示。

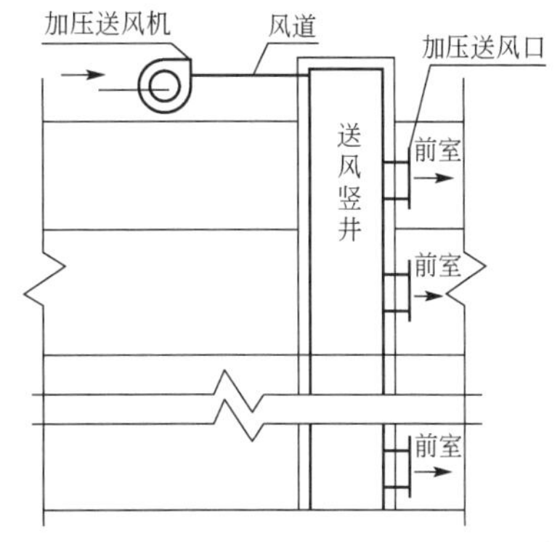

图 11.19　防烟系统的组成

3. 送风口和送风管道设计要求

楼梯间的加压送风口宜每隔 2～3 层设一个风口，风口应采用自垂式百叶风口或常开百叶式风口。

楼梯间采用每隔 2～3 层设置一个加压送风口的目的是保持楼梯间全高度内压力均衡一致。据加拿大、美国等国采用电子计算机模拟试验表明，当只在楼梯间顶部送风时，楼梯间中间十层以上内外门压差超过 102Pa，使疏散门不易打开；如在楼梯间下部送风时，大量空气从一层楼梯间门洞处流出。多点送风，则压力值可达到均衡。

前室、合用这前室应每层设一个常闭式加压送风口，发生火灾时只开启着火层风口。风口应设手动和自动开启装置，并应与加压送风机的启动装置联锁，手动开启装置宜设在距地面 0.8～1.5m 处。

送风口的风速不宜大于 7m/s；送风口不宜设置在被门挡住的部位。

送风井（管）道应采用不燃烧材料制作，且宜优先采用光滑井（管）道，不宜采用土建井道。当采用金属管道时，管道设计风速不应大于 20m/s；当采用非金属材料管道时，管道设计风速不应大于 15m/s；当采用土建井道时，管道设计风速不应大于 10m/s。

机械加压送风管道应独立设置在管道井内。当必须与排烟管道布置在同一管道井内时，排烟管道的耐火极限不应小于 2.0h。

管道井应采用耐火极限不小于 1.0h 的隔墙与相邻部位分隔，当墙上必须设置检修门时应采用乙级防火门。

未设置在管道井内的机械加压送风管，其耐火极限不应小于 1.5h。

加压空气的排出，可通过走廊或房间的外窗、竖井自然排出，也可利用走廊的机械排烟装置排出。

11.4.3 机械加压送风量的计算

1. 封闭避难层加压送风量的计算

当火灾发生时，为了阻止烟气入侵，对封闭避难层（间）设置加压送风设施，不但可以保证避难层内一定的正压值，而且也是为满足避难人员的呼吸需要提供室外新鲜空气。

封闭避难层（间）的机械加压送风量应按避难层（间）净面积每平方米不少于 $30m^3/h$ 计算。避难走道前室的送风量应按直接开向前室的疏散门的总断面积乘以 1.0m/s 门洞断面风速计算。

2. 机械加压送风量计算

楼梯间或前室、合用前室的机械加压送风量计算公式如下：

$$L_j = L_1 + L_2 \tag{11-2}$$

$$L_s = L_1 + L_3 \tag{11-3}$$

式中 L_j——楼梯间的机械加压送风量；

L_s——前室或合用前室的机械加压送风量；

L_1——门开启时达到规定风速所需的送风量，m^3/s；

L_2——门开启时，规定风速下，其他门缝漏风总量，m^3/s；

L_3——未开启的常闭送风阀的漏风总量，m^3/s。

$$L_1 = A_k v N_1 \tag{11-4}$$

式中 A_k——每层开启门的总断面积，m^2；

v——门洞的断面风速，m/s，取 0.7～1.2m/s；

N_1——开启门的数量。

当采用常开风口时：地上楼梯间 20 层以下时，$N_1=2$；20 层及以上，$N_1=3$；地下楼梯间取 $N_1=1$。

当采用常闭风口时：$N_1=1$；当防火分区跨越两层及以上时，N_1 取跨越楼层数，最大值为 3。

$$L_2 = 0.827 \times A \times \Delta P^{1/n} \times 1.25 \times N_2 \tag{11-5}$$

式中 ΔP——计算漏风量的平均压力差，Pa；

n——指数，一般取 2；

0.827——计算常数；

1.25——不严密处附加系数；

A——每层电梯门和疏散门的有效漏风面积，m^2；

N_2——漏风门的数量。

$$L_3 = 0.083 \times A_f N_3 \tag{11-6}$$

式中 0.083——阀门单位面积的漏风量，$m^3/(s \cdot m^2)$；

A_f——每层送风阀门的总面积，m^2；

N_3——漏风阀门的数量，当采用常开风门时：$N_3=0$；当采用常闭风门时：$N_3=$楼层数-1。

3. 机械加压送风系统最大压力差计算

仅从防烟角度来说，送风正压值越高越好，但由于一般疏散门的方向是朝着疏散方向开启，而加压作用力的方向恰好与疏散方向相反，如果压力过高，可能会使开门困难，甚至使门不能开启；另外，压力过高，也会使风机和风道等送风系统的设备投资增加。机械加压送风量应满足走廊至前室至楼梯间的压力呈递增分布，前室、合用前室、消防电梯前室、封闭避难层（间）与走道之间的压差应为 25～30Pa；防烟楼梯间、封闭楼梯间与走道之间的压差应为 40～50Pa。在设计中要注意两组数据的合理搭配，保持一高一低，或都取中间值，而不要都取高值或都取低值。例如楼梯间若取 40Pa，前室或合用前室则取 30Pa；楼梯间若取 50Pa，前室或合用前室则取 25Pa。

当系统余压值超过式(11－7) 计算出的最大允许压力差时，应采取泄压措施。

疏散门的最大允许压力差计算公式：

$$P=2(F'-F_{dc})(W_m-d_m)/(W_m \cdot A_m) \quad (11-7)$$

$$F_{dc}=M/(W_m-d_m)$$

式中 P——疏散门的最大允许压力差，Pa；

A_m——门的面积，m^2；

d_m——门把手到门闩的距离，m；

M——闭门器的开启力矩，N·m；

F'——门的总推力，N，一般取 110N；

F_{dc}——门反手克服闭门器所需的力，N；

W_m——单扇门的宽度，m。

4. 加压送风量的控制标准

防烟楼梯间、前室的加压送风的量由式(11－2) 和式(11－3) 计算确定，当系统负担的层数大于六层时可按表 11－3 选取，当计算值和本表不一致时，应按两者中的较大值确定。

表 11－3 加压送风控制风量

序号	机械加压送风部位		系统负担层数 7～19 层		系统负担层数 20～32 层	
			风量/(m^3/h)	风道断面面积/m^2	风量/(m^3/h)	风道断面面积/m^2
1	仅对防烟楼梯间加压（前室不送风）		25 000～30 000	0.46～0.55	35 000～40 000	0.65～0.74
2	对防烟楼梯间及合用前室分别加压	楼梯间	16 000～20 000	0.30～0.38	20 000～25 000	0.38～0.47
		合用前室	12 000～16 000	0.23～0.30	18 000～22 000	0.34～0.41
3	仅对消防电梯间前室加压		15 000～20 000	0.27～0.38	22 000～27 000	0.41～0.50
4	仅对前室或合用前室加压（楼梯间自然排烟）		22 000～27 000	0.41～0.50	28 000～32 000	0.52～0.60

注：表中风量按开启 2.00m×1.6m 的双扇门确定，当采用单扇门时，其风量可乘以 0.75；当有两个或两个以上出入口时，其风量应乘以 1.5～1.75。风道断面面积为最小面积。

11.5 防排烟系统的设备部件

防排烟系统装置的目的是当建筑物着火时，保障人们安全疏散及防止火灾进一步蔓延。其设备和部件均应在发生火灾时运行和起作用，因此产品必须经过公安消防监督部门

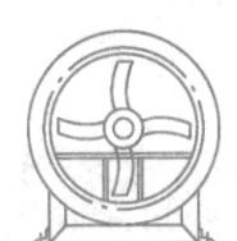

【防火阀与防烟阀】

的认可并颁发消防生产许可证方能有效。

防排烟系统的设备及部件主要包括防火阀、排烟阀（口）、压差自动调节阀、余压阀及专用排烟轴流风机、自动排烟窗等。

11.5.1 防火、防排烟阀（口）的分类

阀门主要起两种作用：一是启闭作用，二是调节作用。在防排烟系统中，主要由带有防火功能的防火阀、排烟阀根据排烟系统的需求打开火灾区域的防排烟系统通路；关闭火灾区域的空调、通风系统空气流动通路。调节作用的阀门适用于送风或排烟需要平衡风量的情况。但无论是防火、防烟或排烟类的阀门，都应满足耐火稳定性和火灾完整性的基本要求。

防火阀、防排烟阀口的分类见表11－4。

表11－4　防火、防排烟阀口基本分类表

类别	名称	性能及用途
防火类	防火阀	安装在通风、空气调节系统的送、回风管道上，平时呈开启状态，火灾时当管道内烟气温度达到70℃时关闭，并在一定时间内满足漏烟量和耐火完整性要求，起隔烟阻火作用的阀门
防烟类	加压送风口	靠烟感器控制，电信号开启，也可手动（或远距离缆绳）开启，可设280℃温度熔断器重新关闭装置，输出动作电信号，联动送风机开启。用于加压送风系统的风口，起赶烟、防烟作用
排烟类	排烟阀	安装在机械排烟系统各支管端部（烟气吸入口）处，平时呈关闭状态并满足漏风量要求，火灾或需要排烟时手动和电动打开，起排烟作用的阀门。带有装饰口或进行过装饰处理的阀门称为排烟口
	排烟防火阀	安装在机械排烟系统的管道上，平时呈开启状态，火灾时当排烟管道内烟气温度达到280℃时关闭，并在一定时间内能满足漏烟量和耐火完整性要求，起隔烟、阻火作用的阀门
	排烟窗	具有排烟作用的可开启外窗，有手动和自动两种，用于自然排烟处的外墙上

11.5.2 压差自动调节阀

压差自动调节阀由调节板、压差传感器、调节执行机构等装置组成，其作用是对需要保持正压值的部位进行送风量的自动调节，同时在保证一定正压值的条件下防止正压值超压而进行泄压。

11.5.3 余压阀

为了保证防烟楼梯间及其前室、消防电梯前室和合用前室的正压值，防止正压值过大而导致门难以推开，根据设计的需要有时需在楼梯间与前室、前室与走道之间设置余压

阀。余压阀通过阀体上的重锤平衡来限制加压送风系统的余压不超过规定的余压值，其外形尺寸如图 11.20 所示。

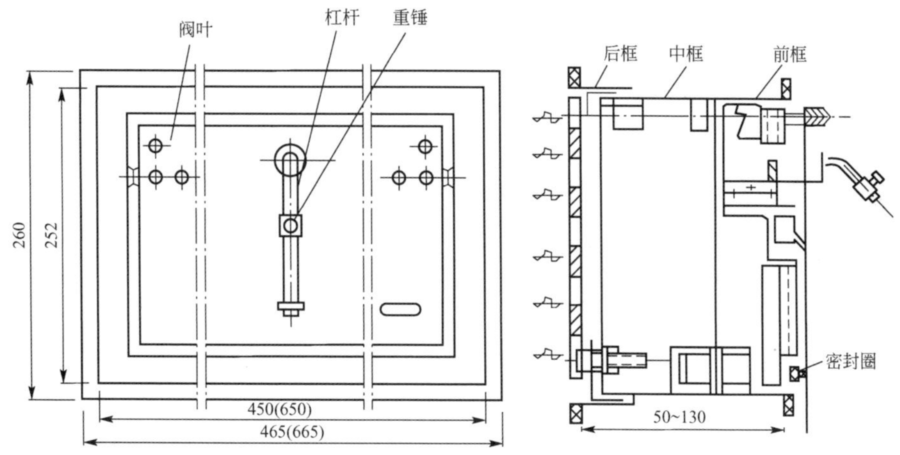

图 11.20　余压阀外形尺寸

11.5.4 自垂式百叶风口

风口竖直安装在墙面上，平常情况下，靠风口百叶的自重自然下垂，隔绝在冬季供暖时楼梯间内的热空气在热压作用下上升而通过上部送风管和送风机逸出室外。当发生火灾进行机械加压送风时，气流将百叶吹开而送风。自垂式百叶风口结构如图 11.21 所示。

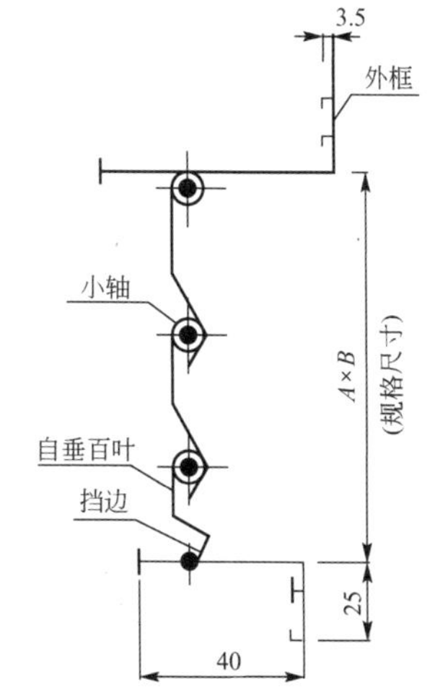

图 11.21　自垂式百叶风口结构图

11.5.5 排烟风机

排烟风机主要有离心风机和轴流风机，还有自带电源的专用排烟风机。排烟风机应有备用电源，并应有自动切换装置；排烟风机应耐热、变形小，使其在排送 280℃烟气时连续工作 30min 仍能达到设计要求。排烟风机入口处应设置 280℃能自动关闭的排烟防火阀，该阀应与排烟风机连锁，当该阀关闭时，排烟风机应能停止运转。

一台排烟风机竖向可以担负多个楼层的排烟，担负楼层的总高度不宜大于 50m，当超过 50m 时，系统应设备用风机。

排烟风机宜设置在排烟系统的顶部，烟气出口宜朝上，并应高于加压送风机和补风机的进风口。

排烟风机应设置在专用机房内，该房间应采用耐火极限不低于 2.0h 的隔墙和不低于 1.5h 的楼板及甲级防火门与其他部位隔开，且风机两侧应有 600mm 以上的空间。当必须与其他风机合用机房时，应符合下列条件。

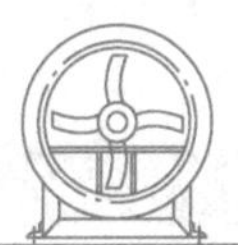
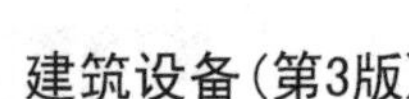

(1) 机房内应设有自动喷水灭火系统。

(2) 机房内不得设有用于机械加压送风的风机与管道。

(3) 排烟风机与排烟管道上不宜设有软接管。当排烟风机及系统中设置有软接头时，该软接头应能在280℃的环境条件下连续工作不少于30min。

11.6 汽车库、修车库排烟系统

【汽车库与修车库分类】

11.6.1 汽车库、修车库排烟系统的设计

除敞开式汽车库、建筑面积小于1 000m²的地下一层汽车库和修车库外，汽车库、修车库应设置排烟系统，并应划分防烟分区。

建筑面积小于1 000m²的地下一层和地上单层汽车库、修车库，其汽车坡道可直接排烟，且不大于一个防烟分区，故可不设排烟系统。但汽车库、修车库内最远点至汽车坡道口不应大于30m，否则自然排烟效果不好。对于敞开式汽车库，四周外墙敞开面积达到一定比例，本身就可以满足自然排烟效果。但是，对于面积比较大的敞开式汽车库，应该整个汽车库都满足自然排烟条件，否则应该考虑排烟系统。

一些规模较大的汽车库应设独立的排烟系统，中小型汽车库可与地下汽车库内的通风系统组合设置，平时作为排风排气使用，一旦发生火灾，转换为排烟使用。

防烟分区的建筑面积不宜大于2 000m²，且防烟分区不应跨越防火分区。防烟分区可采用挡烟垂壁、隔墙或从顶棚下突出不小于0.5m的梁划分。

排烟系统可采用自然排烟方式或机械排烟方式。机械排烟系统可与人防、卫生等的排气、通风系统合用。

汽车库内无直接通向室外的汽车疏散出口的防火分区，当设置机械排烟系统时，应同时设补风系统，补风量不宜小于排烟量的50%。

汽车库、修车库的通风系统通常有两种方式：一种是机械送风、机械排风系统；另一种是机械排风、自然补风系统。结合汽车库、修车库的通风系统设置情况与排烟系统的设计，两种系统经常兼用，将送风系统兼作补风系统，排风系统兼作排烟系统。

当采用排烟、排风组合系统时，其风机应采用离心风机或耐高温的轴流风机，确保风机能在280℃时连续工作30min，并具有在高280℃时风机能自行停止的技术措施。排风风管的材料应为不燃材料。由于排气口要求设置在建筑的下部，而排烟口应设置在上部，因此各自的风口应上、下分开设置，确保火灾时能及时进行排烟。

11.6.2 汽车库、修车库排烟系统排烟量的确定

机械排烟管道风速，采用金属管道时不应大于20m/s；采用内表面光滑的非金属材料风道时，不应大于15m/s。排烟口的风速不宜超过10m/s。

汽车库、修车库内每个防烟分区排烟风机的排烟量不应小于 3 0000m³/h，且不小于表 11－5 的规定，比采用换气次数法更具实施性。

表 11－5　汽车库、修车库内每个防烟分区排烟风机的排烟量

汽车库、修车库的净高/m	汽车库、修车库的排烟量/(m³/h)	汽车库、修车库的净高/m	汽车库、修车库的排烟量/(m³/h)
3.0 及以下	30 000	7.0	36 000
4.0	31 500	8.0	37 500
5.0	33 000	9.0	39 000
6.0	34 500	9.0 以上	40 500

注：建筑空间净高位于表中两个高度之间的，按线性插入法取值。

11.6.3　汽车库、修车库排烟系统的设施设置

当采用自然排烟方式时，可采用手动排烟窗、自动排烟窗、孔洞等作为自然排烟口，并应符合下列规定。

(1) 自然排烟口的总面积不应小于室内地面面积的 2%。

(2) 自然排烟口应设置在外墙上方或屋顶上，并应设置方便开启的装置。

(3) 房间外墙上的排烟口（窗）宜沿外墙周长方向均匀分布，排烟口（窗）的下沿不应低于室内净高的 1/2，并应沿气流方向开启。

每一个防烟分区都应设排烟口。排烟口宜设在顶棚或靠近顶棚的墙面上，距该防烟分区最远点的水平距离不应超过 30m。

排烟风机可采用离心风机或排烟轴流风机，并应保证 280℃时能连续工作 30min。在穿过不同防烟分区的排烟支管上应设置烟气温度大于 280℃时能自动关闭的排烟防火阀，排烟防火阀应联锁关闭相应的排烟风机。

思考题

1. 引起烟气流动的因素有哪些?
2. 防烟楼梯间及前室、合用前室加压送风方案有哪几种?
3. 为什么要设置防火阀?
4. 走道和房间的排烟量如何确定?
5. 机械加压送风量如何确定?
6. 走廊至前室至楼梯间的压力递增大小为多少? 设计中应如何选用压力的大小?

第4篇　建筑电气、智能建筑及建筑设备自动化

第12章 建筑供电及配电

教学要点

本章主要讲述工业与民用建筑供电及配电的问题。通过本章的学习，应达到以下目标：

(1) 理解低压电力供配电的不同方式及区别；

(2) 掌握建筑工程供配电方式、用电负荷分类及计算。

基本概念

负荷容量；照明配电系统；动力配电系统；负荷曲线；设备容量；静电感应

引例

2005年5月31日，河北省石家庄市电机科技园专特电机生产厂房工程在施工过程中，发生一起触电事故，造成3人死亡，3人轻伤，直接经济损失约25万元。事故原因是，塑料电缆线未经漏电保护器就直接接在总隔离开关上，漏电保护缺失，不能自动切断电源，且临时用电线路随意在地面上敷设。为了创造一个良好的用电环境，保证我们的生活、工作井然有序，尽量避免或减少触漏电事故的发生，我们应该很好地掌握本章所介绍的建筑供配电系统的相关知识。

12.1 建筑电气的基本作用与分类

利用电工学和电子学的理论与技术，在建筑物内部人为创造并保持理想的环境，以充分发挥建筑物功能的电工、电子设备和系统，统称为建筑电气。

建筑电气一方面保证安全可靠供电，利用自动化检测、监控手段，对空调系统、供配电系统、给排水系统、运输系统、煤气系统、防灾保安系统、照明系统和经营管理系统实行最佳化控制。同时，它又利用电灯、电话、电梯、电视、电声广播、电子钟、计算机等设施，参与空间环境的改善。这种服务性和参与性的统一，使建筑电气的重要性日益显著。

在日常生活中，人们根据安全电压的习惯，通常将建筑电气分成强电与弱电两大类。

(1) 强电部分包括：供电、配电、动力、照明、自动控制与调节，以及建筑与建筑物防雷保护等。

(2) 弱电部分包括：通信、电缆电视、建筑设备计算机管理系统、有线广播和扩声系统、呼叫信号和公共显示及时钟系统、计算机经营管理系统、火灾自动报警及消防联动控制系统、保安系统等。

12.2 电能的产生、输送与分配

由发电、变电、输电、配电和用电等环节组成的电能生产与消费系统叫电力系统。它的功能是将自然界的一次能源通过发电动力装置（主要包括锅炉、汽轮机、发电机及电厂辅助生产系统等）转化成电能，再经输、变电系统及配电系统将电能供应到各负荷中心，通过各种设备再转换成动力、热、光等不同形式的能量，为地区经济和人民生活服务。图 12.1 是从发电厂至用户的输配电示意图。由于电源点与负荷中心多数处于不同地区，也无法大量储存，故其生产、输送、分配和消费都在同一时间内完成，并在同一地域内有机地组成一个整体，电能生产必须时刻保持与消费平衡。因此，电能的集中开发与分散使用，以及电能的连续供应与负荷的随机变化，就制约了电力系统的结构和运行。据此，电

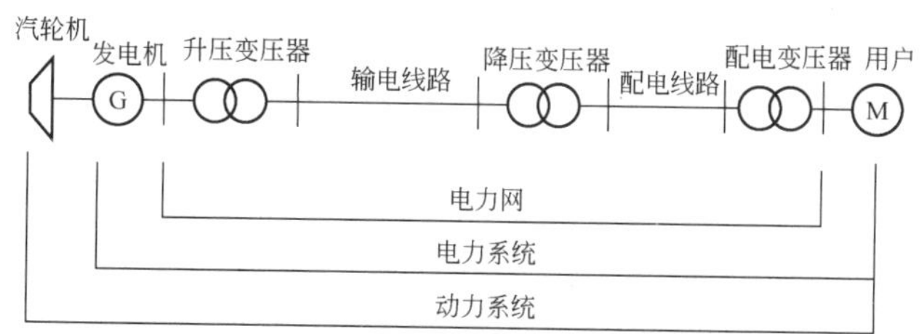

图 12.1 从发电厂至用户的输配电示意图

力系统要实现其功能，就需要在各个环节和不同层次设置相应的信息与控制系统，以便对电能的生产和输运过程进行测量、调节、控制、保护、通信和调度，确保用户获得安全、经济、优质的电能。

12.2.1 标准额定电压

由于电气设备生产的标准化，电气设备的额定电压必须统一，发电机、变压器、用电设备和输配电线路的额定电压必须分成若干等级。

所谓额定电压，就是发电机、变压器和用电设备正常运行并具有最佳经济效果时的电压，也就是正常情况下所规定的电压。

1. 第一类额定电压（安全电压）

第一类额定电压是100V以下的电压，主要用于安全照明、蓄电池及开关设备的直流操作电源，我国规定的安全电压等级有6V、12V、24V、36V等。

2. 第二类额定电压（低压）

第二类额定电压是大于100V、小于1kV的电压，主要用于电力及照明设备，主要有220/380V。

3. 第三类额定电压（高压）

第三类额定电压是1kV及以上的电压，主要用于发电机、电力线路、变压器及高压用电设备，主要有3kV、6kV、10kV、35kV、110kV、220kV、330kV、500kV等。

12.2.2 电能质量

在电力输送过程中，为了避免输电线路的损耗以及高峰期用电造成线路末端用户电压过低，电力公司通常会以较高的电压向系统输送电力，造成用户所承受的电压高于设备的额定电压（尤其在负荷低谷时更为严重）。

1. 电压偏移

电压偏移是指供电电压偏离（高于或低于）用电设备额定电压的数值占用电设备额定电压值的百分数。

在电力系统正常状况下，供电企业供到用户受电端的供电电压允许偏差为：3kV及以上电压供电的，电压正、负偏差的绝对值之和不超过额定值的10%；10kV及以下三相供电的，为额定值的±7%；220V单相供电的，为额定值的+7%，−10%；在电力系统非正常状况下，用户受电端的电压最大允许偏差不应超过额定值的±10%。

2. 频率

频率变化使电动机转数产生变化，更为严重的是可引起电力系统的不稳定运行，同时严重影响照明的质量。

我国电力工业的标准频率为50Hz，其波动一般不得超过±0.5%。

电能生产的特点是产、供、销同时发生和同时完成，即不能中断也不能储存，电力系统的发电、供电之间始终保持平衡。如果发电厂发出的有功功率不足，就使得电力系统的频率降低，不能保持额定50Hz的频率，使供电质量下降；如果电力系统中发出的无功功率不足，会使电网的电压降低，不能保持额定电压；如果电网的电压和频率继续降低，反过来又会使发电厂的出力降低，严重时会造成整个电力系统崩溃。

12.3 低压电力的供电方式

在建筑工程中使用的基本供电系统有三相三线制、三相四线制等。国际电工委员会(IEC)统一的规定有 TN 系统（包括 TN－C、TN－S、TN－C－S 三类）、TT 系统和 IT 系统共三种五类。

T——through（通过）表示电力网的中性点（发电机、变压器的星型连接的中间节点）是直接接地系统。

N——neutral（中性点）表示电气设备正常运行时不带电的金属外露部分与电力网的中性点采取直接的电气连接，即“保护接零”系统。

第一个字母（T 或 I）表示电源中性点的对地关系；第二个字母（N 或 T）表示装置的外露导电部分的对地关系。

横线后面的字母（S、C 或 C－S）表示保护线与中性线的结合情况，S 表示中性线和保护线是分开的；C 表示中性线和保护线是合一的，即 PEN 线；C－S 表示有一部分中性线和保护线是共用的。

12.3.1 TT 方式供电系统

TT 系统的中性点直接接地，而电气设备外露可导电部分（金属外壳）通过与系统接地点（此接地点通常指中性点）无关的接地体直接接地，如图 12.2 所示。

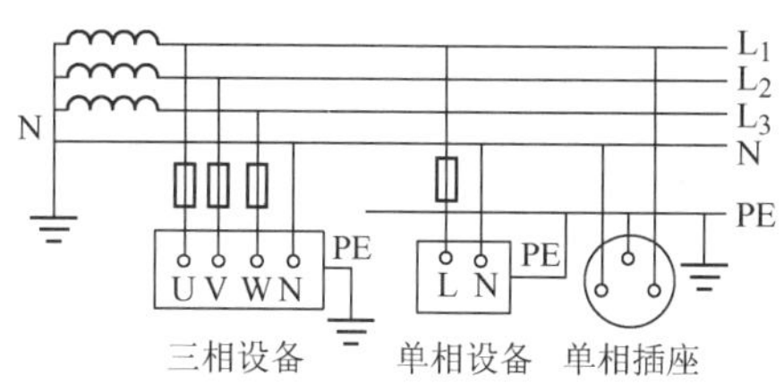

图 12.2　TT 方式供电系统

TT 系统由于所有设备的外露可导电部分都是经各自的 PE 线分别直接接地的，各自的 PE 线间无电磁联系，因此也适于对数据处理、精密检测装置等供电；同时，TT 系统又与 TN 系统一样属三相四线制系统，接用相电压的单相设备也很方便，如果装设灵敏的触电保护装置，也能保证人身安全，因而这种系统在国外应用较广泛，而在我国则通常采用接保护中性线保护，很少采用 TT 系统，但用长远的眼光看，这种系统在我国也有推广应用的前景。

12.3.2 TN方式供电系统

1. TN-C方式供电系统

TN方式供电系统是将电气设备的金属外壳与工作零线相接的保护系统，称作接零保护系统，用TN表示。TN-C方式供电示意如图12.3所示，整个系统的N线和PE线是合一的(PEN线)。

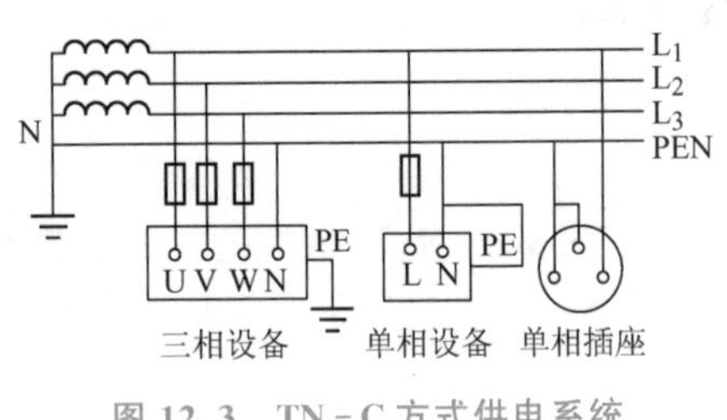

图12.3 TN-C方式供电系统

当三相负荷不平衡或只有单相用电设备时，PEN线上有电流通过，因此TN-C系统通常用于三相负荷比较平衡、而且单相负荷容量比较小的工厂、车间的供配电系统中。在中性点直接接地1kV以下的系统中采用保护接零。

2. TN-S方式供电系统

TN-S为电源中性点直接接地时，电气设备外露可导电部分通过零线接地的接零保护系统，N为工作零线，PE为专用保护接地线，即设备外壳连接到PE上。TN-S方式俗称三相五线制，整个系统的N线和PE线是分开的，如图12.4所示。

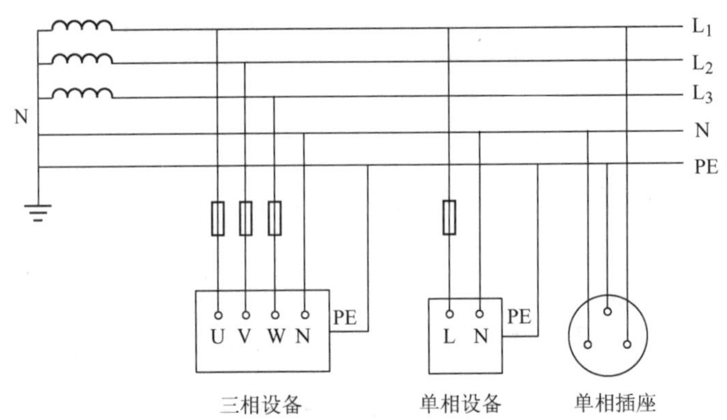

图12.4 TN-S方式供电系统

系统正常运行时，专用保护线上没有电流，只是工作零线上有不平衡电流。PE线对地没有电压，所以电气设备金属外壳接零保护是接在专用的保护线PE上，安全可靠，不会对接于PE线上的其他设备产生电磁干扰。这种系统消耗的材料多，投资会增加，所以这种系统多用于环境条件较差，对安全可靠性要求较高及设备对电磁干扰要求较严的场合。

3. TN-C-S方式供电系统

在这种保护系统中，中性线与保护线有一部分是共同的，局部采用专设的保护线，系统图如图12.5所示。

这种系统兼有TN-C和TN-S系统的特点，常用于配电系统末端环境条件较差或有数据处理等设备的场所。

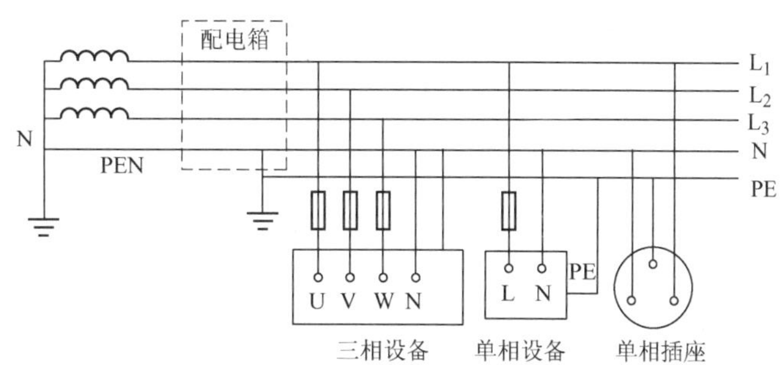

图 12.5 TN-C-S 方式供电系统图

12.3.3 IT 方式供电系统

IT 系统是指在电源中性点不接地系统中，将所有设备的外露可导电部分均经各自的保护线 PE 分别直接接地，称之为 IT 供电系统，IT 系统一般为三相三线制，如图 12.6 所示。

IT 方式供电系统 I 表示电源侧没有工作接地，或经过高阻抗接地，第二个字母 T 表示负载侧电气设备进行接地保护。

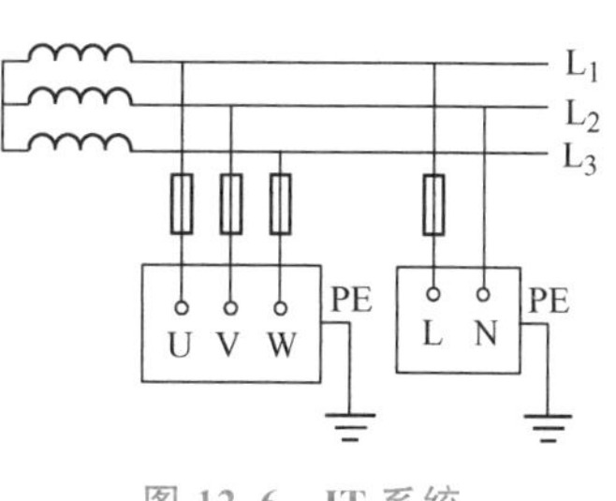

图 12.6 IT 系统

IT 方式供电系统在供电距离不是很长时，供电的可靠性高、安全性好。一般用于不允许停电的场所，或者是要求严格地连续供电的地方，例如电力炼钢、大医院的手术室、地下矿井等处。地下矿井内供电条件比较差，电缆易受潮，运用 IT 方式供电系统，即使电源中性点不接地，一旦设备漏电，单相对地漏电流较小，不会破坏电源电压的平衡，所以比电源中性点接地的系统还安全。

但是，如果用在供电距离很长时，供电线路对大地的分布电容就不能忽视了。在负载发生短路故障或漏电使设备外壳带电时，漏电电流经大地形成架路，保护设备不一定动作，这是危险的。只有在供电距离不太长时才比较安全，这种供电方式在工地上很少见。

12.4 建筑用电负荷分类及计算

12.4.1 负荷分级

民用建筑负荷根据建筑物的重要性及中断供电在政治、经济上所造成的损失或影响的程度，将民用建筑用电负荷分为三级。

1. 一级负荷

一级负荷主要包括：中断供电将造成人身伤亡、重大政治影响、重大经济损失、公共场所秩序严重混乱等情形的负荷。

2. 二级负荷

二级负荷主要包括：中断供电将造成较大政治影响、较大经济损失、公共场所秩序混乱等情形的负荷。

3. 三级负荷

不属于一级和二级的负荷为三级负荷。

对于某些特等建筑，如重要的交通枢纽、重要的通信枢纽、国宾馆、国家级及承担重大国事活动的会堂、国家级大型体育中心，以及经常用于重要国际活动的大量人员集中的公共场所等的一级负荷，为特别重要负荷；中断供电将影响实时处理计算机及计算机网络正常工作，或是中断供电将发生爆炸、火灾及严重中毒的一级负荷亦为特别重要负荷。

12.4.2 各类负荷对电源的要求

一级负荷应由两个电源独立供电，当一个电源发生故障时，另一个电源应不致同时受到损坏；一级负荷容量较大或有高压用电设备时，应采用两路高压电源；一级负荷中的特别重要负荷，除上述两个电源外，还应增设应急电源。为保证对特别重要负荷的供电，严禁将其他负荷接入应急供电系统。

二级负荷的供电系统应做到当发生电力变压器故障或线路常见故障时，不至于中断供电（或中断后能迅速恢复）。在负荷较小或地区供电条件困难时，二级负荷可由一路 6kV 及以上专用架空线供电。

三级负荷对供电无特殊要求。

12.4.3 负荷的计算

1. 负荷计算的目的

在进行建筑供配电设计时，基本的原始资料是各种用电设备的产品铭牌数据，如额定容量、额定电压等，这是设计的依据。

但是，这种原始资料要变成供配电系统设计所需要的假想负荷——计算负荷，从而根据计算负荷按照允许发热条件选择供配电系统的导线截面，确定变压器容量，制定提高功率因数的措施，选择保护设备以及校验供电电压的质量等，仍是一项较复杂的工作。

为什么不能简单地用设备额定容量作为计算负荷，选择导线和各种供电设备呢？因为安装的设备并非都同时运行；运行着的设备实际的负荷也并不是每一时刻都等于设备的额定容量；运行着的设备实际的负荷是在不超过额定容量的范围内，时大时小地变化着。

直接用额定容量来选择供电设备和供配电系统，必将估算过高，导致有色金属的浪费和工程投资的增加。反之，如估算过低，又会使供电系统的线路及电气设备由于承担不了实际负荷电流而过热，加速其绝缘老化的速度，降低使用寿命，增大电能损耗，影响供配电系统的正常可靠运行，因此，计算负荷意义重大。

负荷计算的方法有单位指标法、需要系数法、二项式法和利用系数法等。

在建筑电气设计中，方案设计阶段可采用单位指标法；初步设计和施工图设计阶段一般多采用需要系数法。

住宅建筑中当单相负荷的总计算容量小于计算范围内三相对称负荷总计算容量的 15%

时，应全部按三相对称负荷计算；大于或等于 15%时，应将单相负荷换算为等效三相负荷，再与三相负荷相加。每套住宅用电负荷不超过 12kW 时，应采用单相电源进户，每套住宅应至少配置一块单相电能表。每套住宅用电负荷超过 12kW 时，宜采用三相电源进户，电能表应能按相序计量。

2. 需要系数法

需要系数 K_x是用电设备组所需要的计算负荷（最大负荷）P_c与其设备装机容量 P_e的比值，即 $K_x=P_c/P_e$，根据需要系数 K_x求总安装容量为 P_s的用电设备组所需计算负荷 P_c的方法称需要系数法。基本计算公式如下

有功功率
$$P_c=K_xP_e(\text{kW}) \tag{12-1}$$

无功功率
$$Q_c=P_c\tan\varphi(\text{kvar}) \tag{12-2}$$

视在功率
$$S_c=\sqrt{P_c^2+Q_c^2}(\text{kVA}) \tag{12-3}$$

计算电流
$$I_c=\frac{S_c}{\sqrt{3}U_r}(\text{A}) \tag{12-4}$$

式中 P_c——计算负荷，kW；

K_x——需要系数，见表 12-1；

$\tan\varphi$——用电设备功率因数角的正切值；

U_r——用电设备额定电压（线电压），kV。

表 12-1 住宅建筑用电负荷需要系数

按单相配电计算时所连接的基本户数	按三相配电计算时所连接的基本户数	需要系数
1～3	3～9	0.90～1
4～8	12～24	0.65～0.90
9～12	27～36	0.50～0.65
13～24	39～72	0.45～0.50
25～124	75～372	0.40～0.45
125～259	375～777	0.30～0.40
260～300	780～900	0.26～0.30

注：住宅的功率因素 $\cos\varphi$ 按 0.9 选取。

【例 12-1】 七层住宅中的一个单元，一梯两户，每户容量按 6kW 计，每相供电负荷分配如下：L1 供一、二、三层，L2 供四、五层，L3 供六、七层，照明系统图如图 12.7 所示。求此单元的计算负荷。

解：本单元的设备总容量：

P_e=层数×每层户数×每户容量=7×2×6kW=84kW

每相容量：P_{eL1}=供电层数×每层户数×每户容量=3×2×6kW=36kW

P_{eL2}=层数×每层户数×每户容量=2×2×6kW=24kW

P_{eL3}=层数×每层户数×每户容量=2×2×6kW=24kW

最大相与最小相负荷之差：$P_{eL1}-P_{eL2}$=36kW−24kW=12kW

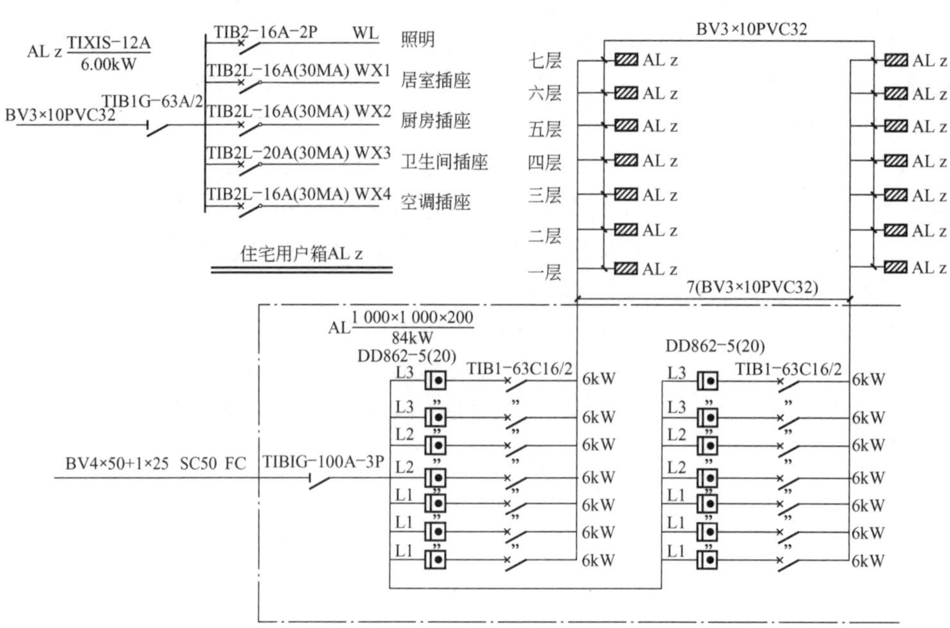

图 12.7 照明系统图

最大相与最小相负荷之差与总负荷之比：

$$\frac{12}{84}\times 100\%=14.29\%<15\%$$

故本单元的设备等效总容量：

$$P_e=3，P_{eL1}=3\times 36\text{kW}=108\text{kW}$$

查表 12-1 可知 $K_x=0.8$，$\cos\varphi=0.9$，$\tan\varphi=0.48$

有功功率 $P_c=K_xP_e=0.8\times 108\text{kW}=86.40\text{kW}$

无功功率 $Q_c=P_c\tan\varphi=86.40\times 0.48\text{kvar}=41.47\text{kvar}$

视在功率 $S_c=\sqrt{P_c^2+Q_c^2}=\sqrt{86.40^2+41.47^2}\text{kVA}=95.84\text{kVA}$

计算电流 $I_c=\dfrac{S_c}{\sqrt{3}U_r}=\dfrac{95.84}{\sqrt{3}\times 0.38}\text{A}=145.61\text{A}$

12.5 建筑供配电系统

【低压配电系统接线】

12.5.1 低压配电系统的配电线路形式

民用建筑低压配电线路的基本配电方式（也称基本接线方式）常用的有三种：树干式系统、放射式系统和混合式系统，如图 12.8 所示。

树干式系统从供电点引出的每条配电线路可连接几个用电设备或配电箱，供电回路少，配电设备、线路减少；当干线发生故障，停电范围很大；干线的电压质量易干扰。该系统适用于用电设备较少，且供电线路较长，对电压质量要求严格的电气设备。

放射式系统是从配电线路相对独立，发生故障互不干扰，供电可靠性较高。配电设备比较集中，便于维修；但干线较多，有色金属消耗也较多，投资较大。

混合式系统具有放射式与树干式系统的共同特点，适用于用电设备多或配电箱多，且容量比较小，用电设备分布比较均匀的场合。

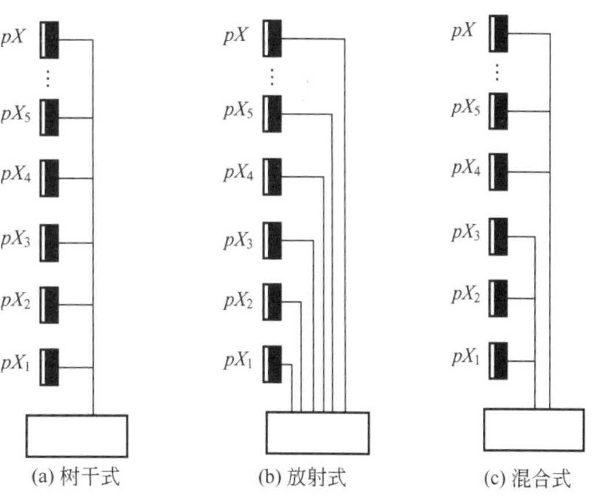

图 12.8 基本配电方式

某校区的供电线路如图 12.9 所示，为典型的混合式系统。

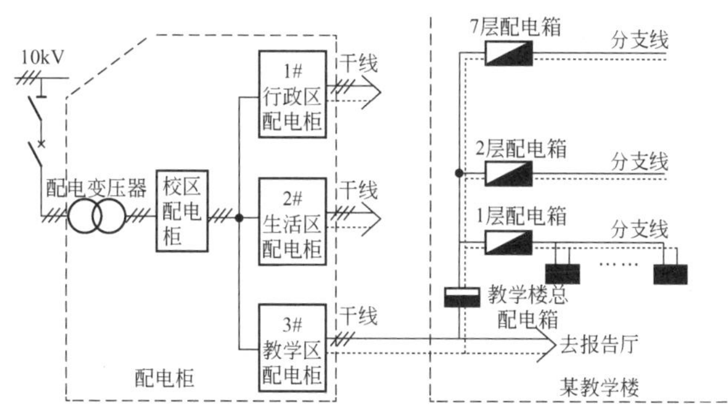

图 12.9 校区供电线路示意图

1. 照明配电系统

照明配电系统的特点是按建筑的布局选择若干配电点，一般情况下，在建筑物形式的每个沉降与伸缩区内设 1～2 个配电点，其位置应使照明支路线的长度不超过 40m，如条件允许，最好将配电点选在负荷中心。

建筑物为平房，一般按所选的配电点连接成树干式配电系统。

当建筑物为多层的楼房时，可在底层设进线电源配电箱或总配电室，其内设置可切断整个建筑照明供电的总开关和 3 只单相电度表，作为紧急事故或维护干线时切断总电源和计量建筑用电用。建筑的每层均设置照明分配电箱，分配电箱时要做到三相负荷基本平衡。

【用户配电箱安装和总配电箱的安装】

分配电箱内设照明支路开关及便于切断各支路电源的总开关，考虑短路和过流保护均采用空气开关或熔断器。每个支路开关应注明负荷容量、计算电流、相别及照明负荷的所在区域。当支路开关不多于 3 个时，也可不设总开关。并要考虑设置漏电保护装置。

当有事故照明时，需与一般照明的配电分开，另按消防要求自成系统。

2. 动力配电系统

动力负荷的电价为两种，即非工业电力电价及照明电价。动力负荷的使用性质分为多

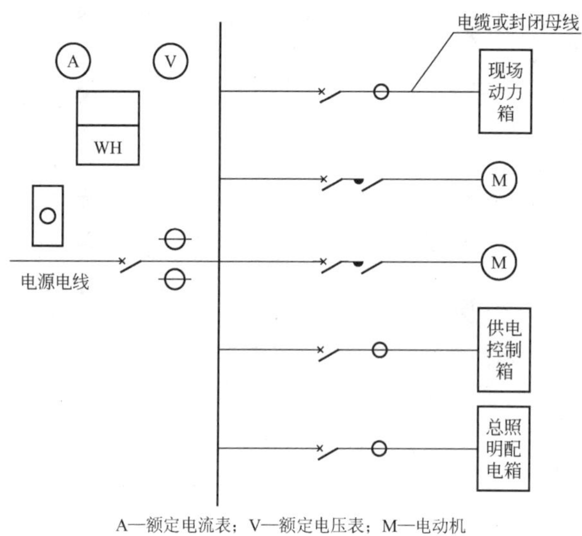

图 12.10　动力系统

种，如建筑设备（电梯、自动门等）、建筑设备机械（水泵、通风机等）、各种专业设备（炊事、医疗、实验设备等）。动力负荷的配电需按电价、使用性质归类，按容量及方位分路。对集中负荷采取放射式配电干线；对分散负荷采取树干式配电，依次连接各个动力负荷配电盘；多层建筑物当各层均有动力负荷时，宜在每个伸缩沉降区的中心每层设置动力配电点，并设分总开关作为检修或紧急事故切断电源用。如图 12.10 所示为动力控制中心的动力系统。

3. 配电盘

在整个建筑内部的公共场所和房间内大量设置有配电盘，其内装有所管范围内的全部用电设备的控制和保护设备，其作用是接受和分配电能。

4. 配电柜

配电柜又称开关柜，是用于安装高低压配电设备和电动机控制保护设备的定型柜。安装高压设备的称高压开关柜，安装低压设备的称低压开关柜。

5. 变配电室

变配电室的作用是从电力系统接受电能、变换电压及分配电能。

变配电所可以分为升压变电所和降压变电所两大类型。升压变电所是将发电厂生产的 6～10kV 的电能升高至 35kV、110kV、220kV、500kV 等，以利于远距离输电，降压变电所是将高压网送过来的电能降至 6～10kV 后，分配给用户变压器，再降至 380V 或 220V，供建筑物或建筑工地的照明或动力设备、用电器等使用。

变配电所由高压配电室、变压器室和低压配电室三部分组成。此外，还有高压电容器室（提高功率因素用）和值班室。

12.5.2　电线、电缆的选择与敷设

在民用建筑供配电线路中，使用的导线主要有电线和电缆。

电缆是一种特殊的导线，它是将一根或数根绝缘导线组合成线心，外面加上密闭的包扎层，如铅、橡皮、塑料等加以保护。

在各种电气设备中，导线在建筑内用量最大、分布最广。

1. 电线、电缆的选择

电线、电缆的选择，是供配电设计的重要内容之一，选择的合理与否直接影响到有色金属消耗量、线路投资，以及电力网的安全、经济运行。

1）　电线、电缆的型号选择

应根据环境和敷设方式而定，具体见表 12－2。

表 12-2 按环境和敷设方法选择电线和电缆

<table>
<tr><th>环境特征</th><th>线路敷设方法</th><th>常用电线、电缆型号</th><th>导线名称</th></tr>
<tr><td rowspan="4">正常干燥环境</td><td>绝缘线瓷珠、瓷夹板或铝皮卡子明敷</td><td>BBLX，BLV，BLVV，BVV</td><td rowspan="4">BBLX：铝心玻璃丝编织橡皮线
BLV：铝心聚氯乙烯绝缘线
BLVV：铝心塑料护套线
BVV：铜心塑料护套线
LJ：裸铝绞线
LMY：硬铝裸导线</td></tr>
<tr><td>绝缘线、裸线瓷瓶明配</td><td>BBLX，BLV，BLJ，LMY</td></tr>
<tr><td>绝缘线穿管明敷或暗敷</td><td>ZLL，ZLL_{11}，VLV，YJV</td></tr>
<tr><td>电缆明敷或放在沟中</td><td>YJLV，XLV，ZLQ</td></tr>
<tr><td rowspan="3">潮湿和特别潮湿的环境</td><td>绝缘线瓷瓶明配（敷高<3.5m）</td><td>BBLX，BLV，BVV</td><td rowspan="16">ZLL：油浸绝缘纸电缆
VLV：塑料绝缘铝心电缆
YJV：塑料绝缘铜心电缆
YJLV：塑料绝缘（聚氯乙烯）铝心电缆
ZLQ：油浸纸绝缘电缆
BV：铜心塑料绝缘线
XLHF：橡皮绝缘电缆
其他型号的导线和电缆可查阅有关手册，此处略</td></tr>
<tr><td>绝缘线穿管明敷或暗敷</td><td>BBLX，BLV，BVV</td></tr>
<tr><td>电缆明敷</td><td>ZLL_{11}，VLV，YJV，XLV</td></tr>
<tr><td rowspan="3">多尘环境（不包括火灾及爆炸危险尘埃）</td><td>绝缘线瓷珠、瓷瓶明敷</td><td>BBLX，BLV，BVV</td></tr>
<tr><td>绝缘线穿钢管明敷或暗敷</td><td>BBLX，BLV，BVV</td></tr>
<tr><td>电缆明敷或放在沟中</td><td>ZLL，ZLL_{11}，VLV，YJV，XLV，ZLQ</td></tr>
<tr><td rowspan="3">有腐蚀性的环境</td><td>塑料线瓷珠、瓷瓶明线</td><td>BLV，BLVV，BVV</td></tr>
<tr><td>绝缘线穿塑料管明敷或暗敷</td><td>BBLX，BLV，BV，BVV</td></tr>
<tr><td>电缆明敷</td><td>VLV，YJV，ZLL_{11}，XLV</td></tr>
<tr><td rowspan="3">有火灾危险的环境</td><td>绝缘线瓷瓶明线</td><td>BBLX，BLV，BVV</td></tr>
<tr><td>绝缘线穿钢管明敷或暗敷</td><td>BBLX，BLV，BVV</td></tr>
<tr><td>电缆明敷或放在沟中</td><td>ZLL，ZLQ，VLV，YJV，XLV，XLHF</td></tr>
<tr><td rowspan="2">有爆炸危险的环境</td><td>绝缘线穿钢管明敷或暗敷</td><td>BBX，BV，BVV</td></tr>
<tr><td>电缆明敷</td><td>ZL_{120}，ZQ_{20}，VV_{20}</td></tr>
</table>

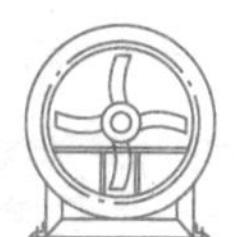

2） 电线、电缆的截面选择

电线、电缆的标称截面面积有：1、1.5、2.5、4、6、10、16、25、35、50、70、95、120、150、185、240、300、400、500（mm^2）。

电线、电缆截面的选择要求，应满足允许温升、电压损失、机械强度等要求；绝缘额定电压要大于线路的工作电压；应符合线路安装方式和敷设环境的要求；截面面积不应小于与保护装置配合要求的最小截面面积。

导线截面选择可按短路热稳定、导线允许温升、线路的允许电压损失、导线的机械强度等计算方法确定，主要采用发热条件计算法和允许电压损失计算方法。

2. 配电线路的敷设

电线、电缆的敷设应根据建筑的功能、室内装饰的要求和使用环境等因素，经技术、经济比较后确定。

1） 电缆线路的敷设

室外电缆：①架空或埋地敷设（图 12.11）；②沿电缆沟敷设（图 12.12）。

室内电缆：①沿电缆竖井敷设；②沿电缆沟敷设；③沿电缆桥架敷设。

在有腐蚀性介质的房屋内明敷的电缆，宜选用塑料护套电缆。

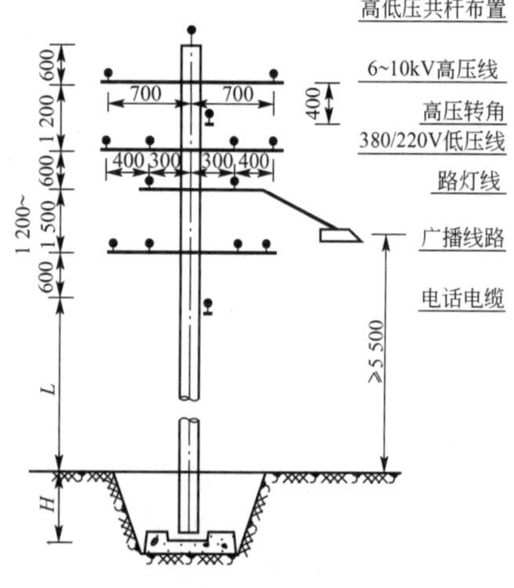

图 12.11 架空线杆敷设安装示意图

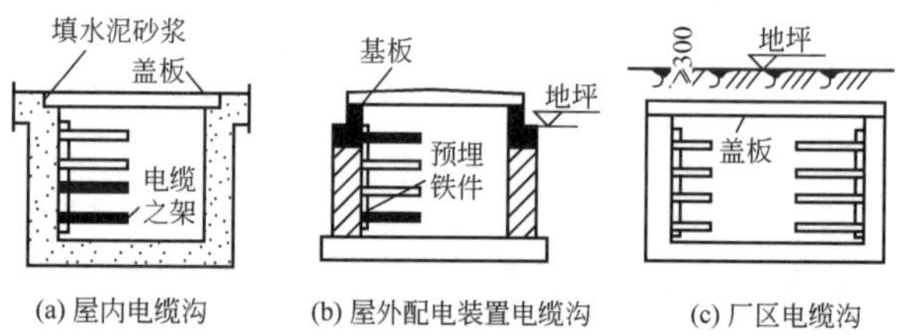

图 12.12 电缆沟敷设

2） 绝缘导线的敷设

绝缘导线的敷设方式可分为以下几种。

(1) 明敷。

导线直接或者在管子、线槽等保护体内，敷设于墙壁、顶棚的表面等处。

(2) 暗敷。

导线在管子、线槽等保护体内，敷设于墙壁、顶棚、地坪及楼板等内部，或者在混凝土板孔内。

导线敷设方式的选择，应根据建筑物的性质和要求、用电设备的分布、室内装饰的要求，以及环境特征等因素，经技术经济比较来确定。照明线路一般情况下采用暗敷；动力线路则明敷、暗敷皆有。为了美化建筑、使用安全、施工方便等需要，目前在民用建筑中较多地采用穿管配线。

穿管配线常采用水煤气管（RC）、穿阻燃半硬聚氯乙烯管（FPC）、穿塑料管（PC）。一般可使用电线管或塑料线管，但在有爆炸危险的场所内，或标准较高的建筑物中，应采用水煤气钢管。穿钢管配线可保护导线不受机械损伤、不受潮湿尘埃的影响，多用于多尘、易燃、易爆的场所，暗敷时美观，换线方便。

【预埋线盒线管动画】

电线穿管前应将管中积水及杂物清除干净，然后在管中穿一根钢线作引线，将导线绑扎在引线的一端，如图 12.13 所示。

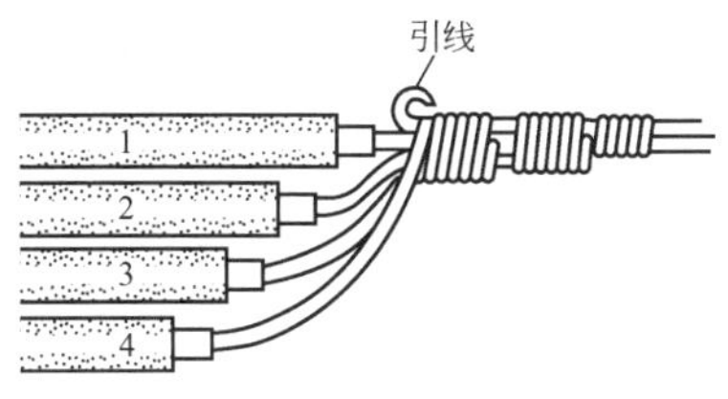

图 12.13 多根导线的绑法

12.5.3 低压电器

控制电器按其工作电压的高低，以交流 1 000V、直流 1 500V 为界，可划分为高压控制电器和低压控制电器两大类。

低压电器是一种能根据外界的信号和要求，手动或自动地接通、断开电路，以实现对电路或非电对象的切换、控制、保护、检测、变换和调节的元件或设备。

1. 电源插座、电表及漏电开关

1） 电源插座

电源插座是指用来接上交流电，使家用电器与可携式小型设备通电可使用的装置。

【即热式电热水器接线盒使用教程】

2） 电表

电表是电能表的简称，是用来测量电能的仪表。

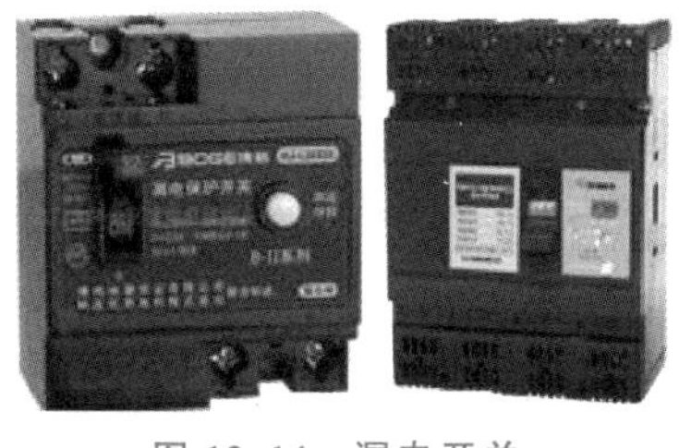
图 12.14 漏电开关

3） 漏电开关（图 12.14）

漏电开关的动作原理是：在一个铁心上有两个组，一个输入电流绕组和一个输出电流绕组。当无漏电时，输入电流和输出电流相等，在铁心上二磁通的矢量和为零，就不会在第三个绕组上感应出电势；否则第三绕组上就会感应电压形成，经放大去推动执行机构，使开关跳闸。

2. 刀开关、隔离器及熔断器

1） 刀开关

刀开关又称刀闸，一般用在低压（不超过 500V）电路中，用于通、断交、直流电源，如图 12.15 所示，刀开关一般用于切断交流 380V 及以下的额定负载。国产刀开关有 HD11、HS11 等系列，照明配电多采用 HKI 型胶盖开关。

【带熔丝装置的闸刀开关】

2）隔离器

如图 12.16 所示，隔离器是一种采用线性光耦隔离原理，将输入信号进行转换输出。输入、输出和工作电源三者相互隔离，特别适合与需要电隔离的设备仪表配用。

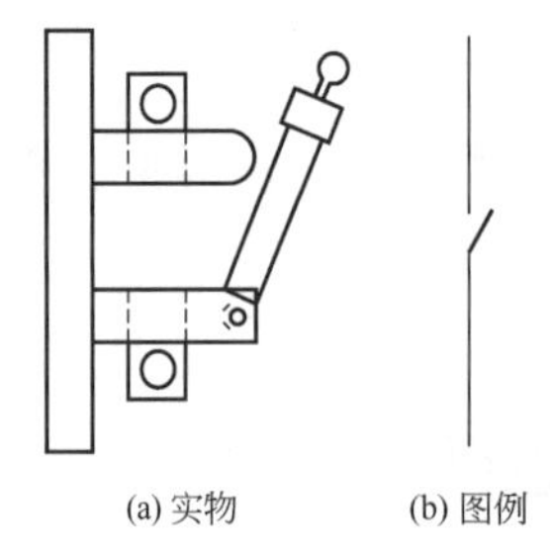
(a) 实物　(b) 图例

图 12.15　刀开关结构示意图

图 12.16　隔离器

3）熔断器

熔断器也被称为保险丝。它是一种安装在电路中，保证电路安全运行的电器元件。熔断器其实就是一种短路保护器，广泛用于配电系统和控制系统，主要进行短路保护或严重过载保护。

3. 低压断路器、接触器及热继电器

1）低压断路器

低压断路器也称为自动空气开关，用于分配电能、不频繁地启动电机以及对电源线路及电机等的保护。当发生严重过载、短路或欠电压等故障时，能自动切断电路。

2）接触器

接触器是指利用线圈流过电流产生磁场，使触头闭合，以达到控制负载的电器。

3）热继电器

热继电器是以被控对象发热状态为动作信号的一种保护电器，常用于电动机的过载保护。

12.6　安全用电

1. 安全电压等级

当工频（$f=50$Hz）电流流过人体时，安全电流为 0.008～0.01A。交流工频安全电压的上限值，在任何情况下，两导体间或任一导体与地之间都不得超过 50V。我国的安全电压的额定值为 42V，36V，24V，12V，6V。如手提照明灯、危险环境的携带式电动工具，应采用 36V 安全电压；金属容器内、隧道内、矿井内等工作场合，狭窄、行动不便及周围有大面积接地导体的环境，应采用 24V 或 12V 安全电压，以防止因触电而造成的人身伤害。

2. 安全电压的条件

(1) 因人而异。一般来说，手有老茧、身心健康、情绪乐观的人电阻大，较安全；皮肤细嫩、情绪悲观、疲劳过度的人电阻小，较危险。

(2) 与触电时间长短有关。触电时间越长，情绪紧张，发热出汗，人体电阻减小，危险越大。若可迅速脱离电源，则危险小。

(3) 与皮肤接触面积和压力大小有关。接触面积和压力越大，越危险；反之，较安全。

(4) 与工作环境有关。在低矮潮湿、仰卧操作、不易脱离现场情况下，触电危险大，安全电压取 12V。其他条件较好的场所，可取 24V 或 36V。

3. 用电安全的基本原则

直接接触防护，防止电流经由身体的任何部位通过；限制可能流经人体的电流，使之小于电击电流。

间接接触防护，防止故障电流经由身体的任何部位通过；限制可能流经人体的故障电流，使之小于电击电流；在故障情况下触及外露可导电部分时，可能引起流经人体的电流大于或等于电击电流时，能在规定的时间内自动断开电流。

正常工作时的热效应防护，应使所在场所不会发生地热或电弧引起可燃物燃烧。

12.7 建筑防雷及接地

12.7.1 雷电的危害

雷电是由雷云对地面建筑物及大地的自然放电引起的，它会对建筑物或设备产生严重破坏。雷电造成的破坏作用，一般可分为直接雷、间接雷（感应雷）两大类。直击雷是闪击直接击于建（构）筑物、其他物体、大地或外部防雷装置上，产生电效应、热效应和机械力者。间接雷是由雷电引起的静电感应和电磁感应，统称为感应雷（又叫二次雷）。无论是直接雷还是间接雷，都有可能演变成雷电的第三种作用形式——高电位的侵入，即诱发很高的电压（可达数十万伏）沿着供电线路或金属管道，高速涌入变配电室、电用户等建筑内部，引起故障。

为使建（构）筑物克服上述雷电的破坏，建筑防雷设计应做到因地制宜地采取防雷措施，防止或减少雷击建（构）筑物所发生的人身伤亡和文物、财产损失，以及雷击电磁脉冲引发的电气和电子系统损坏或错误运行，做到安全可靠、技术先进、经济合理。

建（构）筑物防雷设计，应在认真调查地理、地质、土壤、气象、环境等条件和雷电活动规律，以及被保护物的特点等的基础上，详细研究并确定防雷装置的形式及其布置。

12.7.2 建筑物防雷的分类与措施

根据《建筑物防雷设计规定》(GB 50057—2010)，建筑物的防雷分类与措施如下。

1. 建筑物的防雷分类

建筑物应根据建筑物重要性、使用性质、发生雷电事故的可能性和后果，按防雷要求分为三类。

在可能发生对地闪击的地区，遇下列情况之一时，应划为第一类防雷建筑物。

(1) 凡制造、使用或储存火炸药及其制品的危险建筑物，因电火花而引起爆炸、爆轰，会造成巨大破坏和人身伤亡者。

(2) 具有 0 区或 20 区爆炸危险场所的建筑物。

(3) 具有 1 区或 21 区爆炸危险场所的建筑物，因电火花而引起爆炸，会造成巨大破坏和人身伤亡者。

在可能发生对地闪击的地区，遇下列情况之一时，应划为第二类防雷建筑物。

(1) 国家级重点文物保护的建筑物。

(2) 国家级的会堂、办公建筑物、大型展览和博览建筑物、大型火车站和飞机场、国宾馆，国家级档案馆、大型城市的重要给水泵房等特别重要的建筑物。

注：飞机场不含停放飞机的露天场所和跑道。

(3) 国家级计算中心、国际通信枢纽等对国民经济有重要意义的建筑物。

(4) 国家特级和甲级大型体育馆。

(5) 制造、使用或储存火炸药及其制品的危险建筑物，且电火花不易引起爆炸或不致造成巨大破坏和人身伤亡者。

(6) 具有 1 区或 21 区爆炸危险场所的建筑物，且电火花不易引起爆炸或不致造成巨大破坏和人身伤亡者。

(7) 具有 2 区或 22 区爆炸危险场所的建筑物。

(8) 有爆炸危险的露天钢质封闭气罐。

(9) 预计雷击次数大于 0.05 次/年的部、省级办公建筑物，其他重要或人员密集的公共建筑物，以及火灾危险场所。

(10) 预计雷击次数大于 0.25 次/年的住宅、办公楼等一般性民用建筑物或一般性工业建筑物。

在可能发生对地闪击的地区，遇下列情况之一时，应划为第三类防雷建筑物。

(1) 省级重点文物保护的建筑物及省级档案馆。

(2) 预计雷击次数大于或等于 0.01 次/年，且小于或等于 0.05 次/年的部、省级办公建筑物和其他重要或人员密集的公共建筑物，以及火灾危险场所。

(3) 预计雷击次数大于或等于 0.05 次/年，且小于或等于 0.25 次/年的住宅、办公楼等一般性民用建筑物或一般性工业建筑物。

(4) 在平均雷暴日大于 15 天/年的地区，高度在 15m 及以上的烟囱、水塔等孤立的高耸建筑物；在平均雷暴日小于或等于 15 天/年的地区，高度在 20m 及以上的烟囱、水塔等孤立的高耸建筑物。

2. 建筑物的防雷措施

各类防雷建筑物应设防直击雷的外部防雷装置，并应采取防闪电电涌侵入的措施。第一类防雷建筑物及第二类防雷建筑物中的 5～7 类，尚应采取防闪电感应的措施。

各类防雷建筑物应设内部防雷装置，并应符合下列规定。

在建筑物的地下室或地面层处，以下物体应与防雷装置做防雷等电位连接：建筑物金属体、金属装置、建筑物内系统和进出建筑物的金属管线。

外部防雷装置与建筑物金属体、金属装置、建筑物内系统之间，尚应满足间隔距离的要求。

3. 防雷装置

用于减少闪击击于建（构）筑物上或建（构）筑物附近造成的物质性损害和人身伤亡，由外部防雷装置和内部防雷装置组成。

外部防雷装置由接闪器、引下线和接地装置组成，如图 12.17 所示。

内部防雷装置由防雷等电位连接和与外部防雷装置的间隔距离组成。

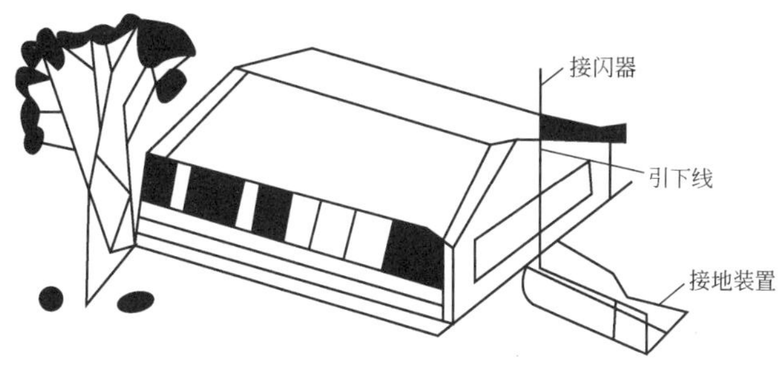

图 12.17 接闪器防雷系统的组成

1）接闪器

由拦截闪击的接闪杆、接闪带、接闪线、接闪网，以及金属屋面、金属构件等组成。接闪是引雷的作用，而并非避雷作用。

(1) 避雷针。接闪避雷针是建筑物最突出的良导体。在雷云的感应下，针的顶端形成的电场强度最大，所以最容易把雷电流吸引过来，完成避雷针的接闪作用。避雷针顶端形状可做成尖形、圆形或扇形。对于砖木结构房屋，可把避雷针敷设于山墙顶部瓦屋脊上。可利用木杆做支持物，针尖需高出木杆 30cm。避雷针应考虑防腐蚀，除应镀锌或涂漆外，在腐蚀性较强的场所，还应适当加大截面面积或采取其他防腐措施。

(2) 避雷带。通过试验发现不论屋顶坡度多大，都是屋角和檐角的雷击率最高。屋顶坡度越大，则屋脊的雷。击率越大。避雷带就是对建筑物雷击率高的部位进行重点保护的一种接闪装置。

(3) 避雷网。通过对不同屋顶坡度建筑物的雷击分布情况调查发现，对于屋顶平整，又没有突出结构（如烟囱等）的建筑物，雷击部位是有一定规律性的。当建筑物较高、屋顶面积较大但坡度不大时，可采用避雷网作为局面保护的接闪装置。

(4) 结构避雷网（带）。分明装和暗装两种。明装避雷网（带）一般可用直径 8mm 的圆钢或截面 12mm×4mm 的扁钢做成。为避免接闪部位的振动力，宜将网（带）支起 10～20cm，支持点间距取 1～1.5m，应注意美观和伸缩问题。暗装时可利用建筑内不小于 Φ3mm 的钢筋。

2） 引下线

引下线是用于将雷电流从接闪器传导至接地装置的导体，可分明装和暗装两种。

明装时一般采用直径 8mm 的圆钢或截面 12mm×4mm 的扁钢。在易受腐蚀部位，截面应适当加大。建筑物的钢梁、钢柱、消防梯等金属构件，以及幕墙的金属立柱宜作为引下线，但其各部件之间均应连成电气贯通，可采用铜锌合金焊、熔焊、卷边压接、缝接、螺钉或螺栓连接，各金属构件可覆有绝缘材。引下线应沿建筑物外墙敷设，距墙面 15mm，固定支架间距不应大于 2m，敷设时应保持一定的松紧度，从接闪器到接地装置，引下线的敷设应尽量短而直。若必须弯曲时，弯角应大于 90°。

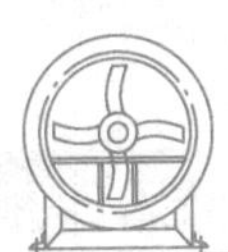

暗装时引下线的截面应加大一级，而且应注意与墙内其他金属构件的距离。若利用钢筋混凝土柱中的主筋作引下线时，最少应利用四根柱子，每柱中至少用到两根直径不小于16mm主筋从上到下焊成一体。因柱内钢筋不便断开，故采取由建筑物的四角部位的主筋焊接引出接线端子，以测量接地电阻。

3） 接地装置

接地装置是接地体和接地线的总合，用于传导雷电流并将其流散入大地。接地体是埋入土壤中或混凝土基础中作散流用的导体。接地线是从引下线断接卡或换线处至接地体的连接导体；或从接地端子、等电位连接带至接地体的连接导体。

（1）自然接地体。利用有其他功能的金属物体埋于地下，作为防雷保护的接地装置。如直埋铠装电缆金属外皮，直埋金属水管或工艺管道等。

（2）基础接地。利用建筑物基础中的结构钢筋作为接地装置，既可达到防雷接地又可节省造价。筏片基础最为理想。独立基础则应根据具体情况确定，以确保电位均衡，消除接触电压和跨步电压的危害。

（3）人工接地体。专门用于防雷保护的接地装置。分垂直接地体和水平接地体两类。

埋接地体时，应将周围填土夯实，不得回填砖石、灰渣等各类杂土。接地体通常均应采用镀锌钢材，土壤有腐蚀性时，应适当加大接地体和连接条截面，并加厚镀锌层，各焊点必须刷樟丹油或沥青油，以加强防腐。人工接地体在土壤中的埋设深度不应小于0.5m，并宜敷设在当地冻土层以下，其距墙或基础不宜小于1m。接地体宜远离由于烧窑、烟道等高温影响使土壤电阻率升高的地方。

【使用接地电阻测试仪测量接地电阻】

4） 接地地阻

第一类防雷建筑物独立接闪杆、架空接闪线或架空接闪网应设独立的接地装置，每一引下线的冲击接地电阻不宜大于10Ω，在土壤电阻率高的地区，可适当增大冲击接地电阻，但在3 000Ω·m以下地区，冲击接地电阻不应大于30Ω；防雷电感应的接地装置应与电气和电子系统的接地装置共用，其工频接地电阻不宜大于10Ω；第一类防雷建筑物防雷电波侵入，进入建筑物的架空金属管道接地，冲击接地电阻不应大于30Ω。

第二、三类防雷建筑物，共用接地装置的接地电阻应按50Hz电气装置的接地电阻确定，以不大于其按人身安全所确定的接地电阻值为准。

接地：一种有意或非有意的导电连接，通过这种连接，可使电路或电气设备接到大地或接到代替大地的某种较大的导电体。其目的是：①使连接到地的导体具有等于或近似于大地（或代替大地的导电体）的电位；②引导地电流流入和流出大地（或代替大地的导电体）。

一套防雷装置是否符合要求，需要对接地电阻大小进行量测。接地电阻的测量应在接地网安装完毕后立即进行，以确定应接入地网的接地部件无漏接。要考虑到以后安装的装置如水管、铁轨等将会改变所测的数据。还要考虑到，在接地网安装一年后，由于土壤变得均匀坚实，接地地阻通常会降低。具体测试方法参见《接地系统的土壤电阻率、接地阻抗和地面电位测量导则　第1部分：常规测量》(GB/T 17949.1—2000)。

接地的方式有工作接地、保护接地、重复接地、过电压保护接地、防静电接地等。

12.8 建筑施工现场的电力供应

12.8.1 建筑施工电力供应的选择

1. 建筑施工电力负荷计算

建筑工地施工现场的电力负荷分为动力负荷和照明负荷两大类。动力负荷主要指各种施工机械用电，表 12－3 为施工工地常用施工机械额定功率定额。照明负荷是指施工现场及生活照明用电，一般占工地总电力负荷的比重很小部分。通常在计算动力负荷后，再加10％作为照明负荷。

2. 配电变压器的选择

建筑工地用电的特点临时性强，负荷变化大。首先考虑利用建设单位需要的配电变压器，把临时供电与长期计划统一规划。建筑工地的配电变压器一般采用户外安装，位置应尽量靠负荷中心或大容量用电设备附近，并要求符合防火、防雨雪、防小动物的要求。附近不得堆放建筑材料和土方。低压配电室和变压器尽量靠近，减小低电压、大电流时的损失。

表 12－3 常用施工机械额定功率

机 械 名 称	功率/kW	机 械 名 称	功率/kW
振动沉桩机	45	混凝土输送泵	32.3
螺旋钻孔机	30	插入式振动器	1.1
塔式起重机	55.5	钢筋切断机	7
卷扬机	7	交流电焊机	38.6
混凝土搅拌机	10	木工圆锯	3

12.8.2 建筑工程中的供电方式

建筑工地的供电方式，绝大多数采用三相五线制，便于变压器中性点接地、用电设备保护接零和重复接地。在小型施工工地，采用树干式供电系统供电；在大型工地，用电量较大，采用放射式供电系统供电。

12.8.3 现场电力保护措施

供电施工现场临时用电必须符合《施工现场临时用电安全技术规范》(JGJ 46—2012)的要求，施工现场临时用电必须有施工组织设计，并经审批。根据临时用电设备负荷统计，选择总配电箱，再选择导线，满足施工用电要求，采取下列措施确保施工用电可靠，合理节约能源。

1. 安全用电技术措施

(1) 工地配电必须按 TN-S 系统设置保护接零系统，实行三相五线制，杜绝疏漏。所有接零接地处必须保证可靠的电气连接。保护线 PE 必须采用绿/黄双色线。严格与相线、工作零线相区别，严禁混用。

(2) 设置总配电箱，门向外开，配锁，并应符合下列要求。

① 配电箱、开关箱应有防雨措施，安装位置周围不得有杂物，便于操作。

② 由总配电箱引至工地各分配电箱电源回路，采用 BV 铜心导线架空或套钢管埋地敷设。

③ 引至施工楼层用电，在建筑物内预留洞，并套 PVC 塑料管，不准沿脚手架敷设。

(3) 用电设备与开关箱间距不大于 3m，与配电箱间距不大于 30m，开关箱漏电保护器的额定漏电动作电流应选用 30mA，额定漏电动作时间应小于 0.1s。水泵及特别潮湿场所，漏电动作电流应选用 15mA。

(4) 配电箱、开关箱应统一编号，喷上危险标志和施工单位名称。

(5) 作防雷接地的电气设备，必须同时作重复接地，同一台电气设备的重复接地与防雷接地可使用并联于基础防雷接地网，所有接地电阻值小于或等于 4Ω。

(6) 保护零线不得装设开关或熔断器。

(7) 保护零线的截面不应小于工作零线的截面。同时必须满足机械强度要求。

(8) 正常情况时，下列电气设备不带电的金属外露导电部分应做保护接零。

① 电机、局部照明变压器、电器、照明器具、手持电动工具的金属外壳。

② 电气设备的传动装置的金属部件。

③ 配电箱（屏）与控制屏的金属框架。

④ 电力线路的金属保护管、物料提升机。

(9) 保护零线除必须在配电室或总配电箱处作重复接地外，还必须在配电线路的中间处和末端处再做重复接地。

(10) 每台用电设备应有各自专用的开关箱，必须实行“一机、一闸、一漏”制（含插座）。

(11) 配电箱、开关箱的进线口和出线口应设在箱体的下底面，严禁设在箱体的上顶面、侧面、后面或门处。移动式配电箱的进、出线必须采用橡胶套绝缘电缆。

(12) 所有配电箱门应配锁，配电箱和开关箱应由现场电工专人管理。

(13) 所有配电箱、开关箱应每天检查一次，维修人员必须是专业电工，检查维修时必须按规定穿戴绝缘鞋、手套，必须使用电工绝缘工具。

(14) 手持式电动工具的外壳、手柄、负荷线、插头开关等，必须完好无损，使用前必须做空载检查，运转正常方可使用。

(15) 在潮湿和易触及带电体场所的照明电源不得大于 24V，在特别潮湿的场所，导电良好的地面工作的电源电压不得大于 12V。

(16) 使用行灯的电源电压不超过 36V，灯体与手柄应坚固，灯头无开关，灯泡外部有保护网。

(17) 产生振动的机械设备的 PE 线的重复接地不少于两处。

(18) 现场的物料提升机及外排架均应做防雷接地装置，接地电阻值小于或等于 4Ω。

2. 现场照明措施

照明灯具的金属外壳必须保护接零。单相回路的照明开关箱内必须装设漏电保护器；室外灯具距地面不得低于 3m，室内灯具不得低于 2.4m；钠灯、金属卤化物灯具的安装高度宜在 5m 以上，灯线不得靠近灯具表面；投光灯的底座应安装牢固，按需要光轴方向将框轴拧紧固定；灯具内的接线必须牢固，灯具外的接线必须做可靠的绝缘包扎。

3. 电气防火措施

(1) 合理配置、整定、更换各种保护电器，对容易发生过载、短路故障的电路和设备进行可靠地保护。

(2) 在电气装置和线路周围不堆放易燃、易爆和强腐蚀介质，不使用火源。

(3) 在总配电房配置干粉灭火器材，并禁止烟火。

(4) 加强电气设备相间和相与地间绝缘，防止闪烁。

(5) 合理设置防雷装置。

(6) 建立易燃、易爆物和强腐蚀介质管理制度。

(7) 建立电气防火责任制，加强电气防火重点场所烟火管理制度，并设置禁止烟火标志。

(8) 建立电气防火检查制度，发现问题及时处理。

4. 现场电工岗位责任制

(1) 对施工现场供电系统安全运行负全责。

(2) 负责现场用电设备的安装、拆除及维修工作。

(3) 对现场用电负责分配、供给及使用的交底。

(4) 对分包单位的用电，负责建档、指导、监督，对违反电气操作的使用有权制止和停止供电。

(5) 对违反电气规定乱接电器的行为进行制止，并及时向现场主管领导汇报。

(6) 对现场所有电气设备按时进行巡视检查、维修、登记工作。

(7) 负责宣传安全用电和触电急救工作。

思考题

1. 简述电能生产特点。
2. 低压电力的供电方式有哪几种?
3. 民用建筑用电负荷分为几级?
4. 常用的电线、电缆型号有哪些? 其名称分别是什么?
5. 安全电压等级及安全电压条件?
6. 简述建筑物防雷分为哪几类。
7. 简述防雷装置的组成，以及各组成部分敷设要求。

第 13 章 建筑电气照明系统

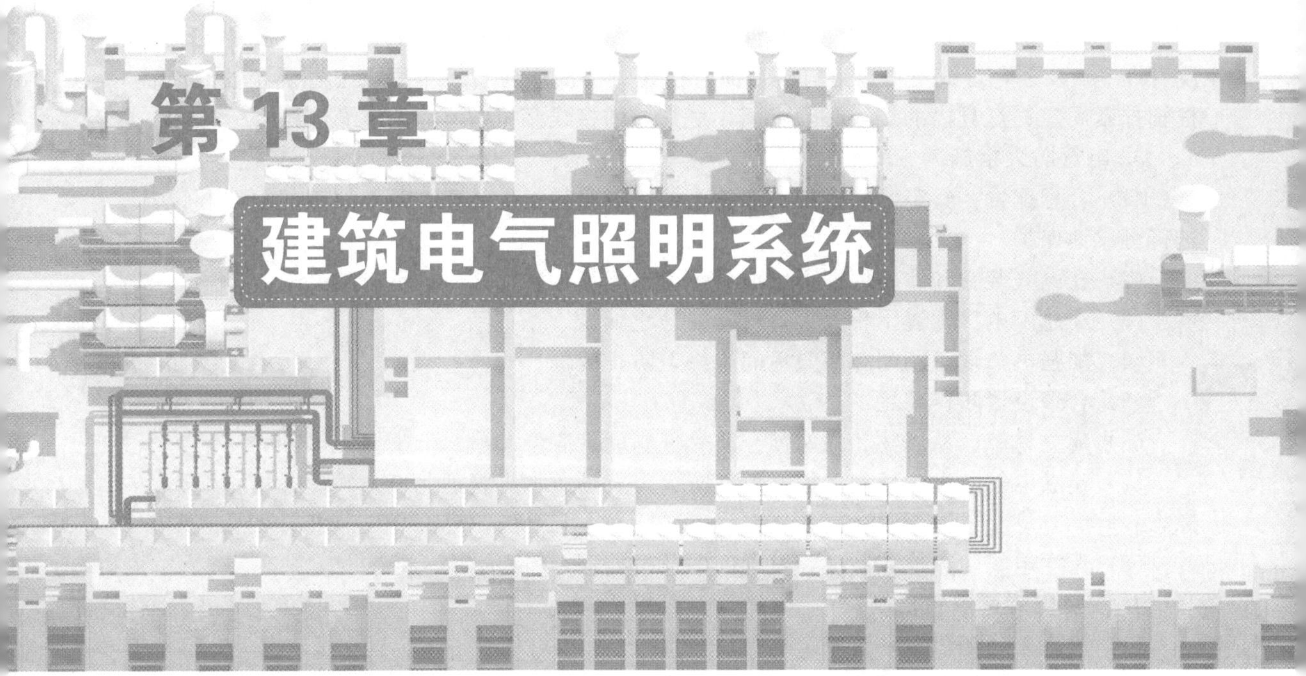

教学要点

电气照明是建筑物的重要组成部分，电气照明的目的是在缺乏自然光的工作场所或区域，创造一个舒适的视觉环境，通过本章的学习，应达到以下目标：

（1）了解照明的基本知识；

（2）了解各种电光源的发光原理；

（3）了解各种灯具的分类和选择；

（4）掌握照度的计算方法；

（5）熟悉电气照明系统设计思路。

基本概念

照明系统；光通量；发光强度；照度；电光源；照度

引例

2010 年 5 月 1 日至 10 月 31 日期间，中国上海市举行了第 41 届世界博览会。傍晚入园的游客尽情欣赏了 5.28km^2 园区内“疑是银河落九天”的瑰丽夜景，享受着建筑电气照明带来的别样的迷人风采。历届世博会与人工电光源发展的历史息息相关。1873 年，多瑙河畔的维也纳世博会上，电动机的发明让人类迎来了电气化时代。1878 年，巴黎世博会，爱迪生发明的白炽灯泡被安装在埃菲尔铁塔上，将整个世博会园区照得璀璨通明。1939 年，纽约和洛杉矶世博会，主办方展示了第一个实用荧光灯。在上海世博会绚烂夜景的背后，是目前世界上规模最大的半导体（LED）照明技术集成应用的结果，也是继白炽发光和气体发光之后的又一次照明技术革命——固态发光。

13.1 照明的基本知识

13.1.1 照明的基本物理量

1. 光通量

光源以辐射形式发射、传播并能使标准光度观察者产生光感的能量，称为光通量。以符号 Φ 表示，单位是流明（lm）。流明是国际单位制，1lm 等于一个具有均匀分布 1cd（坎德拉）发光强度的点光源在一球面度（单位为 sr）立体角内发射的光通量，1lm=1cd · 1sr。其公式为

$$\Phi = K_m \int_0^{\infty} \frac{d\Phi_e(\lambda)}{d\lambda} V(\lambda) d\lambda \tag{13-1}$$

式中 $d\Phi_e(\lambda)/d\lambda$——辐射通量的光谱分布；

$V(\lambda)$——光谱光（视）效率；

K_m——辐射的光谱（视）效能的最大值，lm/W，在单色辐射时，明视觉条件下的 K_m 值为 683lm/W（λ=555nm 时）。

由于人眼睛对不同波长的光具有不同的灵敏度，我们不能直接用辐射功率和辐射通量来衡量光能量，因此必须采用以人眼睛对光的感觉量为基准的基本量——光通量来衡量。

光通量是光源的一个基本参数，是说明光源发光能力的基本量。例如，220V/40W 普通白炽灯的光通量为 350lm，而 220V/36W 荧光灯的光通量大于 3 000lm，是白炽灯的几倍。简单来说，光源光通量越大，周围环境给人的感觉越亮。

2. 发光强度

发光强度是光源在空间给定方向上、单位立体角内辐射的光通量，称为光源在该方向上的发光强度，以符号 I 表示，单位是坎德拉（cd）。发光强度是表征光源（物体）发光强弱程度的物理量。

如图 13.1 所示，对于各个方向具有均匀辐射光通量的光源，它的各个方向上的光强相等，其值为：

$$I=\Phi/\omega \tag{13-2}$$

式中 Φ——光源在 ω 立体角内所辐射出的总光通量，lm；

ω——光源发光范围的立体角，或称球面，sr。

立体角定义为球体表面积为半径 R^2 所对应的圆心角，球体表面积为 $4\pi R^2$，所以一个圆球有 4π 个立体角。

$$\omega=S/r^2 \tag{13-3}$$

式中 r——球的半径，cm；

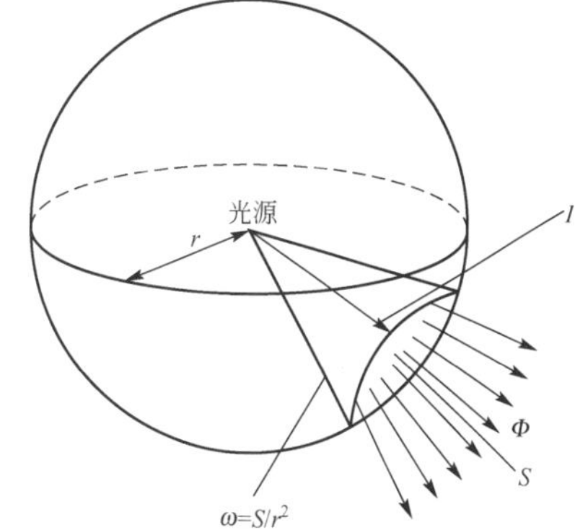

图 13.1 发光强度

S——与 ω 立体角相对应的球表面积，cm^2。

工程上，光源或光源加灯具的发光强度常见于各种配光曲线图，表示了空间各个方向上光强的分布。

3. 照度

被照物体表面单位面积接收到的光通量称为照度，用符号 E 表示，单位是勒克斯(lx)。如果光通量 Φ(lm) 均匀地投射在面积为 $S(m^2)$ 的表面上，则该平面的照度值为：

$$E=\Phi/S \tag{13-4}$$

由于照度不考虑被照面的性质（如反射、透射和吸收），也不考虑观察者在哪个方向，因此它只能表明被照物体上光的强弱，并不能表示被照物体的明暗程度。

照度是工程设计中的常见量，说明了被照面或工作面上被照射照的程度，即单位面积上的光通量大小。在照明工程的设计中，常常要根据技术参数中的光通量，以及国家标准给定的各种照度标准值进行各种灯具样式、位置、数量的选择。

自然光的光照度大约如下：

晴天在阳光直射下	1 000 000lx
晴天在背阴处	100 000lx
晴天在室内北窗附近	2 000lx
晴天在室内中央	200lx
晴天在室内角落	20lx
晴天在月夜地面	0.2lx

4. 亮度

亮度是一单元表面在某一方向上的光强密度，如图 13.2 所示，用符号 L_θ 表示，单位为 cd/m^2。亮度具有方向性。只有一定亮度的表面才可在人眼中形成视觉。它等于该方向上的发光强度和此表面在该方向上的投影面积之比，即：

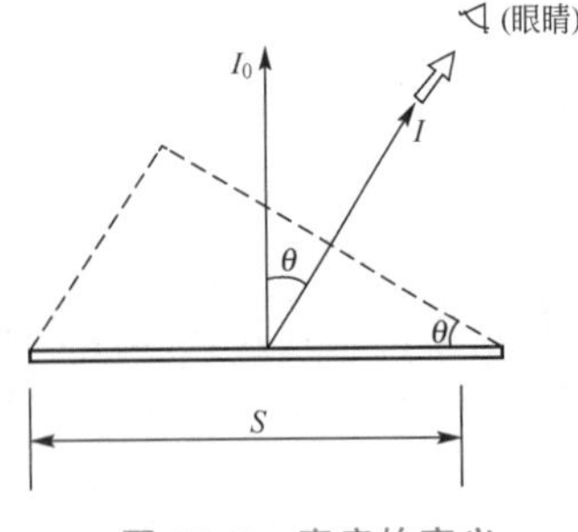

图 13.2 亮度的定义

$$L_\theta=\frac{I}{S\cos\theta} \tag{13-5}$$

式中 L_θ——发光表面沿 θ 方向的亮度，cd/m^2；

I——发光表面沿 θ 方向的发光强度，cd；

$S\cos\theta$——发光表面的投影面积，m^2。

在我们观测到的亮度中，太阳中心的亮度高达 2×10^9 cd/m^2；晴朗天空的亮度为 $(0.5\sim2)\times10^4 cd/m^2$；荧光灯表面的亮度仅为 $(0.6\sim0.9)\times10^4 cd/m^2$。

5. 发光效率

光源发出的光通量除以光源功率所得之商，简称光源的光效。单位为流明每瓦特(lm/W)。若针对照明灯而言，它是光源发出的总光通量与灯具消耗电功率的比值。例如，一般白炽灯的发光效率约为 7.3～18.6lm/W，荧光灯的发光效率为 85～95lm/W，荧光灯发光效率比白炽灯高，发光效率越高，说明在同样的照度下，可以使用功率小的光源，即可以节约电能。

6. 显色性和显色指数（*Ra*）

人们发现在不同的灯光下，物体的颜色会发生不同的变化，或在某些光源下观察到的颜色与日光下看到的颜色是不同的，这就涉及光源的显色性问题。

同一颜色样品在不同的光源下可能使人眼产生不同的色彩感觉，而在日光灯下物体显现的颜色是最准确的，因此可将日光作为标准光源。

显色性是与参考标准光源相比较，光源显现物体颜色的特性。

显色指数是光源显色性的度量，以被测光源下物体颜色和参考标准光源下物体颜色的相符合程度来表示，符号为 *Ra*。显色指数越高，则显色性能越好。显色指数最高为 100，即日光显色指数定为 100。显色指数的高低表示物体在待测光源下变色和失真的程度。*Ra* 值为 80～100 时，显色优良；50～79 表示显色一般；50 以下则说明显色性很差。白炽灯、卤钨灯、稀土节能荧光灯、三基色荧光灯、高显色高压钠灯，$Ra \geqslant 80$；金属卤化物灯、荧光灯，$60 \leqslant Ra < 80$；荧光高压汞灯，$40 \leqslant Ra < 60$；高压钠灯，$Ra < 40$。

7. 眩光值（*GR*）

眩光是由于视野中的亮度分布或亮度范围的不适宜，或存在极端的对比，以致引起不舒适感觉或降低观察细部或目标的能力的视觉现象。分为直接眩光、反射眩光和光幕眩光。

眩光值是国际照明委员会（CIE）用于度量体育场馆和其他室外场地照明装置对人眼引起不舒适感主观反应的心理参量。其最大允许值宜符合表 13－1 的规定。

表 13－1　体育建筑照明质量标准值

类　　别	*GR*	*Ra*
无彩电转播	50	65
有彩电转播	50	80

注：*GR* 值仅适用于室外体育馆。

8. 材料的光学性质

光线在传播过程中遇到介质时，一部分光通量被介质反射，一部分透过介质，还有一部分被吸收。各种材料的反光和透光能力对照明设计是很重要的。在光滑的材料表面上可看到定向反射和定向透射，如玻璃镜面和磨光的金属表面。半透明或表面粗糙的材料，可使入射光线发生扩散。扩散的程度与材料性质有关：乳白玻璃对入射光线有较好的均匀扩散能力，在外观上亮度很均匀；磨砂玻璃的特点是具有走向扩散能力，其外观上的最大亮度方向随入射光方向的变化而变化。

13.1.2 照明的方式和种类

照明方式可分为：一般照明、局部照明、混合照明和重点照明。

需照亮整个场所时，均应采用一般照明；同一场所的不同区域有不同照度要求时，为节约能源，贯彻照度该高则高、该低则低的原则，应采用分区一般照明；对于部分作业面照度要求高，但作业面密度又不大的场所，若只采用一般照明，会大大增加安装功率，因而是不合理的，应采用混合照明方式，即增加局部照明来提高作业面照度，以节约能源，这样做在技术经济方面是合理的；在一个工作场所内，如果只采用局部照明会形成亮度分布不均匀，从而影响视觉作业，故不应只采用局部照明；在商场建筑、博物馆建筑、美术馆建筑等的一些场所，需要突出显示某些特定的目标时，应采用重点照明提高该目标的照度。

照明种类是按照明的功能来划分的。分为正常照明、应急照明、值班照明、警卫照明和障碍照明。

1. 正常照明

正常照明是指在正常情况下使用的室内外照明，是能顺利地完成工作、保证安全通行和能看清周围的物体而永久安装的照明。《民用建筑电气设计规范》(JGJ 16—2008) 规定：所有居住房间和工作场所、公共场所、运输场地、道路，以及楼梯和公众走廊等，皆应设置为正常照明。

2. 应急照明

应急照明也称事故照明，在正常照明因故障熄灭的情况下，能够提供继续工作或人员疏散用的照明。应急照明应采用能瞬时点燃的电光源（一般采用白炽灯或卤钨灯）。不允许使用高压汞灯、金属卤化物灯、高低压钠灯作为应急照明的电光源。应急照明包括疏散照明、安全照明和备用照明。

3. 值班照明

值班照明是指在非工作时间内为需要值班的场所提供的照明。值班照明对照度的要求不是很高，可利用正常照明中能单独控制的一部分，或利用应急照明的一部分甚至全部来作为值班照明。

4. 警卫照明

按警卫任务的需要，在厂区、仓库区或其他警卫设施范围内装设的照明，称为警卫照明。

5. 障碍照明

障碍照明是指在建筑上装设的作为障碍标志的照明。如在飞机场周围较高的建筑物上，或在有船舶通行的航道两侧，应按民航和航运部门的有关规定装设障碍照明。

13.2 电光源和灯具

13.2.1 电光源

人类最早发明的电光源是弧光灯和白炽灯。当选择光源时，应满足显色性、启动时间等要求，并应根据光源、灯具及镇流器等的效率或效能、寿命等在进行综合技术经济分析比较后确定。

1. 光源的分类

我们把将电能转换为光能的设备称为电光源。电光源按发光原理分为热辐射光源、气体放电光源和其他放电光源。

1) 热辐射光源

主要是利用电流的热效应，将具有耐高温、低挥发性的灯丝加热到白炽程度而产生部分可见光，如白炽灯、卤钨灯等。

2） 气体放电光源

主要是利用电流通过气体（或蒸汽）时，激发气体（或蒸汽）电离、放电而产生的可见光。按放电介质分为：气体放电灯（氙、氖灯），金属蒸气灯（汞、钠灯）。按放电形式分为：辉光放电灯（霓虹灯），弧光放电灯（荧光灯、钠灯）。

3） 其他放电光源

常见的其他放电光源有场致发光灯（屏）和发光二极管（LED）。

场致发光灯（屏）是利用场致发光现象制成的发光灯（屏），可用于指示照明、广告照明和计算机显示屏等照度要求不高的场所。

半导体发光源为发光二极管，简称 LED。由镓（Ga）、砷（As）和磷（P）等的化合物制成的二极管，当电子与空穴复合时能辐射出可见光。磷砷化镓二极管发红光，磷化镓二极管发绿光，碳化硅二极管发黄光。发光二极管的光谱几乎全部集中于可见光频段，其发光效率可达 80%～90%，是国家倡导的绿色光源。尤其当大功率的发光二极管研制出来而成为照明光源时，它将大面积取代现有的白炽灯与节能灯而占领整个市场。

2. 常用电光源

1） 白炽灯

白炽灯由灯丝、支架、引线、玻壳和灯头等部分组成，具有结构简单、体积小、使用方便、价格低廉、便于调光、能瞬间点燃、无频闪等优点，是常用的电光源。

白炽灯光谱能量为连续分布型，显色性好。但它的发光效率不高，输入的电能 80%以上都转化为红外线辐射和热能。它适用于普通照明、近距离投光照明和事故照明。

2） 卤钨灯 （碘钨灯、溴钨灯）

白炽灯在使用过程中，由于从灯丝蒸发出来的钨沉积在灯泡壁上而会使玻璃壳发黑，使其透光变差从而使光效率低，并使灯丝寿命缩短。卤钨灯中充入惰性气体，可抑制钨蒸发，灯的寿命有所提高。

卤钨灯有改善透光率、提高发光效率、显色性好、能瞬时点燃、工作温度高等特性。

3） 荧光灯 （低压汞灯）

荧光灯是一种低压汞蒸气放电光源，它具有结构简单、制造容易、光色好、发光效率高、寿命长、光通分布均匀、表面温度低和价格便宜等优点，目前在电气照明中被广泛应用。

荧光灯是由荧光灯管、镇流器和启辉器组成。

荧光灯的基本构造和常用接线如图 13.3 所示。

荧光灯管内壁涂有荧光粉，两端装有钨丝电极，并引至管的灯脚。管内抽真空后充入少量汞和惰性气体氩，汞是灯管工作的主要物质，氩气是为了降低灯管启动电压和启动时抑制电极钨的溅射，以延长灯管寿命。

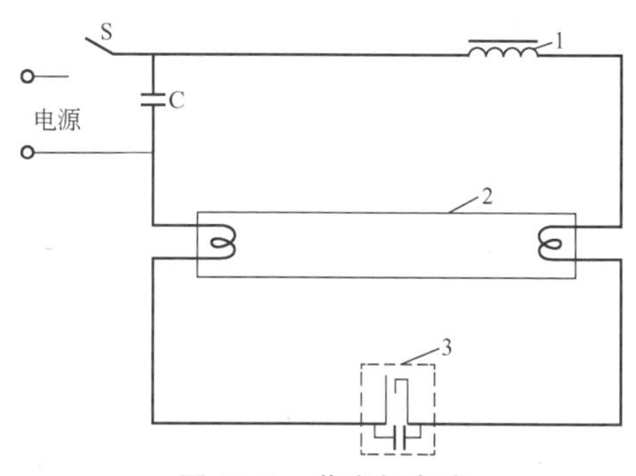

图 13.3 荧光灯电路

1—镇流器；2—荧光灯管；3—启辉器

但由于我国所用的照明电是 220V、50Hz 的交流电，荧光灯的光通量输出随交流电电压高低变化而发生强弱变化，发生闪烁现象，人眼在这种灯光下容易疲劳。

荧光灯的每次启动都会影响到灯管使用寿

命，因此在开关较频繁的场所不宜使用荧光灯，特别不宜作为楼梯照明的声控灯。它一般用在商场、医院、学校教室等场所。

4） 高压汞灯 （高压水银灯）

高压汞灯是一种气体放电光源，主要部分是石英放电管。放电管工作时，在两个主电极间是弧光放电，发出强光，同时水银蒸汽电离后发出紫外线，又激发外玻壳内壁涂的荧光粉，以致发出很强的荧光，所以它是复合光源。

高压汞灯具有效率高（可达 40～60lx/W)、寿命长（有效寿命可达 5 000h)、耐震、耐热，但显色性差等特点。

5） 金属卤化物灯

金属卤化物灯与高压汞灯相似，是在高压汞灯的放电管内添加一些金属化合物（如碘、溴、钠等的金属化合物)。它具有发光效率高、寿命长，但显色性较差等特点。它的透雾性好，适合于需要高亮度、高效率的场所，如主要交通通路、飞机场跑道、沿海及内河港口城市的路灯。

6） 半导体灯

半导体灯的发光效率虽然低于小型荧光灯，但 1W 以上的半导体灯，相当于 15W 以上的白炽灯。它具有节能、环保和寿命长等优点，一盏半导体灯可用 50 年，并可以提供颜色和光谱照明；它还具有光的方向性好，照射光线不易发散等其他光源所不具备的特点。它广泛应用于家庭照明、汽车照明与指示灯、城市亮化工程、交通信号灯和大屏幕等场所。

13.2.2 灯具的分类和选择

灯具是透光、分配和改变光源光分布的器具，包括除光源外所有用于固定和保护光源的全部零部件及电源连接所必需的线路附件，具有控光、保护光源、安全和美化环境的作用。

1. 灯具的分类

照明灯具的分类通常以灯具的光通量在空间上下部分的分配比例分类；或者按灯具的结构特点分类；或者按灯具的安装方式分类等。

1） 按光通量在空间上下部分的分配比例分类

(1) 直接型灯具。光直接从灯具上方射出，光通量利用率最高，其特点是光线集中，方向性很强，适用于工作环境照明。由于灯具的上下部分光通量分配比例较为悬殊且光线集中，容易产生对比眩光和较重的阴影。这类灯具按配光曲线的形状可分为特深照型、深照型、广照型、配照型和均匀配照型 5 种，适用于一般厂房、仓库和路灯照明等。

(2) 半直接型灯具。这类灯具采用下面敞口的半透明罩或者上方留有较大的通风、透光间隙，它能将较多的光线照射到工作面上，光通量的利用率较高，又使空间环境得到适当的亮度，阴影变淡，常用于办公室、书房等场所。

(3) 均匀漫射型灯具。这类灯具将光线均匀地投向四面八方，对工作面而言，光通量利用率较低。这类灯具是用漫射透光材料制成封闭式的灯罩，造型美观，光线柔和均匀，适用于起居室、会议室和厅堂照明。

(4) 半间接型灯具。这种灯具上半部用透明材料或上半部敞口，下半部用漫射透光材料做成。由于上半部光通量的增加，增加了室内反射光的照明效果，光线柔和；但灯具的效率低且灯具的灯罩上很容易积灰尘等脏物，很难清洁。

（5）间接型灯具。这类灯具90%光线都由上半球射出，经顶棚反射到室内，光线柔和，没有阴影和眩光；但这类灯具的光通量利用率低，不经济，适用于剧场、展览馆等一些需要装饰环境的场所。这类灯具不宜单独使用，常常和其他形式的照明配合使用。

2） 按灯具的结构特点分类

（1）开启型灯具：无灯罩，光源直接照射周围环境。

（2）闭合型灯具：透明灯具是闭合型，透光罩把光源包合起来，但是罩内外空气仍能自由流通，不防尘，如乳白玻璃球形灯等。

（3）封闭型灯具：透明罩结合处做一般封闭，与外界隔绝比较可靠，罩内外空气可有限流通。

（4）密闭型灯具：透明灯具固定处有严密封口，内外隔绝可靠，如防水灯、防尘灯等。

（5）防爆型灯具：透光罩及结合处严密封闭，灯具外壳均能承受要求的压力，能安全地在有爆炸危险的场所使用。

3） 按灯具的安装方式分类

灯具根据安装方式可分为吊式X、固定线吊式X_1、防水线吊式X_2、人字线吊式X_3、杆吊式G、链吊式L、座灯头式Z、吸顶式D、壁式B和嵌入式R等，如图13.4所示。

【灯具安装】

2. 灯具的选择

在选用灯具时，要根据使用环境和配光特性综合考虑，其影响因素有如下几方面。

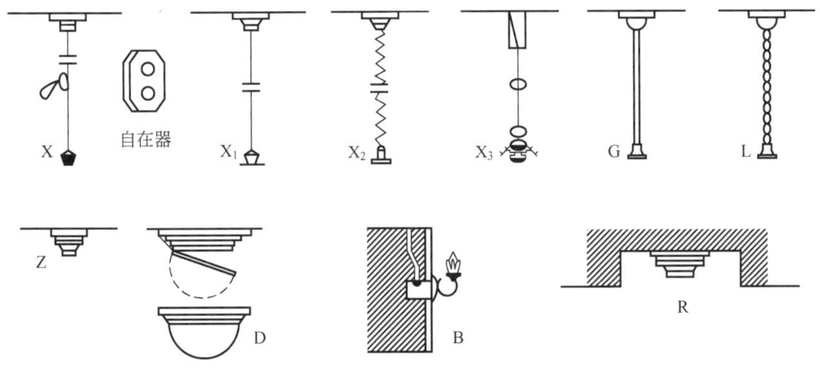

图13.4 灯具的安装方式图

首先应根据建筑物各房间的不同照度标准、对光色和显色性的要求、环境条件（温度、湿度等）、建筑特点、对照明可靠性的要求，根据基建投资情况结合考虑长年运行费用（包括电费、更换光源费、维护管理费和折旧费等），以及电源电压等因素，确定光源的类型、功率、电压和数量。如可靠性要求高的场所，需选用便于启动的白炽灯；高大的房间宜选用寿命长、效率高的光源；办公室宜选用光效高、显色性好、表面亮度低的荧光灯作光源等。

技术性主要指满足配光和限制眩光的要求。高大的厂房宜选深照型灯具，宽大的车间宜选广照型、配用型灯具，使绝大部分光线直照到工作面上。一般公共建筑可选半直射型灯具，较高级的可选漫射型灯具，通过顶棚和墙壁的反射使室内光线均匀、柔和。豪华的大厅可考虑选用半反射型或反射型灯具，使室内无阴影。

应从初始投资和年运行费用全面考虑其经济性，采用满足照度要求而耗电最少，即最经济的方式，故应选光效高、寿命长的灯具为宜。

应结合环境条件、建筑结构情况等安装使用中的各种因素加以考虑其使用性。如环境条件：干燥场所、清洁房间尽量选开启式灯具；潮湿处（如厕所、卫生间）可选防水灯头保护式灯具；特别潮湿处（如厨房、浴室）可选密闭式灯具（防水、防尘灯）；有易燃易爆物场所（如化学车间）应选防爆灯；室外应选防雨灯具；易发生碰撞处应选带保护网的灯具；振动处应选卡口灯具。对于安装条件，应结合建筑结构情况和使用要求，确定灯具的安装方式，选用相应的灯具。如一般房间为线吊，门厅等处为杆吊，门口处为壁装，走廊为吸顶安装等。

不同建筑有不同的特点和不同的功能，灯具的选择应和建筑特点、功能相适应。特别是临街建筑的灯光，应和周围的环境相协调，以便创造一个美丽和谐的城市夜景。根据不同功能要求选择灯具是比较复杂的，但对从事建筑设计的人员来说又是十分重要的一项工作。由于建筑的多样性、环境的差异性和功能的复杂性，决定了满足这些要求的灯具选型很难确定一个统一的标准。但一般来说应恰当考虑灯具的光、色、型、体和布置，合理运用光照的方向性、光色的多样性、照度的层次性和光点的连续性等技术手段，起到渲染建筑、烘托环境和满足各种不同需要的作用。如大阅览室中采用三相均匀布置的荧光灯，创造明亮、均匀而无闪烁的光照条件，以形成安静的读书环境；宴会厅采用以组合花灯或大吊灯为中心，配上高亮度的无影白炽灯具，产生温暖而明朗的光照条件，形成一种欢快热烈的气氛。

13.2.3 灯光照明在建筑装饰中的作用

现代建筑物非常重视电气装饰对室内空间环境所产生的美学效果及由此对人们所产生的心理效应。因此，一切居住、娱乐、社交场所的照明设计的主要任务便是艺术主题和视觉的舒适性。电光源的迅速发展，使现代照明设计不但能提供良好的光照条件，而且在此基础上可利用光的表现力对室内空间进行艺术加工，从而共同创造现代生活的文明。

空间的不同效果，可以通过光的作用充分表现出来。实验证明，室内空间的开敞性与光的亮度成正比，亮的房间感觉要大一点，暗的房间感觉要小一点。充满房间的无形漫射光，也使空间有无限的感觉，而直接光能加强物体的阴影和光影对比，能加强空间的立体感。不同光的特性，通过室内亮度的不同分布，使室内空间显得比单一性质的光更有生气。可以利用光的作用来加强希望引起注意的地方（如趣味中心），也可用来削弱不希望引起注意的次要地方，从而进一步使空间得到完善和净化。许多商店为了突出新产品，在那里用较高亮度的重点照明，而相应地削弱次要的部位，以获得良好的照明艺术效果。照明也可以使空间变得具有实和虚的效果，例如许多台阶照明、家具的底部照明，都能使物体和地面有“脱离”的感觉，形成浮悬的效果而使空间更显得空透、轻盈。

建筑装饰照明设计的基本原则应该是“安全、适用、经济、美观”。

1. 安全性

所谓安全性主要是针对用电事故考虑。一般情况下，线路、开关、灯具的设置都需有可靠的安全措施。诸如分电盘和分线路一定要有专人管理，电路和配电方式要符合安全标准，不允许超载。在危险地方要设置明显标志，以防止漏电、短路等火灾和伤亡事故发生。

2. 适用性

所谓适用性，是指能提供一定数量和质量的照明，保证规定的照度水平，满足工作、学习和生活的需要。灯具的类型、照度的高低、光色的变化等，都应与使用要求相一致。一般生活和工作环境，需要稳定柔和的灯具，使人们能适应这种光照环境而不感到厌倦。

3. 经济性

照明设计的经济性有两个方面的含义：一是采用先进技术，充分发挥照明设施的实际效益，尽可能以较小的费用获得较大的照明效果；二是在确定照明设施时要符合我国当前在电力供应、设备和材料方面的生产水平。

4. 美观性

照明装置尚具有装饰房间、美化环境的作用。特别是对于装饰性照明，更应有助于丰富空间的深度和层次，显示被照物体的轮廓，表现材质美，使色彩和图案更能体现设计意图，达到美的意境。但是，在考虑美化作用时应从实际出发，注意节约。对于一般性生产、生活设施，不能过度为了照明装饰的美观而耗费过多的资金。

13.3 灯具的布置和照度的计算

13.3.1 灯具的布置

灯具的布置就是确定灯的空间位置，直接决定工作面的亮度、光通量的均匀性、眩光、光的投射方向、亮度分布、环境的阴影、初期的投资、后期的维修费用、使用的安全性和耗电量等。灯具的布置包括确定灯具的高度布置和平面布置两部分内容，即确定灯具在房间内的具体空间位置。

1. 灯具的高度（竖向）布置

灯具的高度布置主要是指光源到地面的垂直距离，也叫灯具的悬挂高度。

灯具的高度布置如图 13.5 所示，图中：h_c 称垂度，h 称计算高度，h_p称工作面的高度，h_s称悬吊高度，单位均为 m。

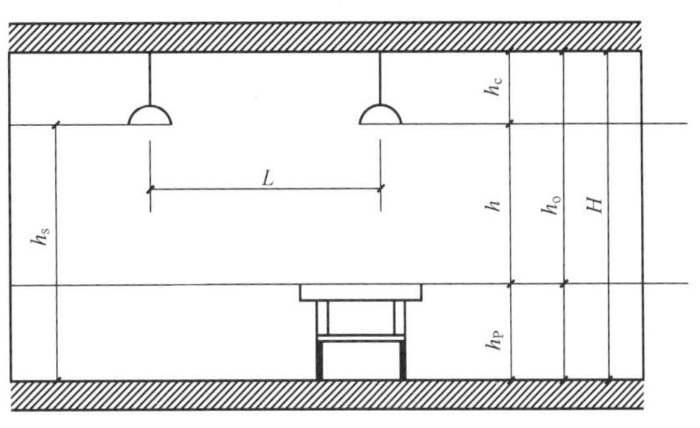

图 13.5 灯具的高度布置

确定灯具的悬吊高度，应考虑如下因素。

(1) 保证电气安全，对工厂的一般

车间不宜低于 2.4m，对电气车间可降至 2m。对民用建筑一般无此项限制。

(2) 限制直接眩光，与光源种类、瓦数及灯具形式相对应，规定出最低悬吊高度，对于不考虑限制直接眩光的普通住房，悬吊高度可降至 2m。

(3) 便于维护管理，用梯子维护时，高度不超过 6～7m；用升降机维护时，高度由升降机的升降高度确定；有行车时多装于屋架的下弦。

(4) 提高经济性，即应符合表 13－2 所规定的合理距高比 L/h 值。对于直射型灯具，查表 13－2 即可。对于半直射型和漫射型灯具，除满足表 13－2 的要求外，还应考虑光源通过顶棚二次配光的均匀性，分别应满足：半直射型 $L/h<5\sim6$，漫射型 $h_c/h_0\approx0.25$。

表 13－2　合理距高比 L/h 值

灯具类型	L/h		单行布置时房间最大宽度
	多行布置	单行布置	
配照型、广照型	1.8～2.5	1.8～2	1.2h
深照型、镜面深照型、乳白玻璃罩	1.6～1.8	1.5～1.8	h
防爆灯、圆球灯、吸顶灯、防水防尘灯	2.3～3.2	1.9～2.5	1.3h
荧光灯	1.4～1.5		

(5) 常用悬吊高度参考数据。

一般灯具的悬吊高度为 2.4～4.0m；配照型灯具的悬吊高度为 3.0～6.0m；搪瓷探照型灯具悬吊高度为 5.0～1.0m；镜面探照型灯具悬吊高度为 8.0～20m；其他灯具的适宜悬吊高度见表 13－3。

表 13－3　灯具适宜悬吊高度 h_s

灯具类型	灯具距地高度/m	灯具类型	灯具距地高度/m
防水、防尘灯	2.5～5	软线吊灯	≥2
防潮灯	2.5～5，个别可低于 2.5	荧光灯	≥2
双照型配照灯	2.5～5	磷钨灯	7～15，特殊可低于 7
隔爆型、安全型灯	2.5～5	镜面磨砂灯泡	≥2.5(200W 以上)
圆球灯、吸顶灯	2.5～5	裸露砂灯泡	≥4(200W 以上)
乳白玻璃吊灯	2.5～5	路灯	≥5.5

2. 灯具的平面布置

灯具的平面对照明的质量有重要的影响，主要反映在光的投射方向、工作面的照度、照明的均匀性、反射眩光和直射眩光，以及视野内各平面的亮度分布、阴影、照明装置的安装功率和初次投资、用电的安全性、维修的方便性等方面。灯具的平面布置方式分为均匀布置和选择布置或两者结合的混合布置。选择布置易造成强烈阴影，一般不单独采用。

当实际布灯距离比等于或略小于相应合理距离比时，即认为布灯合理。灯具离墙的距离，一般取 $(1/3\sim1/2)L$，当靠墙有工作面时取 $(1/4\sim1/3)L$，L 为灯距。灯具的平面布置确定后，房间内灯具的数目就可确定。由光源种类、灯具形式和布置等因素组成的照明系统也就可以确定。

13.3.2 照度的计算

照度计算的目的是按照已规定的照度及其他已知的条件来计算灯泡的功率，确定其光源和灯具的数量。

照度的计算方法主要有三种：利用系数法、单位容量法和逐点计算法。下面将介绍利用系数法和单位容量法的计算公式，并给出一个利用系数法的应用实例。

1. 利用系数法

1）计算平均照度（lx）的基本公式

$$E_{av}=\frac{N\Phi UK}{A} \tag{13-6}$$

式中 N——灯具数量，套；

Φ——光源的光通量，lm；

U——利用系数，指投射到工作面上的光通量与光源光通量之比；

K——灯具维护系数，办公室取 0.8，室外取 0.65，营业厅取 0.8；

A——工作面面积，m^2。

2）室空间比 RCR（Room Cabin Rate）

为了方便计算，将一间矩形房间从空间高度上分成三部分。灯具出光口平面到顶棚之间的空间叫顶棚空间，工作面到地面之间的空间叫地板空间，灯具出光口平面到工作面之间的空间叫室空间。灯具利用系数法描述室空间状况有两种形式：室形指数 RI 和室空间比 RCR。

$$\mathrm{RCR}=\frac{5h(l+b)}{lb}=\frac{5}{RI} \tag{13-7}$$

式中 h——室内灯具计算高度，m；

l——房间长度，m；

b——房间宽度，m；

RI——室形指数。

3）灯具数量

$$N=\frac{E_{av}A}{\Phi UK} \tag{13-8}$$

4）有效空间反射比

为使计算简化，将顶棚空间视为位于灯具平面上具有有效反射比 ρ_c 的假想平面。同样，将地板空间视为位于工作面下且具有有效反射比 ρ_f 的假想平面。光在假想平面上的反射效果同实际效果一样。

长期连续作业（超过 7h）受照房间的反射比可按表 13-4 确定。

表 13-4 房间表面的反射比

表面名称	顶棚	墙壁	地面	作业面
反射比	0.6～0.9	0.3～0.8	0.1～0.5	0.2～0.6

2. 单位容量法

单位容量法又称为单位功率法，可分为估算法和单位功率法。

1） 估算法

建筑总用电量的估算公式：

$$P=\omega\times S\times 10^{-3}(\mathrm{kW}) \tag{13-9}$$

式中 P——建筑物（或功能相同的所有房间）的总用电量；

ω——单位建筑面积安装功率，$\mathrm{W/m^2}$，其值查表 13－5 确定；

S——建筑物（或功能相同的所有房间）的总面积，$\mathrm{m^2}$。

则每盏灯泡的功率（灯数为 N 盏）为：

$$p=P/N \tag{13-10}$$

2） 单位功率法

根据灯具类型和计算高度、房间面积和照度编制出单位容量表，可根据确定的灯具类型和计算高度查表得到单位建筑面积的安装功率 ω 值，进而可采用与估算法相同的公式和步骤，求出建筑总用电量和每盏灯泡的瓦数。单位面积安装功率一般按照灯具类型分别编制，见表 13－5。

表 13－5 综合建筑物单位面积安装功率估算指标 单位：$\mathrm{W/m^2}$

序号	建筑物名称	单位功率	序号	建筑物名称	单位功率
1	学校	5	7	实验室	10
2	办公室	5	8	各种仓库（平均）	5
3	住宅	4	9	汽车库	8
4	托儿所	5	10	锅炉房	4
5	商店	5	11	水泵房	5
6	食堂	4	12	煤气站	7

近年来随着家电的普及，生活用电量明显增加，有些地区提出住宅用电估算值提高到 $5\sim8\mathrm{W/m^2}$，应注意选用实际调查资料。

3. 利用系数法应用实例

如图 13.6 所示办公室有吊顶，长 19.2m，宽 12.8m，净高 2.6m，工作面高 0.75m。顶棚、墙面和桌面反射比分别为 0.7、0.5、0.1，采用直接照明时，照度为 300lx。拟采用飞利浦 40W 双管荧光灯照明吸顶安装。使用环境比较洁净。求吊顶上的灯具安装数量。

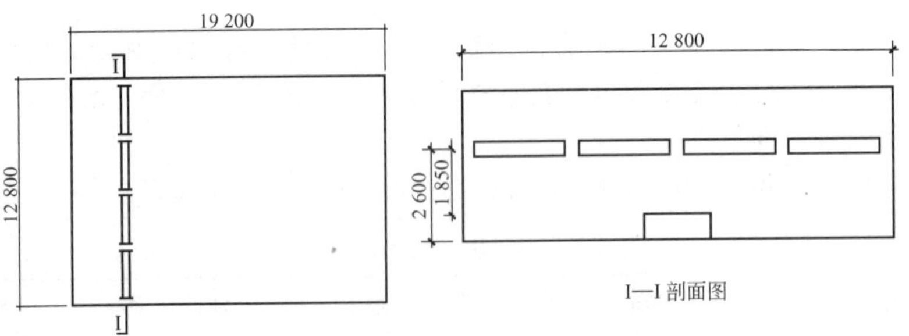

图 13.6 办公室照明设计

解：(1) 荧光灯的发光效率为 $85\sim95\mathrm{lm/W}$，40W 荧光灯的光通量 $\Phi=3400\mathrm{lm}$/只，房间长 $l=19.2\mathrm{m}$，房间宽度 $b=12.8\mathrm{m}$，灯具计算高度 $h=(2.6-0.75)\mathrm{m}=1.85\mathrm{m}$。

顶棚反射比 $\rho_c=0.7$，墙面反射比 $\rho_t=0.5$，桌面反射比 $\rho_f=0.1$，工作面平均照度（标准）$E_{av}=300\text{lx}$。

（2）计算室空间比 RCR 和室形系数 RI，根据式(13－7）计算，得

$$\text{RCR}=\frac{5h(l+b)}{lb}=\frac{5\times1.85\times(19.2+12.8)}{19.2\times12.8}=1.20$$

$$RI=\frac{5}{\text{RCR}}=\frac{5}{1.2}=4.17$$

（3）取灯具维护系数。

由于该房间为办公室，则维护系数 $K=0.80$。

（4）确定利用系数：查飞利浦样本（表 13－6）系列灯具。在 $\rho_c=0.7$，$\rho_t=0.5$，$\rho_f=0.1$ 时，其室空间比 RCR＝1.20，$RI=4.17$ 时的利用系数 $U=0.71$。

（5）灯具安装数量：按式(13－8）计算灯具实装数量。

$$N=\frac{E_{av}A}{\Phi UK}=\frac{300\times19.2\times12.8}{2\times3400\times0.71\times0.8}=19.08(\text{套})$$

根据房间的几何尺寸及考虑灯具布置的美观性，布置 4 排 5 列共计 20 个灯具。实际布置数大于计算数，故满足照度要求。

表 13－6　利用系数表 U（飞利浦灯具）

顶棚反射系数/%	70				50			30	
墙面反射系数/%	50	50	30	10	50	30	10	10	10
桌面反射系数/% \ 室形系数 RI	30	10	10	10	30	10	10	10	10
0.60	0.39	0.38	0.33	—	—	—	—	—	—
0.80	0.48	0.45	0.40	—	—	—	—	—	—
1.00	0.54	0.51	—	—	—	—	—	—	—
1.20	0.59	0.56	—	—	—	—	—	—	—
4.00	0.80	0.71	—	—	—	—	—	—	—
5.00	0.82	0.72	—	—	—	—	—	—	—

13.4 照明设计

13.4.1 照明设计的标准

目前，在我国照明工程的设计实践中，采用两大标准。

一类是国家标准，目前采用的是《建筑照明设计标准》（GB 50034—2013)，适用于新建、改建和扩建，以及装饰的居住、公共和工业建筑的照明设计。

另一类是国际标准，欧洲采用国际照明委员会（CIE）和英国建筑工程师协会（CIBSE）颁布的一系列标准和指南。而在北美采用北美照明学会（IESNA）颁布的一系列标准和指南。

各类建筑的照度标准见表13－7～表13－11，未列出的建筑参见《建筑照明设计标准》第5章“照明标准”。

表13－7　住宅建筑照明标准值

房间或场所		参考平面及其高度	照度标准值/lx	*Ra*
起居室	一般活动	0.75m水平面	100	80
	书写、阅读		300*	
卧室	一般活动	0.75m水平面	75	80
	床头、阅读		150*	
餐厅		0.75m餐桌面	150	80
厨房	一般活动	0.75m水平面	100	80
	操作台	台面	150*	
卫生间		0.75m水平面	100	80
电梯前厅		地面	75	60
走道、楼梯间		地面	50	60
车库		地面	30	60

注：*指混合照明照度。

表13－8　图书馆建筑照明标准值

房间或场所	参考平面及其高度	照度标准值/lx	UGR	U_0	*Ra*
一般阅览室、开放式阅览室	0.75m水平面	300	19	0.60	80
多媒体阅览室	0.75m水平面	300	19	0.60	80
老年阅览室	0.75m水平面	500	19	0.70	80
珍善本、舆图阅览室	0.75m水平面	500	19	0.60	80
陈列室、目录厅（室）、出纳厅	0.75m水平面	300	19	0.60	80
档案库	0.75m水平面	200	19	0.60	80
书库、书架	0.25m垂直面	50	—	0.40	80
工作间	0.75m水平面	300	19	0.60	80
采编、修复工作间	0.75m水平面	500	19	0.60	80

表 13-9 办公建筑照明标准值

房间或场所	参考平面及其高度	照度标准值/lx	UGR	U_0	Ra
普通办公室	0.75m 水平面	300	19	0.60	80
高档办公室	0.75m 水平面	500	19	0.60	80
会议室	0.75m 水平面	300	19	0.60	80
视频会议室	0.75m 水平面	750	19	0.60	80
接待室、前台	0.75m 水平面	200	—	0.40	80
服务大厅、营业厅	0.75m 水平面	300	22	0.40	80
设计室	实际工作面	500	19	0.60	80
文件整理、复印、发行室	0.75m 水平面	300	—	0.40	80
资料、档案存放室	0.75m 水平面	200	—	0.40	80

注：此表适用于所有类型建筑的办公室和类似用途场所的照明。

表 13-10 商店建筑照明标准值

房间或场所	参考平面及其高度	照度标准值/lx	UGR	U_0	Ra
一般商店营业厅	0.75m 水平面	300	22	0.60	80
一般室内商业街	地面	200	22	0.60	80
高档商店营业厅	0.75m 水平面	500	22	0.60	80
高档室内商业街	地面	300	22	0.60	80
一般超市营业厅	0.75m 水平面	300	22	0.60	80
高档超市营业厅	0.75m 水平面	500	22	0.60	80
仓储式超市	0.75m 水平面	300	22	0.60	80
专卖店营业厅	0.75m 水平面	300	22	0.60	80
农贸市场	0.75m 水平面	200	25	0.40	80
收款台	台面	500*	—	0.60	80

注：* 指混合照明照度。

表 13-11 医疗建筑照明标准值

房间或场所	参考平面及其高度	照度标准值/lx	UGR	U_0	Ra
治疗室、检查室	0.75m 水平面	300	19	0.70	80
化验室	0.75m 水平面	500	19	0.70	80
手术室	0.75m 水平面	750	19	0.70	90
诊室	0.75m 水平面	300	19	0.60	80
候诊室、挂号厅	0.75m 水平面	200	22	0.40	80
病房	地面	100	19	0.60	80
走道	地面	100	19	0.60	80
护士站	0.75m 水平面	300	—	0.60	80
药房	0.75m 水平面	500	19	0.60	80
重症监护室	0.75m 水平面	300	19	0.60	90

13.4.2 照明设计的内容

【卧室双控电路照明安装】

电气照明设计包括照明供电设计和灯具设计两部分。

照明供电设计的内容包括电源和供电方式的确定，照明配电网络形式的选择，电气设备和导线的选择，以及导线的敷设。照明灯具设计包括照明方式的选择、电光源的选择、照度标准的确定、照明器的选择及布置、照度的计算、电光源的安装功率的确定。最后在照明施工图上表达出来。

13.4.3 照明电气的设计步骤

(1) 了解建设单位的使用要求，明确设计方向。

(2) 收集有关技术资料和技术标准，如建筑平面图、建筑立面图、电源进线的方位、结构情况、空间环境、灯具样本等。

(3) 确定照度标准。

(4) 根据建设单位和工程的要求，选择电光源、照明方式、灯具种类、安装方式等。

(5) 计算照度，确定灯具的功率和照明设备总容量，调整平面布局。

(6) 复杂的大型工程进行方案的比较，确定最佳方案。

【配电箱配置】

(7) 设计配电线路，分配三相负载，计算干线的截面、型号及敷设部位，选择变压器、配电箱、配电柜和各种高低压的规格容量。

(8) 绘制照明平面图和系统图，标注型号规格及尺寸，必要时绘制大样图。

(9) 绘制材料总表，根据需要编制工程概算或预算。

(10) 编写设计说明书，包括进行方式、主要设备、材料规格型号及做法等。

思考题

1. 照明中光通量、光强度、照度和亮度如何定义？

2. 常用的电光源有哪些？

3. 简述灯具布置应考虑哪些因素。

4. 某工作间无吊顶，长15m，宽6.6m，层高4.2m。顶棚、墙面、地面反射比分别为0.7、0.5和0.2。拟选用40W双管荧光灯，距顶0.6m吊链安装。计算满足照度标准为300lx时，需安装灯具的数量。

第14章 智能建筑与建筑设备自动化

教学要点

本章主要讲述智能建筑与设备自动化的基本概念、理论和方法。通过本章的学习，应达到以下目标：

(1) 理解智能建筑的定义、功能、特点以及它采用的核心技术概念；

(2) 了解建筑设备自动化系统的功能、特点以及它采用的DCS控制技术；

(3) 利用所学知识针对具体情况进行具体分析，合理、灵活地应用这些知识解决问题。

基本概念

智能建筑；综合布线系统；建筑设备管理系统（BMS）；智能建筑综合管理系统（IBMS）；集散型监控系统（DCS）；现场监控站；管理中心

引例

未来的某一天，正在办公室工作的你收到发自家中的信号，从电脑屏幕上得知，久别的好友不巧登门造访。面对这种尴尬情形，你却毫不慌张、应付自如，轻击几下键盘后，通过电脑打开了家中的房门，并引导朋友进入会客室小憩片刻。随后，你又给朋友热好一杯咖啡，同时打开家中的音响，让朋友一边欣赏悠扬的乐曲，一边耐心地等你回家。倘若你一时无法脱身，也可以忙里偷闲，与你的朋友先“面对面”聊上几句……这并不是什么科幻，也不是梦想，而是21世纪的智能建筑将要带给我们的全新生活方式。

14.1 智能建筑的基本概念

14.1.1 智能建筑的定义

【智能建筑】

智能建筑（Intelligent Building，IB）的标志之一为：1984 年 1 月建成的美国康涅狄格州哈特福德（Hartford）市的都市办公大楼（City Place Building），该大楼有 38 层，总建筑面积达十多万平方米，被誉为世界上最早的智能楼宇。

美国联合技术建筑公司承包了该大楼的空调设备、照明设备、防灾和防盗系统、垂直运输（电梯）设备的建设，由计算机控制，实现自动化综合管理。此外，这栋大楼拥有程控交换机（Private Automatic Branch Exchange，PABX）和计算机局域网络（Local Area Network，LAN），能为用户提供语音、文字处理、电子邮件、情报资料检索等服务。

1992 年欧洲智能建筑方面的专家学者采用智能建筑金字塔的图形（图 14.1），形象地描述了智能建筑的演化过程和今后的发展方向。

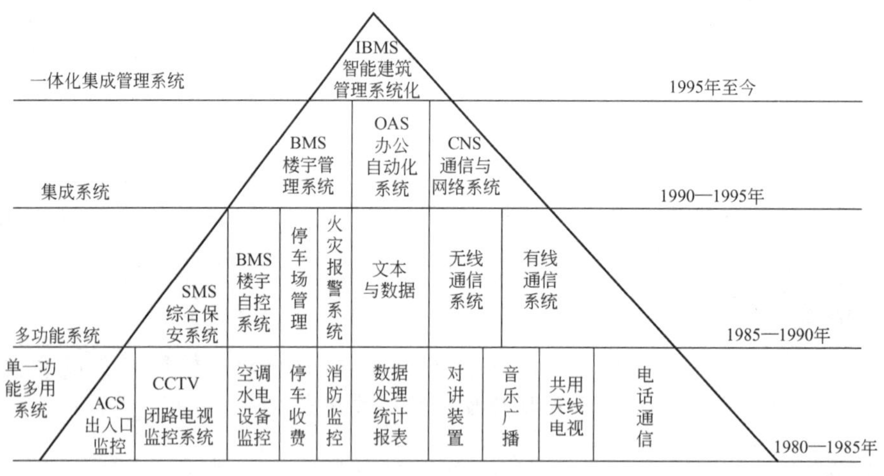

图 14.1　智能建筑的演化过程

我国《智能建筑设计标准》（GB/T 50314—2015）把智能建筑定义为：以建筑物为平台，基于对各类智能化信息的综合应用，集架构、系统、应用、管理及优化组合为一体，具有感知、传输、记忆、推理、判断和决策的综合智慧能力，形成以人、建筑、环境互为协调的整合体，为人们提供安全、高效、便利及可持续发展功能环境的建筑。

14.1.2 智能建筑的功能及核心技术

智能建筑传统上又称为“3A”大厦，它表示具有办公自动化（Office Automation，

OA)、通信自动化（Communication Automation，CA）和楼宇自动化（Building Automation，BA）功能的大厦。其中消防自动化（Fire Automation，FA）和安保自动化（Safety Automation，SA）包含于楼宇自动化中。

现代智能建筑综合利用目前国际上最先进的“4C”技术，以目前国际上先进的分布式信息与控制理论而设计的集散型系统（Distributed Control System，DCS），建立一个由计算机系统管理的一元化集成系统，即“智能建筑物管理系统”（Intelligent Building Management System，IBMS）。“4C”技术即现代化计算机技术（Computer）、现代控制技术（Control）、现代通信技术（Communication）和现代图形显示技术（CRT）是实现智能建筑的前提手段，系统一元化是智能建筑的核心。

14.2 建筑智能化系统结构

建筑智能化系统结构分为三个层次，如图14.2所示。

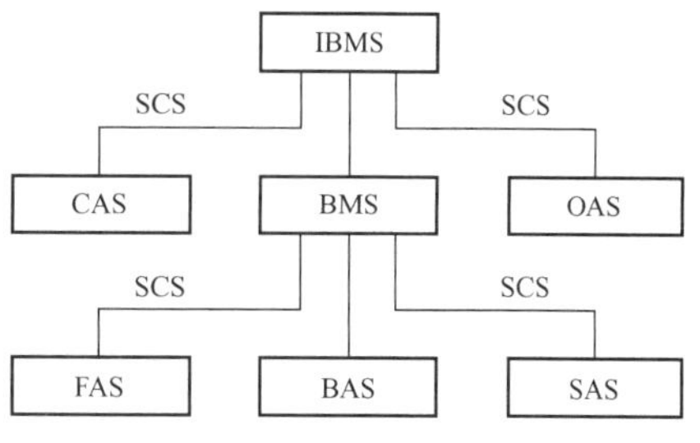

图14.2 建筑智能化系统结构简图

第一层次为子系统纵向集成，目的是各子系统具体功能的实现。对BAS子系统，集成如电梯系统、生活饮水供应设备、锅炉控制系统等智能化设备。

第二层次为横向集成，主要体现各子系统之间联动和优化组合，在确立各子系统重要性的基础上，实现几个关键子系统的协调优化运行，报警联动控制等再生功能。建筑设备管理系统（Building Management System，BMS）的横向集成较为复杂，将楼宇自动化系统、消防自动化和安保自动化集成一体。

第三层次为一体化集成，即在横向集成的基础上，建立智能集成管理系统（IBMS），即建立一个实现网络集成、功能集成、软件界面集成的高层监控系统。它构成智能大厦或者建筑物的最高层的系统集成，目前只有极少大厦做到这一步。

其中，各自动化系统通过结构化综合布线系统（SCS）有机地连接起来，使系统一体化集成得以实现。

14.2.1 综合布线系统（GCS）

综合布线系统GCS（Generic Cabling System）是建筑物或建筑群内部之间的传输网络。它能使建筑物内部或建筑群之间的语音、数据通信设备、信息交换设备、建筑物物业管理及建筑物自动化管理设备等系统之间彼此相连，也能使建筑物内通信网络设备与外部的通信网络相连。

综合布线系统也称为PDS（Premises Distribution System），又称开放式布线系统

【智能家居体验】

(Open Cabling System，OCS)，或称为建筑物结构化综合布线系统(Structured Cabling System，SCS)，是智能建筑系统工程的重要组成部分。

综合布线系统 GCS 应是开放式结构，应能支持电话及多种计算机数据系统，还应能支持会议电视、监视电视等系统的需要。

设计综合布线系统应采用星型拓扑结构，该结构下的每个分支子系统都是相对独立的单元，对每个分支单元系统改动都不影响其他子系统，只要改变节点连接，就可在星型、总线、环型等各种类型网络间进行转换。综合布线系统应采用开放式的结构，并应能支持当前普遍采用的各种局部网络及计算机系统主要有 RS－232C（同步/异步）、星型网(Star)、局域/广域网（LAN/WAN)、王安网（Wang OIS/VS)、令牌网（Token Ring)、以太网（Ethernet)、光缆分布数据接口（FDDI）等。

1. 综合布线系统构成

建筑物综合布线系统分为六个子系统：工作区子系统、配线（水平）子系统、干线（垂直）子系统、管理子系统、设备间子系统、建筑群子系统。

1）工作区子系统

工作区子系统如图 14.3 所示，它包括装配软线、连接器和连接所需的扩展软线，并在终端设备和输入/输出（I/O）之间搭接。相当于电话配线系统中连接话机的用户线及话机终端部分。在智能楼宇布线系统中工作区用术语服务区（Coverage Area）替代，通常服务区大于工作区。

工作区子系统还包括各房间的信息出口面板、表面安装盒、插座模块和插头。

如图 14.4 所示为信息插座在墙面的安装详图，RJ45 埋入式信息插座与其旁边电源插座应保持 20cm 的距离，信息插座和电源插座的低边沿线距地板水平面 30cm。

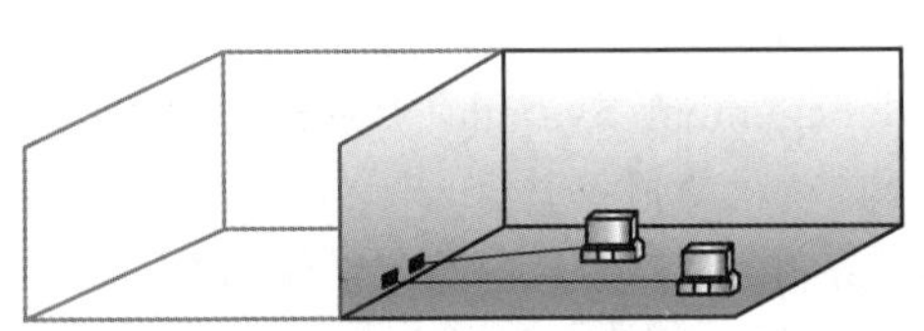

图 14.3　工作区子系统

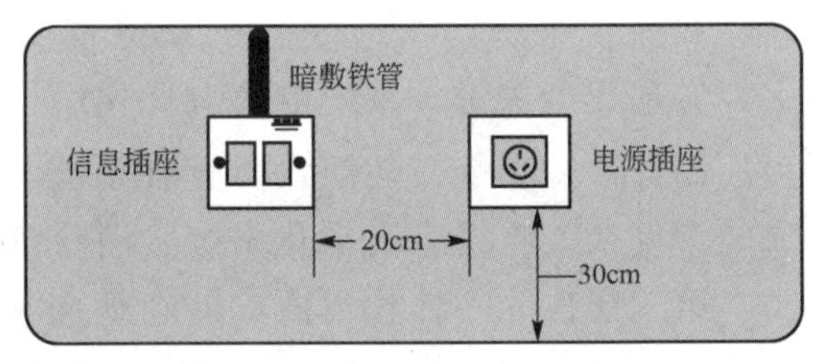

图 14.4　信息插座在墙面的安装详图

2）配线（水平）子系统

配线（水平）子系统将干线子系统线路延伸到用户工作区，相当于电话配线系统中配线电缆或连接到用户出线盒的用户线部分。

水平区子系统包括各楼层水平走向的信息传输线缆，根据大楼平面布置及电缆线槽走向来敷设的水平双绞线如图 14.5 所示。

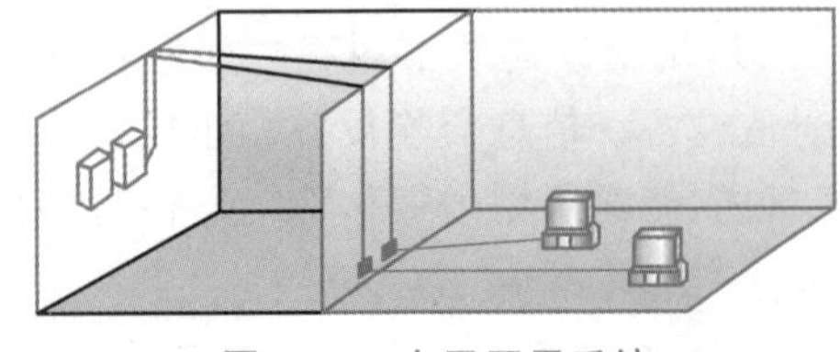

图 14.5　水平区子系统

3）干线（垂直）子系统

干线（垂直）子系统提供建筑物的干线电缆的路由。该子系统由不同电缆组成，或者由电缆和光缆及将此干线连接到相关的支撑硬件组合而成。相当于电话配线系统中的干线电缆。

干线（垂直）子系统主要用于连接各层配线室，并连接主配线室，实现计算机设备、程控交换机（PBX)、控制中心与各管理子系统间的连接，常用介质是大对数双绞线电缆和室内光纤。垂直干线部分提供了建筑物中主配线架与分配线架连接的路由，常采用大对数铜缆或光纤来实现这种连接，如图14.6所示。

4）管理子系统

管理子系统由交连、互连和输入/输出（I/O）组成，为连接其他子系统提供连接手段。相当于电话配系统中每层配线箱或电话分线盒部分，如图14.7所示。

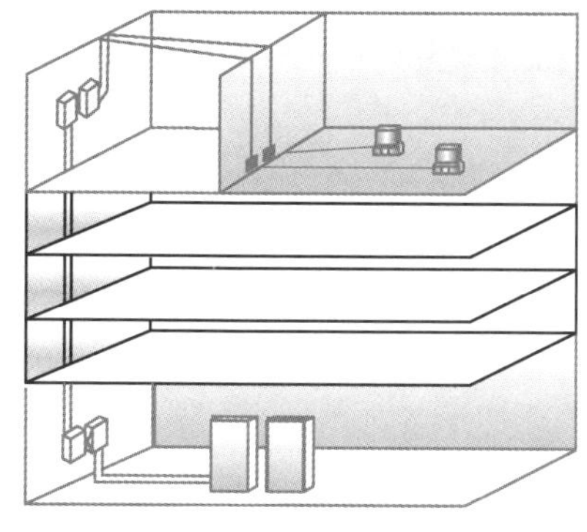

图14.6 垂直主干系统

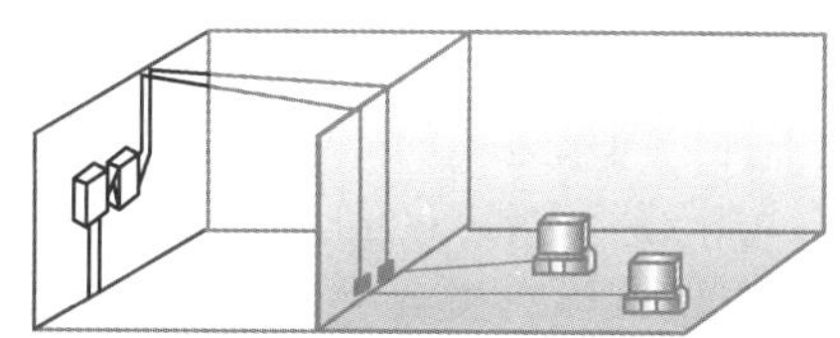

图14.7 管理子系统

管理子系统由交连、互连配线架组成。管理点主要功能是为水平子系统及垂直子系统提供连接手段。交连和互连允许将通信线路定位或重定位到建筑物的不同部分，以便更容易地管理通信线路，使用移动终端设备时能方便地进行插拔。

5）设备间子系统

设备间子系统把中继线交叉连接处和布线交叉连接处连接到公用系统设备上，由设备中的电缆、连接器和相关支撑硬件组成，它把公用系统设备的各种不同设备互连起来。相当于电话配线系统中的站内配线设备及电缆、导线连接部分，如图14.8所示。

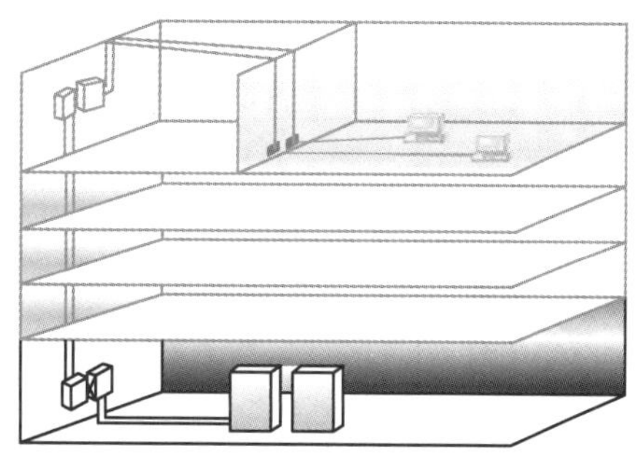

图14.8 设备间子系统

6）建筑群子系统

建筑群子系统由一个建筑物中的电缆延伸到建筑群的另外一些建设物中的通信设备和装置上，它提供楼群之间通信设施所需的硬件。其中有电缆、光缆和防止电缆的浪涌电压进入建筑物的电气保护设备。相当于电话配线重点电缆保护箱及各建筑物之间的干线电缆。

2. 综合布线系统的传输介质

建筑物综合布线系统由各种系列的部件组成，包括传输介质（含铜缆或光缆）、电路管理硬件（交叉连接区域和连接面板）、连接器、插座、适配器、传输电子设备（调制解调器、网络中心单元、收发器等）、电气保护装置（电浪涌保护器）以及支持的软件（安装和管理系统的各类工具等）。

传输介质分有界介质（导线、电缆等）和无界介质（无线电、微波等）两类，综合布线系统通常使用有界介质，包括双绞线、同轴电缆和光缆。

1）双绞线（Twisted Pair）

双绞线又称双扭线，是当前用于传输模拟和数字信号最普通的传输介质。它由两根绝缘的金属导线扭合在一起而成，如图 14.9 所示，双绞线中的导体是铜导体。

2）同轴电缆（Coaxial Cable）

同轴电缆是网络中常见的传输介质，包含两条相互平行的导线，如图 14.10 所示。

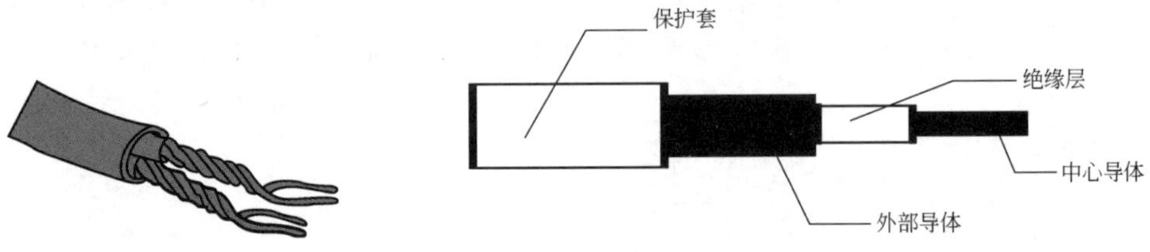

图 14.9　双绞线结构示意图　　图 14.10　同轴电缆结构示意图

实际使用中，网络的数据通过中心导体进行传输，电磁干扰被外部导体屏蔽，为了消除电磁干扰，同轴电缆的外部导体应当接地。

3）光导纤维电缆（Optical Fiber）

光导纤维电缆，简称光纤电缆、光纤或光缆。它是一种传输光束的细软、柔韧的介质。光导纤维电缆通常由一捆纤维组成，因此得名“光缆”。光纤使用光信号而不是电信号传输数据，其结构如图 14.11 所示。

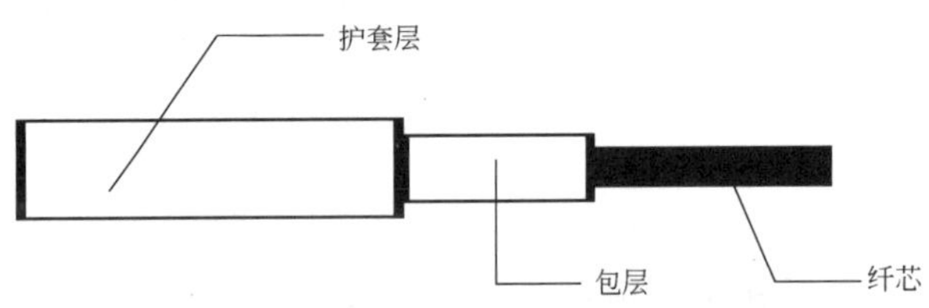

图 14.11　光导纤维电缆结构示意图

14.2.2　通信网络系统（CNS）

通信网络系统是楼内的语音、数据、图像传输的基础，同时与外部通信网络（如公用电话网、综合业务数字网、计算机互联网、数据通信网及卫星通信网等）相连，确保信息畅通。

智能建筑的核心是系统集成，而系统集成的基础则是智能建筑中的通信网络。在信息化社会中，一个现代化大楼内除了具有电话、传真、空调、消防与安全监控系统外，各种计算机网络、综合服务数字网等都是不可缺少的。只有具备了如电子数据交换、电子邮政、会议电视、视频点播、多媒体通信等基础通信设施，新的信息技术才有可能进入大楼，使它成为一个名副其实的智能建筑。通信网络技术水平的高低制约着智能建筑的智能程序。

图 14.12 是根据用户采用的网络设备和网络结构，采用现有的布线系统所提供的管理点，采用程控数字电话交换机（PABX），构成用户所需的计算机网络及通信系统。

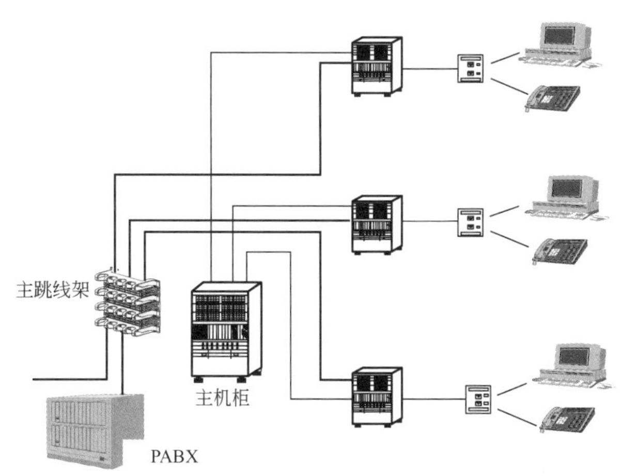

图 14.12 计算机网络及通信系统配合图

14.2.3 办公自动化系统（OAS）

办公自动化系统是将计算机技术、通信技术、多媒体技术和行为科学等先进技术应用到办公业务中，且人们的部分办公业务借助于各种办公设备，并由这些办公设备与办公人员构成服务于某种办公目标的人机信息系统。

办公自动化（Office Automation，OA），是在管理信息系统（MIS）和决策支持系统（DSS）发展的基础上迅速兴起的一门综合性技术。工作站（Work Station）和局域网（Local Area Network）为 OA 的两大支柱。

OA 系统可分为组织机构、办公制度、办公人员、办公环境、办公信息和办公活动的技术手段六个基本要素。各部分有机结合相互作用，构成有效的 OA 系统，其功能结构如图 14.13 所示。

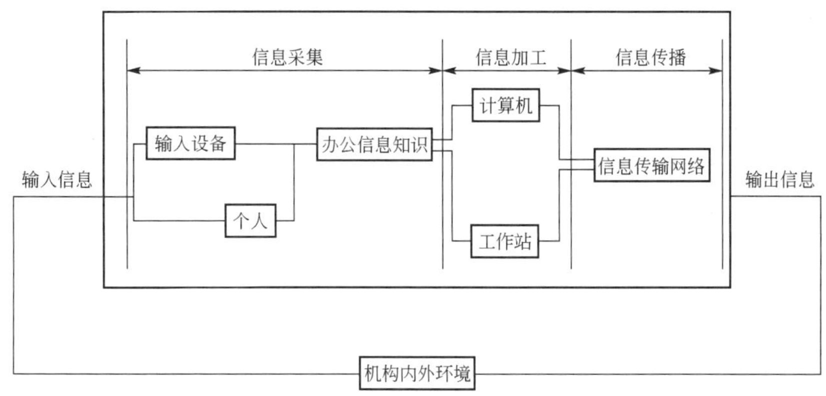

图 14.13 办公自动化系统构成

由图 14.13 可以看出，OA 系统功能结构主要由输入信息、信息采集、信息加工、信息传输和输出信息等组成，构成一个以计算机技术为基础的人机信息处理系统。

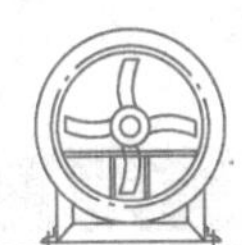

办公自动化系统包括办公自动化系统硬件（图 14.14）、办公自动化系统软件（图 14.15）和电视会议服务网络。

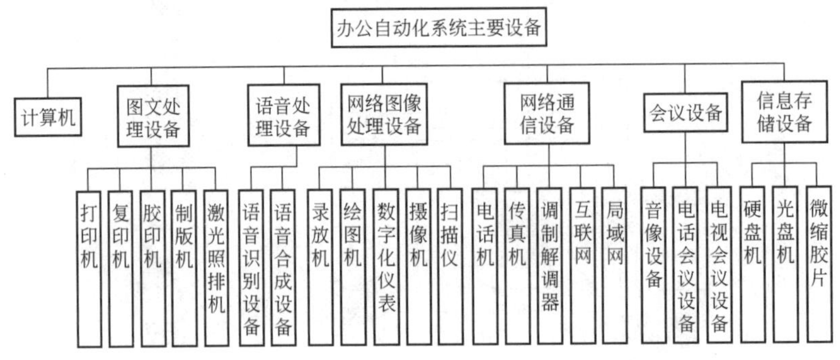

图 14.14　办公自动化系统硬件

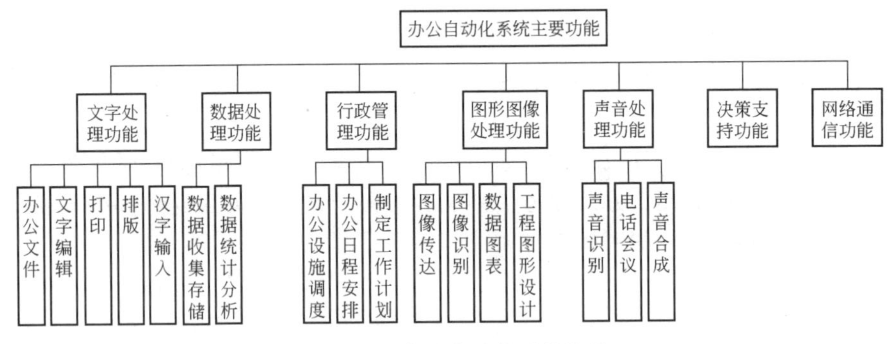

图 14.15　办公自动化系统软件

14.2.4　建筑设备自动化系统（BAS）

BAS 可划分为建筑设备运行管理与控制子系统、火灾报警与消防控制子系统、公共安全防范子系统三个部分。它包括空调、给排水、供配电、照明、电梯、应急广播、安保监控、防盗报警、出入口门禁、汽车库综合管理等系统的管理、控制或监视。

BAS 的基本功能有：数据采集；各种设备启/停控制与监视；设备运行状况图像显示；各种参数的实时控制和监视；参数与设备非正常状态报警；动力设备节能控制及最优控制；能量和能源管理及报表打印；事故报警报告及设备维修事故报告打印输出。

目前较为流行的 BAS 通信协议是 BACnet 和 Lon Works。就本质而言，BACnet 是一种标准的协议框架和网络模型，Lon Works 则是一种具体的实现手段和应用技术。

BACnet 是协议结构网络中的设备以及设备之间传递的信息的数据通信模型和一个使两个或多个有着不同性能特性的局域网（LAN）互相连接的协议组成的结合体。

Lon Works 协议 Lontalk 是直接面向对象的网络协议，具体实现即采用网络变量的形式。又由于硬件芯片的支持，使它实现了实时性和接口的直观、简捷等现场总线的应用要求。

集散型 BAS 的方案有按楼宇建筑层面组织的集散型 BAS 系统（图 14.16），按楼宇设备功能组织的集散型 BAS 系统（图 14.17），按建筑层面和楼宇设备组织的混合功能 BAS 系统。

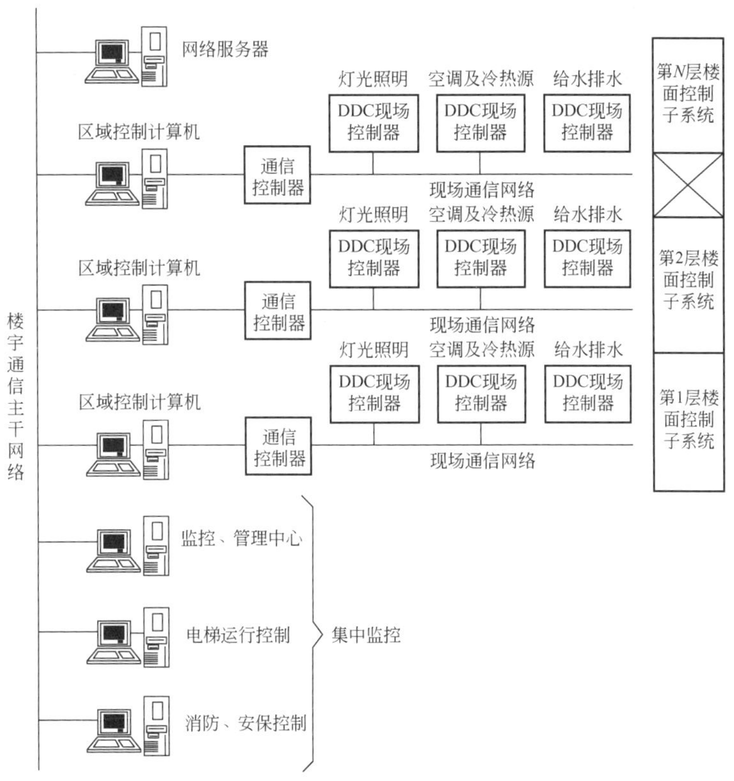

图 14.16　按楼宇建筑层面组织的集散型 BAS 系统

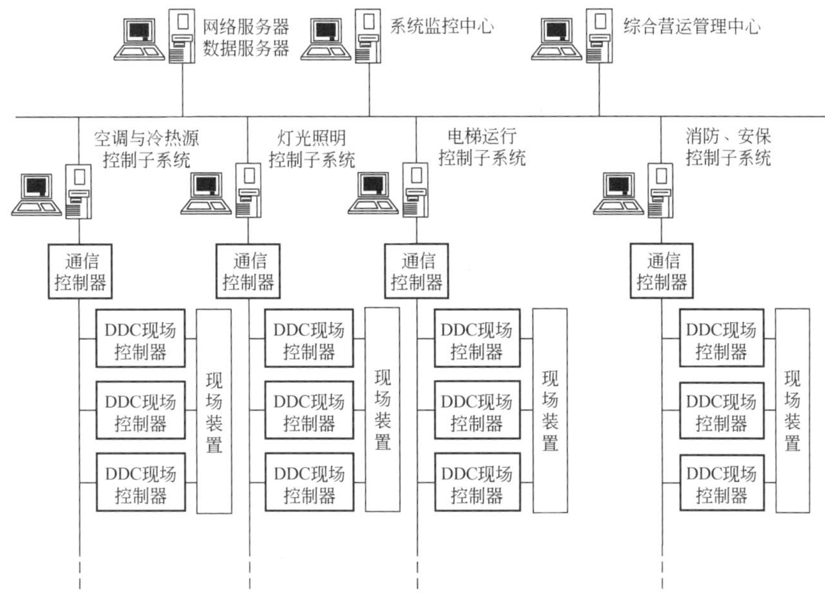

图 14.17　按楼宇设备功能组织的集散型 BAS 系统

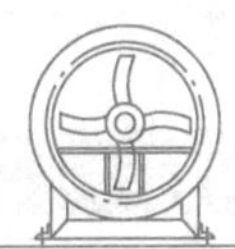

14.2.5 建筑设备管理系统(BMS)

实现智能化建筑的核心技术方法是系统集成。智能建筑的系统集成包括功能集成、网络集成及软件界面集成，它将智能化系统从功能到应用进行开发及整合，从而实现对智能建筑进行全面及完善的综合管理。

智能建筑的系统集成从集成层次上讲，可分为三个层次的集成，如图 14.18 所示。

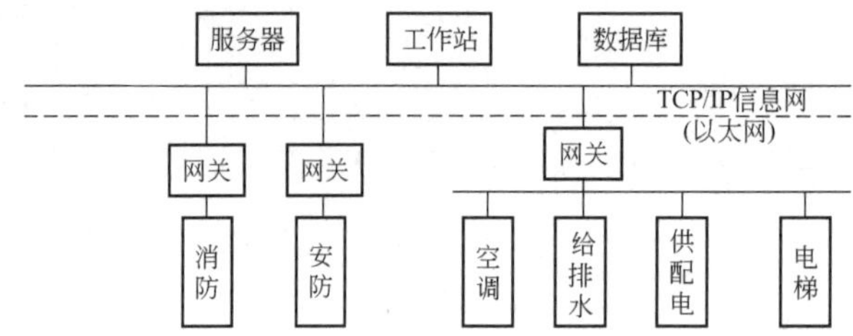

图 14.18 智能建筑系统集成网络结构图

第一层次为子系统纵向集成，目的在于各子系统具体功能的实现。对 BA 子系统，如电梯系统、生活饮水供应设备、锅炉控制系统等智能化设备需进行部分网关开发工作，其他子系统的纵向集成多为子系统正常工作，没有过多的技术难度，但从工程管理、技术协调上仍应满足系统集成的需要。

第二层次为子系统横向集成，主要体现各子系统的联动和优化组合，在确立各子系统重要性的基础上，实现几个关键子系统的协调优化运行，报警联动控制等再生功能。尤其是 BMS 的横向集成较为复杂。

第三层次为一体化集成，即在子系统横向集成的基础上，建立智能集成管理系统(IBMS)，即建立一个实现网络集成、功能集成、软件界面集成的高层监控系统。它构成智能大厦或者建筑物的最高层的系统集成，目前只有极少大厦做到这一步。

图 14.19 所示是美国 Honeywell 公司的楼宇自控 Excel5000 系统的网络构架。它以微电脑技术为基础，采用先进的现代通信技术的分布集散控制系统，能够实时地对各子系统设备自动监控。它的结构可分为三层：最上层为信息域的干线，以实现网络资源的共享及各工作站之间的通信；第二层为控制域的干线，即完成集散控制的分站总线，它的作用是以不小于 9.6kB/s 的通信速度把各分站连接起来；第三层为子站总线，它是由分散的微型控制器相互连接，使用并通过子站连接器与分站连接。

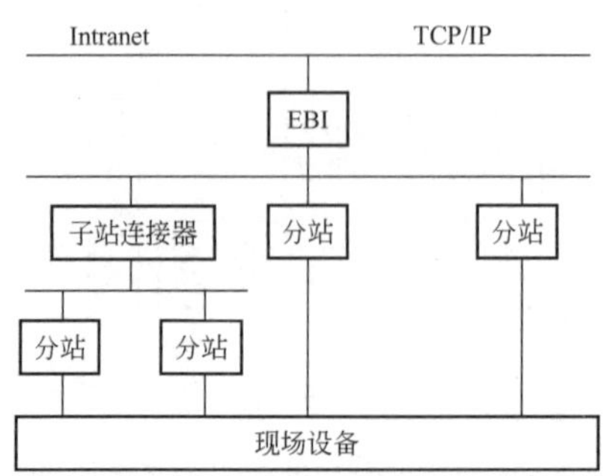

图 14.19 Excel5000 楼宇自控子系统网络构架

但 Excel5000 系统不可能包含所有的子系统接口，例如发电机组、自动抄表等子系统，这就需要在中央设立 BMS，采用嵌入数据采集服务器技术，将大厦的楼宇自动化子系统、综合安保子系统、停车场管理子系统、抄表子系统等有机连接在一起，建立基于数据采集服务器、数据访问和实时相关数据库的三层结构的中央站 BMS 软件平台，并将 Intranet 通信技术、PC 机软件技术与现场控制技术有机结合，开发涵盖自动化层、中央站 BMS 层与楼宇 Intranet 层的三层建筑物网络智能化集成管理系统。BMS 系统集成模型如图 14.20 所示。

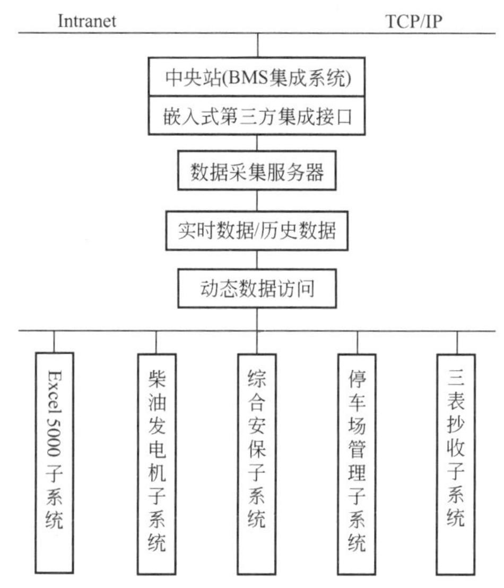

图 14.20 基于 Intranet 的嵌入式系统集成模型

14.2.6 智能建筑综合管理系统（IBMS）

IBMS 是一个一体化的集成监控和管理的实时系统，是通过大厦内的楼宇设备自动化 BAS、办公自动化系统 OAS、通信和网络系统 CAS 的信息和功能集成来实现的，如图 14.21 所示。

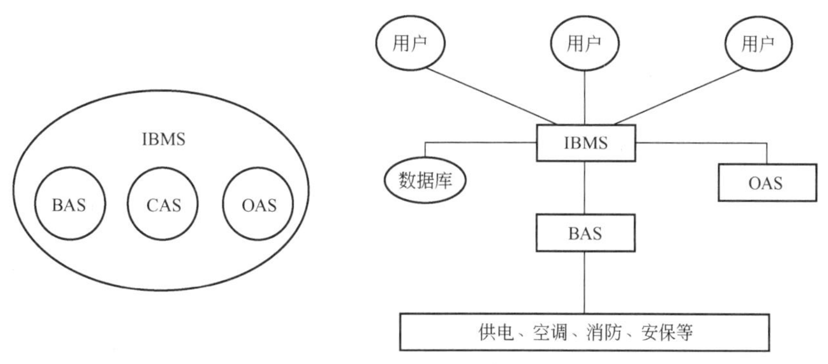

图 14.21 智能建筑综合管理系统示意图

目前IBMS系统可分为基于设备的专用集成平台和第三方通用平台两大类，前者是指某些以楼宇自控系统为基础进行配套的、具备部分集成能力的产品；后者则指基于计算机网络和第三方软件方式进行系统集成的综合管理平台。这类系统通用性强、应用范围广、适应性好、信息集成和系统联动功能强，适用于各种不同设备制造商子系统的集成，并可支持大范围乃至Internet范围内的信息化管理。智能大厦系统集成模式归纳如下。

【手机APP智能家居】

【物联网】

IBMS集成系统将各个子系统的功能进行集成，集成系统的品质取决于各子系统是否提供良好的集成接口环境。因此，子系统集成的设计主要考虑子系统与IBMS的集成接口方案。

有些专家建议智能化系统集成可按统一规划，分步、分期实施的原则。第一步：应在建筑设备监控系统、安全防范系统、火灾自动报警及消防联动系统等各子系统的基础上，先实现BMS的集成。第二步：在实现BMS集成的基础上，进一步与INS、CNS进行系统集成，实现IBMS的集成。因此BMS集成，是实现IBMS集成的重要前提。虽然很多智能建筑都声称自己的系统是IBMS集成，但实际上实现的只是BMS集成。

下面结合某大厦的实际情况，介绍一套系统集成的解决方案。

建筑智能化系统集成根据其大厦自身的特点，采用的是各弱电子系统先集成于各自的中控室，即没有单独再设立BMS集成这一环节，在各弱电子系统先集成的基础上直接进行IBMS的集成，如图14.22所示。

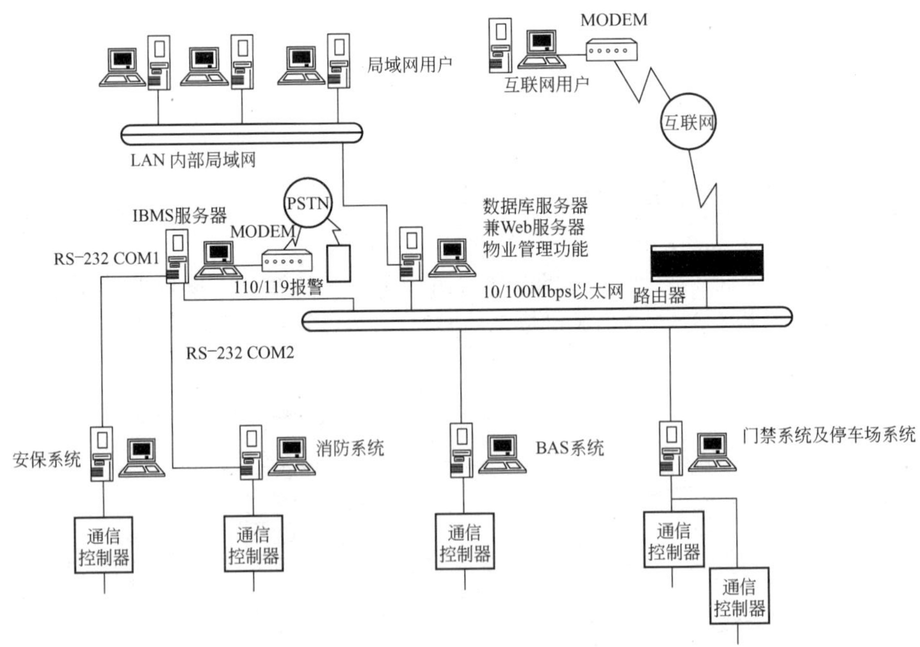

图14.22 IBMS智能建筑综合管理系统示意图

通过标准通信协议(RS-485/RS-232、TCP/IP等)实现各设备的信息交换和管理，从而实现各子系统的具体配置特点。在大楼内部构建Intranet，各个子系统通过标准的通信接口、协议或以太网这一公共通信网络达到共享信息资源的目的，这也是IBMS集成的基础。通过路由器可将大楼的 Intranet 接入 Internet，实现大范围的资源共享和集成化管理，达到远程监控、远程查询等目的。

所谓 IBMS 集成是一个广义的概念，是整个建筑智能化系统管理软件的策划和实施。换句话说，BMS 集成是将建筑内各相关的弱电子系统集成到同一个控制网络平台上，而 IBMS 集成则是将建筑内各相关的弱电子系统集成到同一个信息网络平台上。

从使用者的角度来看，经过 IBMS 系统集成以后的各个子系统，在一个信息平台上管理，就如同一个系统一样。例如：当消防系统发出火灾信号时，门禁系统将打开相应房门的电磁锁，通过摄像机观察火灾区域情况，通过楼宇设备控制管理系统（BAS）观察火灾区域空调、温度变化、供水、电源、应急照明、电梯等情况；当防盗探测系统检测到有人非法闯入时，安保系统的摄像机将非法闯入画面切换给相关主管人员，并自动录像；一卡通系统将门禁、车库管理、考勤、食堂消费等合为一体，职工除平时使用外，还可通过网络查询个人卡中金额；当会议室开会时，主管人员和其他不能到会场的人员，可通过网络收听和收看会场发言等。这些子系统之间的事件处理过程，在独立的各个弱电子系统中是很难实现的，而在 IBMS 系统中得以实现，从而大大提高了子系统的协调性和建筑管理的集成度。

由于通信系统 CAS 和办公自动化系统 OAS 进入 IBMS 集成，使得 IBMS 集成后成为智能建筑管理的信息平台，具有通信系统、建筑设备系统运行维护和统计报表的管理功能；对物业文档资料、客户意见有针对性地及时反馈等管理功能；办公自动化系统的信息公告、阅读统计和收发文件管理功能；会议室使用时间安排、车辆安排、人员和部门设置管理功能；等等。有效完成各不同子系统之间信息共享与沟通，使得智能化各子系统不再成为“信息孤岛”。

建筑物日常运营的水、电、空调等能源方面支出很大，节约能源是建筑物降低运营成本的基本要求。通过 IBMS 系统，智能建筑的管理人员可以设定各种能源管理方案和策略。IBMS 系统会根据这些管理方案自动监视、控制大厦的能源系统，防止能源的浪费，达到节约能源开支的目的，符合国家可持续发展的战略需要。

14.3 建筑设备自动化

建筑设备自动化一般采用集散型监控系统（Distributed Control System，DCS），即分布式控制系统，实现了对大楼供电、照明、报警、消防、电梯、空调通风、给排水、门禁设备子系统的监控和管理，对设备运行参数进行实时控制和监视，对动力设备进行节能控制，对设备非正常运行状态报警等，从而实现对设备的优化管理与控制，保障设备运行的安全性和可靠性。它还可提供费用计算、各类报表生成、设备使用率分析、系统生命周期成本分析等运营管理服务。

14.3.1 给排水设备监控系统

根据用户的用水特点及城市管网中的水压情况，给水方式一般有下列三种形式：设水泵和水箱的给水方式、气压给水方式、设水泵的给水方式，下面介绍设水泵和水箱的给水方式和排水监控系统。

1. 设水泵和水箱的给水方式

城市供水进入布置于地下室的水池，然后经水泵送入高位水箱，通过高位水箱向楼宇内各用户供水，如图 14.23 所示。此方案为一用一备水泵供水。

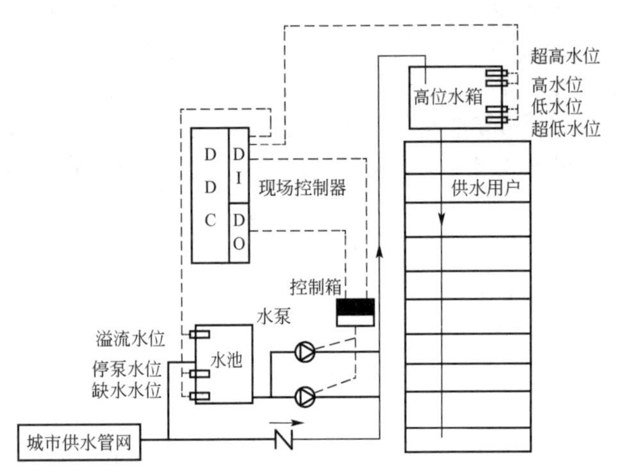

图 14.23 设水泵和水箱的给水方式

低位水池设有水位监测，包括缺水水位、停泵水位及溢流水位，此三个双位数字信号与 DDC 的 DI 相连，当水达到停泵水位时，现场控制器通过控制箱联锁停泵，由于非正常原因，当低位水池高于溢流水位或低于缺水水位，DDC 将自动报警。

高位水箱设有水位监测，包括超高水位、高水位、低水位及超低水位，当高位水箱水位高于超高水位时，DDC 将自动报警；当高位水箱水位达到高水位时，现场控制器通过控制箱联锁停泵；当高位水箱水位达到低水位时，联锁启泵；当高位水箱水位达到超低水位时，联锁启动备用泵，并自动报警；当工作泵发生故障时，备用泵自动投入运行。

水泵的启停信号，以及水泵的电机的过载信号也将反馈给 DDC。当水泵的电机过载时，水泵联锁停机，控制系统发出报警信号。

系统自动累计泵的运行时间，并根据每台泵的运行时间，自动确定作为工作泵或备用泵，使每台泵的运行时间接近，延长水泵的寿命。

2. 排水监控系统

建筑物一般都建在有地下室，有的深入地面下 2～3 层或更深些。地下室的污水不能以重力排除，在此情况下，将污水集中于污水集水坑（池），然后用排水泵将污水提升至室外排水管中。污水泵应为自动控制，保证排水彻底。

建筑物排水监控系统的监控对象为集水坑（池）和排水泵。排水监控系统的监控功能如下。

(1) 污水集水坑（池）和废水集水坑（池）水位监测及超限报警。根据污水集水坑（池）与废水集水坑（池）的水位，控制排水泵的启停。当集水坑（池）的水位达到高限时，联锁启动相应的水泵；当水位高于报警水位时，联锁启动相应的备用泵，直到水位降至低限时联锁停泵。

(2) 累计运行时间，为定时维修提供依据，并根据每台泵的运行时间，自动确定作为工作泵或是备用泵。

建筑物排水监控系统通常由水位开关、直接数字控制器（DDC）组成，如图 14.24 所示。

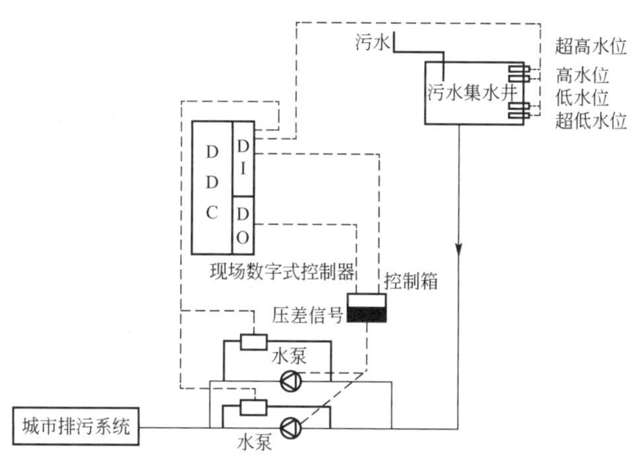

图 14.24 建筑物排水监控系统

14.3.2 空调通风监控系统

暖通空调系统作为智能建筑的一个重要组成部分，其控制水平也必然要不断地提高才能适应形势的发展。未来的暖通空调系统应当能根据当地的气候环境和人体体感来精确地控制人体周围环境的温、湿度等参数。可将空调控制系统划分为制冷机、热源、冷却水、空气处理器、新风和排风等多个监测控制子系统。

1. 制冷机监控

制冷机监控包括其本体的基本参数的监控。通过设在制冷机排气管的高压压力变送器和设在制冷机吸气管的低压压力变送器，实现高、低压保护。当高压过高或低压过低时，通过控制单元立即切断压缩机电源，通过水流开关实现断流保护；通过油压差压力变送器实现油压保护，当油泵出口压力与曲轴箱油压之差减小到某一给定值时，使压缩机停止工作；通过冷冻水温实现低温保护及能量调节。

2. 冷冻水和冷却水系统监控系统

空调系统一般经常性地处于部分负荷状态下运行，相应地系统末端设备所需的冷冻水量也经常小于设计流量。整个空调制冷系统的能量有 15%～20%消耗于冷冻水的循环和输配。

一级泵系统和二级泵系统是目前两种常用的空调水系统，一级泵系统比较简单，控制元件少，运行管理方便，适用于中小型系统。一级泵系统利用旁通管解决了空调末端设备要求变流量与冷水机组蒸发器要求定流量的矛盾，不能节省冷冻水泵的耗电量。二级泵系统能显著地节省空调冷冻水循环和输配电耗，因而在高层建筑空调系统中得到越来越广泛地应用。

如图 14.25 所示某酒店中央空调冷冻机房的冷冻水、冷却水供回水系统，其冷冻水系统为变水量一级泵冷水系统。

系统内所有设备均按以下顺序联锁：当冷水机组接到运行指令时，首先开启冷冻水泵和该机组冷冻水进水管上的电动蝶阀；当冷冻水水流开关得到确认的流量信号后，就开启冷却水泵和该机组冷却水管上进水电动蝶阀；当冷却水水流开关得到确认的流量信号后，则开启冷水机组的油泵和加热器；等冷水机组上所有的安全控制信号得到确认后，就开启压缩机。

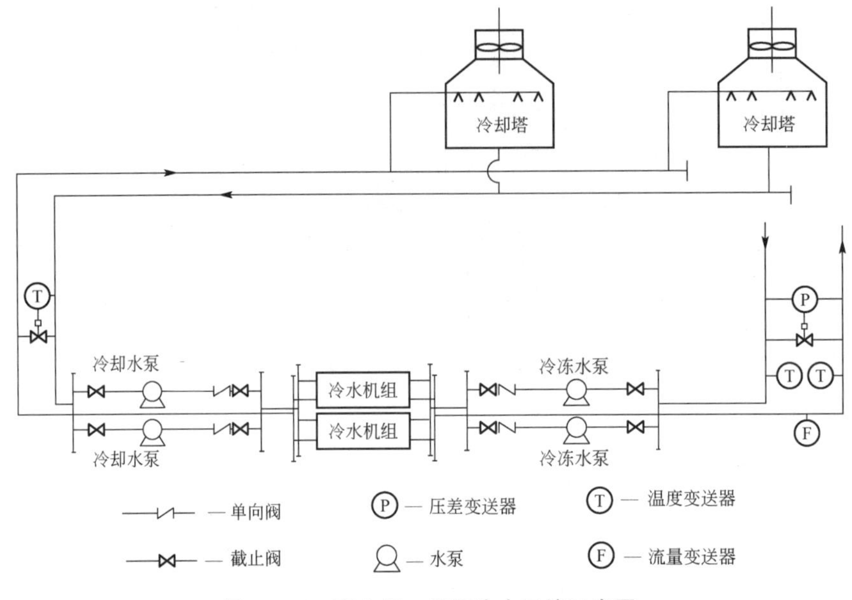

图 14.25　变水量一级泵冷水系统示意图

(1) 冷却水温度根据冷却水供水主管上温度感应器的水温信号来进行控制。当冷却水供水温度高于设定温度时，则由控制器发出信号，增加低速运转的冷却塔的台数；当两台冷却塔均开启时，而水温仍高于设定水温度时，则逐台提高冷却塔的风机转速，直到水温达到设定温度为止。

在冷却水供、回水干管上的旁通电动水阀仍由该温度信号控制。在气温较低的季节，当冷却水供水温度低于 15.6℃时，则按上述反向步骤关闭冷却塔的风机。当风机全部关闭，水温仍低于这个温度时，则开启旁通电动水阀，以达到这个温度为止。

(2) 能量控制冷冻水供、回水干管上均设有温度感应器，在主供水干管下装有流量测定器。根据供、回水温差和水流量可计算得到总的制冷量。控制器根据该制冷量信号，以最佳能量控制的方法来开启或关闭冷水机组，以求得节能效果，使冷水机组在较高的效率工况下工作。单台冷水机组则根据其供水温度设定，利用机组自身的能量调节机构，对负荷的变化进行制冷量的微调。

对冷水机组、冷却水泵、冷冻水泵进行编号，根据各设备的运行时间及运行情况确定它们的启动顺序和切换方式。

(3) 冷冻水供回水压差控制。冷冻水供回水是一个变水量系统，在供回水主干管之间设有旁通管，旁通管上设有电动水阀，DDC 控制器通过供回水主干管之间的压差信号控制电动水阀的开启，保持供回水主干管之间的压差恒定，其作用为保持用户侧的管路系统的水力工况的稳定，保证冷水机组的冷冻水量，保护机组。

冷水机组自己带有一套自控设备，负责该设备的安全运行。目前先进的冷水机组已带有微电脑控制设备，把设备联锁控制、冷却水温度控制、能量控制、冷冻水供回水压差控制、机组切换都集成到微电脑控制设备之中。通过冷水机的微电脑控制设备控制整个冷冻机房系统。

冷却水泵、冷冻水泵、冷却水塔的电控柜上均应设计手动/停机/自动三挡开关，并且设有手动时的启动和停机按钮。开关打在自动挡，冷却水泵、冷冻水泵、冷却水塔由微计算机控制设备统一控制。同时，冷却水泵、冷冻水泵、冷却水塔的开启和故障状态，通过冷却水泵、冷冻水泵、冷却水塔的电控柜内的继电器的干触点反馈到微电脑控制设备。

微计算机控制设备的 RS－485 通信接口可以连接上位 PC、Modem 或用户的 DCS 系统，使其具有远程诊断能力，并满足智能大楼的通信要求。

3. 空气处理机组的控制

空气处理是指对空气进行加热、冷却、加湿、干燥及净化处理，以创造一个温度适宜、湿度恰当并符合卫生要求的环境。

1） 空气处理机组的监控功能

风机状态显示；送、回风温度测量；室内温、湿度测量；过滤器状态显示及报警；风道风压测量；启停控制；过载报警；冷、热水流量调节；加湿控制；风门控制；风机转速控制；风机、风门、调节阀之间的联锁控制；室内二氧化碳浓度监测；寒冷地区换热器防冻控制；送回风机与消防系统的联动控制。

根据智能建筑的不同等级，相应的空气处理系统应具有上述全部或部分的监控功能。

2） 定风量混合式系统监控系统

集中式空调系统最常用的形式为定风量混合式系统，该系统采用一部分室内空气作为回风，以达到节约能源的目的，采用一部分室外新鲜空气作为送风，以满足室内卫生要求，是一种普遍采用的空调形式。

如图 14.26 所示为定风量混合式系统空气处理及其监控原理图，空调系统主要由送风机、回风机、冷水盘管、热水盘管、过滤网、风门、加湿器等组成，空调系统的监控功能主要由新风温度变送器 Tw、新风湿度变送器 Hw、回风温度变送器 Tn、回风湿度变送器 Hn、风门电动执行器 Md、二通电动调节阀 Mv、压差报警开关 Dp 实现。

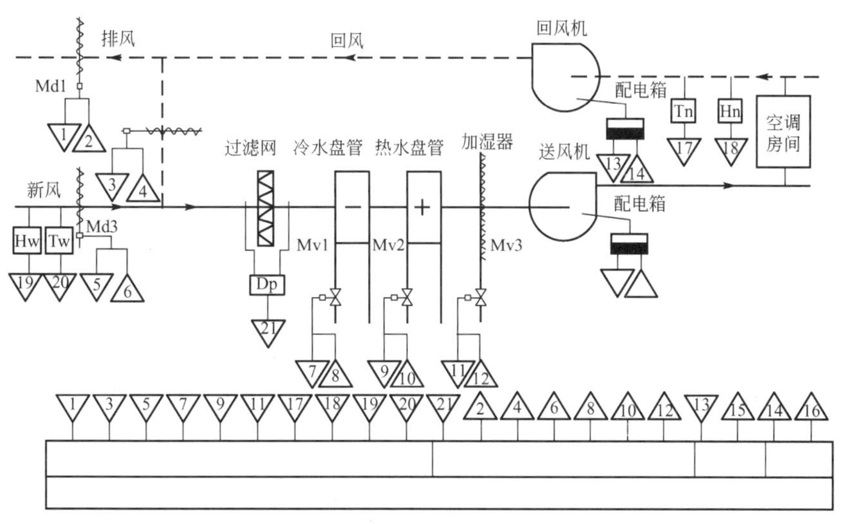

图 14.26 定风量混合式系统空气处理及其监控原理图

空调空气系统的监控功能如下。

(1) 夏季。

采用最小新风量与回风混合后，经表冷器处理后，经送风机送入室内，回风温度通过回风温度变送器 Tn，温度变送器 Tn 采用 4～20mA 的模拟量信号送入 DDC，在 DDC 中，回风温度与系统设定值进行比较，采用 PID 算法或其他算法，对冷水盘管的进水电动二通电动调节阀 Mv1 进行调节，控制冷冻水流量，使回风温度保持在设计的范围之内。

以上只对室内温度进行了控制，如果要对湿度进行控制，则由回风湿度 Hn 控制 Mv1 冷水盘管的进水电动二通阀，控制冷水盘管的进水量，由回风温度 Tn 控制 Mv2 二通电动调节阀，控制热水盘管的流量。一般情况下，只控制温度，即能满足一般的舒适性要求。

(2) 冬季。

相对湿度通过加湿器的控制完成，回风湿度变送器 Hn 测得湿度模拟量送入 DDC，与系统设定值进行比较，调节二通电动调节阀 Mv3 的开度，控制蒸汽的加湿量，使回风湿度保持在设计的范围之内。由回风温度 Tn 控制 Mv2 二通电动调节阀，控制热水盘管的流量，保持室内温度。

在冬季和夏季空调工况下，Md1、Md2 和 Md3 的位置均保持在最小新风量的位置，有些系统在室内设有二氧化碳探测器，二氧化碳探测器能将室内二氧化碳浓度以模拟量送入 DDC，通过控制新排风阀的开度，使室内二氧化碳浓度在设计值以下，满足卫生要求。

(3) 过渡季节。

过渡季节利用室外空气供冷，一般采用按室外空气温度即显热控制和按室外空气焓值控制两种方法。目前新风供冷焓控的方法已逐渐被普遍采用，节能效果较好。

在过渡季节时，当室外空气焓值 E_w 比回风空气焓值 E 低时，则采用全新风。当室外空气焓值继续降低，而冷水电动阀处于关闭状态时，则由回风湿度信号 H 控制 Md1、Md2、Md3 混合风的比例。这时新风量逐渐减少，回风量逐渐增多。再由回风温度信号控制加热器的进水量。直至达最小新风量位置，即进入冬季运行状态。

当风机停止运行时，所有的电动风阀和水阀也都关闭。加热器上没有流动的水时，容易被冻裂。当风阀关闭时，防止了由于自然风对流而形成的寒冷空气的进入，从而保护了加热器；只有当风机启动时，该风阀才被打开。

过滤网长期使用后，阻力必然增大。当前后压差达到设定值时，压差控制器 Ps 会自动切断风机并报警。

14.3.3 供配电监控系统

智能配电监控管理系统在监控中心微机室内组建计算机局域网，负责对整个大楼或整个企业的高、低压设备进行统一监控、管理，其中高压和低压工作站分别完成对高低压系统的运行参数、开关状态的数据采集、实时监视、故障报警以及对保护定值的在线设定。对不同对象的数据采集既可在一台工作站上完成，也可把任务分布在几台工作站上执行，在数据量比较大的情况下可提高工作效率。各种实时数据与历史数据被保存在数据库服务器上，各个终端工作站或其他服务器通过网络可以共享数据库资源，实现本机权限范围内的数据监视浏览，数据检索查询或其他信息服务。如在局域网上加装网关、路由器等网络设备，可以实现数据在整个大楼或整个企业局域网或广域网范围内的共享，从而将智能配电监控管理系统与企业信息管理系统集成在一起。

1. 供配电系统的监测方法

如图 14.27 所示为供配电系统的变送器监测方法，采用 DDC 监控方式；图 14.28 所示为供配电系统的智能仪表监测方法，采用以太网直接监控形式。

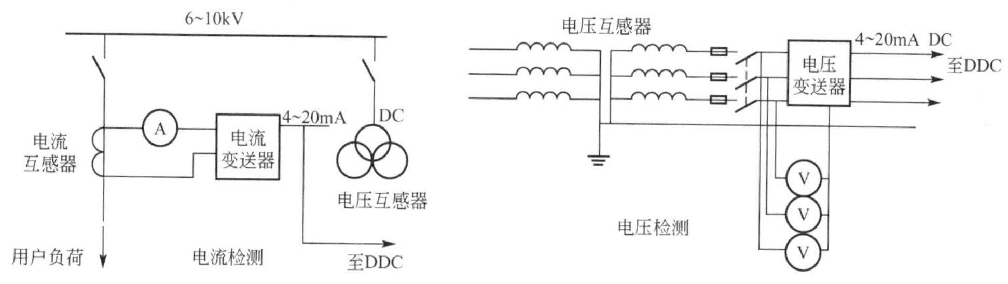

图 14.27 供配电系统的变送器监测方法

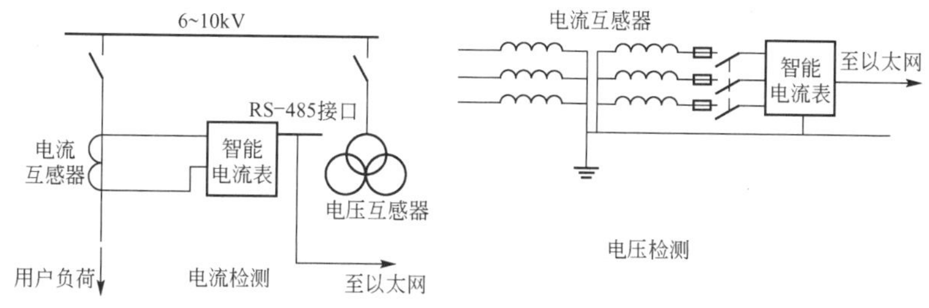

图 14.28 为供配电系统的智能仪表监测方法

（1）高压线路的电压及电流监测。如图 14.28 所示为 6～10kV 线路的电压与电流测量方法，电压采用 10kV/100V 电压互感器，接入电压变送器，电压值转变为 4～20mADC 模拟量信号送至 DDC，通过 DDC 记录电压值，其中电压变送器采用带本地显示的智能数字式电压表；同时，智能数字式电压表带有 RS-485 接口，然后，通过 RS-232/RS-485 转换卡接入中控计算机，也可通过 TCP/IP 以太网通信接口连入以太网。同样，采用 XXX A/5A 电流互感器，将电流值转变为 4～20mADC 模拟量信号送至 DDC，通过 DDC 记录电流，或通过智能数字式电流表测量。

（2）低压线路的电压及电流监测。低压端（380/220V）的电压及电流测量方法与高压系统基本相同，只是电压互感器和电流互感器的等级不同。DDC 通过温度传感器/变送器、电压电流变送器、功率因数变送器自动检测变压器等线圈温度、电压、电流和功率因数等参数并与额定值比较，发出故障报警，显示相应的功率因数数值，并显示故障位置。通过数字量通道自动监视各个断路器、负荷开关和隔离开关等的分合状态。

（3）DDC 根据检测到的电压、电流和功率因数计算有功功率、无功功率、视在功率以及累计用电量，为绘制负荷曲线、无功补偿，以及电费计算提供依据。

（4）通过电压、电流的相位差，测得功率因数。通过电压、电流和功率因数计算出有功功率、无功功率、视在功率。

2. 供电品质的监测

供电品质的指标通常是指电压、频率和波形，其中尤以电压和频率最为重要。电压质量包括电压的偏移、电压的波动和电压的三相不平衡等。

国家规定电力系统对用户的供电频率偏差范围为±0.5%。

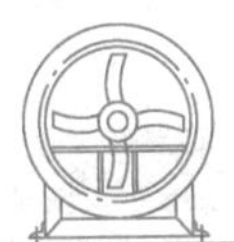

对电网频率的检测可在低压侧进行，在电网的频率偏差超过允许值时，监测系统应予报警，必要时应切断市政供电，改用备用电源或应急发电机供电。

当电压过高或过低时，监测系统应予报警，同时需采取系统或局部的调压及保护措施。对于重要的负荷，宜在受电或负荷端设置调压及稳压器。

电压波动及谐波对电气设备的运行是有害的。照明和电子设备对电压波动比较敏感。国内外许多研究成果都表明谐波不仅严重影响电气设备的安全正常运行，而且对通信系统和计算机系统等也有较大影响，因此消除/抑制谐波是十分重要的。

传统的无源型 LCR 滤波器已被用来解决这一问题，有源电力滤波器（Active Power Filter，APF）是消除和抑制谐波的新型技术。

电压的不平衡度可以通过测量三相电压及三个相电流的数据差值来检测。差值越大则不平衡度越大。当这个不平衡电压加于三相电动机时，由于相电压的不平衡使得电动机中的负序电流增加，因而增加了转子内的热损失。

14.3.4 照明设备监控系统

电气照明是建筑物的重要组成部分。如何做到既保证照明质量又节约能源，是照明控制的重要内容。

每天，照明监控系统可按计算机预先编制好的时间程序，自动控制各楼层的办公室照明、走廊照明和广告霓虹灯等，并可自动生成文件存档或打印数据报表。

如图 14.29 所示为照明监控系统简图，照明系统主要通过智能分站 DDC 监控。智能分站 DDC 一方面直接通过时间或光照强度控制照明系统，另一方面接受消防及故障报警信号，以此对控制照明系统进行诸如备用电源切换及联锁控制等；同时，它与上一级管理系统有接口，可以通过上一级管理系统对整个照明系统进行集中监控。

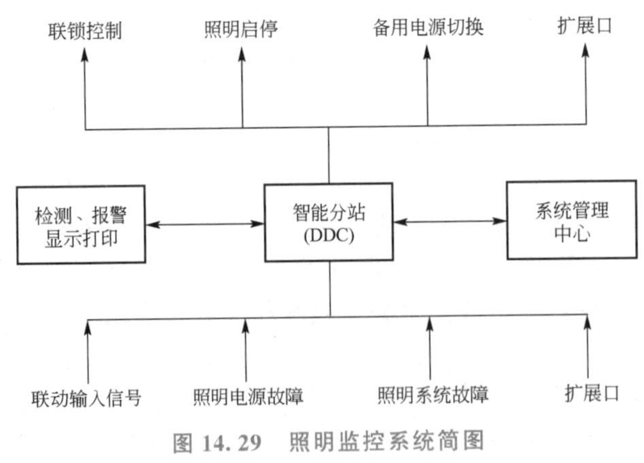

图 14.29 照明监控系统简图

14.3.5 电梯监控系统

电梯由机械和电气两部分组成。机械部分主要由轿厢、门机系统、导向系统、拽引系统、对重系统和机械安全保护系统所组成；电气部分主要是指电气传动系统和电气控制系统。

1. 电梯的控制方式

1）简易自动方式

简易自动方式是较常见的自控方式。厅站只设一只控制按钮，轿厢内内选按钮和厅站的外呼按钮启动运行后，轿厢在执行中不再应答其他信号。这种方式常用于货梯和病床梯。

2）集选方式

集选方式是常用的控制方式。中层站设有上行和下行呼梯按钮，电梯能够同时记忆多个轿厢内选层和厅站呼梯，在顺向运行中依次应答顺向呼梯并在呼梯层停靠。在最终层自动反向运行，依次应答反向的呼梯，最后回到基站，也可将两台或三台电梯组成一组联动运行，进行集选控制。如果已经有一部电梯返回基站，其余轿厢则在最终点停靠层关门待命，以防止轿厢空载运行。这种方式常用于百货商店的电梯。

3）群控运行方式

群控运行方式是比较先进的自动控制方式，适用于大型建筑物（如大型办公楼、旅店、宾馆等）。为了合理调度电梯，根据轿厢内人数、上下方向的停站数、厅站及轿厢内呼梯以及轿厢所在位置，自动选择最适宜于客流群控的输送方式。

2. 电梯控制器技术的应用

SK400L 电梯控制器技术是一套适用于高档办公楼和高档商住楼的感应卡电梯管理系统，系统网络结构如图 14.30 所示。用户每人将持有如信用卡大小的感应卡，根据所获得的权限操纵电梯，如什么时间允许进入哪些楼层。中央管理计算机配置一套通道管理软件，记录所有系统事件，按管理要求进行记录查询并自动生成各种报表。

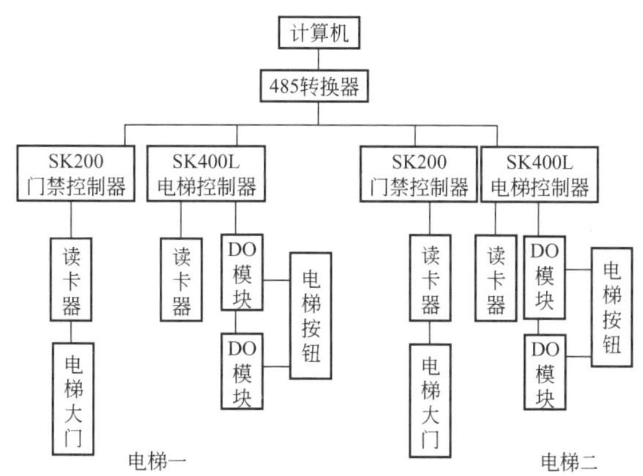

图 14.30　SK400L 电梯控制器技术系统网络结构

在电梯门的外面安装一台读卡器，附近安装一台门禁控制器。持卡人首先要刷卡将电梯门打开，否则根本就无法进入电梯操作电梯面板上面的按钮。

在电梯箱内安装感应式读卡器，在电梯顶部的控制机房安装电梯控制器、DO 模块以及稳压电源。持卡人进入电梯，在电梯内读卡后，读卡器将读到的卡号传给电梯控制器，电梯控制器即根据事先设置的楼层权限，允许持卡人到达授权进入的楼层。持卡人如操作未授权进入的楼层按钮，电梯将不做任何反应。非持卡者则无法操作电梯。

对电梯门和电梯的控制，可设置时间管制，以满足用户多样化需求。例如：在某一时

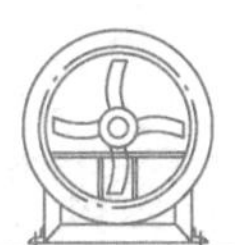

段，某个楼层电梯的运作可不做控制，任何人都可以随意进入并操作电梯；或授权持卡人在一定的时段内，只允许进入指定的楼层。

电梯的控制也可与其他子系统实现联动控制。紧急状态（如火警）时，系统自动取消对电梯的控制。

有客来访时，可设计为以下两种方式。

(1) 在保安处设好出入各层的临时卡片，客人来访，通过可视对讲，经住户确认来访客人身份，由保安发放对应楼层的临时卡片，出入电梯。

(2) 将可视对讲系统与电梯主控制系统连接，在住户处安装按钮，客人来访，通过可视对讲，住户确认来访客人身份，按按钮进入住户楼层。

14.3.6 火灾自动报警与消防联动控制系统（FAS）

火灾自动报警与消防联动控制系统作为建筑设备管理自动化系统（BMS）的一个子系统，是保障智能建筑防火安全的关键。火灾监控系统一般由火灾探测器、输入/输出模块、各类火灾报警控制器和消防联动控制设备等共同构成，其基本构成原理如图 14.31 所示。

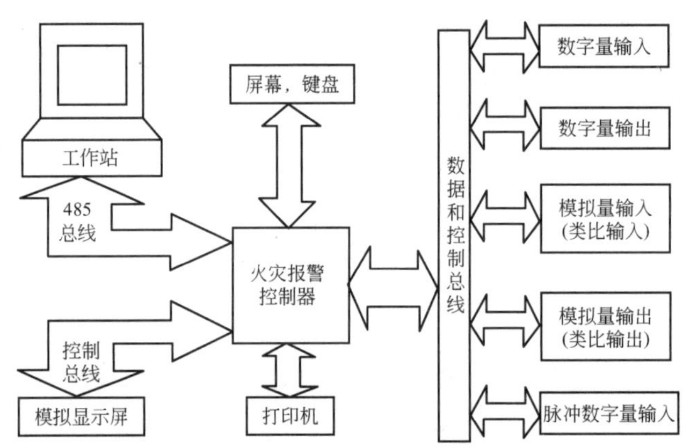

图 14.31　火灾监控系统基本构成原理

1. 火灾自动报警系统设计形式

根据建筑物防火等级的不同，国家标准《火灾自动报警系统设计规范》（GB 50116—2013）中规定，火灾监控系统有三种基本设计形式：区域报警系统、集中报警系统和控制中心报警系统。

如图 14.32 所示，集中火灾报警控制器设在有人值班的消防控制室内，其他消防设备及联动控制设备可采用分散就地控制和集中遥控两种方式，各消防设备工作状态的反馈信号必须集中显示在消防控制室的监视或总控制台上，以便负担总体灭火的联络与调度功能。控制中心报警系统探测区域可多达数百甚至上千个。本系统适用于规模大，需要集中管理的群体建筑及超高层建筑。

如图 14.33 所示，集中报警系统用的报警控制器，对于一个建筑内的消防控制室，数量不宜超过两台。

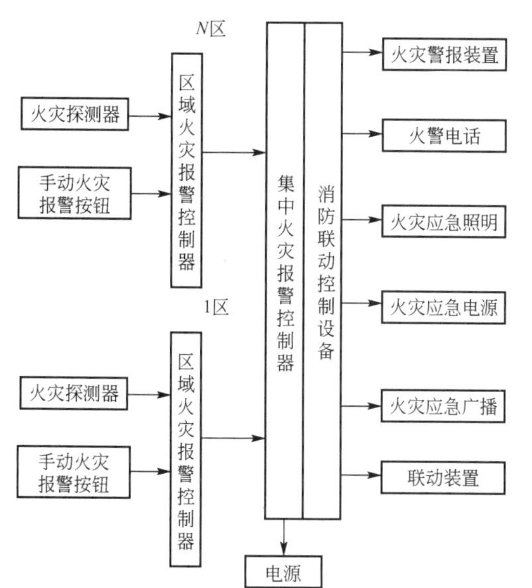

图 14.32 控制中心报警系统基本构成原理

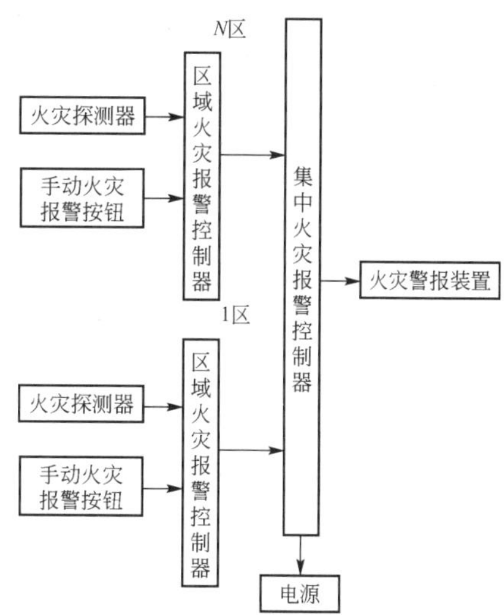

图 14.33 集中报警系统基本构成原理

如图 14.34 所示，其保护对象仅为某一局部范围，在一个建筑物内只能有一个这样的系统。

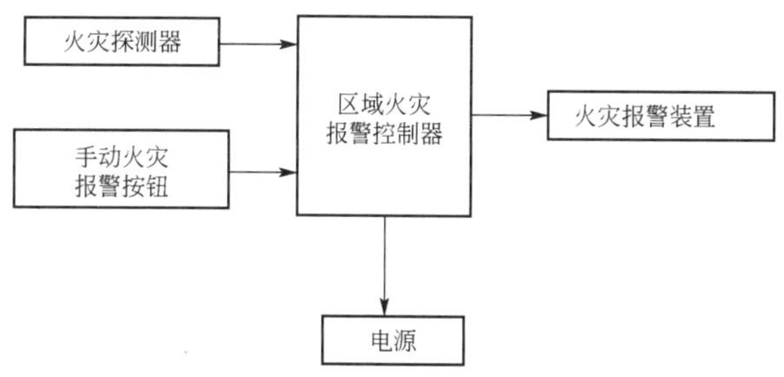

图 14.34 集中报警系统基本构成原理

2. 消防联动控制

消防联动设备是火灾自动报警系统的执行部件，消防控制室接收火警信息后应能自动或手动启动相应消防联动设备。

消防联动控制对象应包括以下的内容：①灭火设施；②火灾警报装置与应急广播；③非消防电源的断电控制；④消防电梯运行控制；⑤防火门、防火卷帘、水幕的控制；⑥防烟排烟设施。

3. 消防联动控制设备的具体功能

1） 排烟、 正压送风与空调通风系统

一般在地下室的小防火分区设置单变速或双变速排烟风机，同时设置一台送风机，其作用是在正常状态时利用双速风机进行排气，用送风机送入新风以便进行地下室的空气交换；发生火灾时，在消防控制室消防联动柜的作用下利用单速风机（或利用双速风机）进行排烟，用送风机兼作补风机，以利于消防抢救。这样送风机的启动和作用是受消防控制中心控制的。此外在消防过程中排烟阀或排烟防火阀需打开进行排烟，一定要注意其联动。

空调机则相反，在风管上安装防火调节阀或防烟防火阀，在发生火灾时在消防控制室消防联动控制柜的作用下关闭风阀与空调机，使着火点得不到新风，从而得到控制。

电梯前室的正压送风风口与楼顶的正压送风机的控制又有区别，电梯前室的感烟探测器感受到烟信号后将此信号送至消防控制室，消防控制室的联动控制柜发出信号，控制楼顶正压送风机打开，同时开启正压送风口风阀，或者正压送风口在现场的手动控制也可以联动正压送风机，使加压风机向电梯前室送正风以利于消防抢救。

以上几种风机均需要在消防控制室设置远程手动启停装置。

2） 消火栓泵、 喷淋泵及稳压泵系统

消火栓泵、喷淋泵及稳压泵系统构成消防系统。

消火栓系统的联动关系，主要体现在消水栓启动泵按钮与消防泵控制柜上。消火栓按钮应具备两个功能，即启动水泵并向消防中心提供反馈信号与现场启动显示功能。因而消火栓按钮应具备两对触点，一对用于动作后向消防控制中心发送消火栓启泵请求，另一对用于直接启动或通过消防联动柜启动消火栓水泵。

闭式自动喷水灭火系统是利用火场达到一定温度时，能自动将喷头打开，水流驱动湿式报警阀上的压力开关动作，同时，着火区域水流指示器动作，水流通过湿式报警阀驱动水力警铃报警，压力开关和水流指示器动作信号传入火灾自动报警控制器，然后，通过联动控制喷淋泵启动。喷淋泵启动信号和故障信号通过喷淋泵控制柜反馈回火灾自动报警控制器。

3） 电梯、 电动防火卷帘及防火门

(1) 电梯。

在确认火灾后，由消防联动控制柜控制消防电梯停于首层，供消防人员扑救火灾使用；客梯将轿厢迅速停在就近的相应层或指定层，并打开轿厢门，让人员迅速撤离电梯。消防电梯在首层设有紧急迫降控制和返回信号接点，通过该接点信号控制消防电梯停于首层，便于非消防电梯电源切断。

(2) 电动防火卷帘。

防火卷帘电动机电源一般为三相交流 380V，防火卷帘控制器的控制电源可接交流或直流 24V。根据规范要求，在疏散通道上的防火卷帘应在卷帘两侧设感烟、感温探测器组，在任意一侧感烟探测器组动作后，通过报警总线上的控制模块控制防火卷帘降至距地面 1.8m，感温探测器动作后，防火卷帘下降到底，作为防火分区分隔的防火卷帘，当任一侧防火分区内火灾探测器动作后，防火卷帘应一次下降到底。防火卷帘两侧都应设置手动控制按钮，在探测器组误动作时，能强制开启防火卷帘。当防火卷帘旁设有水幕喷水系统保护时，应同时启动水幕电磁阀和雨淋泵。另外宜在消防控制中心设有手动紧急下降防火卷帘的控制按钮。在进行防火卷帘订货时，要对其配套的控制箱（柜）提出要求。

(3) 电动门与闭门器。

根据规范规定，用于楼梯间和前室的防火门应具有自行关闭的功能。防烟楼梯间及其前室、消防电梯部前室的防火门应为常开的电动防火门，并和自动报警系统联动。防火门平时打开，火灾发生时所有防火门能在自动报警系统控制下自动关闭，也能在控制室控制其关闭，行人手动打开防火门后，也能自动关闭，阻断烟火蔓延并在楼梯间或前室形成一个封闭的防烟空间，配合正压送风防烟系统起到阻火防烟的作用。

4）电源

消防设备的电源均应是双回路供电或双电源供电，要根据重要程度做不同选择。另外在火灾发生时，要根据电源使用性质的不同分别进行切断，即对十分重要的建筑可按相关区域自动切除这类负荷的非消防电源，对于一般建筑可从配电室自动或手动回路切除。而对于照明电源的切断应慎重进行。

另外在对消防控制室的设备进行供电时，不宜选用插座供电，且不应采取漏电保护开关。

5）火灾报警装置和火灾应急广播

火灾报警装置的控制程序应符合下列要求。

（1）二层及二层以上楼层发生火灾，应先接通着火层及相邻的上、下层。

（2）首层发生火灾，应先接通首层、二层及地下各层。

（3）地下室发生火灾，应先接通地下各层及首层。

（4）含多个防火分区的单层建筑，应先接通着火的防火分区及其相邻的防火分区。

4. FAS 与 BAS 的联网

FAS 在智能建筑中独立运行，完成火灾信息的采集、处理、判断和确认实施联动控制。此外，FAS 还应具有联网和提供通信接口界面的能力，即通过网络实施远端报警及信息传递，通报火灾情况和向火警受理中心报警。

FAS 作为 BAS 的一部分，在智能建筑中可与 SAS、其他建筑的 FAS 联网通信，使整个建筑群或小区建立一个网络化的火灾监控管理系统，并向上级管理系统报警和传递信息。同时向远端城市消防中心、防灾管理中心实施远程报警，也可与 BAS 的其他子系统以及智能建筑管理中心网络通信，参与城市信息网络。

14.3.7 安全防范系统

安保系统（Security System）是智能建筑中的一个重要功能，它主要特点是能有效保证居民生命财产的安全，防止没有授权的非法入侵，避免人员受伤和财产损失。

在智能建筑系统中，安防监控系统占有重要的地位，一般由图像监视、防盗报警、保安巡更和门禁管理四个子系统组成。现代安防监控系统已有了新的概念，通常称为安全自动化系统（Security Automation System，SAS），它与楼宇设备自动化系统（Building Automation System，BAS）、防火自动化系统（Fire Automation System，FAS）是最底层的系统。同属于第二层的楼宇管理自动化系统（Building Management Automation System，BMAS）、办公自动化系统（Office Automation System，OAS）和通信自动化系统（Communication Automation System，CAS），又是第三层（最高层）智能建筑管理系统（Intelligent Building Management System，IBMS）的基础。智能建筑系统的三层体系结构如图 14.35 所示。

SAS 的结构模式可粗略地分为组合式和（准）集成式两大类。前者的特点是系统的各子系统分别单独设置、集中管理；后者的特点是通过统一的通信平台和管理软件将各子系统联网，从而实现对全系统的集中管理、集中监视和集中控制。

目前，SAS 所包括的主要子系统是：防盗（劫）报警子系统、视频安防-报警子系统、出入口控制-报警子系统、保安人员巡更-报警子系统、访客-报警子系统、汽车综合管理

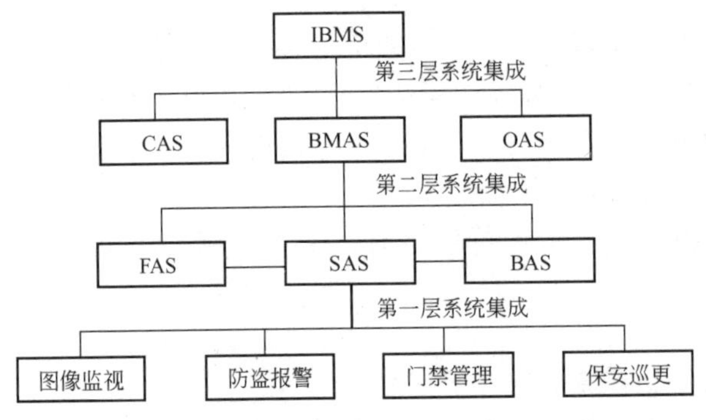

图 14.35 智能建筑系统的 3 层体系结构

系统以及其他子系统。这些子系统可以单独设置、独立运行，也可以由中央控制室进行集中监控，还可以与其他综合系统进行系统集成和集中监控。

安防系统按照其作用的范围可以分成外部入侵保护、区域保护和特定目标保护三部分。外部入侵保护主要是防止非法进入建筑物。区域保护是对建筑物内部某些重要区域进行保护。特定目标保护是指对区域内的某些特业目标的保护，如保险箱、某些文物等。在保安系统的各个子系统中，各自独立的子系统目前正趋向淘汰。计算机控制的综合安防系统正在受到重视，这种系统能进行相互通信，相互协调动作，共享一些软件和硬件。如防盗报警系统由计算机协调管理，各种防盗报警器加上声控头、监视器及控制中心控制台，就构成智能建筑安防系统，其安防系统框图如图 14.36 所示。

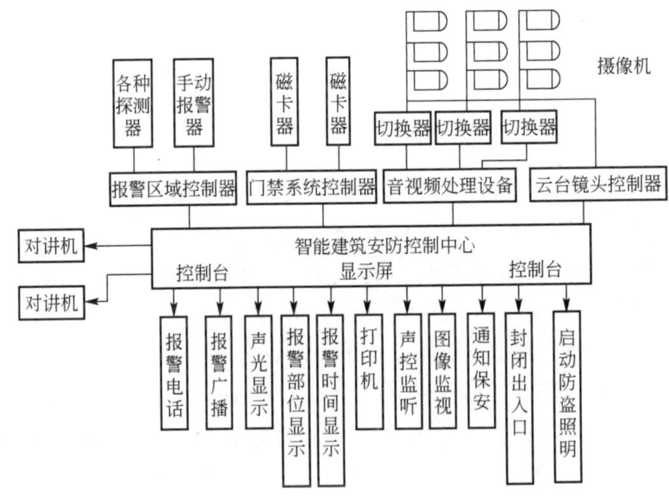

图 14.36 智能建筑安防系统框图

1. 入侵报警系统

入侵报警系统（Intrusion Alarm System，IAS）是用于探测设防区域的非法入侵行为并发出报警信号的电子系统或网络。

报警系统通过对重要路段设置如红外探测器、移动探测器、门磁探测器、玻璃破碎探测器、振动探测器、烟雾探测器、紧急按键等各种探测器，从多个方面进行安全保护。在系统布防时，上述各种探头探测到任何异动，如有人进入房间，或打破玻璃，或撬门，或企图破坏保险箱，甚至翻越围墙等，都将会发出声光警报，提醒人们的注意并行动，从而有效地保护了人们的生命财产安全。

2. 视频安防监控系统

视频安防监控系统一般由前端、传输、控制及显示记录四个主要部分组成。前端部分包括一台或多台摄像机及与之配套的镜头、云台、防护罩、解码驱动器等；传输部分包括电缆和/或光缆，以及可能的有线/无线信号调制解调设备等；控制部分主要包括视频切换器、云台镜头控制器、操作键盘、种类控制通信接口、电源和与之配套的控制台、监视器柜等；显示记录设备主要包括监视器、录像机、多画面分割器等。

根据使用目的、保护范围、信息传输方式和控制方式等的不同，视频安防监控系统可有多种构成模式。

监控系统的总体结构如图 14.37 所示。

闭路电视监控系统的核心是矩阵切换主机。摄像机监控到的视频信号传送到主机，主机根据收到的信号了解小区周围的情况，经解码器控制摄像机，而解码器可将报警信号反馈到主机。监视器显示摄像机发送回来的图像，录像机可长时间录像。需要时，主机可联动消防系统和广播系统。多媒体计算机负责主机和小区计算机网络的通信，并与小区计算机网络和公安局计算机系统及其他计算机网络联网，实现小区的整体监控。

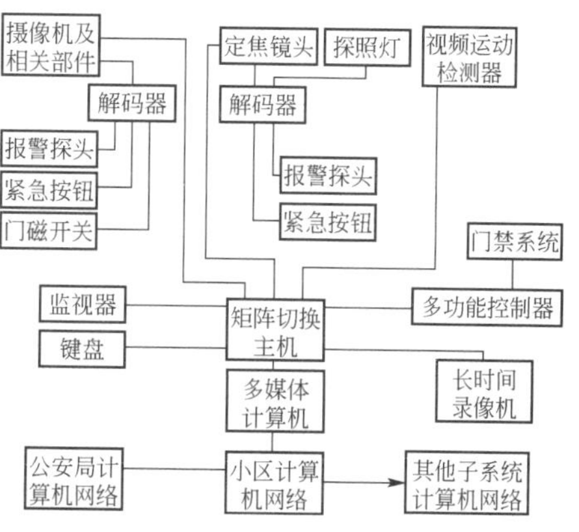

图 14.37 监控系统的总体结构

3. 出入口控制系统

1） 出入口控制系统概念

出入口控制系统，是采用现代电子与信息技术，在建筑物内外的出入口对人（或物）的进出，实施放行、拒绝、记录和报警等操作的一种电子自动化系统。它一般由出入口目标识别子系统、出入口信息管理子系统、出入口控制执行机构三部分组成。

出入口控制系统（Access Control System，ACS）用卡片、按键、电子门锁和其他电子装置控制出入口门的开关，代替机械门锁和钥匙。

2） 门禁系统

门禁系统作为安保自动化（SA）管理的一个重要组成部分，越来越引起人们的关注。其工作机理是：管理中心给每一个员工发卡，持卡人只要将卡靠近读卡器附近（5～15cm），快速晃动一下，读卡器感应到卡并将卡中的信息（卡号）传送给当地的控制器。控制器将收到的卡号，与存储在控制器内部的卡号进行对比，进行卡号合法性判断，然后根据判断结果控制电控门锁是否打开：如果卡号合法，电控锁打开，持卡人可以进入；否则，电控锁将不能开启。如果控制器与电脑联网的话，管理人员可以实时监控大楼内每道门的人员进出情况，也可以在门禁软件的实时监控画面上，看到每扇门的开或关状态。当有人非法入侵时，门禁软件上将显示“强行进入”的报警提示；如果人员开门后，门没有及时关闭，门禁软件上也将显示“门位逾时”的报警提示。所有这些报警信号，均可以通过控制器上的报警输出继电器或 TTL 报警输出点，与当地的声光报警器相连。因此，管理人员坐在监控计算机前，就可以了解整个大楼每扇门的人员进出情况，根据计算机的实时监控功能，判断是否要到现场进行察看，同时将人员进出情况、报警事件等信息进行浏览察看、打印以及存档。此外，感应卡不易复制、安全可靠、寿命长（非接触读卡方式使卡的机械磨损减少到零）。

门禁系统作为一项先进的高科技技术防范手段，一些经济发达的国家在早期，就已经将其应用于科研、工业、博物馆、酒店、商场、医疗监护、银行、监狱等。由于系统本身具有的隐蔽性、及时性等特点，在许多领域的应用越来越广泛。

3） Smartkey 门禁系统

该系统具有对门户出入控制、记录进出信息、防盗保安、报警等多种功能，它主要方便内部员工或住户的出入，杜绝外来人员随意进出。既方便了管理，又增强了内部的安保。系统由电脑及软件、非接触式 IC 卡读写器、机电一体化锁扣、感应式 IC 卡组成，在需要进行门禁控制的各门户安装读写控制器。该控制器可安装于门框墙壁，亦可埋置于框架结构内部，同时通过控制线路和专用锁扣相连，通过通信线和电脑相连。该门禁系统可控制不同的门类。使用时只需将感应卡在读写器前一晃，即可完成门锁的开启及记录的工作。

（1）单门禁控制系统。

图 14.38 为某单门禁控制系统构成简图。

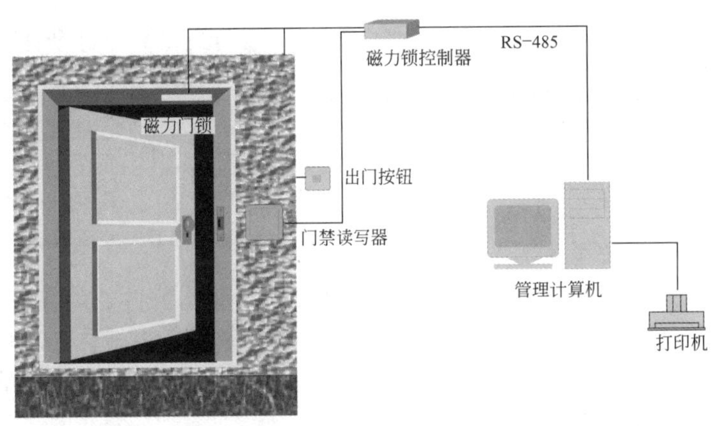

图 14.38　某单门禁控制系统构成简图

（2）小型联网门禁系统。

图 14.39 为某一小型联网门禁系统构成简图，在 485 总线上，最多可以同时挂接 32 台控制器，如果全部采用四门控制器的话，最多可以控制 128 扇门。系统采用“手拉手”的总线式连接方式。

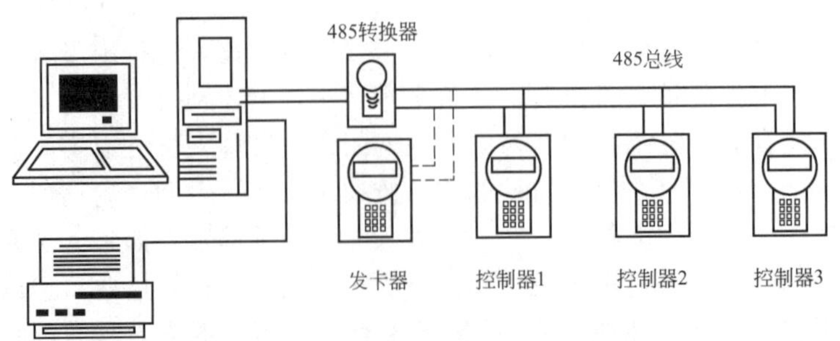

图 14.39　小型联网门禁系统构成简图

485 信号线要采用屏蔽双绞线，线径不能小于 0.75mm²。当采用较小线径的信号线时，485 总线上所挂接的控制器数量和 485 通信距离都将减小。

(3) 局域网联网门禁系统。

局域网联网门禁系统有大型和小型两种，图 14.40 为某一局域网小型联网门禁系统构成简图。

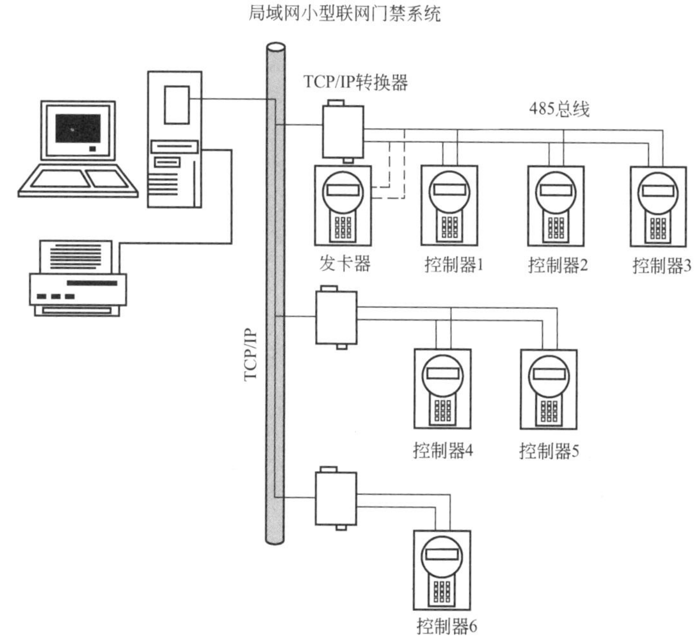

图 14.40 局域网小型联网门禁系统构成简图

(4) 控制器与读卡器、电锁的连接。

图 14.41 是最基本的门禁系统连接方式。根据客户的需要，还可以将红外探头、烟雾传感器等连接到控制器上面。

4. 电子巡更系统

电子巡更系统属安全防范系统，是智能化小区、办公楼保安信息管理的必备工具。它作为智能建筑不可或缺的一个子系统已得到了广泛的应用。电子巡更系统不仅可以实现技防与人防相结合的目的，而且更重要的是，它提高了物业管理水平，更好地保障了建筑物内部和周边环境的安全。

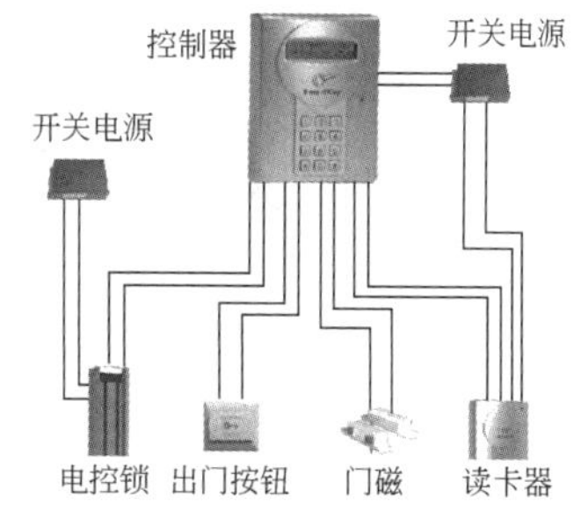

图 14.41 最基本的门禁系统连接方式

古人所谓打更，今天谓之值班巡更。巡更的作用主要在于能及时发现险情，并及时排除。倘若无力排除险情，也能及时报警呼救，避免险情扩大。巡更还有一个作用就是可以提醒人们注意安全。

巡更系统配置由信息钮、巡查棒、通信座、电脑系统管理软件四部分组成，如图 14.42 所示为系统配置简图，图 14.43 所示为各部件实物图。

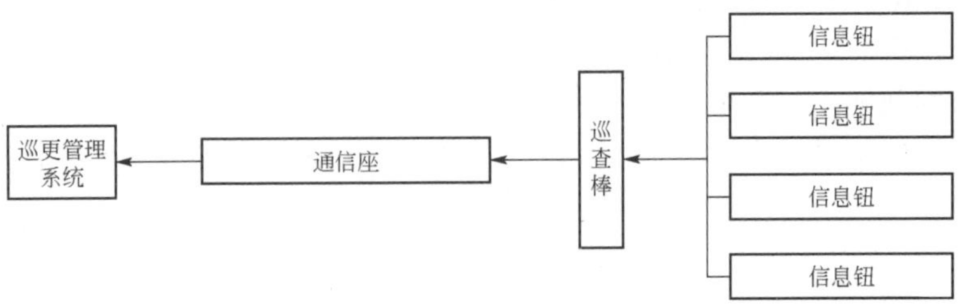

图 14.42　离线式电子巡更系统配置简图

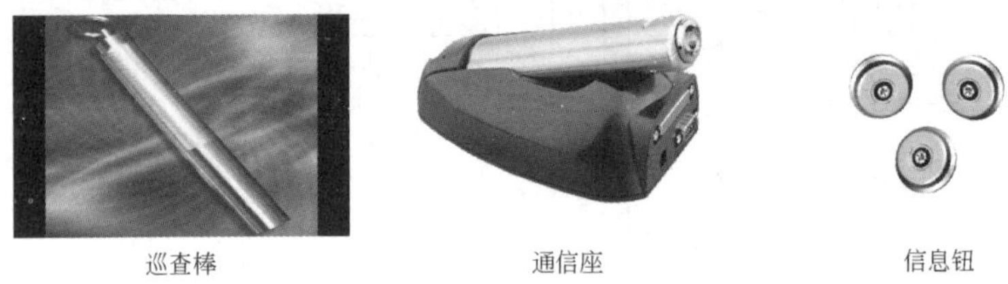

图 14.43　离线式电子巡更系统各部件实物图

巡更系统管理软件运行平台为 Windows 98 操作系统，全中文菜单和帮助系统，人机界面友好，操作使用简单。它具有巡查人员登记、巡查点设置、巡查棒注册、巡查时间设置、巡查任务安排、巡查点编辑（包括巡查点增减、巡查点名称和编号的更改）、巡查记录读取、记录数据处理（包括存盘、打印、查询）、系统管理（包括密码更改、串行口选择）等功能。如图 14.44 所示为感应式电子巡更管理系统菜单界面。

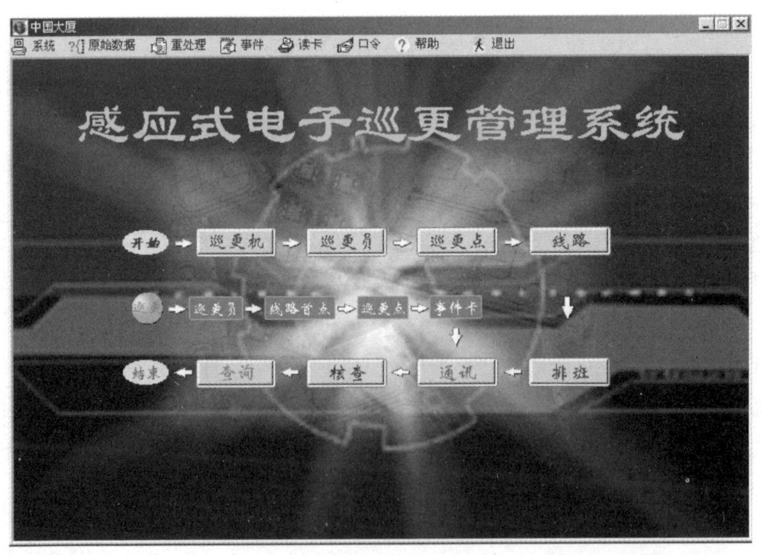

图 14.44　感应式电子巡更管理系统菜单界面

基于 IEEE802. ab、SWAP 等无线通信协议的无线电子巡更系统、基于全球定位系统（Global Position System，GPS）的无线电子巡更系统和基于地理信息系统（Geographic Information System，GIS）的集成无线电子巡更系统是将来电子巡更系统的发展方向和应用模式，也是在线式电子巡更系统的发展方向。

5. 停车场管理系统

1） 系统组成

停车场管理系统由停车场专用控制器、读卡器（远距离读卡器和近距离读卡器）、感应卡、感应天线、控制器、道闸、地感、吐卡箱、摄像机、管理软件等组成。

如图 14.45 所示为吐卡箱、地感、自动道闸实物图。

图 14.45 吐卡箱、地感、自动道闸实物图

2） 停车场管理系统工作流程

(1) 持固定卡入场。

持固定卡入场停车场管理系统工作流程如图 14.46 所示。将车辆驶至读卡机前，取出感应卡在读卡机感应区域晃一下（感应距离约 100mm），自动录入图像；感应过程完毕，读卡机发出“嘀”的一声；道闸自动升起，中文电子显示屏显示礼貌用语“欢迎入场”，同时发出语音（如读卡有误，道闸不会升起，中文电子显示屏亦会显示原因，如“金额不足”“此卡已作废”等）；司机开车入场，进场后道闸自动关闭。

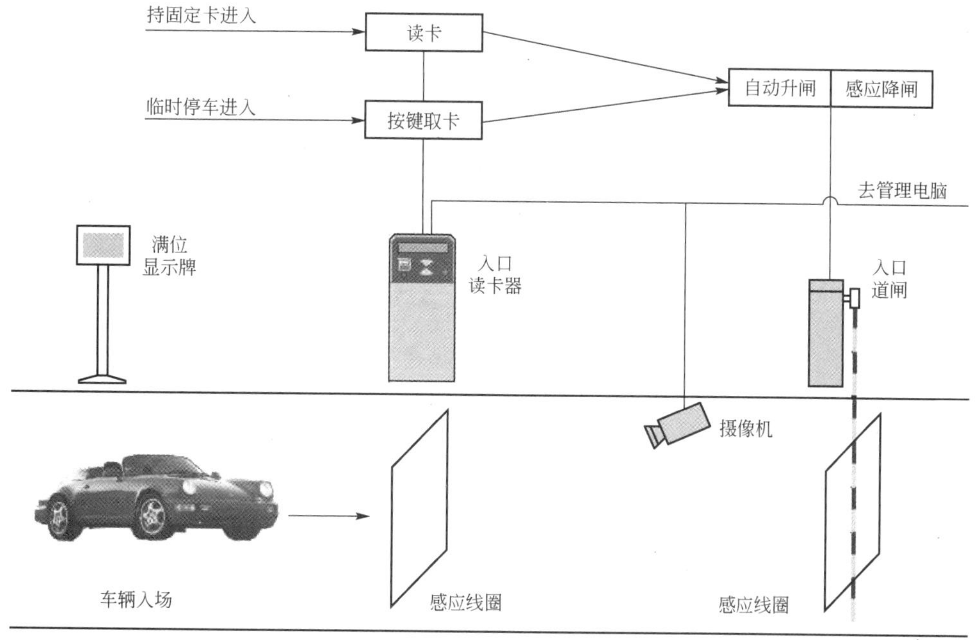

图 14.46 持固定卡入场停车场管理系统工作流程

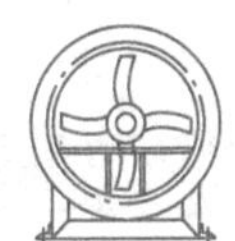

(2) 持固定卡出场。

持固定卡出场停车场管理系统工作流程如图14.47所示。将车辆驶至停车场出口读卡机前，取出IC卡在感应区域晃一下（感应距离约100mm）；感应过程完毕，读卡机发出“嘀”的一声；读卡机接受信息，电脑自动记录、扣费，图像处理软件自动调出入场时拍摄的图像进行对比，确认无误；中文显示礼貌用语“一路顺风”，同时发出语音，如读卡有误，中文电子显示屏会显示原因，如“金额不足”“此卡已作废”等；道闸自动升起、司机开车出场；出场后道闸自动关闭。

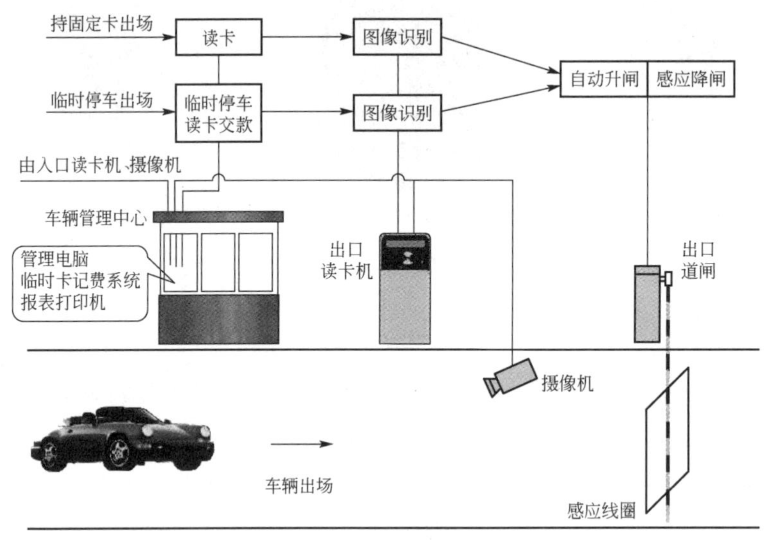

图 14.47　持固定卡出场停车场管理系统工作流程

3）系统网络结构图

图14.48为某停车场收费综合管理系统网络结构图。每个停车场均由进出口设备、停车场控制器组成，它们通过485转接器与停车场管理计算机连接，各个停车场收费综合管

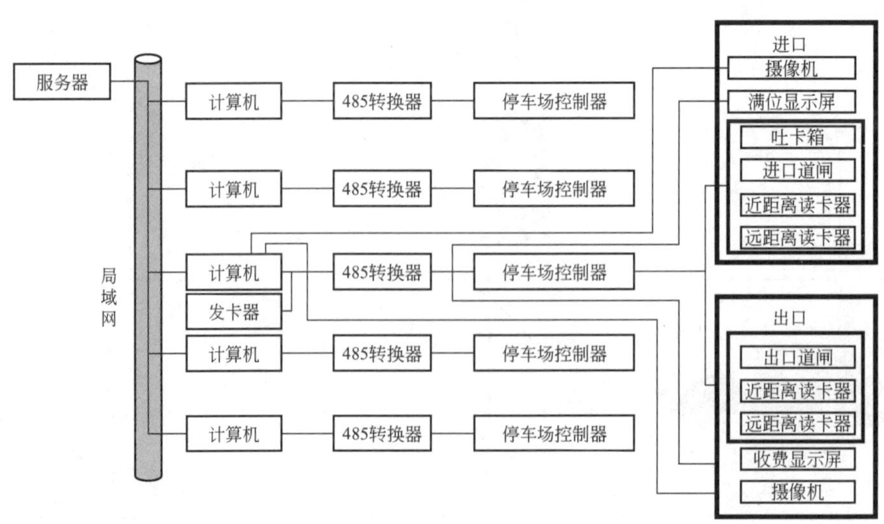

图 14.48　停车场管理系统网络结构图

理系统通过局域网或广域网与城市停车场管理中心联网，各个停车场可以信息共享，城市停车场管理中心的服务器接受各个停车场的车位信息，通过城市交通路线上的显示屏为司机提供实时车位信息，有效地解决了司机停车问题，并提高了停车场的利用率及交通效率。

14.3.8 建筑设备自动化案例

珠海出入境检验检疫局综合检测楼 20～27 层为检测实验业务用房，建筑面积为 10 600m^2。其中，20 层为生物形态检测实验室和分子生物学实验室，21 层为病理与免疫学检测实验室，22 层为生物生化实验室，23～27 层为有机无机检测实验室。武汉某科技股份公司承担了该实验检测区域的弱电工程。

弱电工程包括空调通风远程监控、洁净室环境监控、气体泄漏、安防监控、人员管理等，系统复杂且自动化程度要求高，要求实施本地及远程监控报警功能。为了实现这些功能，该公司采用了具有自有知识产权的 KILAB 智慧型科学实验室综合管理平台实现对实验室各个子系统的综合性管理。如图 14.49 所示为系统架构，平台包括硬件设施和管理软件两个部分。

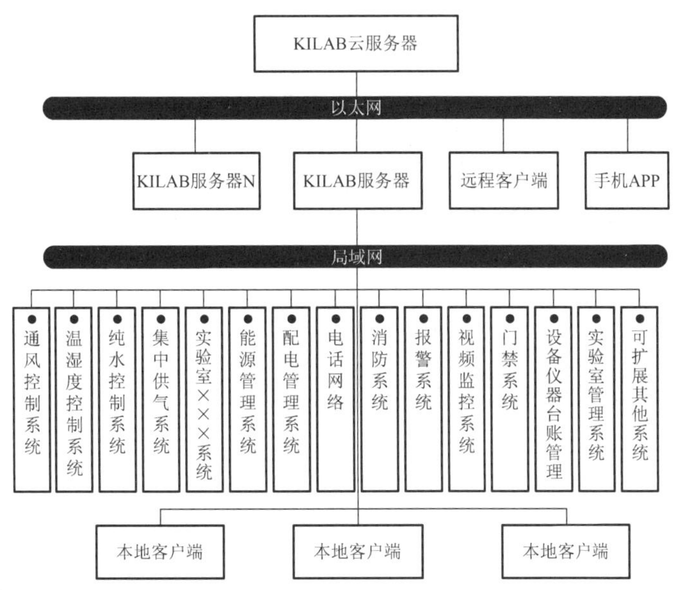

图 14.49 KILAB 智慧型科学实验室综合管理平台

1. 硬件设施

硬件设施主要包括：智能化服务器、网络交换机、数据采集器、系统控制器（DDC、PLC 等）、录像机、触摸显示屏、传感器、电视墙等。

(1) 智能化服务器位于监控机房内接入交换机，主机预留有 VGA/HDMI 视频信号接口，与电视墙连接。

(2) 各类数据采集器可直接接入或间接通过以太网网桥汇入以太网总线。

(3) 传感器需通过有线或者无线（ZigBee、蓝牙等）等多种方式接入数据采集器。

(4) 视频录像机、门禁控制器通过网络接口接入网络总线。

(5) DDC、PLC等系统控制器位于各个子系统内负责采集数据，并预留有总线接口，直接或间接接入网络交换机。

(6) 触摸显示屏可现场显示和控制子系统工作状态。

(7) 电视墙面尺寸为100寸，由拼板显示矩阵组成。视频信号接口采用VGA/HDMI，屏幕亮度不小于500cd/m²。墙体在综合布线时预留有电力和网络接口。矩阵视频信号由监控主机负责投射，矩阵单元之间既可拼接显示也可独立显示。墙面显示内容包括实验室监控视频信号、实验室环境参数、报警信息等。

2. 管理软件

KILAB智慧型科学实验室综合管理软件运行于智能化服务器内，负责采集各实验室的数据，记录并存储于数据库中。

(1) 软件系统基于C/S或者B/S架构。

(2) 提供直观图形界面，简单易用，如图14.50所示。

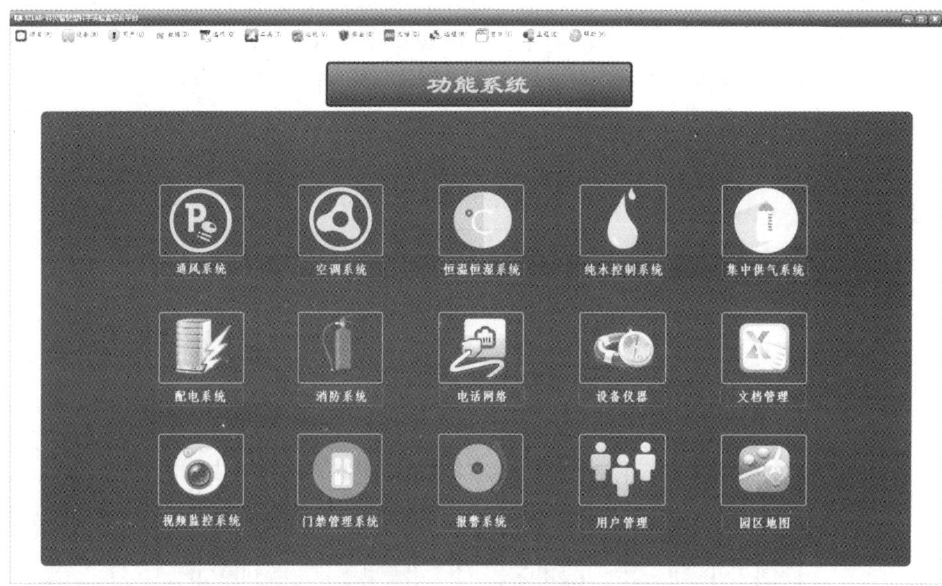

图14.50 KILAB智慧型科学实验室综合管理平台主界面

(3) 具有实时数据采集功能，例如实时显示相关普通实验室的温、湿度，洁净室的温、湿度和压力，可燃气体的泄漏报警，通风柜的工作状态(如排风角度、视窗高度、柜面风速、柜内温度、照明状态)等参数。

(4) 可访问视频监控系统、门禁系统，远程获取视频录像和人员出入等信息。

(5) 能提供实验数据和报表。

(6) 可查询指定时间段的历史参数数据。

(7) 可查询各类设备的工作日志。

(8) 可提供文档管理功能，如文档的修改、保存、上传、下载等。

(9) 可通过邮件或短信方式提供实验室的多种报警信息，如温湿度报警、可燃气泄漏报警、漏水报警等。

(10) 可通过智能手机APP异地远程登录访问智能化服务器数据。

思考题

1. 什么是智能建筑?
2. 智能建筑的核心技术包含哪些内容?
3. 什么是综合布线系统? 建筑物综合布线系统分为哪几个子系统?
4. 综合布线系统的传输介质包含哪些?
5. 办公自动化系统硬件和软件包含哪些内容?
6. 简述 BAS 的基本功能。
7. 简述 BMS 和 IBMS 的关系。
8. 简述 DCS 的组成。
9. 简述排水监控系统。
10. 简述冷冻水一级泵系统监控系统。
11. 简述空调定风量混合式系统监控系统。
12. 简述供配电系统的监测方法。
13. 电梯的控制方式有哪几种?
14. 简述消防联动控制设备的具体功能。
15. 安防监控系统的内容是什么?
16. 入侵探测器的种类有哪些?
17. 简述门禁管理系统的功能特点。
18. 简述电子巡更系统的组成。

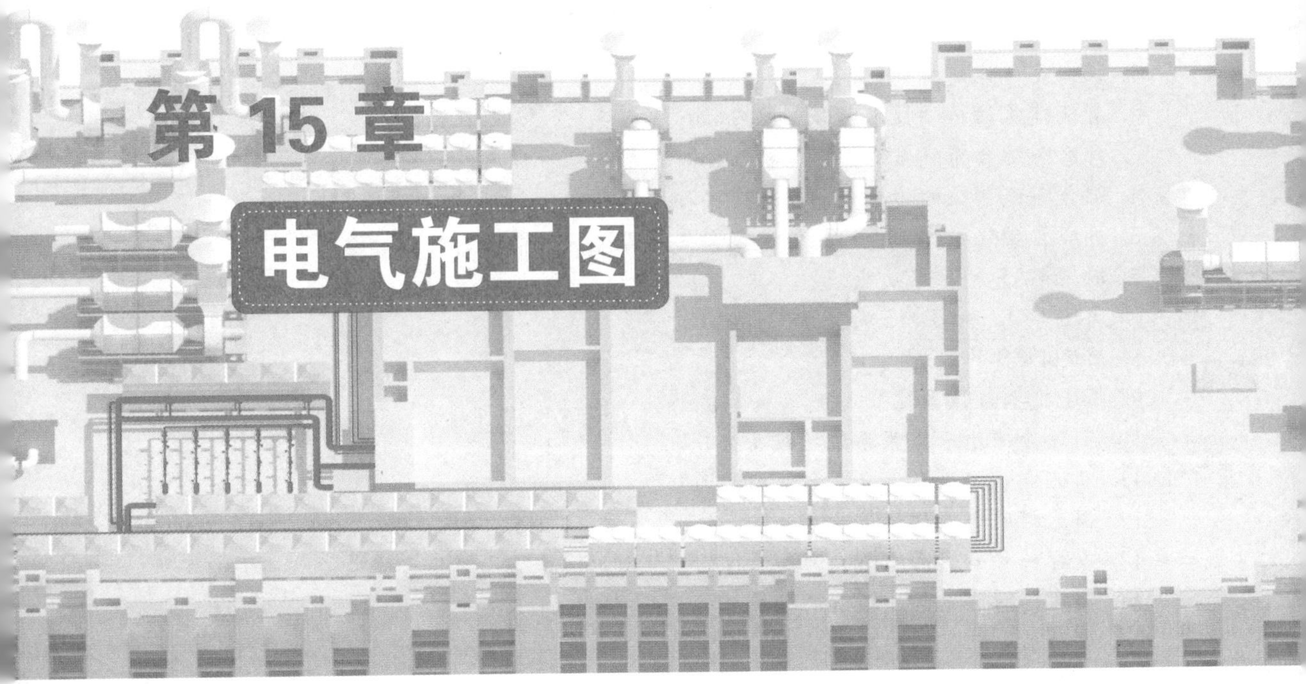

第 15 章 电气施工图

教学要点

本章主要讲述绘制电气施工图的步骤和主要内容。通过本章的学习，应达到以下目标：

(1) 了解建筑电气施工图的图例；

(2) 了解如何正确识读电气施工图；

(3) 能够绘制简单的电气施工图。

基本概念

施工图；电气施工图；设计说明书；设备材料表；电气系统图

引例

在炎热的夏天，你匆忙地赶往你的办公室，首先乘电梯直上位于19层的办公室，空调已使房间内凉爽舒适，房间有点暗，你打开了照明灯……你可能会问：这些方便是如何实现的？只要仔细阅读电气施工图，答案就在上面。电气施工图是电气设计工程师的语言，它是现场施工的依据，是建设单位的验收标准。如何正确识读和绘制电气施工图是本章所要重点阐述的。

15.1 常用电气施工图的图例

为了简化作图，国家有关标准制定部门和一些设计单位有针对性地对常见的材料构件、施工方法等规定了一些固定的画法式样，有的还附有文字符号标注。表 15－1～表 15－6 是在实际电气施工图中常用的一些图例画法，根据它们可以方便地读懂电气施工图，参照《建筑电气制图标准》(GB/T 50786—2012) 和《电气简图用图形符号》(GB/T 4728.12—2008)。

表 15－1 线路走向方式代号

序号	名称	图形符号	说明	序号	名称	图形符号	说明
1	向上配线或布线		方向不得随意旋转	5	由上引来		
2	向下配线或布线		宜注明箱、线编号及来龙去脉	6	由上引来向下配线		
3	垂直通过			7	由下引来向上配线		
4	由下引来						

表 15－2 线路常用符号

序号	名称	图形符号	说明	序号	名称	图形符号	说明
1	中性线		电路图、平面图、系统图	3	保护线和中性线共用线		
2	保护线		电路图、平面图、系统图	4	带保护线和中性线的三相线路		

表 15－3 灯具类型型号代号

序号	名称	图形符号	说明	序号	名称	图形符号	说明
1	灯		灯或信号灯一般符号	3	荧光灯		三管荧光灯
2	投光灯		一般符号	4	应急灯		自带电源的事故照明灯装置

(续)

序号	名称	图形符号	说明	序号	名称	图形符号	说明
5	气体放电灯辅助设施	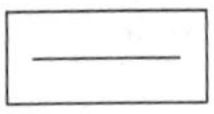	仅用于与光源不在一起的辅助设施	11	花灯	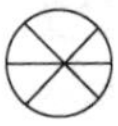	
6	球形灯			12	弯灯	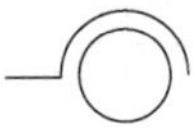	
7	应急疏散指示标志(向左、向右)	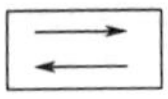		13	安全灯		
8	带指示灯按钮			14	防爆灯		
9	吸顶灯			15	单管格栅灯	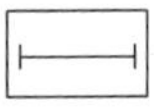	
10	壁灯			16	多管格栅灯	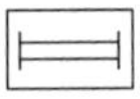	

表 15-4　照明开关在平面布置图上的图形符号

序号	名称	图形符号	说明	序号	名称	图形符号	说明
1	开关		开关，一般符号	5	单级拉线开关		
2	单级开关		分别表示明装、暗装、密闭(防水)、防爆	6	单级双控开关		
				7	双控开关	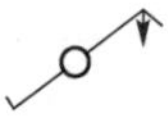	
3	双级开关		分别表示明装、暗装、密闭(防水)、防爆	8	带指示灯开关		
				9	定时开关	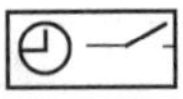	
4	三级开关	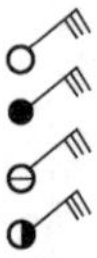	分别表示明装、暗装、密闭(防水)、防爆	10	多拉开关		

表 15－5　插座在平面布置图上的图形符号

序号	名称	图形符号	说明	序号	名称	图形符号	说明
1	插座		电源插座、插孔的，一般符号，不带保护级	4	多孔插座		示出三个
2	单相插座		分别表示明装、暗装、密闭（防水）、防爆	5	三相四孔插座（其中一孔为保护极）		分别表示明装、暗装、密闭（防水）、防爆
3	单相三孔插座（其中一孔为保护极）		分别表示明装、暗装、密闭（防水）、防爆	6	带开关插座		带一单级开关

表 15－6　接线原理图型号代号

序号	名称	图形符号	说明	序号	名称	图形符号	说明
1	开关，一般符号		动合（常开）触点	6	延时断开的动合触点		当带该触点的器件被释放时，此触点延时断开
2	动断（常闭）触点		水平方向上开下闭	7	延时断开的动断触点		当带该触点的器件被吸合时，此触点延时断开
3	转换触点		先断后合	8	延时闭合的动断触点		当带该触点的器件被释放时，此触点延时闭合
4	双向触点		中间断开	9	动手开关		
5	延时闭合的动合触点		当带该触点的器件被吸合时，此触点延时闭合	10	按钮开关		

(续)

序号	名称	图形符号	说明	序号	名称	图形符号	说明
11	接地开关			24	继电器		缓慢释放继电器线圈
12	断路器	I_Δ	剩余电流动作	25	有功功率表	Wh	电度表（瓦时计）
13	断路器	I_Δ	带隔离功能剩余电流动作	26	复费率电度表	Wh	
14	断路器，一般符号			27	电压表	V	
15	断路器		带隔离功能	28	熔断器，一般符号		FA
16	隔离器			29	熔断器式隔离器		
17	隔离开关			30	熔断器式隔离开关		
18	隔离开关		带自动释放功能	31	多级开关，一般符号		单线表示
19	接触器		主动合触点，在非操作位置上触点断开	32	多级开关，一般符号		双线表示
20	接触器		主动断触点，在非操作位置上触点闭合	33	接触器一般符号		多线表示
21	热继电器		热继电器的驱动器件	34	电抗器		
22	继电器线圈，一般符号		KF	35	电压互感器		
23	继电器		缓慢吸合继电器线圈	36	电流互感器		

15.2 电气施工图的内容

在初步设计被批准后，就可以进行施工图设计，其步骤如下。

(1) 收集设计资料。

(2) 明确设计意图，落实电气设计标准。

(3) 有关专业碰头落实各专业相关问题，取得共识。

(4) 绘制总平面图。

(5) 绘制照明和动力平面图。

(6) 绘制供电系统图。

(7) 设计弱电系统图和平面图。

(8) 写设计说明和电气材料明细表。

(9) 审图。

(10) 编制电气工程概算书。

施工图是建设单位编制标底及施工单位编制施工图预算进行投标和结算的依据，同时，它也是施工单位进行施工和监理单位进行工程质量监控的重要工程文件。

1. 施工图的深度

施工图主要是将已经批准的初步设计图，按照施工的要求予以具体化。施工图的深度应能满足下列要求。

(1) 根据图纸，可以进行施工和安装。

(2) 根据图纸，修正工程概算或编制施工预算。

(3) 安排设备、材料详细规格和数量的订货要求。

(4) 根据图纸，对非标产品进行制作。

2. 施工图内容

一套完整的施工图，内容以图纸为主，一般分为以下几部分。

(1) 图纸目录。列出新绘制的图纸、所选用的标准图纸或重复利用的图纸等的编号及名称。

(2) 设计总说明（即首页）。内容一般包括施工图的设计依据；设计指导思想；本工程项目的设计规模和工程概况；电气材料的用料和施工要求说明；主要设备的规格型号；采用新材料、新技术或者特殊要求的做法说明；系统图和平面图中没有交代清楚的内容，如进户线的距地标高、配电箱的安装高度、部分干线和支线的敷设方式和部位、导线种类和规格及截面面积大小等内容。对于简单的工程，可在电气图纸上写成文字说明。

(3) 配电系统图。它能表示整体电力系统的配电关系或配电方案。从配电系统图中能够看到该工程配电的规格、各级控制关系、各级控制设备和保护设备的规格容量、各路负荷用电容量及导线规格等。

(4) 平面图。它表征了建筑各层的照明、动力、电话等电气设备的平面位置和线路走向。它是安装电器和敷设支路管线的依据。根据用电负荷的不同而有照明平面图、动力平面图、防雷平面图、电话平面图等。

(5) 大样图。表示电气安装工程中的局部作法明晰图，如舞台聚光灯安装大样图、灯头盒安装大样图等。在《电气设备安装施工图册》中有大量的标准做法大样图。

(6) 二次接线图。它表示电气仪表、互感器、继电器及其他控制回路的接线图。例如，加工非标准配电箱就需要配电系统图和二次接线图。

(7) 设备材料表。为了满足施工单位计算材料、采购电气设备、编制工程概（预）算和编制施工组织计划等方面的需要，电气工程图纸上要列出主要设备材料表。表中应列出主要电气设备材料的规格、型号、数量以及有关的重要数据，要求与图纸一致，而且要按照序号编号。设备材料表是电气施工图中不可缺少的内容。

此外，还有电气原理图、设备布置图、安装接线图等。

电气施工图根据建筑物功能不同，电气设计内容有所不同。通常可分为内线工程和外线工程两大部分。

内线工程：照明系统图、动力系统图、电话工程系统图、共用天线电视系统图、防雷系统图、消防系统图、防盗保安系统图、广播系统图、变配电系统图、空调配电系统图。

外线工程：架空线路图、电路线路图、室外电源配电线路图。

15.3 电气施工图的识读

15.3.1 电气施工图的识读方法

要正确识读电气施工图，要做到以下几点。

(1) 要熟知图纸的规格、图标、设计中的图线、比例、字体和尺寸标注方式等。

① 图纸的规格。设计图纸的图幅尺寸有六种规格，幅面是A类，从0号到5号，5号图纸电气设计中基本用不到，具体尺寸见表15-7。

② 图标。图标一般放在图纸的右下角，其主要内容可能因设计单位的不同而有所不同，大致包括：图纸的名称、比例、设计的单位、制图人、设计人、专业负责人、工程负责人、校对人、审核人、审定人、完成日期等。工程设计图标均应设置在图纸的右下角，紧靠图框线。

表15-7　建筑图幅尺寸　　单位：mm

图纸代号	0	1	2	3	4	5
宽×长	841×1189	594×841	420×594	297×420	210×297	148×210
边宽	10			5		
装订宽度	25					

③ 尺寸和比例。工程图纸上标注的尺寸通常采用毫米（mm）为单位，在总平面图和首层平面上标明指北针。图形比例应该遵守国家制图标准。标准序列为：1∶10、1∶20、

1∶50、1∶100、1∶150、1∶200、1∶400、1∶500、1∶1000、1∶2000。普通照明平面图多采用1∶100的比例，特殊情况下，也可使用1∶50和1∶200。大样图可适当放大比例。电气接线图可不按比例绘制示意图。

(2) 根据图纸目录，检查和了解图纸的类别及张数，应及时配齐标准图和重复利用图。

(3) 按图纸目录顺序，识读施工图，对工程对象的建设地点、周围环境、工程范围有一个全面的了解。

(4) 阅图时，应按先整体后局部，先文字说明后图样，先图形后尺寸等原则仔细阅读。

(5) 注意各类图纸之间的联系，以避免发生矛盾而造成事故和经济损失。例如，配电系统图和平面图可以相互验证。

(6) 认真阅读设计施工说明书，明确工程对施工的要求，根据材料清单做好订货的准备。

15.3.2 照明施工图的识读

1. 照明系统图

照明系统图用来表示照明工程的供电系统、配电线路的规格和型号、负荷的计算功率和计算电流、干线的分布情况，以及干线的标注方式等，主要表达的内容如下。

1) 供电电源的种类及表达方式

建筑照明通常采用220V的单相交流电源。若负荷较大，即采用380/220V的三相四线制电源供电。电源用下面的形式表示：

$$m \sim \mathrm{f}(U)$$

式中 m——电源相数；

f——电源频率，Hz；

U——电压，V。

如3N～50Hz(380/220V)即表示三相四线制（N代表零线）电源供电，电源频率为50Hz，电源电压为380/220V。

2) 导线的型号、截面、敷设方式和部位及穿管直径和管材种类

导线分进户线、干线和支线。由进户点到室内总配电箱的一段线路称为进户线；从总配电箱到分配箱的线路称为干线；从分配箱引至灯具、插座及其他用电设备的线路称为支线。

在系统图中，进户线和干线的型号、截面、敷设方式和部位及穿管直径和管材种类均是其重要内容。配电导线的表示方法为

$$a-b-c\times d-e-f$$

$$a-b-c\times d+c\times d-e-f$$

式中 a——回路编号（回路少时可省略）；

b——导线型号（导线型号代号见表15-8）；

c——导线根数；

d——导线截面面积，mm^2；

e——导线敷设方式（敷设方式代号见表 15－9）及管材管径，mm；

f——敷设部位（敷设部位代号见表 15－10）。

例如，某照明系统图中进户线标注为 ZRBV－3×25＋1×15－RC25—FC，即表示进户线为 BV 型采用铜心橡胶绝缘线，共 4 根，其中 3 根截面面积为 25mm²，1 根为 15mm²。穿管敷设，管径为 25mm，管材为水煤气管。敷设部位为沿地面暗设。

3）总开关的规格型号、熔断器的规格型号

4）计算负荷

照明供电电路的计算功率、计算电流、需要系数等均应标注在系统图上。

表 15－8　导线型号代号

名　称	型　号	名　称	型　号
铜心橡胶绝缘线	BX	铝心橡胶绝缘线	BLX
铜心塑料绝缘线	BV	铝心塑料绝缘线	BLV
铜心塑料绝缘护套线	BVV	铝心塑料绝缘护套线	BLVV
铜母线	TMY	裸铝线	LI
铝母线	LMY	铁质线	TI
交联聚乙烯绝缘电缆	YJV	阻燃型铜心塑料绝缘线	ZRBV

表 15－9　导线敷设方式代号

敷设方式	代　号	敷设方式	代　号
明敷	E	穿电线管	MT
暗敷	C	穿塑料管	PC
铝皮线卡	AL	塑料线槽	PR
穿水煤气管	RC	钢线槽	SR
穿焊接钢管	SC	电缆桥架	CT
瓷夹板	PL	塑料阻燃管	PVC
穿阻燃半硬聚氯乙烯管	FPC	穿聚氯乙烯塑料波纹管	KPC
穿扣压式薄壁钢管	KBG	直埋敷设	DB
金属线槽敷	MR	钢索敷设	M

表 15－10　导线敷设部位代号

序号	名　称	文字符号	序号	名　称	文字符号
1	沿或跨梁（屋架）敷设	AB	7	暗敷设在顶板内	CC
2	沿或跨柱敷设	AC	8	暗敷设在梁内	BC
3	沿吊顶或顶板面敷设	CE	9	暗敷设在柱内	CLC
4	吊顶内敷设	SCE	10	暗敷设在墙内	WC
5	沿墙面敷设	WS	11	暗敷设在地板或地面下	FC
6	沿屋面敷设	RS			

2. 电气照明平面图

电气照明平面图描述的主要对象是照明电气线路和照明设备，通常包括如下内容。

（1）电源进线和电源配电箱及各配电箱的形式、安装位置，以及电源配电箱内的电气系统。

（2）照明线路中导线的根数，线路走向。

（3）照明灯具的类型、灯泡及灯管功率，灯具的安装方式、安装位置等。

（4）照明开关的类型、安装位置及接线等。

（5）插座及其他日用电气的类型、容量、安装位置及接线等。

灯具标注的一般形式如下：

$$a-b\frac{c\times d}{e}f$$

式中 a——同类照明器具的个数；

b——灯具类型（灯具类型型号代号见表 15－11）；

c——照明器具内安装灯泡或灯管的数量；

d——每个灯泡或灯管的功率，W；

e——照明器具底部至地面或楼面的高度，m；

f——安装方式(安装方式代号见表 15－12)。

例如：

$$6-\mathrm{Y}\frac{3\times 40}{3}\mathrm{CS}$$

表示该场所安装 6 只灯；灯具为荧光灯灯具（Y）；每个灯具内安装 3 个荧光灯，每个灯功率为 40W；安装高度为 3.0m；安装方式为链吊式。

表 15－11 灯具类型型号代号

敷设方式	代号	敷设方式	代号
普通吊灯	P	工厂一般灯具	G
壁灯	B	荧光灯	Y
花灯	H	隔爆灯	G
吸顶灯	D	防水防尘灯	F
柱灯	Z	水晶底罩灯	J
投光灯	T	卤钨探照灯	L

表 15－12 灯具安装方式代号

序号	名称	文字符号	序号	名称	文字符号
1	线吊式	SW	7	吊顶内安装	CR
2	链吊式	CS	8	墙壁内安装	WR
3	管吊式	DS	9	支架上安装	S
4	壁装式	W	10	柱上安装	CL
5	吸顶式	C	11	座装	HM
6	嵌入式	R			

15.3.3 照明施工图的识读实例

1. 电气系统图

如图 15.1 所示为一栋三层三个单元的居民住宅楼的电气照明系统图。

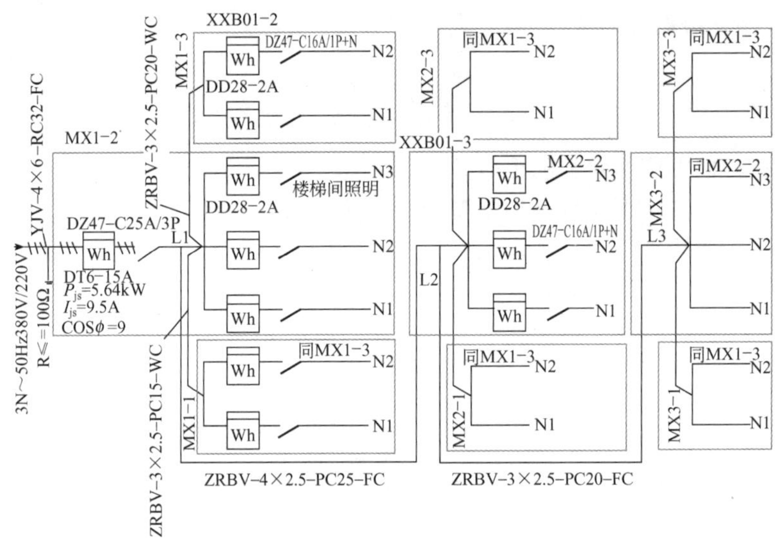

图 15.1 电气照明系统图

1）供电系统

（1）供电电源种类。在进线旁的标注为 3N～50Hz（380/220V），即表示三相四线制（N 代表零线）电源供电，电源频率为 50Hz，电源电压为 380/220V。

（2）进户线的规格型号、敷设方式和部位，导线根数。进户线标注为 YJV－4×6－RC32－FC，即表示进户线为 YJV 型采用交联聚乙烯绝缘电力电缆，包含共 4 根铜心线，截面面积为 6mm^2，穿水煤气管敷设，管径为 32mm，敷设部位为沿地面暗设。

2）总配电箱

（1）总配电箱的型号和内部组成。进户线首先进入总配电箱，总配电箱在二楼，型号为 XXB01－3。总配电箱内装 DT6－15A 型三相四线制电表一块；三相空气开关一个，型号为 DZ47－C25A/3P。二楼配电在总配电箱内，有单相电表三块，型号 DD28－2A；单相空气开关 3 个，型号为 DZ47－C16A/1P＋N。

（2）供电负荷。供电线路的照明供电电路的计算功率为 5.6kW（符号为 P_{js}），计算电流为 9.5A（符号为 I_{js}），功率因数为 $\cos\phi=0.9$。

3）分配电箱

（1）分配电箱的设置。整个系统共有 9 个配电箱，每个单元每个楼层配置一个配电箱。一单元二楼的配电在总配电箱内。

（2）分配电箱规格型号和构成。二、三单元二楼分配电箱型号均为 XXB01－3。每个箱内有 3 个回路。每个回路装有一个 DD28－2A 型单相电度表，共 3 块；每个回路装有一个 DZ47－C16A/1P＋N 型断路器，共 3 个。3 个回路一个供楼梯照明，其余两个各供一户用电。

各单元一、三楼分配电箱型号均为 XXB01－2，每个箱内有两个回路，每个回路有 DZ47－C16A/1P＋N 型断路器和 DD28－2A 型单相电度表各一个。

4）供电干线、支线

供电干线、支线从总配电箱引出 3 条干线。两条供一单元一、三楼用电。这两条干线为 ZRBV－3×2.5－PC20－WC，即表示进户线为 ZRBV 型采用阻燃型铜心塑料绝缘线，共 3 根，截面面积为 2.5mm^2，穿管敷设，管径为 20mm，管材为塑料管，敷设部位为沿墙暗设。

另一条干线引至二单元二楼配电箱供二单元使用。干线为 ZRBV－4×2.5－PC20－FC，即表示进户线为 ZRBV 型采用阻燃型铜心塑料绝缘线，共 4 根，截面面积为 2.5mm^2，穿管敷设，管径为 25mm，管材为塑料管，敷设部位为沿地板暗设。

二单元二楼配电箱又引出 3 条干线，其中两条分别供该单元一、三楼用电，另一干线引至三单元二楼配电箱。干线标注为 ZRBV－3×2.5－PC20－FC，即表示进户线为 ZRBV 型采用阻燃型铜心塑料绝缘线，共 3 根，截面面积为 2.5mm^2，穿管敷设，管径为 20mm，管材为塑料管，敷设部位为沿墙暗设。

其他未标注的干、支线参数均可在设计说明书上得到。

2. 一单元二层电气照明平面图

从图 15.2 中可以看出：进户线、配电箱的位置；线路走向、引进处及引向何处；灯具的种类、位置、数量、功率、安装方式和高度；开关、插座的数量和安装方式。

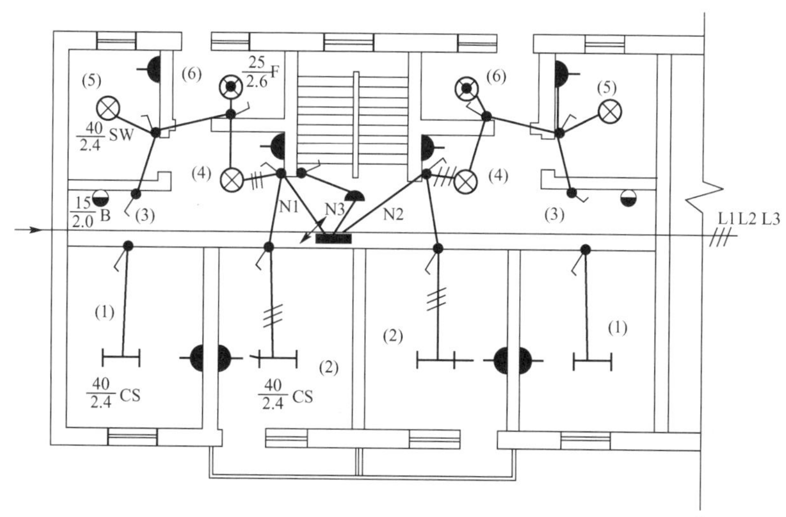

图 15.2 一单元二层电气照明平面图

1）线路走向

总配电箱暗装于一单元二层楼梯间内，从总配电箱内引出 6 路线；一路送至二单元二楼分配电箱，由 L1、L2、L3 三根导线组成；三路分别供楼梯间、两用户；还有两路分别引向本单元一楼和三楼分配电箱。

2）用电设备

该平面图中所标注的用电设备有灯具、插座和开关。

(1) 1 号房灯具和 2 号房灯具型号为 $\frac{40}{2.4}$CS，为吊链式荧光灯一个，功率为 40W，安装高度为 2.4m；4 号房和 5 号房各装吊线灯一只，功率为 40W，安装高度为 2.4m；6 号房安装吊线式防水防尘灯一只，功率为 25W，安装高度为 2.6m；3 号房安装壁灯一只，功率为 15W，安装高度为 2.0m。

(2) 开关和插座。1、2、4、5 房各暗装插座一个，1～6 房各暗装跷板开关一只。

3. 设计说明书

进户线的距地高度、配电箱的安装高度、开关插座的安装高度，部分干线和支线的特性等问题一般在设计说明书中交代，该建筑电气设计说明如下。

(1) 电源线架空引入，沿二层地板穿管敷设。进户线重复接地，接地电阻 $R \leqslant 10\Omega$。

(2) 配电箱 MX1－1 型：长×宽×高＝350mm×400mm×125mm。配电箱 MX2－2 型：长×宽×高＝500mm×400mm×125mm。

(3) 安装高度：配电箱 1.4m、跷板开关 1.3m、暗装插座 0.3m。

(4) 导线未标注者均为 ZRBV－3×2.5－PC20—C。

4. 设备材料表

设备材料表主要表示施工图中的各电气设备、材料的名称、型号规格、数量及生产厂家等内容，以作为采购设备材料的依据。一般设备材料表见表 15－13。

表 15－13 主要设备材料表

序号	材料名称	规格型号	数量	单位	备注
1	白炽灯	220V 40W	36	个	
2	分配电箱	XXB01－2	6	套	
3	单相断路器	DZ47－C25A/1P	21	个	装于配电箱内
4	阻燃铜心橡胶绝缘线	ZRBV－2.5mm^2		m	
5	交联聚乙烯绝缘电力电缆	YJV－4X6		m	

5. 动力施工图的识读实例

如图 15.3 所示为某水泵房动力施工平面图，水泵房内有一台型号为 TWX－XFG－37X2 的消防控制柜，从电控柜内引出两个回路分别到两台消防泵电机进线，两回路代号为

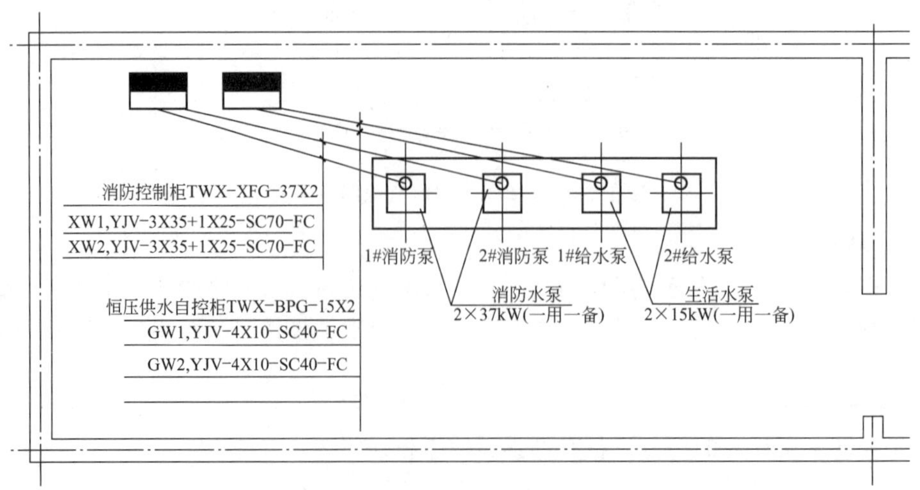

图 15.3 某水泵房动力施工平面图

XW1、XW2。两回路标注为 YJV－3×35＋1×25－SC70－FC，是交联聚乙烯绝缘电力电缆，共 4 根，其中 3 根截面面积为 35mm²，1 根为 25mm²，穿管敷设，管径为 70mm，管材为焊接钢管，敷设部位为沿地面暗设。

水泵房内有一台型号为 TWX－BPG－15X2 的变频供水控制柜，从电控柜内引出两个回路分别到两台水泵电机进线，两回路代号为 GW1、GW2。两回路标注为 YJV－4×10－SC40－FC，是交联聚乙烯绝缘电力电缆，共 4 根，截面面积为 10mm²，穿管敷设，管径为 40mm，管材为焊接钢管，敷设部位为沿地面暗设。

图中小圆圈表示动力出线口，它是以防水弯头与地面内伸出来的管子相连接。

图中表示了用电设备的功率，消防水泵为 37kW，给水泵为 15kW。

15.3.4 线路原理接线图的识读实例

如图 15.4 所示为某水泵电机启停接线原理图，L1、L2、L3 分别为三相进线，QM 为三相断路器，起切断电源及保护线路作用；FR 为热继电器起保护电动机的作用，当电机过载时，通过二次线路的热继电器的常闭触点跳开，从而断开电动机的供电；TA 为电流互感器，通过电流表 PA 测得电动机运行电流；PE 为电动机外壳接地保护；QA 为电动机启动瞬时常开按钮，TA 为电动机停机瞬时常闭按钮；KM 为三相交流接触器，当 KM 吸合，电动机启动，当 KM 断开，电动机停机；KM 三相交流接触器的常开触点保持电动机运行，RD 为熔断器，其作用为保护二次线路。

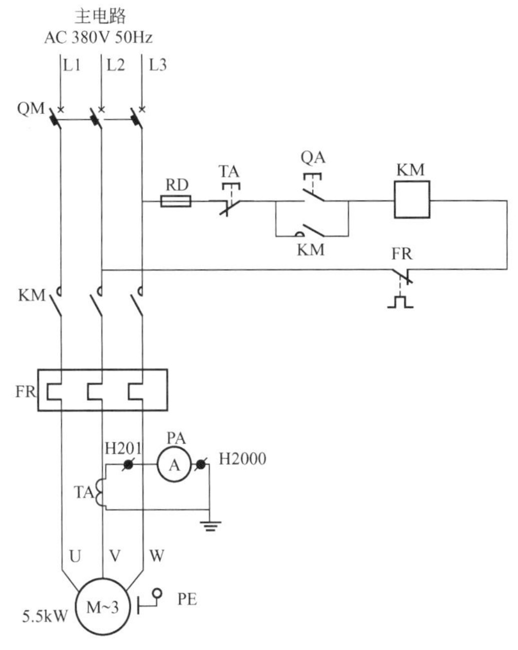

图 15.4 某水泵电机启停接线原理图

思考题

1. 简述施工图设计进行步骤。
2. 施工图的深度应能满足哪些要求？
3. 施工图的内容有哪些？
4. 简述灯具标注的一般形式及符号的意义。

第 5 篇　建筑节能

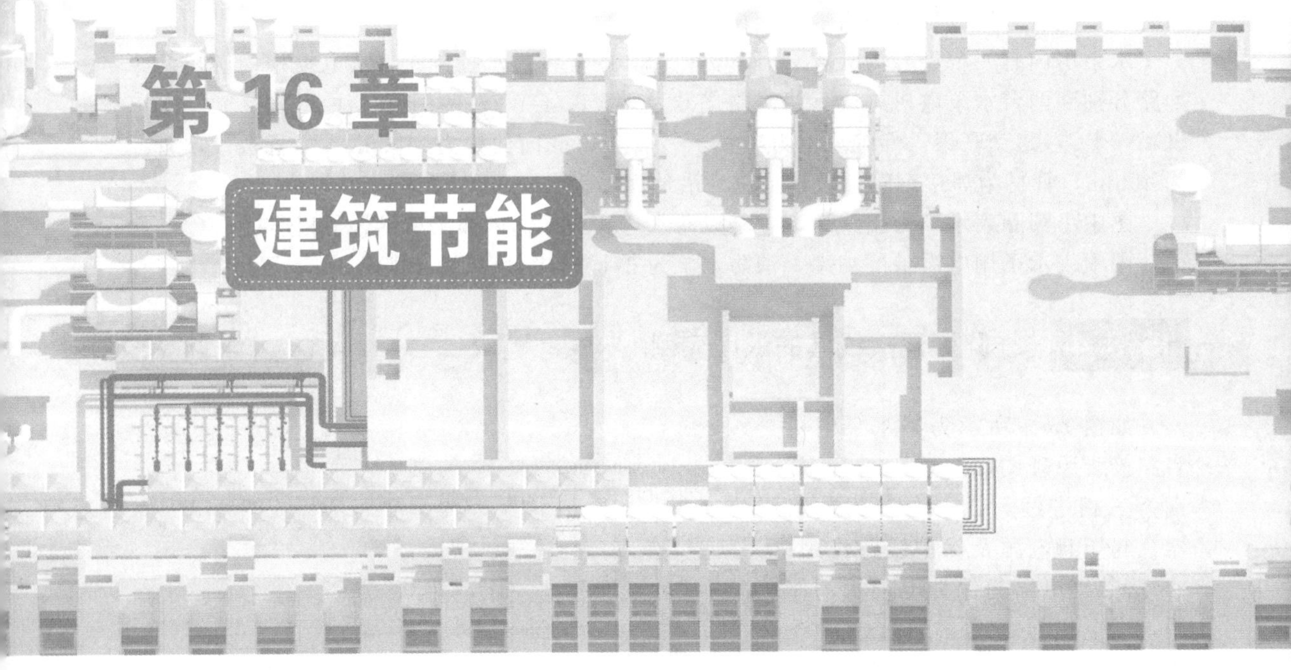

第 16 章　建筑节能

教学要点

节能减排，减少碳的排放是全球发展的趋势，建筑节能是在此大环境下倡导的人类行为。通过本章的学习，应达到以下目标：

(1) 理解建筑节能的理念、方式；

(2) 熟悉建筑节能的实施方法；

(3) 重点掌握建筑设备节能的方式选择。

基本概念

建筑节能；建筑物节能；建筑设备节能；热工设计分区；太阳房；低位能；热泵；免费供冷

引例

美国某校园建筑于 2002 年新建。该建筑采用了优良保温的外墙、外窗，空调系统采用普遍认为节能的 VAV（变风量）方式，并配有完善的自控系统。该校园的能源费用由各座建筑按照建筑面积分摊；由于这座建筑采用了多项节能技术，被评为节能建筑，所以按照其面积的 50%计费（认为节能 50%）。然而 2007 年安装了详细的能量监测仪表进行全年的能耗检测，其结果却表明：它的单位面积能耗不是其他建筑的 50%，而是其他建筑的 150%！其能耗高的主要原因就是空调的全年不间断运行和全年一直存在的大量“冷热抵消”现象。

建筑节能技术只有用对了地方，才能显示节能技术带来的节能效果。

16.1 建筑节能综述

16.1.1 建筑节能理念

建设资源节约型社会，是党中央根据我国的社会、经济发展状况，在对国内外政治经济和社会发展历史进行深入研究之后，作出的战略决策。节约能源是资源节约型社会的重要组成部分。建筑能耗包括建材生产、建筑施工、建筑日常运转及建筑拆除、建筑运行等项目的能耗。建筑节能主要的关注点是建筑的运行能耗，建筑的运行能耗伴随建筑物的全寿命周期，约为全社会商品能耗的 1/3。

建筑节能是一项涉及全社会多方面的工作，是与工程技术、文化理念、生活方式、社会公平等问题密切相关的全社会行动。

建筑节能是指在建筑物的规划、设计、新建（改建、扩建）、改造和使用过程中，执行节能标准，采用节能型的技术、工艺、设备、材料和产品，提高保温隔热性能和采暖供热、空调制冷制热系统效率，加强建筑物用能系统的运行管理，利用可再生能源，在保证室内热环境质量的前提下，减少供热、空调制冷制热、照明、热水供应的能耗。

建筑可分为工业建筑和民用建筑，工业建筑的能耗在很大程度上与生产要求有关，一般统计在生产用能中，因此建筑节能主要是指民用建筑的节能。

自 1973 年发生世界性的石油危机以后，建筑节能的说法已经经历了三个发展阶段：20 世纪 70 年代叫做 energy saving，其意义是减少能量使用的意思；80 年代叫做 energy conservation，其意义是保持能量的使用量而不增加的意思；90 年代叫做 energy efficiency，其意义在于进一步提高能量的使用效率，有效地减轻因使用能量对环境造成的不良影响。我国目前所通用的建筑节能概念，已经上升为第三层面上的 energy efficiency 理念。

依据能耗的特点，目前我国民用建筑能耗可分为：①北方城镇建筑采暖能耗，采暖能耗与建筑物的保温水平、供热系统状况和采暖方式有关；②北方农村采暖能耗；③夏热冬冷地区城镇建筑采暖能耗，指黄河流域以南地区，主要是长江流域地区的住宅建筑冬季采暖能耗；④夏热冬冷地区农村采暖能耗；⑤农村建筑除采暖能耗外，还包括采暖、炊事、照明、家电等生活能耗；⑥城镇住宅除采暖能耗外，还包括炊事、照明、家电、空调等城镇居民生活能耗，其中空调能耗因气候差异而随地区变化，其他能耗主要与当地居民的生活方式有关；⑦面积在 2 万平方米以下的普通办公楼、教学楼、商店等一般公共建筑，能耗包括采暖、照明、办公用电设备、饮水设备、空调等；⑧面积在 2 万平方米以上且全面配备空调系统的高档办公楼、宾馆、大型购物中心、综合商厦、交通枢纽、文体设施等大型公共建筑，其能耗主要包括采暖、空调系统、照明、电梯、办公用电设备等。

依照住房与城乡建设部的节能规划，采暖居住建筑节能的第一阶段是指在 1986 年以后新建的采暖居住建筑，在 1980—1981 年在当地通用集合式住宅设计能耗水平基础上，普遍降低能耗 30%；第二阶段是 1996 年起在与第一阶段相同的基础上节能 50%，即 30%

+70%×30%=51%；第三阶段则是在达到第二阶段要求的基础上在节能30%，即50%+50%×30%=65%，从而达到节能65%的目标。目前我国住宅和公共建筑普遍执行的是节能50%标准，北京和天津等地在居住建筑方面已开始执行节能65%的标准。

目前我国建筑节能标准有《严寒和寒冷地区居住建筑节能设计标准》(JGJ 26—2010)、《夏热冬冷地区居住建筑节能设计标准》(JGJ 134—2010)、《夏热冬暖地区居住建筑节能设计标准》(JGJ 75—2012)和《公共建筑节能标准》(GB 50189—2015)等。

《公共建筑节能标准》1.0.3条文说明指出：基于典型公共建筑模型数据库进行计算和分析，本标准修订后，与2005版相比，由于围护结构热工性能的改善，供暖空调设备和照明设备能效的提高，全年供暖、通风、空气调节和照明的总能耗减少20%～23%。其中从北方至南方，围护结构分担节能率为6%～4%；供暖空调系统分担节能率为7%～10%；照明设备分担节能率为7%～9%。该节能率仅体现了围护结构热工性能、供暖空调设备及照明设备能效的提升，不包含热回收、全新风供冷、冷却塔供冷、可再生能源等节能措施所产生的节能效益。

《中国建筑节能年度发展研究报告2008》指出：建筑节能属消费领域，不同于物质生产领域；不能单纯追求提高能源利用效率，要从降低能源消费总量出发，倡导节约能源的消费模式；建筑节能不能采用"贴标签"式，单纯追求采用了多少节能技术，更重要的是看实际消耗了多少能源，应该从实际用能数据出发讨论建筑节能。

《中国建筑节能年度发展研究报告2010》提出以"能耗数据为导向"的研究建筑节能的思路。

16.1.2 建筑节能意义和紧迫性

我国是一个发展中大国，又是一个建筑大国，每年新建房屋面积高达17亿～18亿平方米，超过所有发达国家每年建成建筑面积的总和。随着全面建设小康社会的逐步推进，建设事业迅猛发展，建筑能耗迅速增长。所谓建筑能耗指建筑使用能耗，包括采暖、空调、热水供应、照明、炊事、家用电器、电梯等方面的能耗。其中采暖、空调能耗占60%～70%。我国既有的近400亿平方米建筑，仅有1%为节能建筑，其余无论从建筑围护结构还是采暖空调系统来衡量，均属于高耗能建筑，单位面积采暖所耗能源相当于纬度相近的发达国家的2～3倍。这是由于我国的建筑围护结构保温隔热性能差，采暖用能的2/3白白跑掉。而每年的新建建筑中真正称得上"节能建筑"的还不足1亿平方米，建筑耗能总量在我国能源消费总量中的份额已超过27%，逐渐接近三成。

我国人均能源资源相对匮乏，人均耕地只有世界人均耕地的1/3，水资源只有世界人均占有量的1/4，已探明的煤炭储量只占世界储量的11%，原油占2.4%。我国物耗水平相较发达国家，钢材高出10%～25%，每立方米混凝土多用水泥80kg，污水回用率仅为25%。

国民经济要实现可持续发展，推行建筑节能势在必行、迫在眉睫。目前，我国建筑用能浪费极其严重，而且建筑能耗增长的速度远远超过我国能源生产可能增长的速度，如果听任这种高耗能建筑持续发展下去，国家的能源生产势必难以长期支撑此种浪费型需求，从而不得不被迫组织大规模的旧房节能改造，这将要耗费更多的人力、物力。在建筑中积极提高能源使用效率，就能够大大缓解国家能源紧缺状况，促进我国国民经济建设的发展。因此，建筑节能是贯彻可持续发展战略、实现国家节能规划目标、减排温室气体的重要措施，符合全球发展趋势。

16.2 建筑物节能

16.2.1 围护结构热工设计

根据《民用建筑热工设计规范》（GB 50176—1993）第 3.1.1 条，建筑热工设计应与地区气候相适应。我国建筑热工设计分为五个区：严寒地区、寒冷地区、夏热冬冷地区、夏热冬暖地区、温和地区。建筑热工设计分区及设计要求应符合表 16－1 的规定，我国不同热工分区住宅面积及外围护结构各部分耗热量分布情况如图 16.1 所示。

表 16－1 建筑热工设计分区及设计要求

分区名称	分区指标		设计要求
	主要指标	辅助指标	
严寒地区	最冷月平均温度≤－10℃	日平均温度≤5℃的天数≥145d	必须充分满足冬季保温要求，一般可不考虑夏季防热
寒冷地区	最冷月平均温度 0～－10℃	日平均温度≤5℃的天数为 90～145d	应满足冬季保温要求，部分地区兼顾夏季防热
夏热冬冷地区	最冷月平均温度 0～10℃，最热月平均温度 25～30℃	日平均温度≤5℃的天数为 0～90d，日平均温度≥25℃的天数为 40～110d	必须满足夏季防热要求，适当兼顾冬季保温
夏热冬暖地区	最冷月平均温度>10℃，最热月平均温度 25～29℃	日平均温度≥25℃的天数为 100～200d	必须充分满足夏季防热要求，一般可不考虑冬季保温
温和地区	最冷月平均温度 0～13℃，最热月平均温度 18～25℃	日平均温度≤5℃的天数为 0～90d	部分地区应考虑冬季保温，一般可不考虑夏季防热

16.2.2 建筑围护结构节能

围护结构是指围合建筑空间四周的墙体、门、窗等。根据在建筑物中的位置，围护结构分为外围护结构和内围护结构。外围护结构包括外墙、屋顶、侧窗、外门等，用以抵御风雨、温度变化、太阳辐射等，应具有保温、隔热、隔声、防水、防潮、耐火、耐久等性能。内围护结构如隔墙、楼板和内门窗等，起分隔室内空间作用，应具有隔声、隔视线以及某些

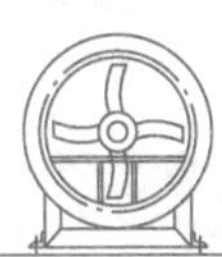

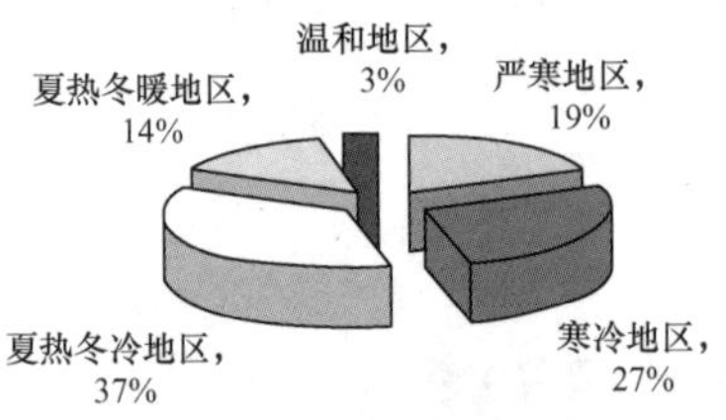

(a) 我国不同热工分区住宅面积分布情况

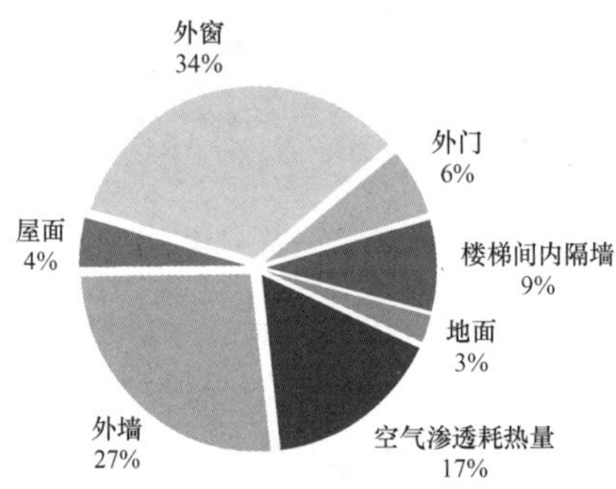

(b) 外围护结构各部分耗热量分布情况

图 16.1　我国不同热工分区住宅面积及外围护结构各部分耗热量分布情况

特殊要求的性能。围护结构通常是指外墙和屋顶等外围护结构。围护结构分透明和不透明两部分：不透明维护结构有墙、屋顶和楼板等；透明围护结构有窗户、天窗和阳台门等。

建筑物室内热状态受室外气候状态和建筑围护结构影响。通过改善建筑物围护结构的热工性能，在夏季可减少热量从室外传入室内，达到隔热的目的；在冬季可减少室内热量的流失，维持保温效果；使建筑热环境得以改善，从而减少建筑冷、热消耗，一般增大围护结构的费用仅为总投资的 3%～6%，而节能却可达 20%～40%。

目前建筑围护结构的节能技术有以下几种。

1. 外墙和屋顶的保温技术

墙体分为复合材料墙体与单一材料墙体。

复合墙体节能是指在墙体主体结构基础上增加一层或几层复合的绝热保温材料来改善整个墙体的热工性能。根据复合材料与主体结构位置的不同，又分为内保温技术、夹心保温技术和外保温技术，如图 16.2 所示。复合墙体可发挥材料各自优势：承重、保温，这种墙体有发展前途；内保温技术施工简单、造价低，但热桥多，内应力、内部结露、室温波动大；外保温技术无热桥、保护承重结构、耐久性好、室温稳定，但造价略高、外饰面难度大；夹心保温技术中间产品，墙厚度大，板材方向发展较好。适合我国住宅建筑结构体系的外墙外保温方式主要有以下四种方式：粘贴聚苯板外保温方式（EPS）、挤塑板外保温方式（XPS）、发泡聚氨酯（PU）和现抹聚苯颗粒外保温方式。

单一墙体节能指通过改善主体结构材料本身的热工性能来达到墙体节能效果，单一材料墙如图 16.3 所示。提高单一材料墙体保温隔热性能的方法：根据公式 $R=d/\lambda$，增加墙体厚度 d 和选用导热系数 λ 小的材料两种方法可增加传热热阻，减小传热系数；但增加墙体厚度 d，造价增加且占用面积。目前常用的墙材中，加气混凝土、空洞率高的多孔砖或空心砌块可用作单一节能墙体。

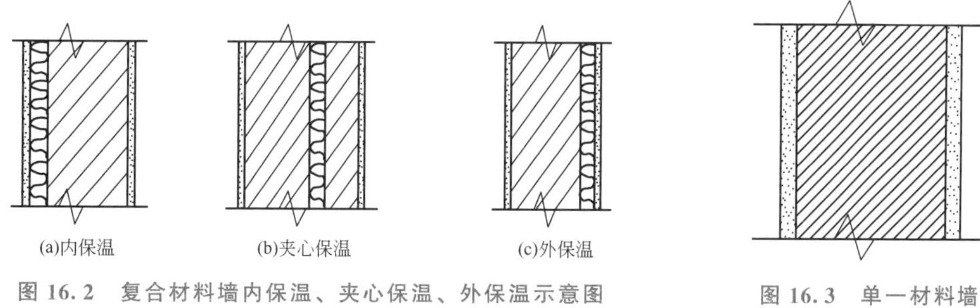

图 16.2　复合材料墙内保温、夹心保温、外保温示意图

图 16.3　单一材料墙

屋面节能是指通过改善屋面层的热工性能阻止热量的传递，主要措施有保温屋面（正、倒置屋面，如图 16.4 所示）、架空通风屋面、坡屋面、绿化屋面等。倒置屋面防水层得到保护，耐久性好，要求保温材料不吸水。

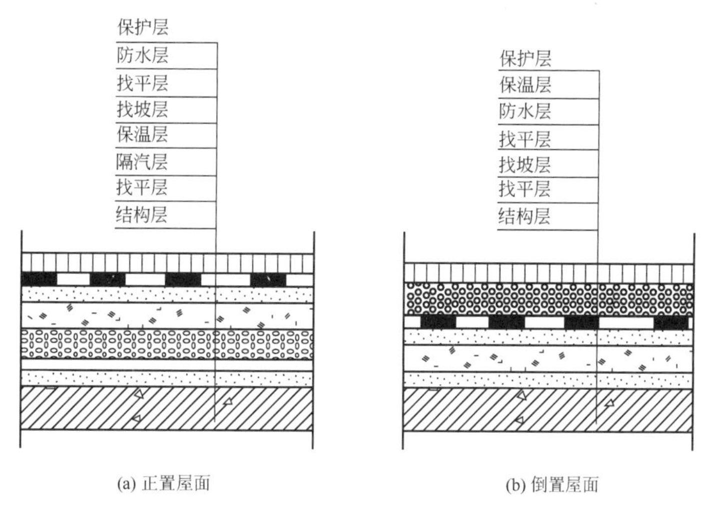

图 16.4　正置屋面和倒置屋面

2. 外窗保温隔热和遮阳技术

门窗具有采光、通风和围护的作用，并对建筑外观效果起着很重要的作用。窗户节能技术主要从减少渗透量、减少传热量、减少太阳辐射能三个方面进行。

减少渗透量可以减少室内外冷热气流的直接交换而增加的设备负荷，可通过改善材料的保温隔热性能和提高门窗的密闭性能来实现。近年来的门窗材料有铝合金断热型材、铝木复合型材、钢塑整体挤出型材、塑木复合型材以及 UPVC 塑料型材等一些技术含量较高的节能产品。其中使用较广的是 UPVC 塑料型材，它所使用的原料是高分子材料——硬质聚氯乙烯。它不仅生产过程中能耗少、无污染，而且材料导热系数小，多腔体结构密封性好，因而保温隔热性能好。UPVC 塑料门窗在欧洲各国已经采用多年，在德国，塑料门窗已经占了门窗总量的 50%。我国 20 世纪 90 年代以后塑料门窗用量不断增大，正逐渐取代钢、铝合金等能耗大的材料。

减少传热量是防止室内外温差的存在而引起的热量传递，降低玻璃的传热系数非常关键。中空玻璃、镀膜玻璃、LOW－E 玻璃以及智能玻璃都已在建筑中运用，并且这些玻璃都有很好的节能效果。

在南方地区太阳辐射非常强烈，通过窗户传递的辐射热占主要地位。因此可通过外遮阳、内遮阳等设施来减少太阳辐射量。

3. 其他技术

双层皮幕墙技术，它的构造是在原有的玻璃幕墙上再增设一层玻璃幕墙，在夏季利用夹层百叶的遮挡与夹层通风将过多的太阳辐射热带走，从而减少建筑物的空调能耗；冬季时打开百叶，关闭通风，形成温室效应。外围护结构节能技术还有自然呼吸器和呼吸窗技术等。

考虑围护结构节能技术对建筑能耗的影响时，要从冬季采暖、春秋过渡季的散热、夏季空调三个阶段的不同要求综合考虑。这三个阶段对围护结构的需要并不相同，有时甚至彼此矛盾。表 16－2 为不同地区、不同类型建筑围护结构的性能要求重要性排序。

表 16－2　不同地区、不同类型建筑围护结构的性能要求重要性排序

气候类型	代表城市	建筑类型	室内发热量/(W/m²)	围护结构性能要求（重要性由大到小）
严寒地区	哈尔滨	住宅建筑	4.8	保温＞遮阳可调＞通风可调＞遮阳
		普通公寓	10	保温＞遮阳可调≈通风可调＞遮阳
		大型公建	25	通风可调＞保温＞遮阳≈遮阳可调
		大型公建	＞35	通风可调＞遮阳＞保温＞遮阳可调
寒冷地区	北京	住宅建筑	4.8	保温＞遮阳可调＞通风可调＞遮阳
		普通公建	10	通风可调≈保温≈遮阳可调≈遮阳
		大型公建	＞20	通风可调＞遮阳＞保温≈遮阳可调
夏热冬冷地区	上海	住宅建筑	4.8	保温≈遮阳可调＞通风可调＞遮阳
		普通公建	10	通风可调＞保温≈遮阳≈遮阳可调
		普通公建/大型公建	＞15	通风可调＞遮阳＞保温≈遮阳可调
夏热冬暖地区	广州	住宅建筑	4.8	遮阳≈通风可调＞保温＞遮阳可调
		普通公建	＜10	通风可调≈遮阳＞保温≈遮阳可调
		普通公建/大型公建	＞10	通风可调＞遮阳＞保温≈遮阳可调

注：① 表中的重要性是相对的，重要性小并不代表无关紧要，而是要以满足基本的要求为限（如冬季防结露，夏季外墙、屋顶室内表面温度的控制等）。特别是大型公共建筑，其保温性能的重要性与其他三类性能相比最小，但是不表示围护结构无需保温，只不过是说明增加围护结构保温对降低空调、采暖负荷的作用非常小的，有时还可能有反作用（当建筑无法有效进行通风时），而改善其他性能时收益是要远大于保温。

② 表中的通风可调、遮阳可调并非指换气次数无限调节，而是指市场上可见的性能可调节的围护结构产品，如双层皮幕墙、干挂陶板通风外墙（这两者通风性能、遮阳性能均可变化）等。

16.2.3 建筑被动式节能

根据能源利用的方式，建筑的节能方式可分为主动式建筑节能和被动式建筑节能。

(1) 主动式建筑节能是指利用各种机电设备组成主动系统来收集、转化和储存能量，以充分利用太阳能、风能、水能、生物能等可再生能源，同时提高传统能源的使用效率。主动式节能对设备和技术的要求较高，一次性投资大，在使用过程中还需消耗能源。

(2) 被动式建筑节能是指建筑物本身通过各种自然的方式来收集和储存能量，建筑物与其周围的环境之间形成自循环的系统，不需要耗能的机械设备来提供支持也能充分利用自然资源，达到节约传统能源的效果。

建筑节能需立足于建筑自身对环境的适应和调控能力，在设计阶段建筑师就应引入正确的节能设计理念，充分利用被动式节能设计的方法，使建筑在环境对其影响的过程中尽可能地捕捉有利因素、避免不利状况；设备工程师则是利用主动式节能方法，对建筑的环境调控能力进一步补充完善。

常见的被动式建筑节能方法有以下几种。

1. 建筑物场地的整体规划

建筑物场地的选择及整体规划，必须利用地形的有利因素，遮挡或接收太阳辐射，利用或防止主导风向，增加或降低温湿度。在小气候环境中，场地的方位、风速、风向、地表结构、植被、土壤、水体等都将影响其整体状况。

2. 建筑中引导自然通风

建筑中自然通风的引导主要涉及室外自然通风的协调、应用及室内的通风组织，通过室内、室外的协调考虑来改善建筑的风环境，实现建筑的被动式节能。

为了提供室内通风良好的外部条件，夏季尽可能提高建筑表面能接受主导风的覆盖面积，冬季尽可能缩小主导风的覆盖面积。

建筑的自然通风可从总平面设计、室内空间的设计两方面加以考虑。在总平面设计上，可着重考虑建筑体型的方向性和室外环境的设计来合理引导风流。

1) 建筑体型设计

(1) 扭曲平面。使朝向夏季主导风向的外表面积增大，改善吸风面的风环境。

(2) 尖劈平面。用“尖劈”的形体朝向冬季主导风向，避免了与冬季主导风向的垂直关系，削弱冬季不利风流的影响。

(3) 通透空间。在建筑的每层适当高度设置开窗，可大大疏通室外风流，利于夏季通风。

(4) 开放空间。在建筑中设置掏空的空间，利于疏导以及释放过大的室外风流。

2) 室外环境设计

(1) 南向开敞空间。争取较多的冬季日照和夏季通风。

(2) 利用自然空调。建筑南侧可设置水面植被等，依赖水体蒸发改善微环境的炎热条件，并可在冬季强化太阳辐射的反射作用。

(3) 植被导风。设置合理的灌木乔木位置，南侧引导风流进入建筑室内，而北侧则起到屏障的作用。

(4) 利用构筑物。挡风墙和导风板的灵活组合，并可结合绿化整体设计，引导夏季风流，阻挡冬季恶性风流。

3. 建筑外墙与屋顶的被动式节能

在外墙的隔热中，有效而环保的方法是将建筑的墙体埋入地下，或者将外墙的三面用土壤包裹。再就是将建筑外墙或者接近外墙的地方用植被覆盖。其所用植物最好是落叶形的，因为在冬天还需要外墙接受阳光来加热室内。另外，还有一种有效的方法是采用百叶包裹外墙，在需要接受光时打开百叶，夏季在白天则可以关闭，这样外墙就不会被加热。

被动式节能屋顶的最好的方法是在上面用植被覆盖，既可以很好地利用太阳能，又可以美化环境。对于夏季多雨的地方，可将屋顶当作储水池，但屋顶要做好防水。

4. 被动式太阳房

被动式太阳房不需要安装复杂的太阳能集热器，更不用循环动力设备，完全依靠建筑结构造成的吸热、隔热、保温、通风等特性来达到冬暖夏凉的目的。按太阳能的采集方式不同可分为直接受益式、集热蓄热墙式、蓄热屋顶式、温室蓄热墙式和对流蓄热综合式五种基本类型，对流蓄热式原理如图 16.5 所示。

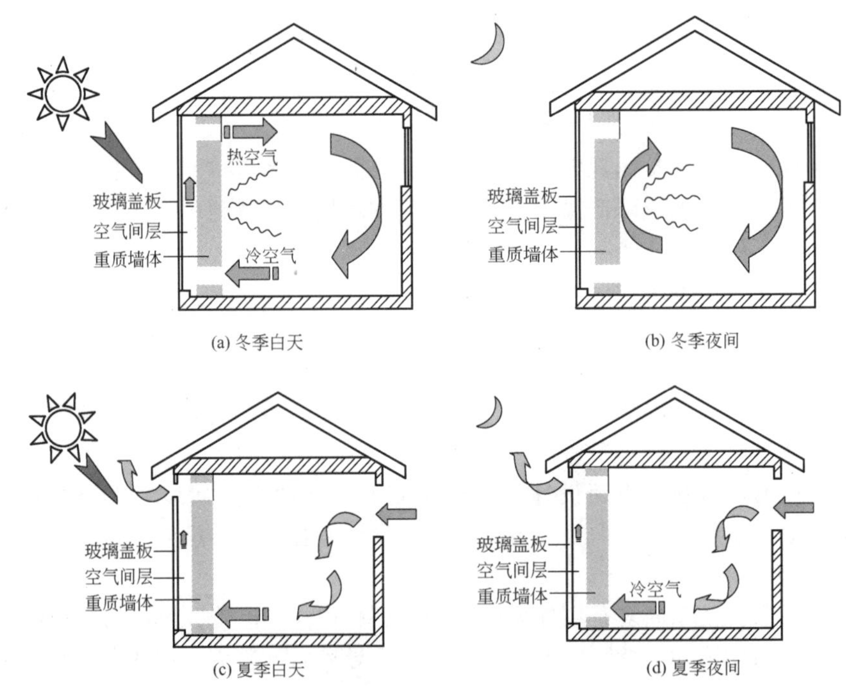

图 16.5　对流蓄热被动式太阳房原理

5. 被动节能在建筑中的应用

深圳建科大楼如图 16.6 所示，是被动节能在建筑中的应用案例之一。该楼地处深圳市福田区梅坳三路，用地面积 3 000m^2，总建筑面积 18 170m^2，地下 2 层，地上 12 层，2009 年 4 月竣工投入使用，同年获国家绿色建筑设计评价标识三星级及建筑能效标识三星级。大楼设计遵循“被动优先，主动补充”的原则，优先利用自然环境，创造适宜环境，仅当自然条件不能满足需求时采用机械设备辅助实现环境的适宜性。

根据深圳市气候特点，被动节能的关键是通风和遮阳，这成为建科大楼建筑风格定位的首要因素。

在绿色生态理念指导下的策划、设计，充分采用建筑节能、节材、中水回用、雨水收集、自然通风技术、太阳能光热、太阳能光电、风能等技术，比普通大厦节能 65%，每年可省 150 多万元的运行费用，但每平方米建设成本仅为 4 000 余元。

图 16.6　深圳建科大楼

16.3　建筑设备节能

建筑节能主要包括两个方面的内容，一是加强建筑围护结构的保温隔热，二是提高建筑用能设备的能效。建筑用能设备包括暖通空调、照明、冷冻、热水与炊事设备等，表 16-3 显示了居民电耗结构，其中暖通空调部分的能耗与建筑围护结构保温隔热性能有关，而其他设备可以认为不与建筑本身有关，所以，建筑节能最终要落实到建筑设备的节能。

表 16-3　由调查估算的居民电耗结构

用电项	暖通空调	照明	冰箱	其他电器
百分比	25%～30%	15%～17%	22%～4%	30%～38%

16.3.1　建筑供热节能工程

集中供热不仅要对既有的热用户进行改造，使其适应热计量和分户热收费的需要，同时，更要对供暖管网采取节能措施，以提高效率，减少热损失。

1. 供暖管网上的节能措施

外网热损失是能源浪费的一个重要方面，我国现有集中供热系统，管网跑、冒、滴、漏热损失难以计算，因此，对供暖管网采取节能举措，是做好节能管理的关键。对集中供暖和供热管网采取节能措施，关键是做好管网保温设计。任何供热管道保温都不可能没有热损失，通过理论分析，只要对允许最大热损失略作调整，就可使热损失有可观的减少，这无疑对节能大有好处。同时通过计算得知，适当增加外网保温厚度，不仅对节能极为有利，而且也是完全可行的一种节能措施。为了适应建筑节能的需要，减小允许最大热损失值，对现行供热管道的保温设计规范、标准进行必要的修订，适当增加保温厚度，既是当前供热外网进行节能举措的主要内容，更是为了今后使能源得到更加有效和更加合理的利用。

2. 供暖分户计量节能措施

长期以来我国实行福利制供暖，耗能多少与用户利益无关，这是“大锅饭”体制遗留下来的一大弊端，也是供热系统节能工作的一个最大障碍。按照《中华人民共和国节约能源法》的要求，生活用能必须计量向用户收费。发达国家的经验告诉我们：实行供热采暖计量收费措施，可节能20%～30%。只有遵循市场经济规律，把热能作为商品，由用户自行调控使用，并按实际用热量合理收费，才能调动用热和供热两方面的积极性，进而促进节能。

热计量关系到供热收费制度的改革，居民用热观念的转变。同水表、电表的推行和水电计量收费的实施带来的节能效益一样（水表到户，实现节水30%～40%的显著效益），计量收费能够将用户的自身利益与能量消耗结合起来，势必增加公民的节能意识，并推动节能工作的进行。

户用热表是一种可实施分户热计量收费的装置。它比单纯记录流量的水表、电表、煤气表等要复杂得多，因为热表是综合流量与供、回水温差二者乘积的累计仪表。也就是说，在用流量计（所谓一次表）测出热水流量，用热电阻分别测出供、回水温度后，还要通过微处理器（所谓的二次表）进行计算和累计，才能在二次表的显示器上读出累计的热量值。

3. 散热器装饰的节能举措

散热器可以分为辐射器和对流器两种。辐射器是指依靠对流和辐射两种方式传热的散热器，如铸铁或钢（铝）制板型、柱型、管型、扁管型和闭式串片型等；对流器是指完全依靠对流方式传热的散热器。按常规做法，在散热器外表面涂银粉漆，会使散热器表面的黑度减少，辐射传热能力减少。散热器采用非金属涂料涂装其表面，不仅可以增强散热器的辐射散热，还可以使其外观色彩丰富多样，利于散热器装饰与居室装饰的和谐。在室内装修中，对散热器装暖气罩的做法十分普遍，这种做法虽能使室内装修效果有所改善，但一般也会使散热器散热能力降低，出现冬季供热量不足的情况。

辐射器加装暖气罩后其辐射、对流传热量比例发生变化，甚至可能完全隔绝辐射散热，其不利影响是肯定的。对流器加装暖气罩也应谨慎，原因是对流器的外罩已经做好，装暖气罩增加流动阻力，导致对流散热量的减少；如果用现场加工的暖气罩取代原有的外罩，若无专门技术指导，也将由于外罩与散热元件配合关系的改变，影响对流器的散热能力。

靠外墙安装的辐射器，背部与冷墙面之间有辐射传热。这部分热量通过外墙直接传到室外，对提升室温无益，为散热器的无效热损失。研究表明，当背部外墙厚度为240mm时，用表黑度较高且光洁平整的薄板制成隔热板，固定于散热器与背部冷墙面之间，既可隔绝散热器背部的辐射热，又能使背部对流放热得以保持，约可减少散热器散热量 6.4% 的无效热损失。

4. 换热站的节能举措

换热站和热水管网是连接热源和热用户的重要环节，在整个供热系统中起着举足轻重的作用。热水管网又分为一次网与二次网，一次网是指连接于城市管网与换热站之间的管网，二次网是指连接于换热站与热用户之间的管网。换热站是指连接于一次网与二次网并装有与用户连接的相关设备、仪表和控制设备的机房。

换热站控制器主要由 PLC（可编程逻辑控制器）、现场触摸屏等构成。压力、流量变送器，电动调节阀，变频控制柜中各信号与 PLC 相连。该控制器对运行工况进行实时监控，对旁通阀、循环水泵、补水泵等进行控制。控制功能包括旁通阀的开度，主、备用泵（循环水泵、补水泵）的定时切换，系统信号检测和故障报警等。

换热站控制器对温度的调节控制就是要保证二次网有一个预设定供水温度，该温度随室外温度变化而变化，并且可分时段进行补偿。控制部件是换热站一次网的旁通阀，该阀门控制换热器的一次供水量。将预设定温度作为给定值，测量温度值作为反馈值，阀门的开度作为输出值，保证二次供水温度的恒定。当换热器的二次网供水温度低时，控制器自动将旁通阀关小，增加二次网的供热量；当二次网供水温度高时，将旁通阀开大，减少二次网的供热量，以此改变传送到换热器的热能，使二次网的供水温度稳定在设定值附近，达到节能的目的。

采用变频器控制循环水泵的运行，可随时调节水泵的转速以适应用户负荷的变化带来的资用压头的变化；当系统采用流量调节时，采用变频调速可使循环水量随着室外温度等因素的变化而不断变化，可避免按设计热负荷进行供热而造成的不必要浪费；变频泵的软启动功能及平滑调速的特点还可实现对系统的平稳调节，使系统工作状态稳定，延长供热设备和各部件的使用寿命。

16.3.2 通风空调及管网节能工程

1. 通风节能

通风包含自然通风和机械通风，自然通风利用自然界形成的风压及热压为动力进行自然通风。依靠建筑设计造型形成气流，无须设置通风机，节约投资和运行费用，达到节能的目的。

自然通风由于受自然界环境影响，有时难以形成合理的气流组织，因此，在很多情况下，需采用机械通风。机械通风可以合理组织气流，但运行和维护费较高。

机械通风包含局部通风和全面通风。局部通风在有害物发生地通风，效率高，比全面通风通风量小，系统运行节能。

如图 16.7 所示为某一化学实验室的通风系统控制原理图，系统采用变频控制技术，运行节能，通风稳定。

2. 空调节能

1）室内设计温度控制

空调的能耗主要取决于空调房间冷负荷，空调冷负荷的大小与空调室内设计温度值的确定关系较大。

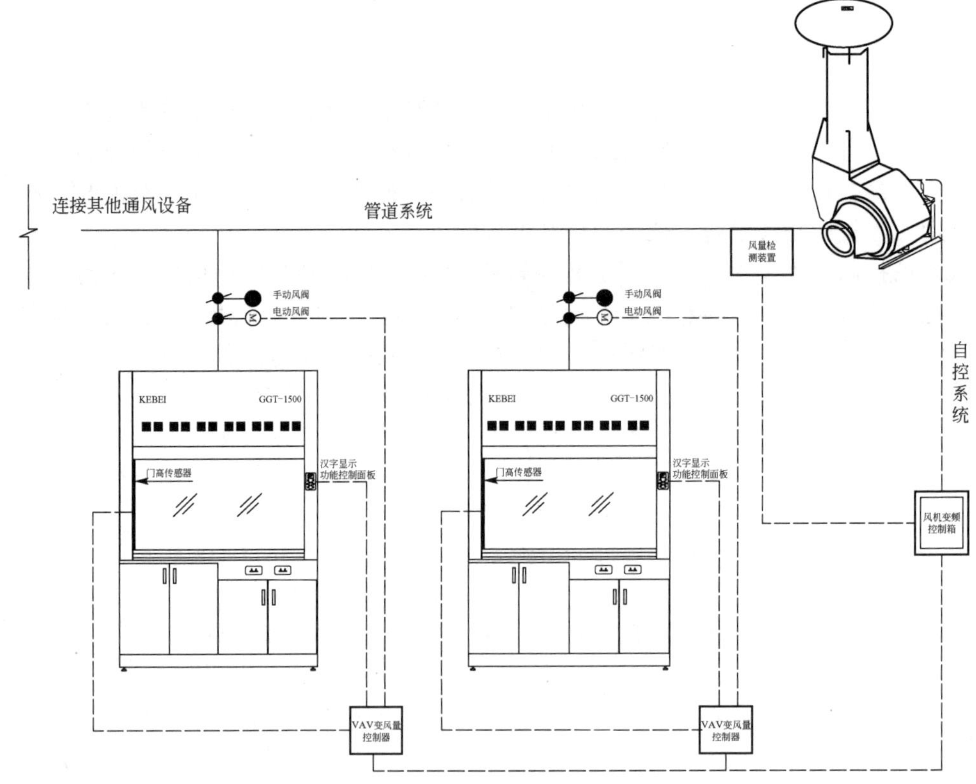

图 16.7　某一化学实验室的通风系统控制原理图

早在 20 世纪 90 年代初，美国标准局就认为把空调室内设计温度夏季下限值温度从 24℃提高到 26℃，系统大约节约能量 15％。冬季把空调室内设计温度从 24～26℃降低为 21～22℃，系统大约节约能量 18％。现在日本对办公大楼的要求为，夏季把空调室内设计温度下限值温度从 24℃提高到 28℃，冷负荷减少 36％左右；冬季把空调室内设计温度从 22℃降低为 18℃，热负荷减少 55％左右。

对于室内温度的控制，常规的做法有两种：一种是采用三速开关控制风机盘管的风机转速，来调节供给室内的冷量，控制室内温度；另一种是空调末端采用电动二通阀及温度控制器，温度控制器可以根据实际需要设定室内温度，在系统实际运行过程中，根据室内实际实测温度与室内设定温度对比，进一步调节风机盘管的风机转速及电动二通阀开启，既能满足室内的舒适要求，又能满足节能的要求。

对于空调末端采用电动二通阀及温度控制器的控制方法，冷冻水供回水可以采用两种控制模式：一种是在冷冻水的供回水干管之间安装压差控制器，控制供回水总管之间的压差，保持供回水稳定；另一种是采用变频技术根据供回水总管之间的设定压差控制冷水泵的转速，达到节能的目的。

2）室内新风的控制

为提高室内的舒适卫生要求，空调系统可采用送新风的方式，在夏季空调运行过程中，新风焓值远大于室内回风焓值，采用新风量过大，新风量能耗大，系统供冷量过大，造成空调系统不节能。

对于公共建筑，室内人员变动比较大，新风实际需求变动较大。例如，百货大楼室内人员变动约为 0.1～1.5 人/m^2，为了送入符合实际人员需求的新风量，可采用如下几种方式。

(1) 在回风道上设置二氧化碳浓度变送器，控制系统根据二氧化碳浓度自动调节新风阀门。

(2) 可人工监视室内人员，根据人数的变动，用手动预先把新风阀开启到一定的开度。

(3) 根据各时间段程序化控制新风量的大小。

(4) 过渡季节，当新风焓值小于室内回风焓值，可通过加大新风量节约系统能耗。

通过以上方法，可根据实际新风量的需求和室内外焓差调节新风量的大小，和固定新风量的方法相比，可大大减少新风负荷，达到系统节能的目的。

3) 冷热水机组配置的选择

在考虑冷热水机组配置时，应该注意避免以下问题。

(1) 机组台数过少，单机制冷量过大，在冷负荷高峰时期，一旦个别机组发生故障，对空调区间影响范围较大，在冷负荷低谷时期，由于单机制冷量过大，实际冷负荷占单机负荷较小，机组能效比 COP 过小，系统不节能。

(2) 机组台数过多，单机容量小，单机能效比 COP 过小，系统同样不节能；同时，机房会占用更多的面积。

16.3.3 配电与照明节能工程

1. 供配电系统的节能

1) 负荷计算

(1) 方案设计阶段宜采用单位指标法。

(2) 扩初设计阶段宜采用需要系数法，其中变压器及配电干线的负荷计算应考虑同时系数，这是因为需要系数法计算的是持续平均值，未充分考虑负载设备的动态变化。

(3) 扩初设计阶段应特别注意照明功率密度的控制，避免超标。

2) 功率因数补偿设计要点

(1) 注重提高供配电系统及用电设备的自然功率因数，选型时应优先选用功率因数指标较好的设备。

(2) 无功补偿设备应适当靠近无功源，低压用电设备产生的无功功率宜由低压侧的电容器来补偿，高压用电设备产生的无功功率则应由高压侧的电容器来补偿。

(3) 谐波环境中的功率因数补偿应作修正计算。

2. 电气照明系统的节能

1) 充分利用天然光源

照明节能工程中的一个较为主要的内容是如何充分利用天然光源。随着人们对能源和环境保护的日益关注，建筑物中如何充分利用天然光源来节约照明用电已引起广泛重视。天然光源是取之不尽、用之不竭的能源。制定建筑物的采光标准，确定采光方式，将采光和照明有机地结合起来。白天尽可能地利用天然光源，使建筑物内获得稳定的光照条件。同时，室内引入阳光，既能大大节约照明能耗，亦有助于提高室内温度，对于降低建筑能耗也具有重要的现实意义。

2) 选用合适的照明方式

确定合理的照明指标（如照度、照度均匀度等），严格控制照明负荷功率密度。

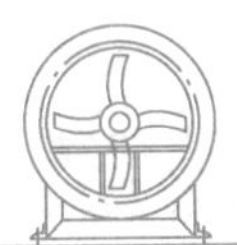

(1) 当照明场所要求高照度时，应选混合照明的方式。

(2) 当工作位置密集时，可采用单独的一般照明方式。但照度不宜太高，一般不宜大于500lx。

(3) 当工作位置的密集程度不同或者为某一照度，但两者的照度比不宜大于3。

3) 确定合理的照明指标

(1) 照明的节能应能提高整个照明系统的效率，而不应在损失主要照明质量的情况下片面地强调节能。

(2) 照明设计时，应从照度标准、照明均匀度、统一眩光值、光色、照明功率密度值、光效指标等来客观、综合地评价。

4) 照明光源的选用原则

(1) 进行照明设计时，照明光源的选择应符合国家现行相关标准的规定。

(2) 照明光源应根据不同的使用场合来选择，以使其具有尽可能高的光效，达到照明节能的效果。

(3) 选择照明光源时，应尽量减少白炽灯的用量。一般情况下，室内外照明不应采用普通白炽灯。

(4) 选择荧光灯光源时，应选用T8荧光灯和紧凑型荧光灯。若有条件，应采用更节能的T5荧光灯。

(5) 一般照明场所不宜采用荧光高压汞灯，应采用自镇流荧光高压汞灯。

(6) 在适合的场所应推广使用高光效、长寿的高压钠灯和金属卤化物灯。

16.4 可再生能源和低品位能源

可再生能源的概念和含义是1981年联合国在肯尼亚首都内罗毕召开的新能源和可再生能源会议上确定的。

目前，联合国开发计划署（UNDP）将可再生能源分为三类。

(1) 大中型水电。

(2) 新可再生能源，包括小水电、太阳能、风能、现代生物质能、地热能、海洋能。

(3) 传统生物质能。

我国可再生能源是指除常规化石能源和大中型水力发电、核裂变发电之外的生物质能、太阳能、风能、小水电、地热能、海洋能等一次能源，以及氢能、燃料电池等二次能源。太阳能、风能、地热能资源丰富，清洁卫生，而且容易就地取得，在建筑设计中得到广泛的利用。

16.4.1 太阳能的利用

太阳能是新能源和可再生能源中最引人注目、开发研究最多、应用最广的清洁能源，是未来全球的主流能源之一。

太阳能具有安全、无污染、可再生、辐射能的总量大和分布范围广等特点，越来越受到人们的重视，是今后可替代能源发展的战略性领域。1999 年召开的世界太阳能大会上有专家认为，当代世界太阳能科技发展有两大基本趋势：一是光电与光热结合；二是太阳能与建筑的结合。

太阳能利用技术主要是指太阳能转换为热能、机械能、电能、化学能等技术，其中的太阳能—热能转换历史最为久远、开发最为普遍。

对建筑来说，目前太阳能开发利用技术主要体现在以下两个方面。

(1) 光热利用。它的基本原理是将太阳辐射能收集起来，通过与物质的相互作用转换成热能加以利用。目前使用最多的太阳能收集装置，主要有平板集热器、真空管集热器和聚焦集热器三种。

(2) 太阳能发电。包括光—热—电转换和光—电转换。

1. 太阳房

根据是否利用机械的方式获取太阳能，太阳房可分为被动式太阳房和主动式太阳房。

被动式太阳房是根据当地的气候条件，通过建筑朝向和周围环境的合理布置，内部空间和外部形体的巧妙处理，充分考虑窗、墙、屋顶等建筑物自身构造和材料的热工性能，以热量自然交换的方式（辐射、对流及传导），使建筑物在冬季既能采集、保持、蓄存和分配太阳能，从而解决其采暖问题；同时又能使建筑物在夏季遮蔽太阳辐射、散逸室内热量而降温，从而达到冬暖夏凉的目的。

主动式太阳房需要一定的动力进行热循环。一般来说，主动式太阳房能够较好地满足住户的生活需求，可以保证室内的采暖和热水供应，甚至用于空调制冷。但其设备复杂、一次投资大、设备利用率低、需要消耗一定量的常规能源，而且所有的热水集热系统都需要设置防冻措施，这些缺点造成其目前在我国尚难以大面积推广，对于居住建筑和中小型公共建筑来说，目前仍主要是采用被动式太阳房。

图 16.8 是太阳能供热系统与地源热泵系统联合运行示意图。

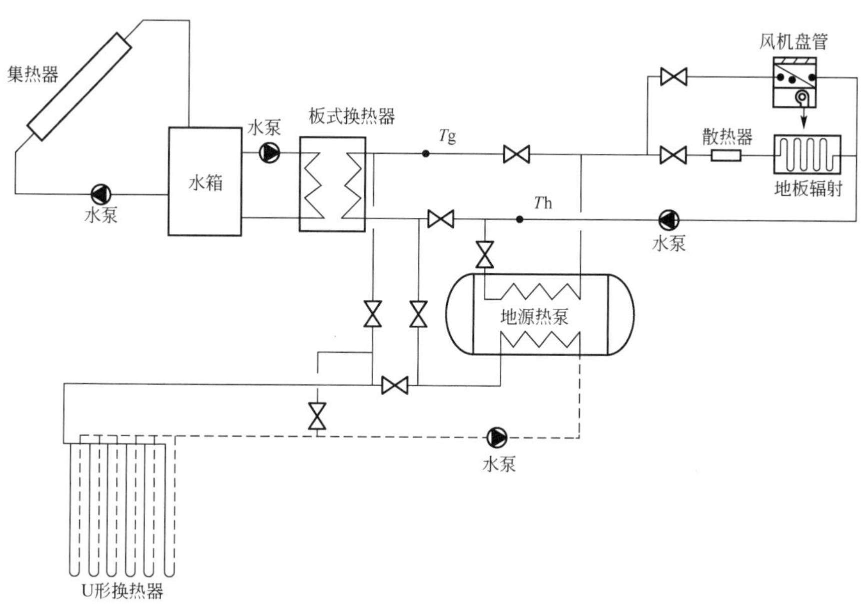

图 16.8 太阳能供热系统与地源热泵联合运行示意图

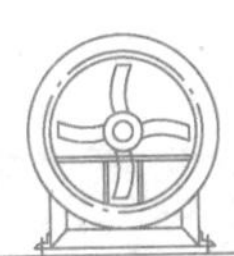

2. 太阳能热水系统与建筑一体化

太阳能热水系统是最经济的太阳能利用系统，可以达到全年节能的目的。太阳能热水系统能否成功运用及最大限度地发挥作用，主要取决于系统组件恰当的设计和选取。太阳能热水系统由太阳能集热系统和热水分配系统组成。集热系统的主要部件有太阳能集热器、辅助加热、储热水箱、循环管路、循环泵、控制部件和线路等；热水分配系统由配水循环管路、水泵、储热水箱、控制阀门和热水计量表组成，储热水箱是两个系统的共同部件和连接点；热水管系统由太阳能真空集热管和吸热瓦片组成的吸热器，在晴天阳光下产出40～85℃及以上的水温，进入储热水箱，再由水箱进入热水管道至每户的分支管道，供室内使用。

太阳能热水系统基本上可分为三类，即自然循环系统、强制循环系统、直流式循环系统。

自然循环太阳能热水系统是依靠集热器与蓄水箱中的水温不同产生的密度差进行温差循环，水箱中的水经过集热器被不断地加热；强制循环太阳能热水系统是依靠循环水泵，使水箱中的水经过集热器被不断地加热；直流式太阳能热水循环系统是通过自来水的压力来保证热水的制取。

图 16.9　悉尼奥运游泳馆太阳能系统

悉尼奥运游泳馆如图16.9所示，是悉尼奥运会的游泳比赛场地，包括一个露天的50m海水标准泳池和一个室内的25m淡水训练泳池。游泳池的供热系统采用四套系统相配合，太阳能供热系统、水源热泵系统、天然气锅炉和空调系统。其中太阳能热水系统和水源热泵系统的投资为50万澳元，国家补助25万澳元。太阳能热水系统的集热板面积为500m^2，集热板放在室内游泳馆的屋顶，伸出部分用作看台遮阳顶，集热板与屋顶的结合非常实用巧妙。夏天，仅用太阳能热水系统即可满足游泳池的需要；冬天，太阳能热水系统可提供约30%的热量。太阳能和热泵系统基本可满足游泳池的供热需求；天然气锅炉只是为特殊天气设计的，如冬天特别冷的时候；第四套空调系统是为极端天气设计的，是为了保证系统的绝对安全，启动的机会很少。

3. 太阳能光伏发电技术及建筑一体化技术

通过太阳能电池（又称光伏电池）将太阳辐射能转换为电能的发电系统称为太阳能电池发电系统（又称太阳能光伏发电系统）。太阳能光伏发电是迄今为止世界上最长寿、最清洁的发电技术。在世界能源和环保双重压力的促进下，太阳能光伏发电技术已逐步成为国际社会走可持续发展的首选技术之一。光伏发电对世界能源需求将会做出重大贡献的两个主要领域是提供住户用电和用于大型中心电站的发电，前者对现代建筑的发展将产生重大影响。近年来，国外推行在用电密集的城镇建筑物上安装光伏系统，并采用与公共电网并网的形式，极大地推动了光伏并网系统的发展，光伏建筑一体化已经占据了世界太阳能发电量的最大比例。

我国在这方面的应用才刚刚开始，如为实现“绿色奥运”，在国家体育场——“鸟巢”的12个主通道的上方和南立面墙上，安装了总装机容量为130kW的太阳能光伏发电系统，为奥运会提供了部分用电。

4. 太阳能光伏发电的基本原理

太阳能电池是太阳能光伏发电的基础和核心。太阳能电池是一种利用光生伏打效应把光能转变为电能的器件，又称光伏器件。物质吸收光能产生电动势的现象，称为光生伏打效应。这种现象在液体和固体物质中都会发生；但是，只有在固体中，尤其是在半导体中，才有较高的能量转换效率。所以，人们往往又把太阳能电池称为半导体太阳能电池。半导体太阳能电池采用的晶体硅是利用特制的设备，经过复杂的提炼过程，从河边的砂子或山上的矿砂中所提炼出来的高纯度硅（简称纯硅）。硅是一种十分有用的半导体材料。把纯硅切成薄片，均匀地掺进一些硼，再从薄片的一面掺进一些磷，在薄片两面的适当位置上装上电极，当阳光照射到薄片上时，就会在两个电极间产生电流，如果用蓄电池将所产生的电流储存起来，就形成了晶体硅太阳能电池。太阳能光伏发电系统正是应用上述基本原理的太阳能发电技术的集成。

太阳能电池按照材料的不同可分为如下几类。

1） 硅太阳能电池

由硅半导体材料制成的方片、圆片或薄膜，在阳光照射下产生电压和电流。

2） 硫化镉太阳能电池

以硫化镉单晶或多晶为基本材料的太阳能电池。

3） 砷化镓太阳能电池

以砷化镓为基本材料的太阳能电池。

5. 太阳能光伏发电系统的组成及各部分的作用

太阳能光伏发电系统的运行方式主要可分为离网运行（指未与公共电网相联接的太阳能光伏发电系统）和并网运行两大类。不管是离网运行或是并网运行，光伏发电系统主要是由太阳能电池板（及其组件）、控制器、蓄电池组所组成。若要求输出电压为交流 220V 或 110V，还需要配置逆变器。太阳能光伏发电系统如图 16.10 所示，各部分的作用如下。

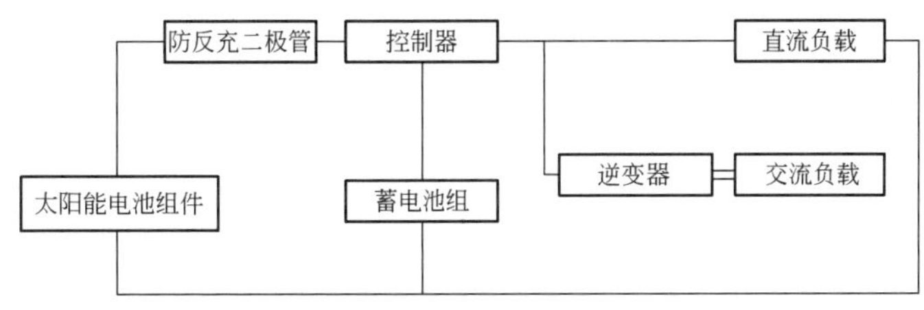

图 16.10 光伏发电系统

1） 太阳能电池板

将太阳的辐射能转换为电能，或送往蓄电池储存起来，或推动负载工作。

2） 太阳电池组件 （也称为 “光伏组件”）

预先排列好的一组太阳电池板，被层压在超薄、透明、高强度玻璃和密封的封装底层之间。太阳电池组件有各种各样的尺寸和形状，典型组件是矩形平板。

3） 太阳能控制器

对蓄电池组进行最优的充电控制，并对蓄电池组放电过程进行管理。在某些情况下，对光伏系统所连接的用电设备提供保护，以避免光伏系统和用电设备的损坏。通过指示灯、显示器等方式显示系统的运行状态和故障信息，便于系统的维护与管理。

4） 蓄电池组

有光照时将太阳能电池板所发出的电能储存起来并可随时向负载供电。目前，我国太阳能光伏发电系统配套使用的蓄电池主要是铅酸蓄电池。

5） 逆变器

将直流电转换成交流电的设备。由于太阳能电池和蓄电池发出的是 12VDC、24VDC 及 48VDC 的直流电，当负载是交流负载时，逆变器是不可缺少的。按运行方式逆变器可分为独立运行逆变器和并网逆变器，分别适用于以上两类运行方式。

如图 16.11 所示，左图为欧洲别墅屋顶光伏并网发电项目，系统容量为 3～30kWp 不等；右图为中国首套专为家庭设计的太阳能光伏发电系统，已在上海莘庄某小区成功运行了 100d，产生了令人惊奇的功效。

图 16.11 光伏系统与建筑屋顶相结合的实例

16.4.2 风能的利用

风是人类最常见的自然现象之一，形成风的主要原因是太阳辐射所引起的空气流动。到达地球表面的太阳能约有 2%转变成风能。

风能是目前最有开发利用前景和技术最为成熟的一种新能源和可再生能源之一。地球上的风能资源十分丰富，我国离地 10m 高层可以利用的风能储量约为 2.53 亿千瓦。

风能没有污染，是清洁能源；最重要的是风能发电可以减少二氧化碳等有害排放物。据统计，装 1 台单机容量为 1MW 的风能发电机，每年可以少排 2 000t 二氧化碳、10t 二氧化硫、6t 二氧化氮。

【水能与风能应用】

1. 风能利用的几种主要基本形式

1） 风力发电

风力发电是目前使用最多的形式，其发展趋势：①功率由小变大，陆上使用的单机最大发电量已达 2MW；②由一户一台扩大到联网供电；③由单一风电发展到多能互补，即“风力—光伏”互补“风力机—柴油机”互补等。

2） 风力提水

我国适合风力提水的区域辽阔，提水设备的制造和应用技术也非常成熟。我国东南沿海、内蒙古、青海、甘肃和新疆北部等地区，风能资源丰富，地表水源也丰富，是我国可发展风力提水的较好区域。风力提水可用于农田灌溉、海水制盐、水产养殖、滩涂改造、人畜饮水及草场改良等，具有较好的经济、生态与社会效益，发展潜力巨大。

3） 风力致热

风力致热与风力发电、风力提水相比，具有能量转换效率高等特点。由机械能转变为电能时不可避免地要产生损失，而由机械能转变为热能时，理论上可以达到100%的效率。

2. 风能和风电建筑一体化

图16.12系将垂直轴风力发电机安装在建筑屋顶上的示意图，其中右图为国内首个风电建筑一体化项目——上海天山路新元昌青年公寓3kW垂直轴风力发电项目。该项目已正式运营发电，实测启动风速2.2m/s，优于设计标准，发电稳定，并与太阳能光伏电池共同供电，开创了上海市区建筑采用风光互补系统供电的先例。垂直轴风力发电机安装在建筑上，在国内也属首次采用，这使得我国在风电建筑一体化领域走在了世界的前列。

图16.12 垂直轴风力发电装置安装在建筑屋顶上的示意图

16.4.3 地源及水源低品位能源的利用

根据地热能交换形式的不同，地源热泵系统分为地埋管地源热泵系统、地下水水源热泵系统和地表水水源热泵系统。岩土体、地下水或地表水分别在冬季和夏季作为低温热源和高温冷源，能量在一定程度上得到了往复循环使用，不会引起地温的升高或降低，符合节能建筑的基本要求和长远发展方向。

1. 地埋管地源热泵系统

该系统利用的地热能主要为地表低温热源。1～2m深处岩土体全年的温度变化不大，只要在这一深度埋上热交换器，即可吸取岩土体的热量。

该系统是一种利用地下浅层（400m）以上土壤热的高效节能空调系统。土壤源热泵系统（图16.13）主要由两部分组成，一部分是由地表以上的水源热泵机组构成；另一部分由埋设于地表下的换热盘管构成。

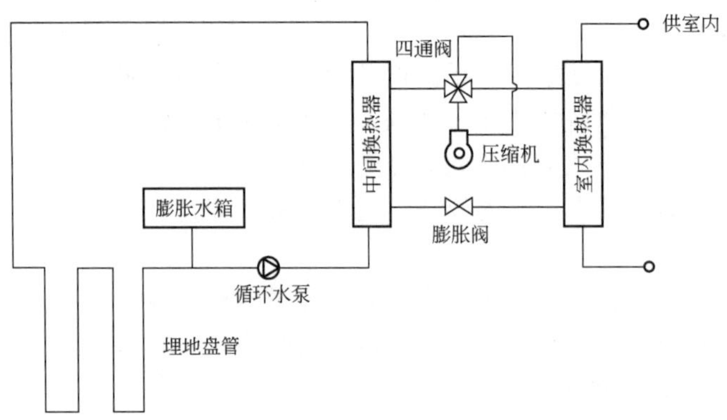

图 16.13 土壤源热泵系统的结构示意图

2. 地下水水源热泵系统

在地下一定深度处，地下水的温度相对稳定，一般大致等于当地气温的年平均温度(或略高出 1～2K)。如在地下 10m 深处的地下水，年平均温度约为 10℃，变化很小。冬季地下水温为 8～10℃，夏季为 10～14℃。该地下水温特别适合于作为热泵运转所需要的热源。如图 16.14 所示为地下水水源热泵装置原理图。

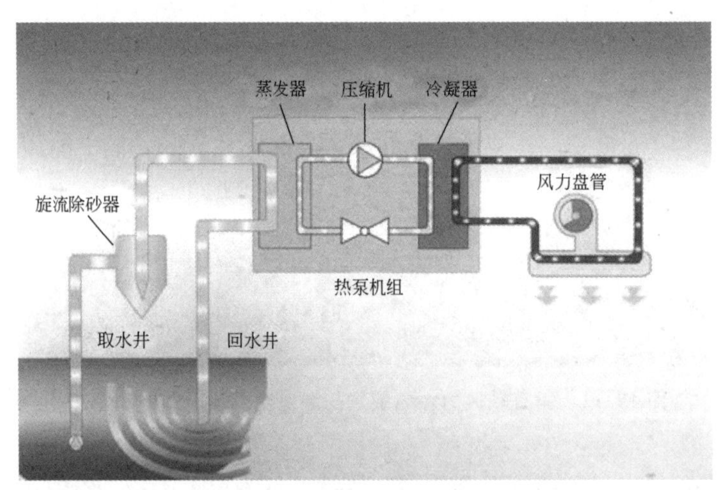

图 16.14 地下水水源热泵装置原理图

3. 地表水水源热泵系统

地表水是河流、冰川、湖泊、沼泽四种水体的总称，亦称“陆地水”。它是人类生活用水的重要来源之一，也是各国水资源的主要组成部分。

地表水源热泵系统分为开式环路系统和闭式环路系统两种。开式环路系统类似于地下水水源热泵系统；闭式环路系统类似于地埋管地源热泵系统。但是地表水体的热特性与地下水或地埋管系统则有很大不同。

地表水水源热泵系统的与地埋管系统相比，没有钻孔或挖掘费用，投资相对低；但是设在公共水体中的换热管有被损害的危险。而且地表水的温度随着全年各个季节的不同而变化，且随着湖泊、池塘水深度的不同而变化。

对于冬季，地表水不结冻的地区，地表水可以单独作为热源使用，在少数情况下，需要补充一点热量，辅助供暖装置的容量很小。

对于较寒冷地区，在河水冰封期，采用双动力系统，尽管如此，在一个较长时间内，有平均 90%的热量可采用河水。

16.4.4 建筑中的能量回收

热回收系统是回收建筑物内、外的余热（冷）或废热（冷），并把回收的热（冷）量作为供热（冷）或其他加热设备的热源而加以利用的系统。热回收系统可以提高建筑能源的利用率，是建筑节能发展的一个方向。空调系统中可供回收的余热（冷）主要分布在排风和冷凝热中，热回收可以分为以下两大类。

1. 排风冷（热）的回收

为了满足卫生要求，空调房间一般设有新风系统和排风系统，由于排风的空气参数接近空调房间的室内参数，排气温度相对室外空气温度有一定的温差，直接排出室外就会造成能量损失。因此，在送入新风时，可以回收这部分排风中的能量（包括冷量和热量），达到节能效果。如图 16.15 所示为建筑物排风热回收系统流程图。

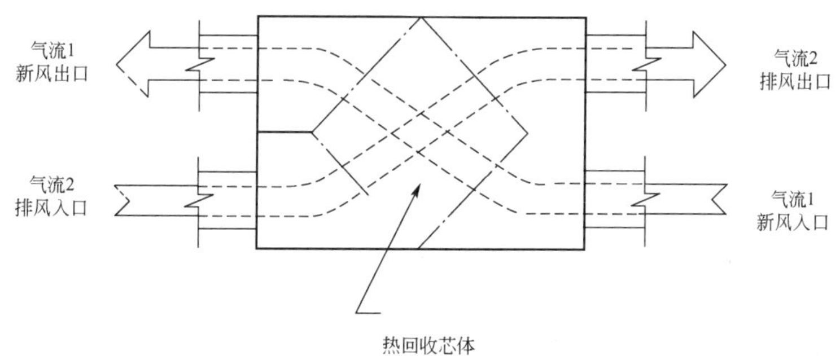

图 16.15 建筑物排风热回收系统流程图

2. 冷水机组冷凝热的回收利用

空调系统总有相当多的冷凝热直接排入大气，白白损失掉，造成较大的能源损失，并且对周围环境形成热污染。从节能的角度看，对于高层建筑的宾馆和酒店，在夏季既需要空调，同时又需要大量的生活热水，将冷凝热可以全部或部分回收用来加热生活热水，不但可以减少冷凝热对环境造成的污染，而且还可以节省不少的能源。人们在享受空调的同时，也充分采用能源再利用享受热水的供应。

如图 16.16 所示，系统在冷凝回路上串联一个板式换热器，通过它在夏季吸收冷凝热产生热水。

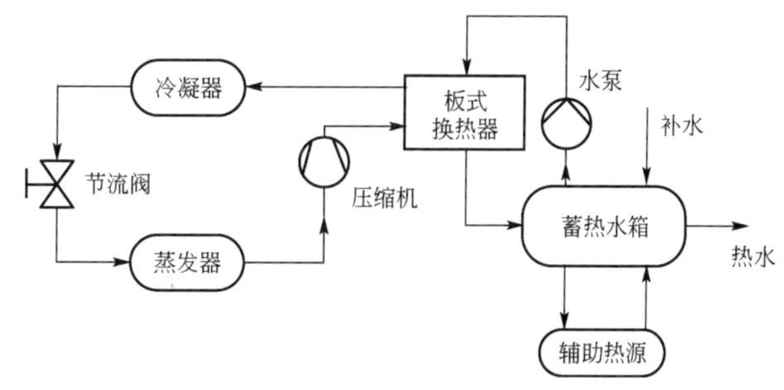

图 16.16 冷凝热回收系统流程图

16.4.5 免费供冷系统

我们通常在过渡季或冬季室内空气焓值低于室内设计参数对应空气焓值，通过尽量加大新风量（同时加大排风比重）的方法，以获得“免费供冷”来节省能耗。

而近年来发展较快的（冷却水侧）免费供冷技术，因其具有显著的经济节能效益及工程改造容易等着多优点而得到人们的重视。

对于冬季或过渡季节存在供冷需求的建筑，利用冷却塔进行供冷，上海金茂大厦、国家大剧院等建筑中使用了此项技术。

如图 16.17 所示是一个采用电动压缩式冷水机组的空调水系统，如果建筑（如大型电子计算机房，有大面积内区的商业、办公、酒店等）在冬季均有稳定的内部发热量，需要供冷，这时只要室外气温足够低（室外空气湿球温度也较低），系统配置的冷却塔便可以提供温度足够低的冷水，直接用于空调冷冻水对室内进行空调。

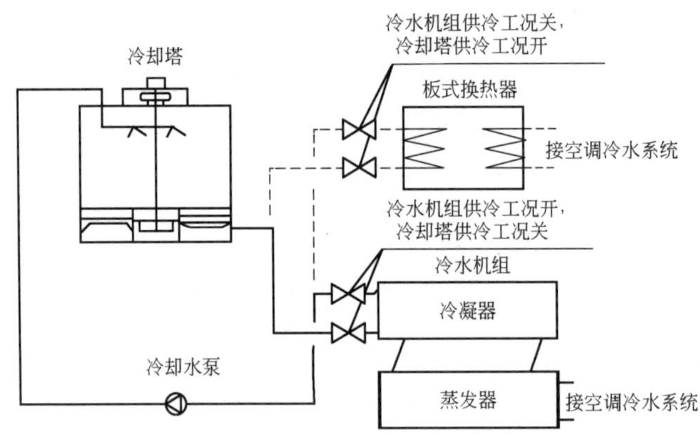

图 16.17　冷却塔免费供冷原理图

系统通过关闭制冷机，切换至板式换热器的方法，可以实现冷却塔供冷。由于冷水机组的耗电量在空调系统中占有极高的比例，利用冷却塔供冷节省了大量的电费，所以常常被称为“免费供冷”(Freecooling)。

使用开式冷却塔加板式热交换器并联于制冷机的供冷系统能够实现冬季节能供冷，是较经济常用的冷却塔供冷方式，可以应用于冬季仍有较大发热量需要供冷的电子计算机房、公共建筑等。按上海地区的气象条件，通过节能供冷的运行所节省的冷水机组压缩机耗电费用，可在 1～3 年内收回一次性投资。

思考题

1. 建筑热工设计分区分为哪几区？简述分区的目的和意义。
2. 查找资料例举一个利用天然光源的建筑案例。
3. 简述太阳房的分类，并绘制原理图。
4. 简述太阳能光伏发电的基本原理。
5. 按低品位热源的种类进行分类，目前常用的热泵系统主要分为哪几种？
6. 简述建筑中能量回收类型，并绘制原理图。
7. 试叙述免费供冷原理。

参考文献

[1] 张英，吕镃．新编建筑给水排水工程［M］．北京：中国建筑工业出版社，2004.

[2] 陈文义．建筑给排水工程［M］．2版．北京：中国电力出版社，2009.

[3] 郑庆红，高湘，王慧琴．现代建筑设备工程［M］．北京：冶金工业出版社，2004.

[4] 邢丽贞，陈文兵，孔进．给排水管道设计与施工［M］．北京：化学工业出版社，2004.

[5] 李金星．给水排水工程识图与施工［M］．合肥：安徽科学技术出版社，1999.

[6] 姜湘山．怎样看懂建筑设备图［M］．2版．北京：机械工业出版社，2008.

[7] 陈翼翔．建筑设备工程安装识图与施工［M］．北京：清华大学出版社，2010.

[8] 褚振文．建筑水暖识图与造价［M］．北京：中国建筑工业出版社，2007.

[9] 由元晶．建筑给水排水工程造价与识图［M］．北京：中国建筑工业出版社，2011.

[10] 王凤宝．建筑给水排水工程施工图［M］．2版．武汉：华中科技大学出版社，2014.

[11] 中国建筑工业出版社．全国勘察设计注册公用设备工程师．暖通空调专业考试复习教材［M］．3版．北京：中国建筑工业出版社，2013.

[12] 陆耀庆．实用供热空调设计手册［M］．2版．北京：中国建筑工业出版社，2008.

[13] 贺平，等．供热工程［M］．4版．北京：中国建筑工业出版社，2009.

[14] 赵荣义，等．空气调节［M］．北京：中国建筑工业出版社，2009.

[15] 李界家．智能建筑办公网络与通信技术［M］．北京：清华大学出版社，北方交通大学出版社，2004.

[16] 吴达金．智能化建筑（小区）综合布线系统实用手册［M］．北京：中国建筑工业出版社，2001.